U0378710

变频器电路维修与故障实例分析

第 2 版

咸庆信　著

机 械 工 业 出 版 社

本书根据变频器的实际电路测绘所得的电路图，结合作者 10 年来变频器的检修心得，给出电路原理解析、检修思路和检修方法。对故障检测电路的解密式精彩阐述，独门检修方法的首次披露，对疑难故障检修进程的生动推演，成为本书的三大魅力亮点。

本书以富士、中达、东元、海利普、英威腾、正弦等几种具有代表性的国内外机型电路为主线，从电路的整机构成、单元电路的故障机理、故障判断上的辩证施治、检修思路上的缜密奇妙、修理方法的新颖独到等几个方面，道出了变频器维修的方法和意义。对实际检修具有积极的释疑、指导和启发作用。

本书第 2 版增补了 2010 年前后较新的代表性变频器电路，对中达、海利普、正弦等变频器整机电路进行原理分析，并重点对其 MCU 主板电路，给出了故障检修方法的指导和故障检修实例。书末附录为变频器电路常用 IC 及 IGBT 功率模块的资料。

本书适合作为广大电工及从事电气自动化工程、电力电子、电气传动专业的技术工程人员和设计人员的工具书和参考书。

图书在版编目（CIP）数据

变频器电路维修与故障实例分析/咸庆信著. —2 版. —北京：机械工业出版社，2013.6（2025.4 重印）
ISBN 978-7-111-42562-5

Ⅰ.①变⋯ Ⅱ.①咸⋯ Ⅲ.①变频器-电子电路-维修②变频器-电子电路-故障诊断 Ⅳ.①TN773

中国版本图书馆 CIP 数据核字（2013）第 104826 号

机械工业出版社（北京市百万庄大街 22 号　邮政编码 100037）
策划编辑：朱　林　责任编辑：朱　林　版式设计：霍永明
封面设计：陈　沛　责任校对：纪　敬　责任印制：单爱军
北京虎彩文化传播有限公司印刷
2025 年 4 月第 2 版第 15 次印刷
184mm×260mm · 21 印张 · 515 千字
标准书号：ISBN 978-7-111-42562-5
定价：49.80 元

电话服务　　　　　　　　网络服务
客服电话：010-88361066　机　工　官　网：www.cmpbook.com
　　　　　010-88379833　机　工　官　博：weibo.com/cmp1952
　　　　　010-68326294　金　书　网：www.golden-book.com
封底无防伪标均为盗版　机工教育服务网：www.cmpedu.com

前　　言

　　已出版的有关变频器的维修书籍，多从应用上着笔，对实际电路涉及甚少，未结合具体电路讲解维修。在维修指导上浅尝辄止，使人有隔靴搔痒之感。本书能对变频器维修直接产生实效作用，是真正意义上的维修指导书。

　　本书以作者测绘的实际电路为主线，穿插电路讲解、检修思路、检修方法、要点评述、故障实例分析等，形成系统的电路讲解、元器件资料、故障分析、检修方法的维修指导和示范。活泼有致的文字语言，实用的电路讲解和故障分析，独特的检修思路和独到的检修方法，这是一本不同于任何其他维修书籍的变频器维修书，肯定让您有耳目一新的感受。

　　本书实际电路构成、电路原理解析和故障实例的同步展开，而故障实例中对故障形成机理的分析，又构成了对电路原理的解析的有机组成部分，深化了对电路原理和检修思路的领悟，这使得读者对该电路故障的检修豁然开朗。

　　作者在生产一线，从事变频器的安装、调试和维修工作近10年，修理各类进口、国产变频器数百台次，书中故障实例的80%是来自于作者的维修笔记和日记，电路实例全是由变频器实物测绘所成，可以说本书是维修实践的产物，是作者的心血之作。

　　无论多么复杂的电路，当分解成单元电路时，都在基本电路的范畴内，但作为故障表现，又是千变万化的，任何有关电路理论和维修方法的书籍，都不可能做出完全的归纳。对复杂电路原理性的掌握，仍然是基于基础单元电路的，基础理论的枯燥和基础扎实后的通达是共生的。读者应该储备电子电路和单片机电路的相关基础知识，进而在生产和维修实践中提高和完善自己的能力。

　　本书第2版增补了2010年前后较新的代表性变频器电路，对中达、海利普、正弦等变频器整机电路所进行的原理分析，并重点对其MCU主板电路给出故障检修方法的指导和故障检修示例。书末附录为变频器电路常用IC及功率模块的资料，以方便读者检修时查阅。

　　需要指出的是，书中电路图均为实绘电路图，由于变频器生产厂商的电路图形符号与文字符号未完全统一，不同厂商电路标识也未能完全统一或国标化，请读者以实物为主，并给予谅解。

　　在此向促成本书问世的我的朋友们、同学们、领导和同事们、我的家人、机械工业出版社的编辑、印刷厂工友们，表示由衷的感谢！

　　测绘电路和在测绘电路基础上的电路解析，有着难免避免的纰漏，再加上限于作者的学识水平，时间和精力，书中可能存在疏忽和谬误之处，恳请广大读者及时指正，作者深表感谢！

咸庆信

目　　录

第1章 认识变频器

1.1 变频器是什么

在工业生产领域，唱主角的是交流三相电动机，它为生产过程提供源源不断的强大动力。电动机的转速取决于电动机定子绕组的连接方式（定子磁极对数）和电源频率。我国的工频电源的频率是 50Hz，电压是三相 380V。在电动机的定子磁极对数固定不变的情况下，电动机运转的速度被电源频率"束缚"住，只能有一个固定转速。

在变频器出现以前，若实现对电动机的调速运行，所采用的方法不外乎从电动机和机械两方面采取相关措施：①用传动带传输转矩的装置，用改变电动机轴端的主动轮和负载端从动轮的轮径的方法来改变转速，负载只能运行于某一固定速度；②与此相仿，用变速器（调整传动比）实现机械有级调速，有数个速度档位；③能实现平滑无级调速的是转差调速控制方式，通过调整原动机与从动机的电磁转矩实现无级调速，但缺点是存在较大的转矩传递损失，效率不高，低频时性能变差，以上 3 点都是从电动机以外采用措施调速的方法；④利用改变电动机的极对数，即改变电动机的绕组接法来实现有级调速。这是从电动机本身做文章。电动机的结构较为特殊，需要较多的引出线，需与外部控制电路配合，完成极对数切换，切换级数受限，外接控制设备复杂。

应该说，是调速的需要导致了变频器的出现，如果电动机的供电电源其频率是可以变化的，并且变化范围足够大，那么电动机的转速限制将被解除，只要是机械特性允许，可使电动机"自由运转"于任意速度下，有人说，是变频器"解放"了电动机的运行速度。相对于工频电源来说，变频器是一个变频电源，其工作方式被称为 VVV/F 工作方式。事实上，为保证任意速度下的恒转矩特性，要求主磁通为一恒定值（避免产生磁饱和现象），在频率改变的同时需要同步改变输出电压，因而变频器是一个既变频又变压的设备。其输出频率与电压基本上也成一个对应的线性关系，如输出频率 0 ~ 50Hz，输出线性电压也为 0 ~ 380V。当频率为 25Hz 时，输出电压为 190V 左右。变频器的 U/f 输出特性可据负载特性进行设置，为保证低速时的转矩能力，变频器通常还有转矩提升功能。

用变频器来控制电动机，首先是利用是其平滑无级（宽范围）的调速性能，同时带来了两个"副产品"：①节能运行，基频 50Hz 以下运行时，运行电压（电流）减小，有功功率降低，节能效果明显；②优良的软起动性能，比传统的星/三角减压起动、自耦变压器减压起动、晶闸管减压起动方式，变频起动可称为理想的"终极性"的起动模式，前者仅仅是减压起动，起动期间由于巨大转差率的存在，仍会形成数倍于电动机额定电流的起动电流；后者不仅降压，而且降频，使起动期间电动机的转差率也能较好地维持在 5% 以内，能真正地将满载起动电流值限制于额定电流以内。

一般厂家的变频器产品通常分为三大系列，即风机/水泵专用型（定义为 P 型机）、通用型（定义为 G 型机）和矢量型（高转矩机），有的将矢量型也并入通用型机。风机/水泵专用型变频器适用于二次方递减转矩型负载，抗过载能力稍差；通用型变频器适用于恒转矩负载，有较强的抗过载能力；矢量控制型变频器有较强的适应负载的能力，能使交流电动机取得类似直流电动机一样的驱动效果。3 种机型从维修的角度看，控制电路的硬件电路结构上，其实是一样的，只是区别于软件控制和过载能力的大小上。后两者机型，在选用功率输出模块（逆变模块）上，要大一个功率级别，如 5.5kW 通用机型，其实又是 7.5kW 风机/水泵专用机型。

其实在检修中，不必费心去考虑什么机型和哪家的产品，其整机硬件电路也都是相近、相似或相同的。

上面是对变频器的简单概述，下面以实际电路来分析一下变频器的电路构成。

1.2 变频器的基础性应用

中达 VFD-B（矢量）型变频器的实物照片，如图 1-1 所示。

如果将变频器看成是交流接触器一样的部件，都是输入三相工频电源，再输出三相电源。后者是一个三相电源的通、断控制开关，前者是一个电源设备，输入工频电源，输出为频率/电压可变的三相电源，或者说是一个逆变电源设备。机器正中有操作显示面板，底部或上部安装有散热风机（或称风扇）。打开防护盖板，可看到主接线端子和控制电路板上的控制端子排。从控制方面看，后者具有更为复杂和高度智能化的控制功能，这从变频器的端子接线图可以看出。VFD-B 型 22kW 变频器的端子接线如图 1-2 所示。

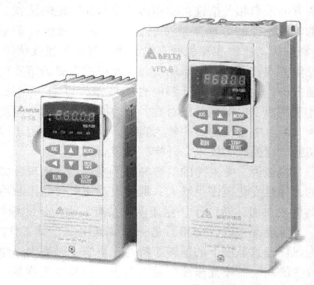

图 1-1　中达 VFD-B 型变频器实物图

1. 主端子接线

图 1-2 的上部为主端子配线，包含三相电源输入端子、逆变电压输出端子、外接（或内接）直流电抗器端子、制动单元连接端子等，详见表 1-1。

按电工标准，三相电源端子标注为 L1、L2、L3，变频器的三相电源进线端子均标注为 R、S、T，本例机型实际标注为 R/L1、T/L2、S/L3；变频器输出端子标注为 U、V、W，本例机型为 U/T1、V/T2、W/T3。

主端子接线应该注意的问题：

1）如果电源输入和输出端子接反，误将三相 AC 380V 接入 U、V、W 端子，IGBT 器件内部的并联二极管形成的"等效三相整流桥"电路，形成直流回路储能电容的无限流充电电流，极有可能损坏内部逆变功率模块和储能电容！

2）P1、P2 端子，本例机型实际标注为 +1、+2，为变频器内部三相桥式整流输出端，

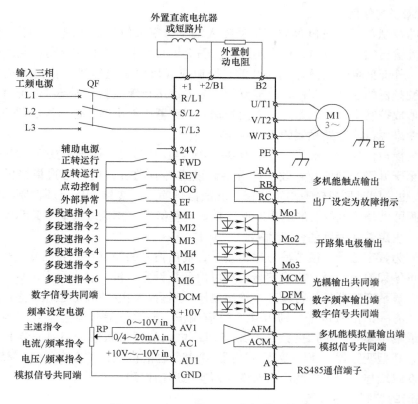

图 1-2 VFD-B 型 22kW 变频器配线图

表 1-1 VFD-B 型 22kW 变频器主端子功能说明

端 子 记 号		内 容 说 明
R,S,T	R/L1,S/L2,T/L3	商用电源输入端(单/三相)
U,V,W	U/T1,V/T2,W/T3	交流电动机驱动器输出,连接三相感应电动机
P1,P2	+1,+2	功率改善 DC 电抗器接续端,安装时请将短路片拆除(≥15kW 为内含 DC 电抗器)
P-B,P2/B1-B2	+2/B1,B2	制动电阻连接端子,请依选用表选购
P2-N,P2/B1-N	[+2-(-),+2/B1-(-)]	制动模块接线端(VFD-B 系列)
⊕		接地端子,请依电工法规 230V 系列第三种接地,460V 系列特种接地

一般 11kW 以下小功率变频器往往省去内置或外置直流电抗器,P1、P2 端子处于直接短接状态。本例机型内含直流电抗器,无需外接。

机器无内置直流电抗器时,P1、P2 端子在出厂时已用短路片短接,用户也可以用选配件(选购直流电抗器)实施机外连接。调试或者检修过程中,应将该端子短接,以提供机器内部的工作电源。P1、P2 端子的短路拆除时,内部开关电路将无法获得工作电源。

3) 11kW 以下小功率变频器内部一般都内含制动开关管和功率制动电阻,大、中功率变频器,往往从直流回路引出 P/P +、N/N - 端子,供外接制动单元。部分小机型内含制动开关管,引出 PB、N 端子,供外接制动电阻。

2. 控制端子的作用

变频器的控制端子一般包含数字信号输入端子、模拟信号输入端子、数字信号输出端子、模拟信号输出端子,以前3种应用最多。图1-2的左中侧为数字信号控制端子,为开关量信号输入,外部信号输入设备可为开关、按钮或(PLC等控制器)输出继电器的触点信号等,用于变频器的起动、停机、故障复位、多段速运行等控制,外部控制部件经端子24V辅助电源,形成控制指令输入回路,将信号输入变频器内部电路。**这些控制信号又称为变频器的控制指令来源,决定变频器的工作状态。**

左下侧为模拟信号输入端子,一般有0~10V电压信号输入端子和0/4~20mA电流信号输入端子,至于哪路控制信号生效,可由参数设置(有的机型用信号选择接插片位置的不同来选择),也可同时形成转速给定和相关反馈信号输入,实施PID闭环控制。端子输出的10V辅助电源可供外接电位器的电源,形成频率调整信号。**模拟输入信号又称为变频器的频率指令来源,决定着变频器的输出频率。**

右中下侧为数字信号、模拟信号输出端子,输出信号的触点状态表征着变频器的工作状态,大多为可编程输出信号,输出信号内部可由参数设置,供外接信号指示灯,外接频率计或电压表头,显示变频器的运行频率、输出电压、运行/停止/故障等工作状态。

变频器还有一个信号端子,即RS485通信端子,该端子信号流通是双向的,无法将其定义为输入或输出端口。早期变频器产品与PLC之间的通信联络,必须加装RS485通信模块才能工作,新型变频器与PLC都已有内置RS485通信模块,并配置了RS485通信端子,只需用两根双绞线连接,PLC就可以对变频器实施通信控制了。

3. 变频器的控制参数设置

对变频器的基本控制即是**起动、停止和调速运行**,除用控制端子进行控制外,还可以用操作显示面板进行起/停和调速控制,另外,变频器接受操作面板还是控制端子的控制;频率指令接受电压还是电流信号,还是面板的数字调节;控制端子的操作功能等,都要事先由工作参数进行设置。

对控制端子进行设置,即赋予相关端子的"具体权力",指定该端子的操作功能,为下一步对变频器的操作和运行控制做好准备。

表1-2是变频器控制端子的可设置内容,表1-3中的一些参数值是变频器应用中需要调节的参数。

表1-2 变频器控制端子的可设置内容

端子类型、名称	可设置内容
数字信号输入端子	1)多段速控制;2)正转/点动运行;3)反转/点动运行;4)故障复位;5)频率升或频率降调节;6)外部故障报警;7)频率设定通道选择等
数字信号输出端子(触点信号输出)	1)零频率;2)运行中;3)变频器故障;4)频率上限到达;5)频率下限到达;6)变频器过电流;7)变频器过电压等
数字信号输出端子(开路集电极输出)	1)开关量信号输出,同接点信号输出端子;2)脉冲信号输出:变频器输出频率、变频器输出电压、变频输出电流等
模拟信号输入端子	1)频率指令,电流或电压信号;2)反馈信号,电压或电流信号(用于PID控制时);3)辅助调速信号等
模拟信号输出端子 0~10V	1)输入或输入电压;2)直流回路电压;3)输出电压;4)输出电流;5)输出功率;6)PID整定值;7)PID反馈值等

表 1-3 中的 1~8 项为应用必调参数，其他参数可据具体应用情况进行调节。

表 1-3　变频器常用调节参数

序号	类　　别	作　　用
1	运转指令来源	对变频器运行和停止命令来源的设置,见表 1-4
2	频率指令来源	对变频器输出频率控制信号来源的设置,见表 1-4
3	起动方式	1)从 0Hz 起动;2)按设定频率下限起动;3)转速跟踪起动
4	停车方式选择	根据运行工况选择停车方式:自由停车、减速停车、直流制动方式停车等
5	加、减速时间	根据负载特性调节,如大惯性负载,需适当延长加、减速时间
6	起动转矩调节	调节频率低段的 U/f 比,以增大起动转矩,避免堵转现象出现
7	载波频率调整	大功率电动机起动困难或运行时对仪表造成干扰时,调低载波频率试之
8	U/f 曲线选择	据负载特性设置 U/f 运行曲线,以与负载特性相适应
9	频率上/下限设置	特殊负载,必须进行频率上/下限设定,如水泵,应设置频率下限,防止干抽
10	输入/输出端子功能	对端子功能进行可编程设定,使之按需要输出相应信号
11	PID 设置	使变频器运行于 PID 控制模式,和对 P、I、D 值进行调节
12	RS485 通信设置	与上位机通信时,需进行相关的通信设置
13	保护设置	对变频器容量,负载电动机功率进行过、欠电压、过电流等保护设置

对停车方式和 U/f 曲线选择再做一下说明。

停车方式：一般有 3 种停车方式可供选择。

1）自由停车。变频器接受停止信号后，输出即时中止。电动机绕组供电中断，不会产生发电能量回馈变频器。此停止方式最为安全。负载设备完全靠运转惯性停车，缺点是无法精确控制停车时间和停车位置，适用于对停车时间和停车位置无要求的场合。

2）减速停车。变频器接受停止信号后，由逐渐降低运行频率至停止，属于"柔性停车"方式。这种停车方式在供水控制中可有效削减"水锤效应"，减缓对管网系统的冲击。但减速停车的缺点是当电动机有超速发生（系统惯性较大）时，产生反发电能量馈入变频器的直流回路，需加装制动单元和制动电阻，消除此有害能量。

3）直流制动停车，变频器接受停机信号后，三相交流电压输出中止，接着输出一个直流制动电压，施加于电动机绕组上，直流电压的施加幅值和施加时间可以由参数设置，由此可以较为精确地控制停车时间和停车位置。

对变频器输出 U/f 曲线的设置：

调整的目的，是使变频器的 U/f 输出特性吻合于所拖动负载的转矩特性，以实现顺利起动、降低运行电流、避免堵转现象出现等科学合理高效的运行。根据电动机负载的转矩特性，可分为恒转矩负载、恒功率负载和二次方减转矩负载等 3 种转矩类型。图 1-3 为 3 种负载特性的转矩曲线。

1）恒转矩负载。起重机之类的位能负载需要电动机提供与速度基本无关的恒定转矩，在不同转速下，负载转矩基本保持不变，一个明显的输出特征是，在低速和高速段的电动机电流几乎是恒定不变的。此外，空气压缩机、传送带、台车等均呈现恒转矩特性。

2）恒功率负载。典型负载如卷绕机，开始时卷绕直径小，卷绕速度高，电动机输出转矩较小。随着卷绕直径的加大，转速降低，但卷绕转矩增大。其明显的输出特征是：在低速

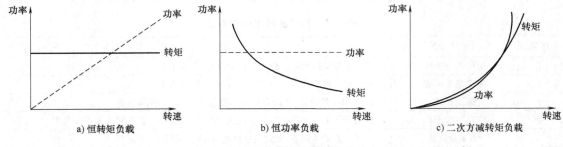

图1-3 3种负载特性的转矩曲线

段，电动机电流大，高速时电动机电流小。电动机的运行速度与电流值成反比，电动机呈现恒功率运转特性。

3）二次方减转矩负载。风机、水泵为典型负载。在低速时负载转矩较小，随转速的上升，其转矩按转速的二次方递增，超速时会造成严重超载。明显的输出特征是：输出电流也按转速的二次方进行递增。在速度起始段和中速以下，电动机电流增幅小。在中速到高速的后半段，电流增幅快，电流曲线的陡峭度变大。

因3种负载特性差异太大，当变频器的 U/f 曲线设置不当时，会出现运行电流超大，电动机发热量增大，起动困难等异常现象。变频器参数项中，有多种 U/f 曲线模式可供选择，更可以通过调整最高频率、最高电压、最低频率、最低电压、中间频率、中间电压等参数，对 U/f 曲线进行重设，以更好地适应负载特性。

图1-4为 U/f 曲线图，是变频器输出电压/频率的比例特性图。市场所销售的变频器一般有两种类型，即通用型和风机水泵专用型。前者功率富裕量较大，适用恒转矩负载，过载能力强，如图1-4a所示；后者过载能力稍差，如图1-4b所示，适用风机水泵负载。

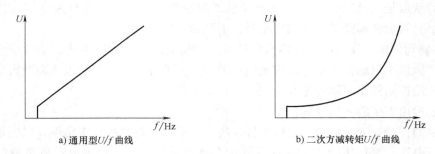

图1-4 U/f 曲线图

与 U/f 曲线相关联的参数：起动转矩调节，即起动频率值所对应的输出电压值调节。当起始点电压升高时，起动转矩增大，适宜于带载起动的场合。改变此参数，U/f 曲线也随之改变。

表1-4中的参数值是实现变频器运转和调速，两个最基本的设置参数，操作运行和检修调试过程中是首先要涉及和必须调整的参数值。如果被用户锁定，不能调整时，可调看参数值，由参数值确定当下的控制方式，进而完成对变频器的起停和调速控制，达到调试和检修目的。

表 1-4　VFD-B 型 22kW 变频器的指令和频率来源参数值

参数代号	参数功能	设 定 范 围		出厂值	客户
⚡02-00	第一频率指令来源设定	00：由数字操作器输入（PU01）		00	
		01：由外部端子 AVI 输入模拟信号 DC 0～+10V 控制			
		02：由外部端子 ACI 输入模拟信号 DC 4～20mA 控制			
		03：由外部端子 AUI 输入模拟信号 DC -10～+10V 控制			
		04：由通信 RS485 输入			
		05：由通信 RS485 输入（不记忆频率）			
		06：主频率与辅助频率组合（配合参数 02-10～02-12）			
⚡02-01	第一运转指令来源设定	00：由数字操作器输入（PU01）		00	
		01：由外部端子操作键盘，STOP 键有效			
		02：由外部端子操作键盘，STOP 键无效			
		03：由 RS485 通信界面操作键盘，STOP 键有效			
		04：由 RS485 通信界面操作键盘，STOP 键无效			

参数调整时的注意事项：

1）需要改变参数值时，特别是用户在控制上有特殊要求时，要先记录原设定值，再修改参数值。调试或检修完毕后，根据记录恢复原来的数值。

2）原参数已经调乱，不能进入正常的操作运行状态，可实施参数初始化操作，使其恢复为出厂值。

3）一些参数因用户设置不当，不能正常运行或误报故障，需要根据工作现场的负载特性和控制要求，重新修正相关参数值。

4. 变频器的操作显示面板

参数设置与简易起停操作都是经过操作显示面板（见图 1-5）来进行的。

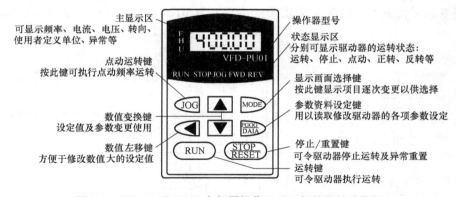

图 1-5　VFD-B 型 22kW 变频器操作显示面板的按键功能图

变频器的操作显示面板（简称面板）与控制电路之间通过插针或通信电缆连接，是一种人机交互界面，可以将变频器的运行数据（如运行电流值、直流电压值、输出频率值）由 MCU（指主板上的微控制器）上传至面板，由数码显示器显示其数值，并做出工作状态指示，如运行、停机、故障指示；也可以将按键操作信号下传至 MCU，用于起、停操作或修改运行参数。

操作显示面板的型号为 PU01，代换时必须注意型号一致。MODE 按键用于显示画面切换和用于在显示、设置两种状态之间的切换控制；PGOG/DATA 键用于参数值的读取与写入（存储）；3 个箭头键用于参数值的加、减和移位，其他按键用于起、停、点动、故障复位等操作。

变频器的面板按键布置与数量及操作步骤和参数修改方法，各种产品大致都是类似的，熟练掌握一种，其他品牌变频器的操作，也就同时会了。

故障检修中，面板还起到一个"故障监控器"的作用，根据故障代码形成的故障提示以及检修过程中面板的随机性相关指示，和面板显示器、指示灯的全亮、全不亮等状态，判断故障来源和缩小故障区域，可以有针对性地采取检修措施，达到快速、高效修复故障的目的。

本节内容都是变频器应用层面的东西，但掌握这些基础性知识非常重要。应用和调试与检测过程密切相关，一些设置不当的故障必须由正确的设置来解决，单靠修理手段是不够的。有时候，正确的调整能保障优良的修复效果，使故障返修率降至最低。或者说，调试和应用也构成了检修内容的一部分。应用能力和检修能力是一个互相促进的过程。如对 U/f 曲线的调整，使之契合负载特性，能有效降低故障率；反过来，如果对控制端子的内部电路了然于胸，则能用 0～5V 的模拟电压信号，输入 0/4～20mA 电流信号端子，也能起到 0/4～20mA 电流信号一样的控制效果。这在信号源的类型受限，或原端子内部电路损坏时的应急修复等情况下，能立竿见影地解决问题，将检修能力转化为超出一般的应用能力。

1.3　变频器的整机电路构成

在应用和维修中经常见到的变频器，因为主电路的中间环节有一个电容储能电路，又称为电压型变频器，其逆变电路是由电容储能提供电源供应的；电路的能量传递为交—直—交方式，将输入三相交流电压先由整流桥电路整流和电容滤波（储能）变成直流电压，再逆变为交流输出。变频器本身是一个逆变器，比之于工频电源，变频器是一个输出频率（和电压）可变的三相电源，具有（从几伏～400V）从 0Hz 几百赫兹的频率输出范围。图 1-6

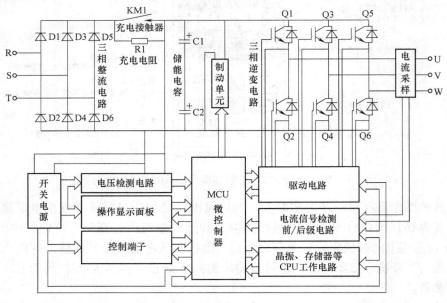

图 1-6　变频器整机电路框图

中的上部主电路揭示了电压型变频器的主电路结构，下半部分则为控制电路，其主要任务是生成逆变功率电路所需的 6 路脉冲信号，并承担故障检测、停机保护和操作控制等任务。

1. 变频器的主电路（见图 1-6）

变频器的主电路包括三相整流电路、电容储能（滤波）电路和 IGBT 功率模块（或 6 只 IGBT）构成，在整流电路和储能电容之间，还增设一个由限流电阻 R1、KM1 接触器主触头的预充电（或称为充电限流）电路，在上电期间先由 R1 对储能电容 C1、C2 进行限流充电，充电完成后，KM1 动作，短接 R1，使变频器进入待机工作状态。有些机型将整流二极管 D1、D3、D5 换成单向晶闸管器件，控制晶闸管在电容充电过程结束后导通，由此可省去接触器 KM1（具体电路见后文所述）。逆变功率电路由 Q1 ～ Q6 等 6 只 IGBT（功率模块）组成，每只 IGBT 的集电极和发射极之间并联有反向连接的二极管，是与 IGBT 密切结合在一体的（并不是外接的），提供 IGBT 的反向电流通路，消除反向电压对 IGBT 的威胁，在负载电动机因超速产生发电时，提供电动机的发电电能向直流回路的回馈通路。

变频器的功率级别往往以 18.5kW/P 型（15kW/G 型）为分界线，大于此者为中功率机型，小于此者为小功率机型。大、中功率的划分尚见不出明晰的分界。小功率机型中，整流电路和逆变功率电路往往采用一体化模块电路。为降低生产成本，有些机型中逆变功率电路采用 6 只 IGBT 分立器件。中功率机型中，整流与逆变功率电路多采用双管式功率模块（整流模块内含两只整流二极管，逆变模块内含两只 IGBT 功率管）。大功率机型采用多只功率模块并联，以提升电流/功率输出能力。

小功率机型中，机器内部往往内置制动开关管和制动电阻，对负载电动机回馈的反发电能量进行消耗，以保障储能电容和逆变功率电路的安全。大、中功率机型中，制动单元和制动电阻必须经主电路引出端子外接。

2. 变频器的控制电路

变频器的控制电路是以 MCU（单片机或称微控制器）为核心的，包括工作电源（开关电源电路）、电压、电流等检测（故障报警、保护）电路、IGBT 驱动电路和操作控制电路、MCU 基本电路等五大部分。

1）开关电源电路。一般是从主电路的直流回路（C1、C2 两端）取得 530V 直流供电，经 DC-AC-DC 变换，取得 +5V、+15V、-15V、24V 等几路稳定直流电压，供控制电路的工作电源。IGBT 驱动电路所需的 4 路或 6 路驱动电源也由开关电源供给。

2）驱动电路。MCU 引脚输出的 6 路脉冲信号由缓冲电路输入至驱动电路，经光电转换和隔离、功率放大后，用于驱动 IGBT，使之按一定规律导通和截止，将 DC530V 电源逆变成三相交流电压输出。

3）电流、电压、功率模块温度、OC 故障等检测电路。从主电路的直流回路取得电压检测信号，用于直流电压值显示以及过、欠电压报警和停机保护等；从 U、V、W 输出端串接电流互感器（霍尔元器件及电路），对输出电流进行检测，用于运行电流显示、输出控制、过载报警与停机保护等；温度传感器安装于散热片上，检测逆变功率模块的温度变化，异常时实施超温报警和停机保护，并控制散热风扇的运转；驱动电路一般有 IGBT 的故障检测功能，逆变功率电路工作异常时，产生 OC 信号，用于报警和停机保护。

4）操作控制电路。变频器的控制端子内部电路（包括辅助电源、数字/模拟输入/输出电路）、操作显示面板等电路，对变频器完成起、停、通信等控制功能。面板同时有运行状态监控功能。

5）MCU 基本电路。以上 3）、4）电路的检测信号和控制信号最后都输入 MCU，进行软件程序处理后，输出 6 路脉冲信号和相关控制信号。MCU 器件作为"指挥中心"，对整机的正常工作进行有序的协调，集中处理输入、输出信号。+5V 工作电源、复位电路、晶振电路、外挂存储器电路等形成 MCU 工作的基本条件，故称为 MCU 基本电路。从维修角度考虑，MCU 的接口电路、操作显示电路等也并入其基本电路的范畴之内。故障检修中，确定该部分电路正常是检修其他故障电路的前提。

变频器产品是电力电子（高反压、大电流）器件和微电子（微控制器）技术成熟后密切结合的产物，在一定程度上体现了当今的电子科技水平；它是弱电和强电、软件和硬件的有机结合；它强大的功能，各种完善的检测和保护电路，控制上的智能化和灵活多变，它将微电子技术和电力半导体器件结合应用，它的电路元器件的非通用性和特殊要求，说明着这类机器的智能化电气设备的特点，因而检修思路和方法也有其独特性。

1.4 中达 VFD-B 型 22kW 变频器的整机电路

1. 中达 VFD-B 型 22kW 变频器的电路板实物

让我们将图 1-6 电路框图"演绎"成具体的变频器电路。先看一下 VFD-B 型 22kW 变频器的电路板实物。VFD-B 型 22kW 变频器主要由两块电路板组成，如图 1-7 所示。

图 1-7 VFD-B 型 22kW 变频器的电源/驱动板

可以看到，（白色模块）三相（可控）整流桥电路与（黑色模块）IGBT 功率模块直接焊接于电源/驱动板上。电源/驱动板包含：开关电源电路、6 路脉冲信号传输通道的末级电路——6 路驱动 IC 电路。

变频器的主电路器件，整流模块（有些机型中的直流接触器）、逆变功率模块、储能电容等都固定安装于变频器箱体内部，整流模块和逆变功率模块直接安装于铝质散热器上，散热风扇安装于散热器的上端或下端，在工作中以强制风冷方式为模块降温。

变频器的主电路中，如电源输入端子之间的压敏电阻以及由电阻、电容元器件构成的尖峰电压吸收回路，输出端子串接（或套接）的 3 只电流互感器，都安装于一个辅助电路板上，如图 1-8 所示。操作显示面板由插排和 MCU 主板连接，若用户需机外操作，可用通信电缆实施面板和 MCU 主板的连接，将面板固定于适宜位置。

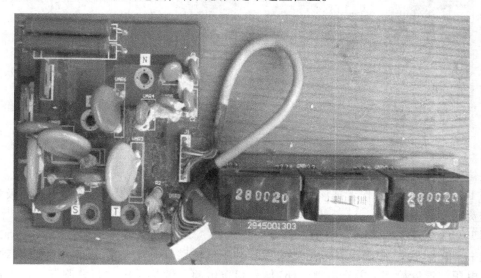

图 1-8　VFD-B 型 22kW 变频器的辅助板

变频器的 MCU 主板电路包含 MCU 基本电路、控制端子电路；电压、电流、模块温度检测的后级信号处理电路，以形成 MCU 芯片所需的模拟输入电压信号，和开关量故障报警信号；MCU 输出控制信号电路，如充电接触器的闭合控制信号、散热风扇的运行/停止控制信号等，如图 1-9 所示。

操作显示面板由插排和 MCU 主板连接，若用户需机外操作，可用通信电缆实施面板和 MCU 主板的连接，将面板固定于适宜位置。面板也是一块独立的电路板。

2. 中达 VFD-B 型 22kW 变频器的整机电路原理图

（1）VFD-B 型 22kW 变频器的整机电路原理图

如上所述，变频器的整机电路由主电路、开关电源电路、电压/电流等检测电路、驱动电路、操作控制电路和 MCU 基本电路等 6 部分组成。实际电路的构成表现为两块主电路板，即电源/驱动板和 MCU 主板。其中电源/驱动板电路包括开关电源电路、驱动电路，小功率变频器的主电路也一并安装于该电路板上。其中，电流、电压、温度等检测的前置电路也在这块电路板上。MCU 主板包括操作控制电路、MCU 基本工作条件电路，以及电压、电流、温度检测电路，各种故障报警和保护电路。MCU 主板又与操作显示面板直接通信，受其控

图 1-9　VFD-B 型 22kW 变频器的 MCU 主板

制并上传变频器的工作状态。

图 1-10 ~ 图 1-17 是作者据该型号变频器产品实物测绘而成的电路原理图，是极为难得的维修资料。

图 1-10 ~ 图 1-12 是电源/驱动板的电路原理图，为方便原理（信号流程）分析，将主电路也一并在图 1-10 中画出。包括晶闸管脉冲形成电路，开关电源电路，IGBT 驱动电路，电流、电压、温度检测的前置电路，OC 信号报警电路，散热风扇控制电路等，均在这块电路板上。电源/驱动板直接与主电路相联系，处理高电压、大电流信号，是故障多发区域，电源/驱动板电路和逆变功率电路，在故障上有密切的关联性，同时损坏的可能性较大，占整机故障率的 75% 以上，这块电路板是维修中的重点，维修难度较小，必须掌握电力电子器件的工作特性和检修特点。

图 1-13、图 1-15、图 1-16 为 MCU 主板电路，包括电流、电压、模块温度等后级检测，故障报警信号形成电路，MCU 基本工作条件电路和控制端子电路等。MCU 主板处理各种检测、保护报警、控制信号，属于低电压、微电流信号板，故障发生率相对较低，占整机故障率的 25% 以下。这是以微控制器为核心，由大量模拟（又称运放电路/运算放大器）IC 和数字 IC 电路构成的电子电路，维修者必须具备一定的电子电路基础，及 MCU 工作状态的检测能力。由于电路较为复杂，电路的精密程度和技术水平较高，尤其是无电路图纸的情况下，维修难度较大。

图 1-14 为操作显示面板电路图，将其排序于图 1-13、图 1-15、图 1-16 之间是为了按信号流程进行原理性分析。一般由通信电路、译码电路和显示器驱动电路、数码显示器构成，故障率较低。作为一个显示与控制部件，生产厂家往往提供配件，整体代换的造价一般被用户所接受，维修量不太大。

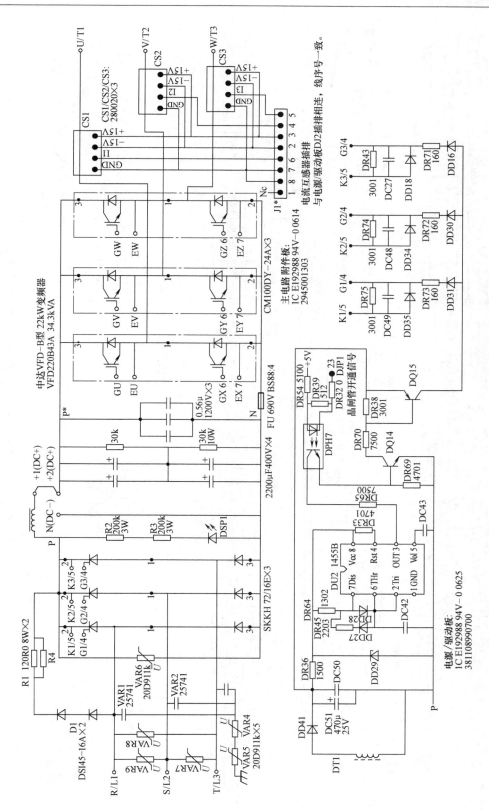

图 1-10 VFD-B 型 22kW 变频器主电路、晶闸管触发脉冲电路

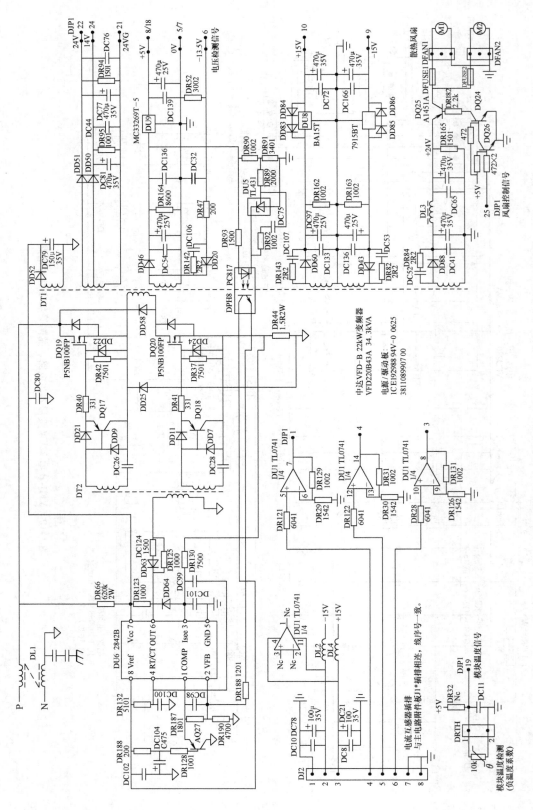

图 1-11 VFD-B 型 22kW 变频器开关电源电路、电流与温度检测前置电路

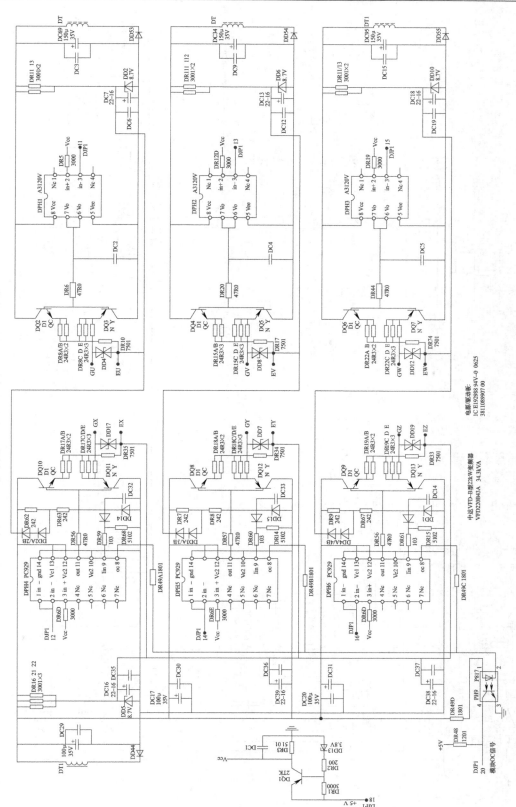

图 1-12　VFD-B 型 22kW 变频器驱动电路

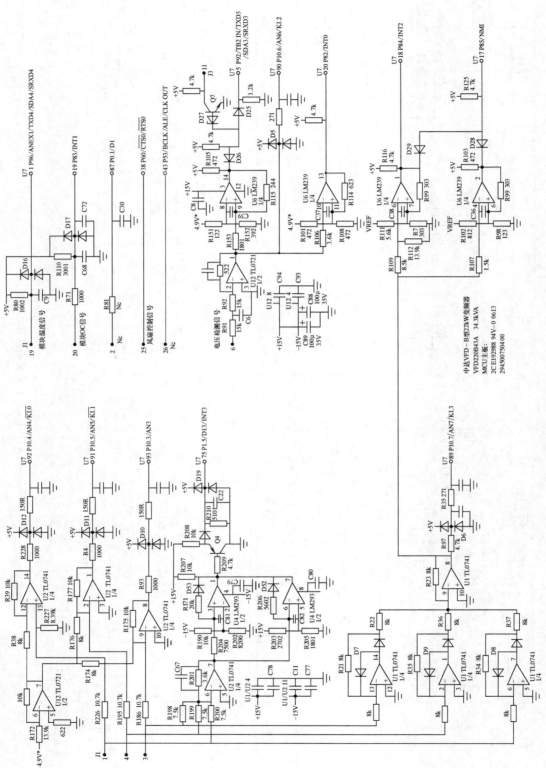

图 1-13　VFD-B 型 22kW 变频器电流、电压等检测电路

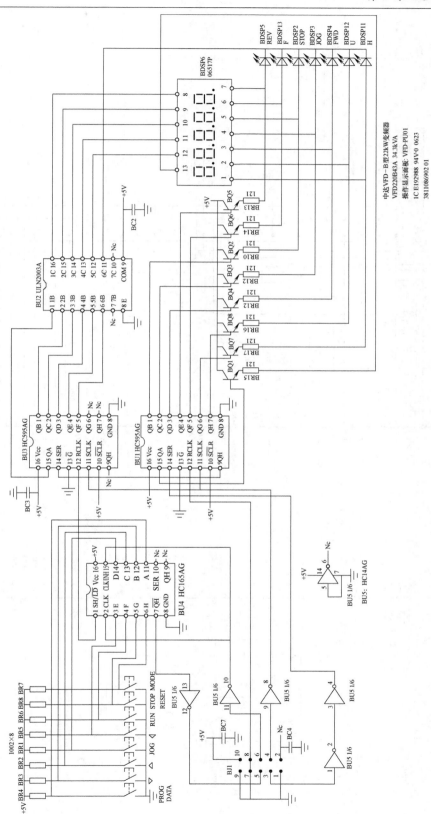

图 1-14　VFD-B 型 22kW 变频器操作显示面板电路

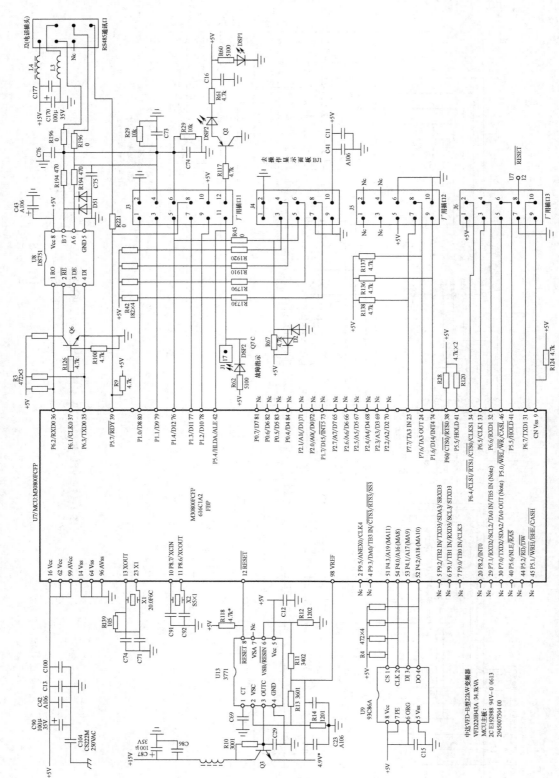

图 1-15 VFD-B 型 22kW 变频器 MCU 基本电路

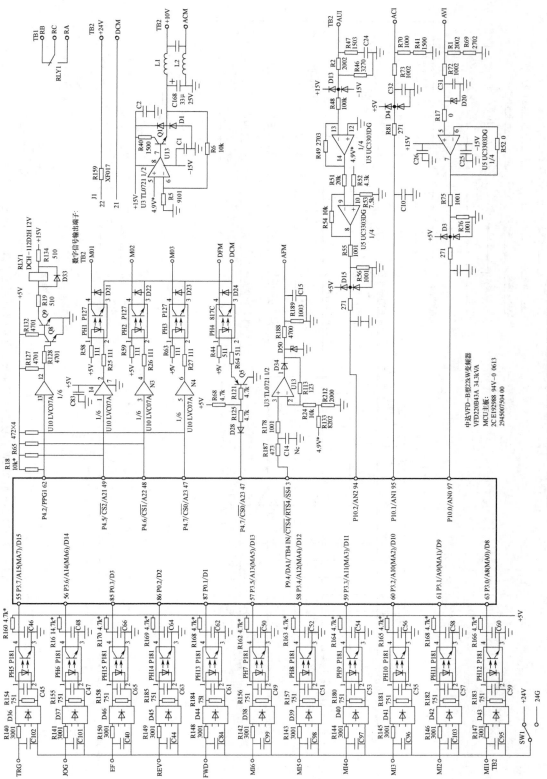

图 1-16 VFD-B 型 22kW 变频器控制端子电路

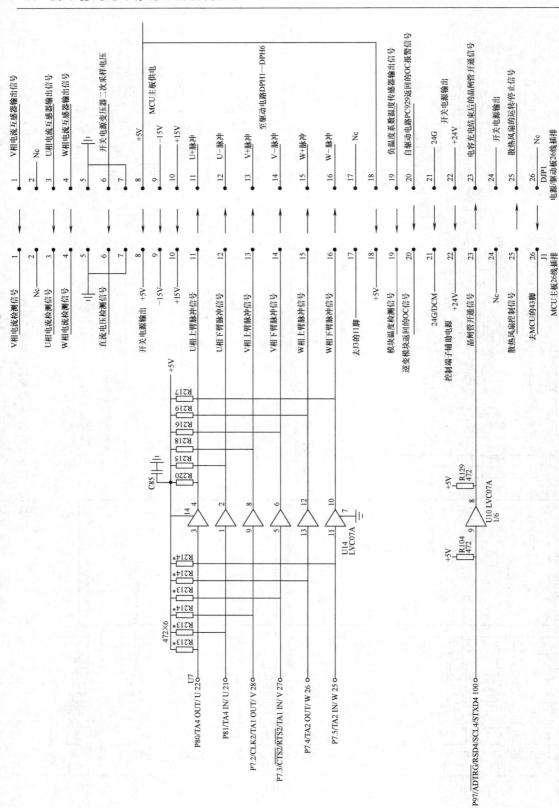

图 1-17　VFD-B 型 22kW 变频器 MCU 主板、电源/驱动板端子信号去向图

图 1-17 为电源/驱动板和 MCU 主板之间的信号连接电缆——排线端子图。这对维修者来说，是很有"利用价值"的一张图，整机电源供应、整机各种检测与保护信号、控制信号的来龙去脉，均集中并标明在端子去向图上，这为故障检测带来很大的方便。随着维修经验的积累，必要时可以在信号端子上"动些手脚"，施加一些"人为信号"甚至变动一下电路的参数，达到高效检修和应急修复的目的。

（2）VFD-B 型 22kW 变频器的主电路、主电路附件板、电源/驱动板电路原理简述

（主电路）R、S、T 电源输入端子并联有压敏电阻和电容元件，用于吸收电网侧的有害电压毛刺，形成三相整流电路的过电压保护屏障。3 只半控桥模块（每只模块内含单向晶闸管 1 只，整流二极管 1 只），组成可控桥式整流电路，变频器上电后，3 只晶闸管在何时导通是受 MCU 输出信号控制的。

在变频器上电初始期间，整流模块内部的 3 只单向晶闸管器件处于截止状态。此时 R 相交流正半波电压，经 D1（2 只串联整流二极管）、限流功率电阻 R1/R4、整流模块下臂二极管形成整流回路，整流电压经内置直流电抗器 L 为储能电容充电，因 R1/R4 限流作用，储能电容两端（P∗、N 端）直流电压随电容充电逐渐建立，至额定电压 530V 的 80% 以上时，开关电源电路（见图 1-11）开始起振工作，MCU 器件自检结束（系统运行正常，未发现故障信号存在时），由 MCU 主板排线端子 DJP1 的 23 脚输出一个低电平（或称 0V 电平或地电平，针对 MCU 的 +5V 供电而言）控制信号，光耦合器件 DPH7 导通，主电路单向晶闸管得到触发脉冲而导通，由 D1、R1/R4 组成的预充电（或称限流充电）电路的任务结束，半控整流桥电路"变为"三相桥式整流电路，将整流所得的 300Hz 脉动直流电压经储能电容变为较为平滑的 530V 直流电压，供后级逆变功率电路，变频器由此进入工作待机状态。

限流电阻 R2、R3 和发光二极管指示灯 DSP1 组成直流电压指示电路，上电后，DSP1 即点亮，一是指示预充电电路工作正常，二是停电后指示储能电容的放电状态，在指示类点亮期间，说明储能电容器上还有残余电压，不得拆装机器，以免遭到电击！

直流回路的储能（滤波）电容选用额定电压值一般为 DC 400V，为满足耐压的要求，通常为两只电容器串联应用，为满足容量要求，多组串联电容又并联使用。电容器两端通常并联放电电阻，以便停电或停电检修时，加速电容器内部残余电荷的泄放速度。

逆变功率电路由 3 只双管 IGBT 功率模块组成，在驱动电路输入的 6 路脉冲信号驱动下，6 只 IGBT 依序导通与截止（如 U 相上臂 IGBT 与 W 相下臂 IGBT 同时导通，与外部电动机绕组一起，形成 U 相正半波电流通路），将 DC 530V 电源，逆变为三相频率和电压可变的交流电源，输出至 U、V、W 输出端。

小功率变频器是用小阻值功率电阻作为电流采样器件串接于输出端，从电流采样电阻上取得电流检测信号。大、中功率变频器是采用霍尔元件和精密运放电路，以电磁感应方式取出输出电流信号，输入后级电流检测信号电路。晶闸管触发电路的工作原理，后文有详述。

（开关电源电路）采用专用 PWM 脉冲形成芯片，生成振荡脉冲，经推动变压器 DT2 转换成两路同相脉冲信号，分别驱动功率开关管 DQ19、DQ20，与开关变压器 DT1 一起形成多路逆变交流电压输出，经整流后，形成控制电路和驱动电路的各路稳定直流供电。振荡芯片外围电路、输出电压采样电路等构成保护和稳压控制环节，请参见后文详述。

散热风扇的供电由开关电源输出的 +24V，经由 DQ24、DQ25、DQ26 等 3 只晶体管组成的控制电路，输出至 DFAN1、DFAN2 外接风扇端子。模块温度信号由负温度系数热敏电阻

取出，常温时电阻值为 10kΩ，温度升高时电阻值下降，将温度变化转化为电压信号，从 DJP1 的 19 端子输出至 MCU 主板。风扇的运转模式可由参数进行可编程设定，可分别运转为上电后即运转、起动后运转、温度到达设定值时运转等模式。DJP1 端子的 25 脚变为高电平（或为 +5V，针对 +5V 的负端/地端/0V/地电平而言）时，风扇得电运转，低电平，风扇运转停止。

由电流互感器 CS1 ~ CS3 来的电流检测信号，经主电路附件板 J1 * 端子、电源/驱动板的 DJ2 端子引入，由 DU1（TL0741 四运放）运放电路处理，送入后级电流检测电路。（驱动电路）后文电路有详述，此处从略。

（3）VFD-B 型 22kW 变频器的 MCU 主板、操作显示面板电路原理简述

（操作显示面板电路）变频器的操作显示面板（见图 1-14），后文有时简称为操作显示面板或面板。操作显示面板是个双向通信器件，既可将用户意图（如参数设置与修改）通过键盘指令输入 MCU，也可以将变频器的工作参数（如输出电压、电流、故障信号代码等）上传，做出显示，是控制与显示的双功能器件。本机型的操作显示面板电路由 5 片数字 IC 电路和 5 位的数码显示器构成。在 MCU 主板输出的 5 线二进制数字信号控制下，上传 MCU 内部变频器运行的各种数据用于显示，并将键输入指令，下传至 MCU。

（MCU 主板电路）包括 MCU 基本电路、控制端子电路、电流、电压等检测电路和端子信号去向图电路等。MCU 基本电路包含微控制器正常工作所必需的基本条件，如电源、复位信号形成电路、晶振电路等，作为较复杂的控制系统，本书将 MCU 外部存储器以及与面板的通信电路（参考下文正弦变频器）等都归入 MCU 基本电路的内容之内，因为从维修角度讲，以上电路全部表现正常，才算具备了整机电路正常工作的基本条件。MCU 的工作过程，参见后文详述。

变频器的控制端子电路包含了数字信号输入端子电路、模拟信号输入端子电路、数字控制信号输出电路和模拟信号输出电路等 4 类电路，还包括控制端子所需的 24V、10V 辅助电源电路，其中 10V 辅助电源由开关电源的直流输出电压经稳压 IC 或运放电路处理而成。

数字信号输入、输出电路大多采用光耦合器件，实现输入、输出信号与 MCU 主板电路的电、气隔离，并提高抗干扰性能。数字信号输出电路有采用光耦合器作为输出元器件的，为集电极开路输出模式；能传输开关量信号和脉冲信号，也有继电器输出电路，称为无源触点信号输出电路。

模拟信号输入电路大多采用由运放电路构成的电压跟随器或放大器，将输入信号处理后，输入 MCU 电路。模拟信号输出电路，系 MCU 输出的 PWM 脉冲信号，经 RC 滤波和运算电路处理为模拟电压信号输出。

由电源/驱动板的电流、电压检前置电路来的电流、电压检测信号，输入 MCU 主板的电流、电压信号处理（后级）电路，往往根据 MCU 输入信号要求，一是由后续比例放大（或衰减）电路和电压比较器电路分别处理为 0 ~ 5V 范围以内的模拟电压信号，输入 MCU 内部的 A-D 转换电路，用于显示或控制用途；二是由电压比较器电路，将输入信号与设定值相比较，得到开关量的报警与停机保护信号，输入至 MCU 的数字信号输入端，用于故障报警与停机保护。电压、电流检测电路的详细工作原理请参见后文。

MCU 主板、电源/驱动板端子信号去向图集中了整机电源供应和各种信号去向，是检修工作中很好的参考。

1.5 海利普 HLP-P 型 15kW 变频器的整机电路

（电源/驱动板电路）电源/驱动板电路的第一部分：HLP-P 型 15kW 变频器除主电路的元件安装于箱体内部之外，所有电路集中于两块电路板上，即电源/驱动板和 MCU 主板（见图 1-18）。电源/驱动板包括开关电源电路，提供整机控制电源和驱动电路的供电；电压、温度等前置检测电路，逆变模块温度信号经热敏电阻检出，由排线端子送入 MCU。直流电压信号由开关电源的二次绕组取出，经整流、RC 滤波取出直流电压，由排线端子送入 MCU 引脚；直流回路熔断器状态检测电路将检测信号经光耦合器隔离，送入 MCU。

另外，MCU 输出的散热风扇控制信号和充电接触器控制信号由 MUC 输出后，经光耦合器隔离，经排线端子送入电源/驱动板，经功率放大后，驱动散热风扇和充电接触器线圈。

开关电源电路由非常精简的晶体管分立器件构成，这是变频器开关电源电路的另一类型。其工作原理和检修要点见后文。

电源/驱动板电路的第二部分：即驱动电路，如图 1-19 所示。这是一个由 MCU 输出脉冲信号、中间缓冲电路、驱动 IC 电路、后级功率放大电路、驱动供电组成的完整的脉冲信号传输通道。原理后述。

（操作显示面板电路）图 1-21 所示为操作显示面板电路，包含主板 MCU 电路、显示器及驱动电路（段驱动信号直接由 MCU 输出）和通信电路。采用 5 位显示器电路，8 线"段驱动"信号直接由 MCU 的 12～19 脚输出，而"位驱动"信号，则由 MCU 的 6、7、8 脚输出的二进制逻辑信号，经 4 线/10 线译码器/驱动器电路 U2（LS145）对输入 BCD 信号译码后输出，形成 5 位显示器的位驱动信号。请读者注意该电路与 VFD-B 型 22kW 变频器面板电路的不同。

（MCU 主板电路）图 1-20、图 1-22、图 1-23 等电路构成 MCU 主板电路。MCU 基本电路和控制端子电路，同上文的 VFD-B 型 22kW 变频器电路基本相近，不再赘述。图 1-20 是电流、电压检测电路，主板电路的一个重要组成部分，即故障检测与保护信号形成电路，通常由以下电路所组成：

（输出电流检测电路）由三相不平衡电流信号检测电路、过载、短路信号形成电路、电流值检出与控制电路等组成。

1）三相不平衡电流信号检测——"E. GF. S"（地短路、对地短路、电动机外壳接地）故障报警信号形成电路。由运算放大器 U6 的 5、6、7 脚内部放大电路和 U8 内部两级开路集电极输出式放大器组成，后者构成窗口电压比较器电路，对不平衡电流的正、负向峰值信号均能做出反应，在停机或运行状态，即变频器上电后，即有可能报此故障。检测电路输出的信号为开关量信号。本例电路的 3 只输入电阻是空置的，电路其实是未予启用的。

2）运行电流显示、控制与故障报警信号形成电路是输出模拟电压信号的电流检测电路。U9 的 5、6、7 脚内部电路和外围元器件构成 U 相电流信号检测与放大电路，输入从 U 相电流互感器来的电流检测信号，将负向电流输入信号进行精密整流后，输入至 MCU 的 61 脚，经 MCU 内部电路和程序处理为电流显示信号，供操作显示面板显示运行电流值。同时该电流检测信号，还用于输出控制，当检测过电流信号发生时，有延时处理过程，延时时间

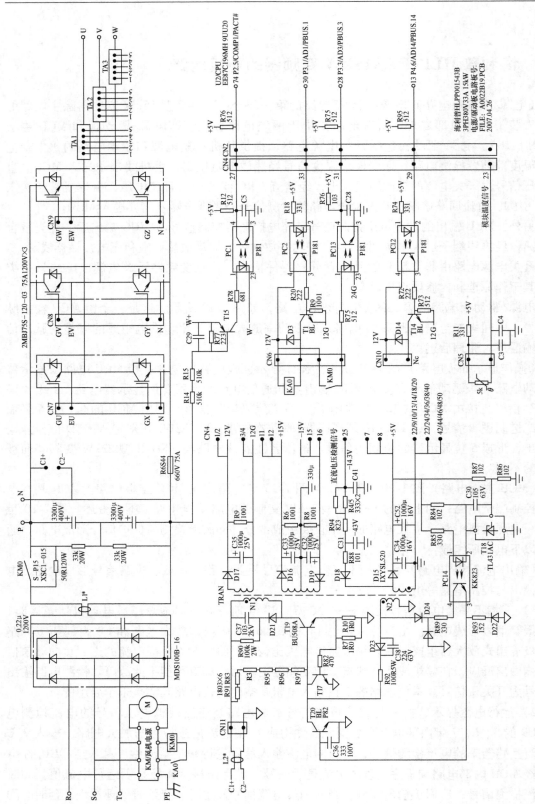

图 1-18 HLP-P 型 15kW 变频器主电路、开关电源电路

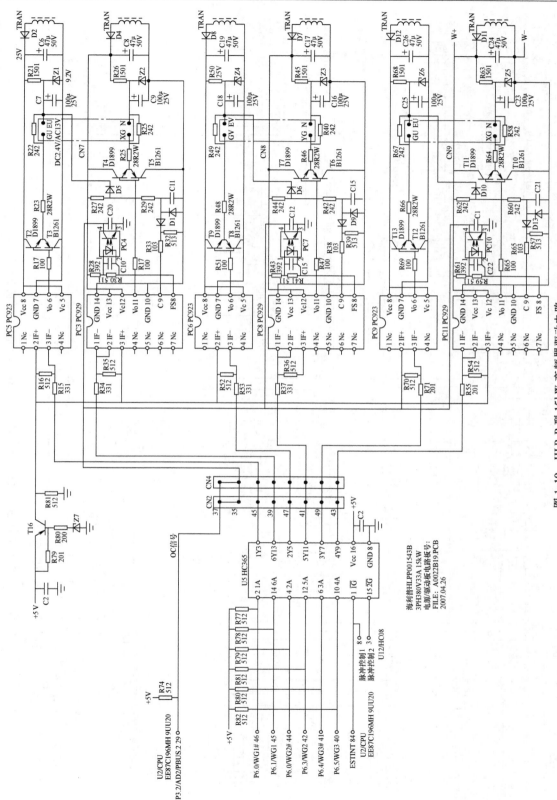

图 1-19 HLP-P 型 15kW 变频器驱动电路

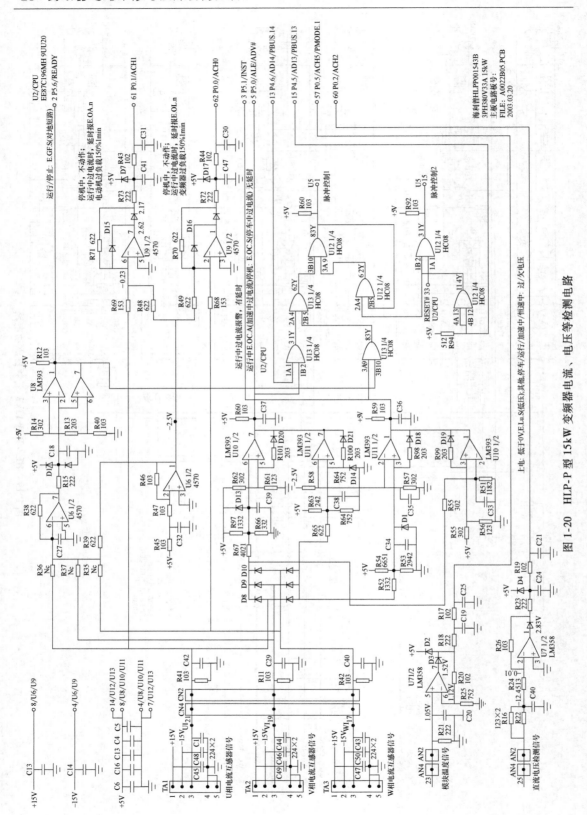

图 1-20 HLP-P 型 15kW 变频器电流、电压等检测电路

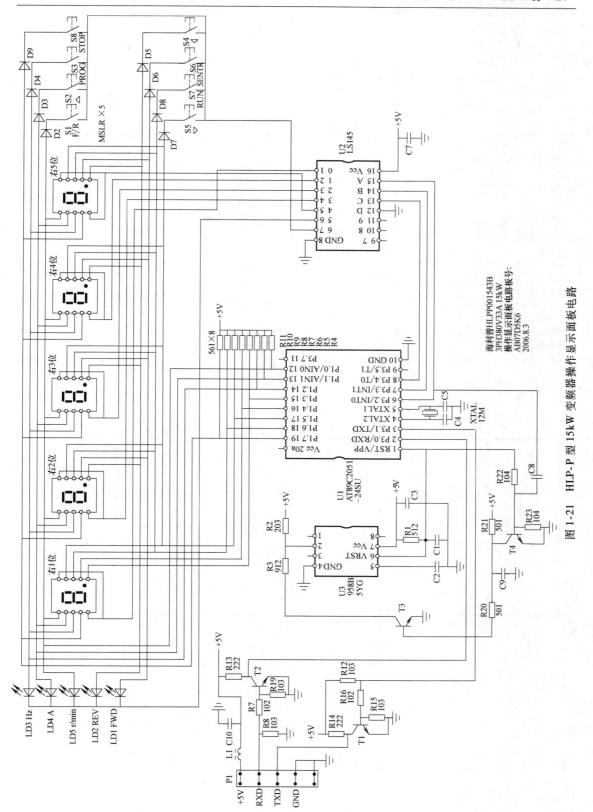

图 1-21　HLP-P 型 15kW 变频器操作显示面板电路

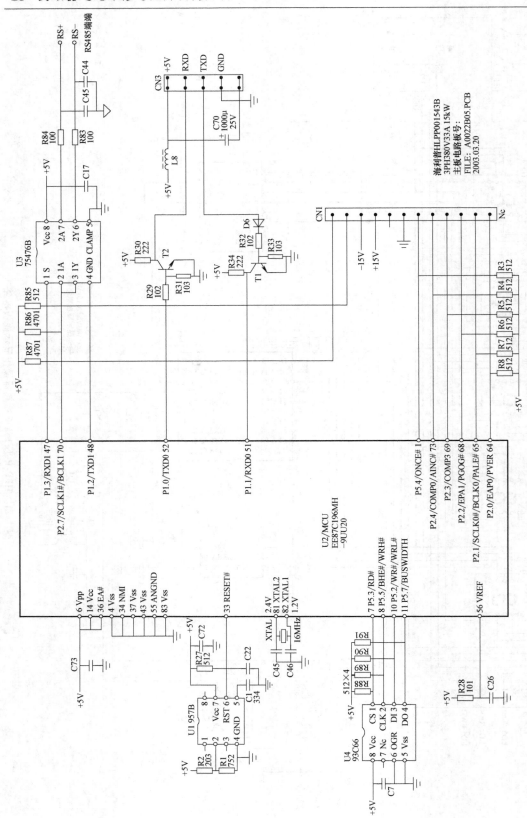

图 1-22　HLP-P 型 15kW 变频器 MCU 基本电路

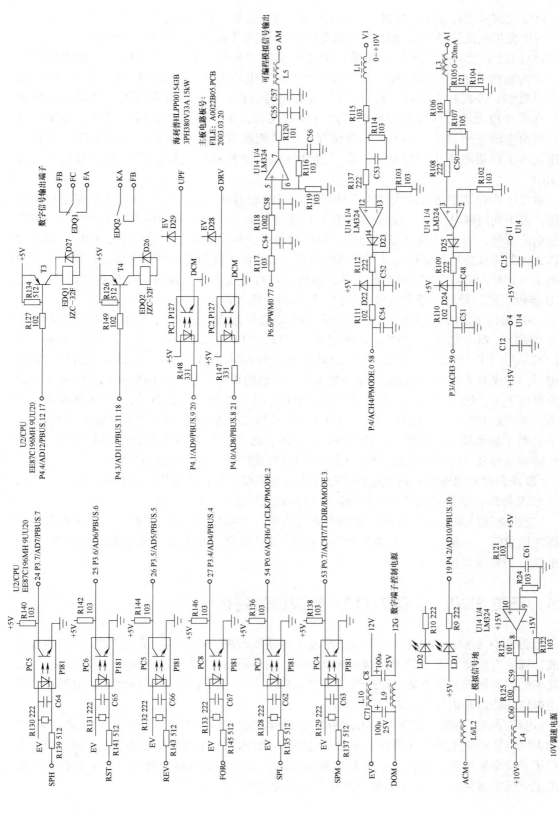

图 1-23　HLP-P 型 15kW 变频器控制端子电路

到，过电流信号仍存在时，才报出"E. OA. n"过载信号，并停机保护。

传输模拟电流信号的 W 相电流检测电路与 U 相检测电路完全相同，不再赘述了。

3）加速中过电流、停车（减速）中过电流的"E. OC. A"、"E. OC. S"故障检测电路。该检测信号为开关量信号，在运行和停机过程中均能报警，运行中以"E. OC. A"故障代码报警，停机状态中以"E. OC. S"故障代码报警，以区分变频器的工作状态。报警执行有延时和无延时两级处理电路，过电流程度较深时，输出报警信号时即行停车。该信号系由电流互感器的三相电流检测信号，经整流滤波变为反映正、负电流峰值的直流电压信号至后级电压比较器电路，由"双梯级电压比较器"电路处理为开关量信号，送入 MCU。

由 U11 内部两组运算放大器构成的迟滞电压比较器构成正、负峰值电流报警信号检出电路，由于其门槛电压（比较/基准电压）的设置较低，运行中在过电流程度较浅时，即发送过电流信号，MCU 接收报警信号后，做延时处理，再实施停机保护动作；U10 内部两组运算放大器构成的迟滞电压比较器，也构成正、负峰值电流报警信号检出电路，但由于其门槛电压（比较/基准电压）的设置较高，运行中在过电流程度较深时，才发送过电流信号，MCU 接收报警信号后，即实施停机保护，无延时处理过程。

U10、U11 输出的开关量过电流信号（故障信号输出时，U10、U11 输出端变为低电平），除输入 MCU 的 3、5 脚外，还同时输入 U12、U13 内部的 7 组 2 输入与非门电路，在"E. OC. A"、"E. OC. S"、"E. GF. S"故障信号，和 MCU 的 13、15、33 脚输出信号的共同作用下，完成对 6 路 PWM 脉冲传输通道关闭和开启的任务，当 U12 的输出端 8 脚和 3 脚同时为低电平时，U5（三态门六缓冲器/驱动器 HC365）才具备开启条件，PWM 脉冲被正常传输。当"E. OC. A"、"E. OC. S"、"E. GF. S"故障信号发生时，U5 的 1 脚或 15 脚变为高电平，则 Y 输出端变为高阻态，传输通道被关闭，起到对 IGBT 功率模块的保护作用。MCU 信号的参与涉及软件设计者的思路，用于屏蔽或使故障信号生效，分析从略。

（模块温度检测电路）前级电路来的由热敏电阻取得的模块温度检测信号，经 U7 的 5、6、7 脚及外围元器件组成的"比例衰减"电路处理后送入 MCU 电路。

（直流电压检测电路）由开关电源来的直流电压检测信号，经 U7 的 1、2、3 脚及外围元器件组成的"比例衰减"电路处理后，送入 MCU 电路。在直流电压异常时，报出"过、欠电压"报警及保护信号。

1.6　正弦 SINE300 型 7.5kW 变频器的整机电路

因为是小功率机型和进一步降低生产成本的需要，逆变功率电路采用 IGBT 分立器件来组成，储能电容器（及电容器两端的放电电阻，由多只贴片电阻元器件串、并联组成）、逆变功率电路和制动开关电路，均组装于一块电路板上，见图 1-24 点画线框内主电路。本机型主电路的特点是由分立 IGBT 器件构成。

（电源/驱动/电流、电压检测电路板）三相整流电路和电源输入端的压敏电阻、RC 组成的尖峰电压吸收电路等元器件，安装于电源/驱动/电流、电压检测电路板上。该电路板上包括了开关电源电路，本机型采用 DSP 控制技术，需要的供电路数增多（DSP 器件，需要两路低电压电源供电），电源系统较为复杂，后文有专门分析。

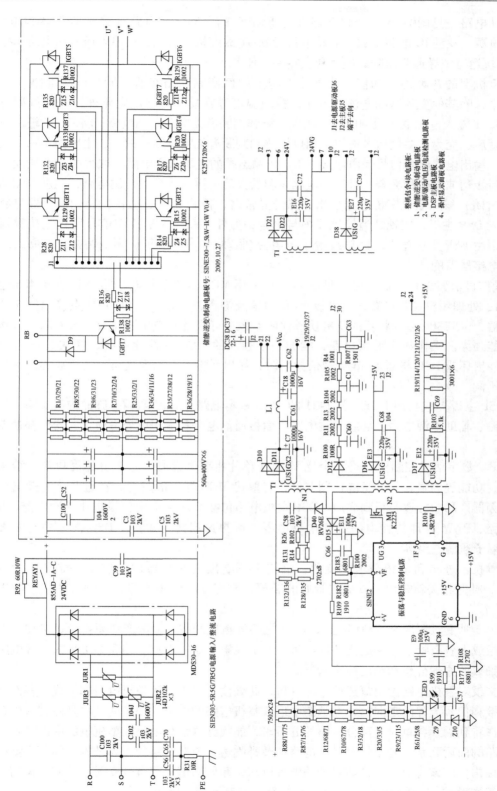

图 1-24 SINE300 型 7.5kW 变频器主电路、开关电源电路

驱动电路（见图 1-25）由 DSP 器件与驱动 IC 的中间缓冲电路（或称 DSP 接口电路）和驱动电源、驱动 IC 电路组成，驱动电路无 IBGT 故障检测功能，输出电压检测电路承担着 IGBT 模块运行中导通管压降的检测和直接保护任务。

本例机型的各种检测功能较为齐全，与上两例变频电路有所不同。检测电路（见图 1-26）中，除其他变频器的电流、电压、模块温度等常规信号检测电路外，本例机型还设有 R、S、T 输入电源电压检测电路，用以检测和判断有无电源断相故障；将 U、V 输出电压信号处理后，变为开关量信号输出，用以检测和判断有无输出断相故障；也因为小功率机型的缘故，输出电流检测信号是由串接于 U、V 输出端的电流采样电阻上取得的，经线性光耦合器和后级运放电路相配合，进行光电隔离和放大后，再送入后级检测电路；温度检测信号是由（常闭）触点型温度传感器取出，温升异常时，传感器触点动作，经光耦合器将超温信号送入 DSP 主板，实现超温停机保护与报警；另外，散热风扇控制信号和充电接触器控制信号，由 DSP 主板输出，经排线端子至电源/驱动/电流、电压检测电路板，控制风扇运转和充电接触器的动作。

（操作显示面板）本例电路（见图 1-27）采用 MCU 器件和铁电存储器 U6、RS485 通信模块 U3，处理用户参数设置、与主板 MCU 通信及键盘输入信号，由 MCU 直接驱动 5 位数码显示器，SINE300 型变频器的所有功能代码参数，可通过操作显示面板进行复制。电路简洁而功能强大。操作显示面板电路，构成一个独立的 MCU 智能化系统，能在 DSP 主板的 DSP 器件损坏或 DSP 与面板 MCU 通信异常时，做出示警，电路形式与上文所述的两种机型又有所不同。

（DSP 主板）包括图 1-28 ~ 图 1-31 的 MCU 基本电路、MCU 电源、脉冲输出电路，控制端子电路、辅助电源电路，后级检测电路、面板通信电路和端子信号去向、元器件补遗图电路等。

DSP（数字信号控制器）是一个比 MCU（单片机或微控制器）运算速度更快，结构更为复杂、功能更为强大的高智能控制器件，有取代 MCU 器件的趋势，在近几年制造出厂的新型变频器产品中，逐渐得到应用。DSP 主板电路包括 DSP 供电电源及电压基准电路、DSP 基本电路、PWM 脉冲传输电路和充电继电器、散热风扇控制电路、DSP 输出的与面板和 RS485 端子通信电路等。

随着技术进步和市场需求的变化，电路中不断出现对新器件的应用，维修者要及时"充电"，补充相关新知识，以适应维修的需要，要有在检修中学习，在学习中检修的思想准备。

以上 3 种变频器属于 2000 年至 2010 年之间的新型产品，为国产变频器代表机型，而且在电路组成上各有特点，形成互补性参考。本书在第 8 章重点对上述 3 类机型的主板电路做出较为细致的原理分析和给出检修指导。

上文仅对整机电路做出概述性原理分析，此处读者只需了解整机电路的构成、各部分电路的衔接和信号流程的走向。先在脑海中形成整机电路的框架，知道变频器是由哪些电路所构成，在看到后续各章对某部分电路的分析时，能找到这部分电路在整机电路中的位置，和明晓电路的前后联系。先不忙对各个电路细节都吃透，但对电路的大体结构和同一类型电路的不同结构，应该有所了解，如对开关电源电路，起码知道电路有分立元件、芯片振荡电路等两种基本形式，3 种变频器的操作面板电路也各有不同，等等。

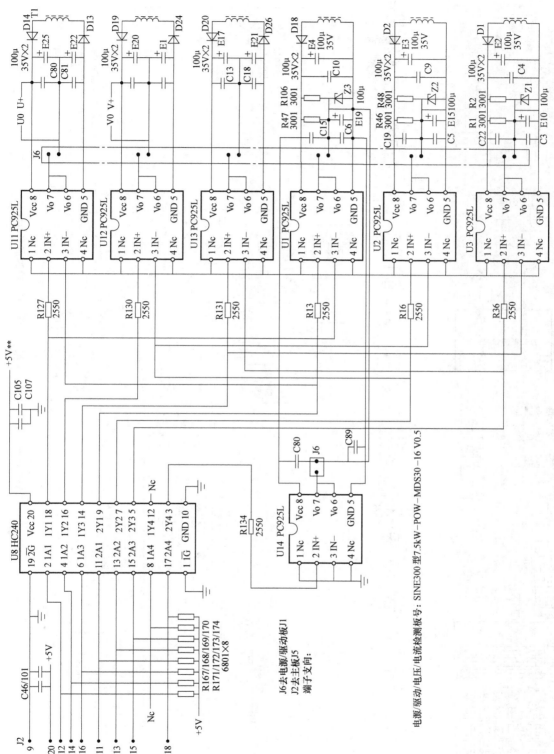

图 1-25　SINE300 型 7.5kW 变频器驱动电路

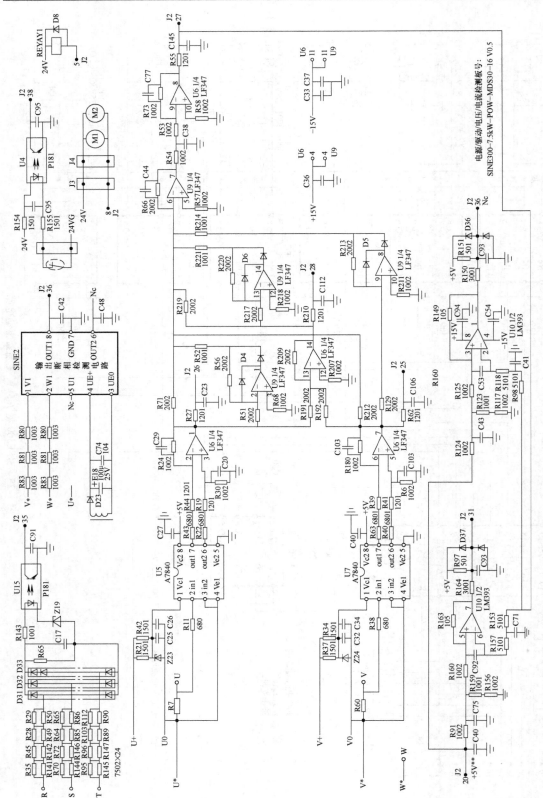

图 1-26 SINE300 型 7.5kW 变频器电流、电压、温度检测前置电路

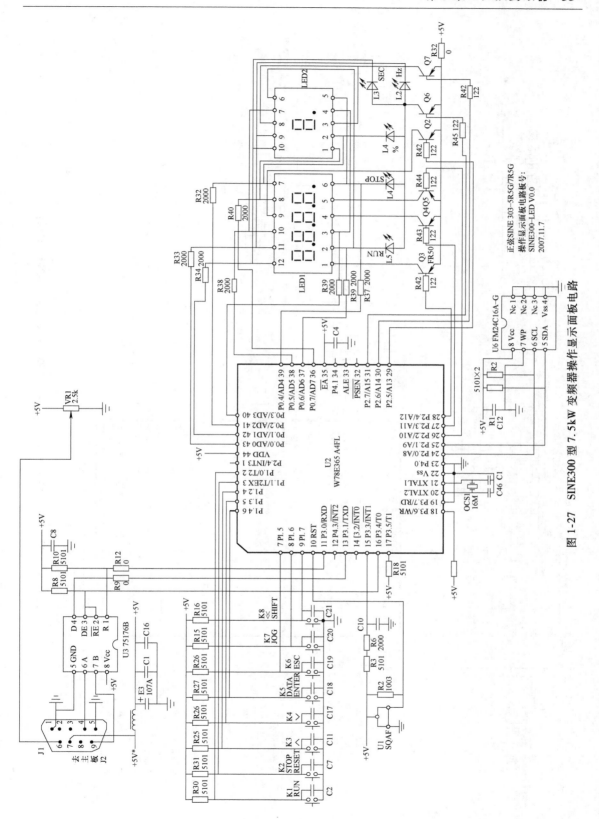

图 1-27　SINE300 型 7.5kW 变频器操作显示面板电路

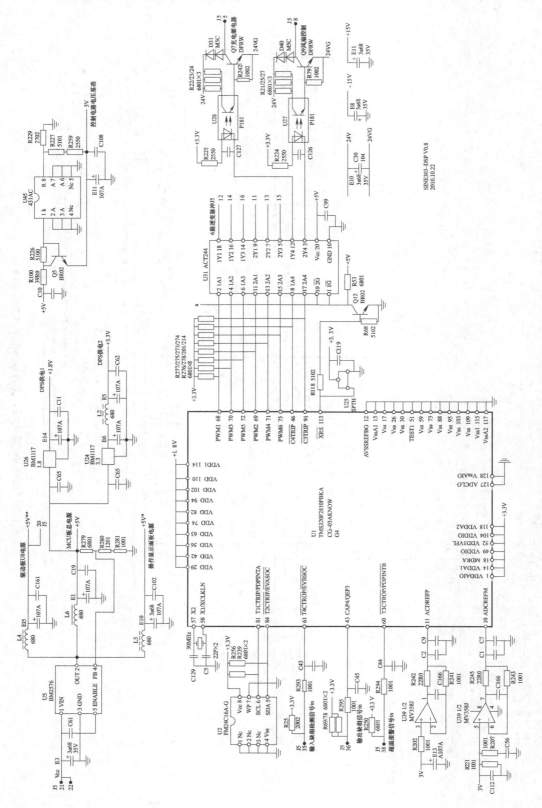

图 1-28 SINE300 型 7.5kW 变频器 MCU 基本电路、MCU 电源、脉冲输出电路

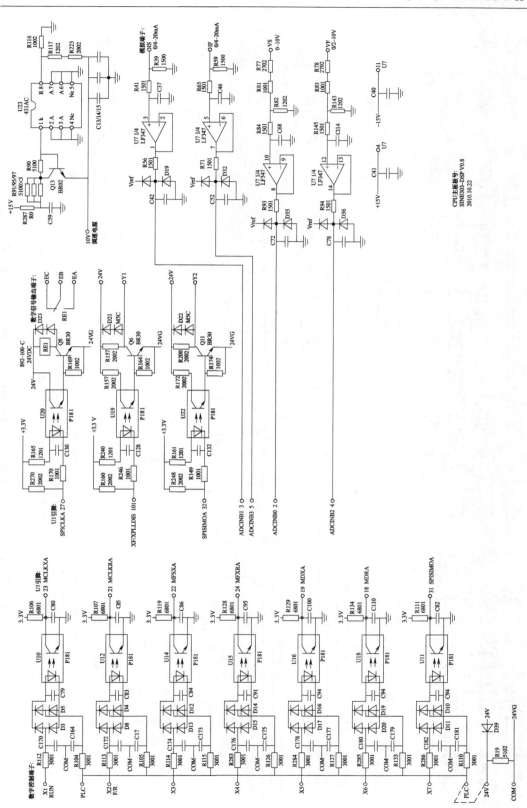

图 1-29　SINE300 型 7.5kW 变频器控制端子电路、辅助电源电路

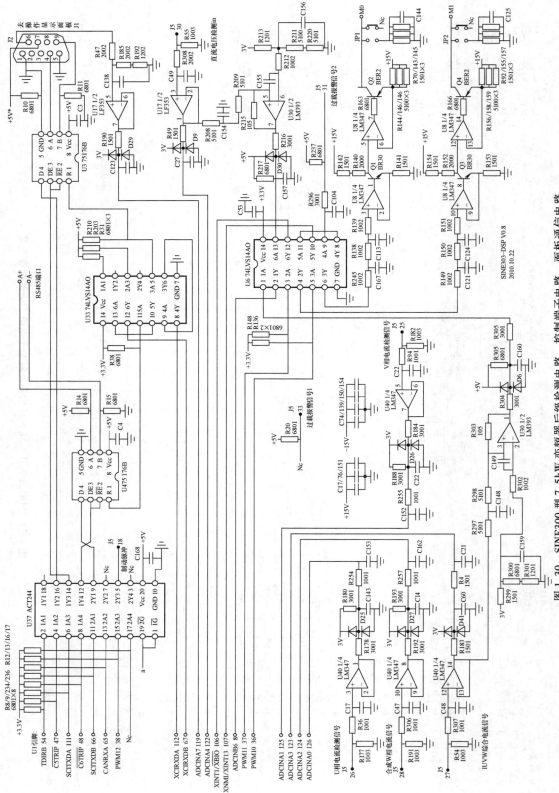

图 1-30 SINE300 型 7.5kW 变频器后级检测电路、控制端子电路、面板通信电路

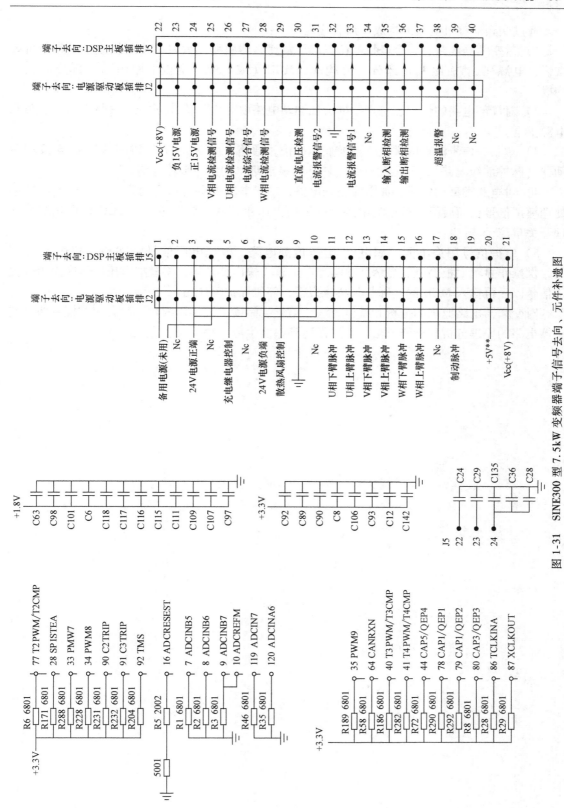

图 1-31　SINE300 型 7.5kW 变频器端子信号去向、元件补遗图

通过变频器整机电路的构成，读者应能形成：

1）对变频器电路有一个概括的认识。了解变频器由哪几大块电路所构成，对某一机型来说，电源/驱动板由哪几部分电路构成，MCU（或 DSP）主板电路由哪几部分电路所构成。

2）对局部电路的认识和特点掌握，如驱动电路由 6 片驱动 IC 构成，其特点为正、负双电源供电。

3）对某一信号流程的掌握，如逆变脉冲信号通路，由 MCU 6 个 PMW 端口，至反相驱动器（脉冲前级电路）、至驱动电路（脉冲后级电路）的信号传输通路。

4）对电路类型的掌握，如电流检测电路，前级电路采用运算放大器（反相放大器）来处理模拟信号，而后级电流检测电路，则采用电压比较器与数字电路、MCU 指令相配合处理开关量信号。

5）掌握信号用途不同，如电流/电压检测电路，模拟电压信号往往是直接送入 MCU 的，供操作显示面板的电流显示和参与程序运算、输出控制等，将模拟电压信号变换为开关量信号以后再输入 MCU 的，则起到故障报警、停机保护等作用。

对变频器电路原理的分析和检修方法，请继续阅读以下几章内容。读者应掌握一两种变频器电路的原理分析和检修方法，并进而达到熟能生巧、举一反三之效。

第 2 章　变频器维修前的准备工作

往简单里说，一把电烙铁，一只万用表，几把螺钉旋具，便能展开变频器的维修工作。但如果条件允许，且对此项工作有比较长远的打算，检修工具齐全和做好检修准备工作，可以提高检修效率。俗话说"三分匠人，七分工具"，正是这个道理。但读者应看情况而定，也无必要面面俱到，将所有检修设备全配齐后，才进行维修，一些设备其实是可有可无的。如测量仪表，有万用表即基本上满足检修条件，示波器可视自己的经济情况及检修能力而定，不一定非配备不可；如焊接工具，有两把电烙铁即满足基本焊接条件，高规格多功能的热风枪（台）就不一定要配备齐全了。

2.1　检修仪表和工具

1. 测量仪器

应该配备数字万用表和指针式万用表各一只，一般市售产品均能满足要求，如 T91A 型数字万用表和 MF45 型指针式万用表。数字万用表用于测量电路板上元器件的连接、晶体管的好坏很是方便，测量电压值因输入阻抗高，有较好的精确度，显示数字值也比较直观。指针式万用表测量电流和电压，不用消耗内部电池，这样，当两块表的电池碰巧不能用的时候，指针式万用表可以用于应急。变频器的输出电压，虽然基频一般为 0 ~ 60Hz 以内，其载波频率一般为数千赫兹至数万赫兹，用数字万用表测量，因内部检波电路的滤波作用，显示数值紊乱、跳变或有超量程显示，用指针式万用表则能稳定显示输出电压值。另外，用指针式万用表的直流档，测量变频器的输出电压，这是一种超出常规的测量方法，能据测量结果，判断逆变功率电路的故障，后文详述。

示波器又分为模拟示波器和数字示波器两种，各有其特点，主要用于测量 IGBT 的驱动脉冲信号，其频率约为数千赫兹至数万赫兹，主板 MCU 的时钟频率一般为几兆赫兹至十几兆赫兹，一般选用 20MHz 带宽的单踪或双踪（模拟）示波器即可。

图 2-1 所示为 YB4345（数字读出）20MHz 双踪示波器，为作者日常检修中所用的。对于作者来说，基本上是用万用表检测电路，用上示波器的时候并不多。该示波器的主要参数和特点如下：

1）频率范围：DC ~ 20MHz −3dB；

2）灵敏度：最高偏转系数 1mV/div；

3）6in$^{\ominus}$ 大屏幕：便于清楚观看信号波形；

4）数字编码开关：操作灵活，定位准确；

5）光标读出测量：光标数字读出可使信号观察与测量变得更为迅速精确，屏幕上可提供 7 种功能（ΔV、$\Delta V\%$、ΔVdB、ΔT、$1/\Delta T$、占空比、相位）；

$\ominus$ 1in = 25.4mm，后同。

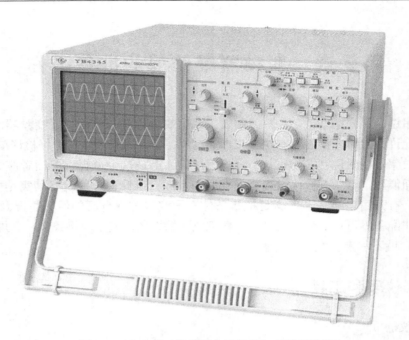

图 2-1　YB4345（数字读出）20MHz 双踪示波器

6）触发源：丰富的触发源功能（CH1、CH2、电源触发、外触发）。使用交替触发操作可获得两个相关信号稳定的同步显示；

7）自动聚焦：测量过程中聚焦电平可自动校正，触发锁定：触发电路呈全自动同步状态，无需人工调节触发电平，释抑调节：使各种复杂波形同步更加稳定。

对于维修经验丰富的检修者，可以由电路中关键点电压的变化来判断信号的有无和正常与否，但用示波器测试信号波形，形象直观，比较适宜初学者。测试波形主要进行两项调整和掌握波形中蕴含的 3 个参数（信息）。

测量过程的基本调整：

1）调整 V/div（V/每格）开关，调整波形在垂直方向所占的格数，以适宜观察为度。必要时配合探头进行 10：1 衰减调节。

2）调整 t/div（时间/每格）开关，调整波形在水平方向的波形数，以适宜观察为度。

示波器的显示屏是由垂直和水平直线交叉而成的众多的方格组成，方格的垂直方向代表着电压刻度，水平方向代表信号的时间刻度。由所测波形所占垂直格数的多少，可得出所测信号波形的电压幅度；由所测一个周期信号波形所占水平格数的多少，可以看出信号变化一个周期所需的时间，进而计算出信号的频率值；由所测信号波形的形状或有无波形，可判断信号的类型及信号的有无。综合这三条可判断信号的有无及是否正常。

调整电压和时间单位、波形示例如图 2-2 所示。图 2-2b、c、d 中间的粗横线为 X 轴基准线。每格的电压单位为 1V，时间单位为 0.5ms。

图 2-2b 所示波形，是选择为 AC（交流）输入方式，经示波器内部"隔直流处理"，测试波形上下幅度相等，总幅度占 3 格，说明所测信号波形的电压幅度为 3V；从信号的"峰顶"到"谷底"，或称为信号的正半波和负半波，为一个变化周期，又称为信号周期，在水平方向上占用两个格，0.5ms + 0.5ms = 1ms，频率和周期的关系是互为倒数，由此可算出信

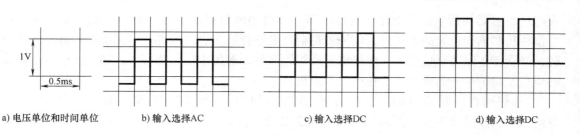

a) 电压单位和时间单位　　　　　b) 输入选择AC　　　　　　c) 输入选择DC　　　　　　d) 输入选择DC

图 2-2　示波器测试波形的示例

号频率值 = 1/0.001s = 1000Hz；从信号波形的状态可看出，该测试点有信号电压，信号类型为矩形脉冲信号。若选择为 DC（直流）输入方式，即可观察到信号波形中所含有的直流成分。图 2-2c 所示波形的电压总幅度虽然也为 3V，但其正电压幅度（0V 以上）为 2V，负电压幅度为 1V；图 2-2d 所示波形的电压幅度则为 + 3V。图 2-2b、c、d 所示信号频率都为 1kHz。

对示波器的其他调整及注意事项，请详细阅读相关示波器的使用说明书。

2. 焊接工具

1）AC 220V 30W 和 60W 外热式尖头电烙铁（见图 2-3）各 1 把，前者用于电路板贴片元器件和 IC 元器件的焊接，后者用于功率模块引线端子的焊接。有些电烙铁带有温度调节/恒温保持电路，应用更加方便。

拆焊电阻、电容等贴片元器件时，应依次加热元器件两端，施加适宜的助焊剂（如松香块），等焊锡充分熔化后，用镊子夹住（或用钢针挑起）取下；焊接电阻、电容等贴片元器件时，先清理焊盘，然后先焊接固

图 2-3　外热式尖头电烙铁外形

定住一端，再焊另一端。拆焊双列引线的模拟、数字 IC 电路时，应先用焊锡丝将所有引脚带锡形成"锡带"，然后用烙铁循环加热两条"锡带"，等两条"锡带"都充分熔化，用镊子感觉 IC 元器件已松动时，取下 IC；焊接 IC 时，先清理焊盘，然后焊接固定成对角线的两个引脚，再逐一焊接其他引脚。

小功率变频器的功率模块和储能电容，往往都直接焊接于电路板上，因为面积大引脚多，用电烙铁拆除困难。为避免损伤电路板，确定模块损坏后，可先将模块"破坏清理"掉，再焊下引脚。由于贴片元器件的引脚间距小，焊接完毕，可使用放大镜检查焊接缺陷，并进行补焊。

当电路元器件大面积损坏故障，如逆变模块炸裂，冲击到驱动电路，导致驱动 IC 及外围电阻、电容元器件大面积损坏时，将损坏元器件拆除和将焊盘清理干净后，如果考虑较大体积的元器件对小贴片元器件可能产生遮挡作用，则应先焊小体积元器件，再焊大体积元器件。

焊接中最重要的是注意焊接温度与焊接时间，电烙铁焊温不宜超过 280℃，焊接时间不

宜超过 5s；焊接后应保温冷却或自然冷却，不可用酒精或水加速降温，以免造成元器件开裂损坏！对体积较大的元器件，应该先逐渐升温进行预热后，再进行焊接操作。拆焊元器件时，必须待焊锡完全熔化后，轻轻取下所焊元器件，避免未熔化状态下，用力过度将电路板的焊盘及铜箔条一起撕下来，使电路板报废！

2）热风枪。对多引脚、方形的 IC 器件（如 MCU 器件），电烙铁就不一定好用了。目前，有很多具有恒温、恒风、风压与温度可调的热风枪产品，输出空气流的热度达到高温 200 ~ 500℃，如图 2-4 所示。

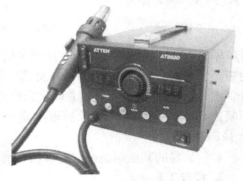

热风枪的正确使用，直接关系于焊接效果与安全。实际应用中，由于不正确使用热风枪造成元器件和电路板的损坏，从而使故障扩大化。正确使用用热风枪的注意事项如下：

使用焊风枪拆除元件的注意事项：

① 热风枪放置时，风嘴前方 15cm 处不得放置任何物体，尤其是可燃性气体（酒精、丙酮等）。

图 2-4　热风枪焊台外形图

② 热风枪的功率应该大于 500W。对于普通的有铅焊锡，一般温度设定为 300 ~ 350℃，风压为 60 ~ 80 级。

③ 根据实际焊接部位的大小来安排相应的风嘴，选择适宜的风压。

④ 在废旧电路板上训练对 IC 元器件的拆、焊操作，掌握焊接火候，在练至纯熟后，再进行维修操作。

⑤ 拆焊过程中，尽可能使用松香助焊剂。

⑥ 拆焊元器件时，如有必要，可事先在元器件引脚用电烙铁均匀带上焊锡，再加热拆除。

⑦ 拆焊时，一只手用镊子等夹具夹住元器件，一只手用热风枪来回吹元器件的引脚，引脚焊锡熔化时，可将贴片元器件提起。焊接前用电烙铁将焊盘清理平滑。

热风枪焊接元器件时的注意事项：

① 清理焊盘，在焊盘均匀涂覆松香酒精液。

② 用镊子夹住元器件的两端，用热风枪在松香上预热，并把元器件引脚稍蘸一下熔化的松香液，再放到电路板的焊盘上。蘸一下松香，冷却和放置后，有固定兼清洁的作用；放置元器件时，注意引脚不要放反。在引脚未焊接牢固前，不能移开镊子，以防元器件移位、热风枪吹起元器件及引发虚焊等。对引脚较多，体积较大的元器件，焊接前要对所焊接元器件进行预热，以免贴片元器件突然受热膨胀损坏。预热温度 100℃ 左右，预热时间为几十秒。

③ 用热风枪吹焊，使焊盘里的焊锡熔化。

④ 焊好后，及时移开热风枪。焊接温度不当，易引起引脚焊锡短路、虚焊、印制电路板铜箔脱离等故障。要求焊点圆滑光洁，无拉丝搭桥、邻脚相连等异常现象。

⑤ 用热风枪吹焊元器件时，风嘴要垂直对准元器件，高度应距元器件 5mm 左右，要沿着 IC 引脚的位置，以 10 ~ 30mm/s 的速度来回转圈，确保元器件与电路板受热均匀。要密

切观察电路板的受热状态，在电路板颜色有变黄现象时，要马上停止焊接！

⑥ 用棉签蘸上洗板水，将 IC 引脚多余松香等杂物清理掉。

⑦ 用放大镜、钢针、万用表检查 IC 引脚有无虚焊，有虚焊时，用烙铁补焊。

重申一下：拆、焊前，一定要用一块废旧电路板，多进行 IC 元器件拆、焊练习，逐渐摸索和掌握焊接火候。配合焊接，必须备好小镊子、吸锡器、松香助焊剂（或松香酒精液）、湿布（或清水，用于清洁烙铁头等）、小刷子等物件。

3）功率模块拆卸的设备。拆卸功率模块，是个比较棘手的问题（一般情况下，不确定是坏的不动手拆，确定是坏的，先破坏后拆焊），模块多为扁形引脚，用医用针头"套焊法"无效。用吸锡器操作，因为是双层电路板，很难吸得干净。

① 用吸锡枪吸走功率模块引脚的焊锡。这种吸锡枪（见图 2-5）有吸嘴加热熔锡功能，使吸嘴接触焊盘，加热焊点，等充分熔化后，操作吸锡枪，将引脚焊锡吸净，即可取下功率模块。

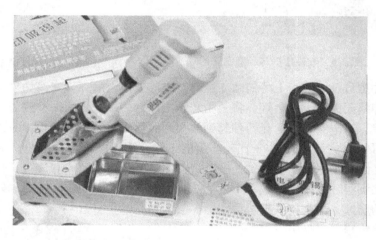

图 2-5　吸锡枪外形图

② 用空气压缩机和自制手持喷嘴强力吹锡。有的师傅想到了一个好办法：用空气压缩机（一般压力为 1MPa 以下）和手枪气枪（自行加工金属吹气管），先用大功电烙铁加热模块引脚焊盘，焊锡充分熔化后，操作气枪（将压缩空气压力调节在 0.6MPa 左右），用高压空气将模块引脚的焊锡吹净，算是一个最有效的办法。拆焊示意图如图 2-6 所示。

3. 拆、装工具

1）螺钉旋具。大、中、小型平口、十字螺钉旋具共 6 把，应该选用质量好的品牌产品，好用耐用。

2）变频器的箱体内部空间小，器件安装紧凑，大、中功率变频器的功率模块用螺栓固定，机箱内很难递进固定扳手或活扳手，应选用一套质量较好的内六角套筒，作为拆、装功率模块之用。

3）剪线钳、尖嘴钳、平口钳各一把。

4. 其他检修工具

1）带伸缩架的放大镜台灯（见图 2-7）。实际上这是非常必要的一件检修工具，变频器电路板不断往小体积、高精密方向发展，贴片式电子元器件的大量应用使目测检修变得困难，

图 2-6　吹锡法拆焊示意图

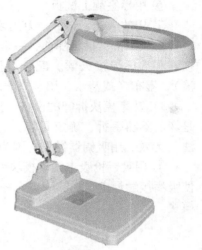

图 2-7　带伸缩架的放大镜台灯

无法看清元器件型号及电路板上的铜箔条走向，维修工作台的环境光线如果再弱的话，难度更大。使用带伸缩架的放大镜台灯，将其固定于工作台的一角，根据检测需要，可以调整其任意角度和位置，对电路板上的元器件起到放大和照明作用，一举两得，非常方便。

2）小型吹风机。变频器工作于比较恶劣的工业环境下，尘土、面粉、木屑等各种漂浮物构成的尘埃，附着于主电路器件和电路板上，在潮湿环境中易造成对电路元器件的腐蚀，引发接线端子锈蚀、电路绝缘程度降低引发打火、烧坏元器件等故障；百叶窗式铝质散热板，附着物多了以后，堵塞空气对流通道，有时会使散热风扇产生堵转，造成 IGBT 模块温升过高，引发故障保护停机动作。因

图 2-8　用于清除附着物的吹风机

而变频器检修以前，应该做一次比较彻底的清理，用图 2-8 所示的吹风机能除去大部分附着物。若清除不净，再配合小毛刷清扫，有较粘的附着物（如流质性糖稀等物），粘在电路板上时，应用布蘸清水（或酒精）擦除后，再用电吹风机予以烘干。

此外，各种医用镊子，针管、小剪刀等工具，也都是经常用到的辅助工具，不可或缺。

2.2　认识贴片元器件

非贴片元器件的电子元器件本体，可以承载较多的产信息，如规格型号、制造厂商、产品序号等。贴片元器件的体积或尺寸是以 mm（毫米）为计的，元器件本体上不允许标注太多的信息，标识方法通常有：

1）简化标识法。将常规标识型号进行简化，如将 74LS14（六反相器数字 IC）标识为 LS14。

2）代码标注法，将标识进一步简化，称为代码标注法，如贴片晶体管的-24、1L 等，更像是密码，需要用资料"破译"后，才能知道标识背后元器件规格型号的含义。

3）无标识。小功率（如 16/1W）贴片电阻和小容量（pF 级别）电容，因元器件本体太小，无法印出标识，干脆就成为无标识元器件。

初学者每每面临这样令人困惑又能非常挠头的问题：如何由 IC 元器件上的标注代码（也称印字）判断是什么元器件？如何查找相关 IC 的电路资料？对于无标识（印字）元器件怎样判断是什么元器件，如何测量其好坏？可否用其他型号的元器件（甚至非贴片元器件）对贴片元器件进行代换？贴片元器件的封装形式有哪些？等等。

1. 贴片电阻

贴片电阻（见图 2-9）是电路板上应用数量最多的一种元器件，形状为矩形、黑色，电阻体上一般标注为白色数字（小型电阻无标识，称无印字贴片电阻），变频器生产厂家在电路板上标注的元件序列号为 R（如 R1、R147 等）。贴片电阻的基本参数有标称阻值、额定功率、误差级别，另外还有最高使用电压、温度系数等，我们只需关注标称电阻值和额定功率值两项参数就可以了。

图 2-9　贴片电阻外形图

（1）贴片电阻的工作参数和类别

1）额定阻值。最常见的有数字标识法。

① 用 3 位数字电阻值。前 2 位为十位、个位值，为有效数值，第 3 位是 0 的个数或称为 10 的 X 次方。如标注为 152，即为 1500Ω；101，即为 100Ω；103，即为 10000Ω（10 kΩ）。

1Ω 以下的值加 R 表示，如 1R5，即 1.5Ω；R10，即 0.01Ω。

② 用 4 位数字表示电阻值。前 3 位为有效值，即千位、百位和十位值，第 4 位为 0 的个数。如标注为 1501，即为 1500Ω；标注为 1000，即为 100Ω；标注为 1003，即为 100kΩ。1Ω 以下的值加 R 表示，同上。

3 色环和 4 色环阻值标注法不常见，标注规则同普通电阻，不予赘述；精密型贴片电阻，用代码标注法，由两位数字加一位代码组成，前两位数字为有效值，第 3 位字母为乘数值。如 01A——100Ω，02 C——100kΩ，不常见，但需注意！

2）额定功率。采用数字标识的贴片电阻多为黑色，其功率级别分为 1/20W、1/16W、1/8W、1/10W、1/4W、1/2W、1W 等，以 1/16W、1/8W、1/10W、1/4W 应用最多，一般功率越大，电阻体积也越大，功率级别是随着尺寸逐步递增的。另外相同的外形，颜色越深，功率值也越大。耗散功率为 1W 或 1W 以上的电阻，考虑到散热要求，不得与印制电路板直接接触，因而所有电路板上用到的贴片电阻，功率一般都是小于 1W 的。贴片电阻的功率值受限，故在电路中需要较大功率电阻的地方，经常采用多只贴片电阻并联（加串联）的方法，来增大功率值。贴片电阻的功率值不在电阻体上直接标注，可以根据电阻的"个头"来判断电阻功率值的大小。

换用电阻元器件时，一看数字标注的电阻值，二看电阻的体积大小，符合两者条件时，即可代换。

3）贴片熔断电阻。这是贴片电阻中的一个特殊类型，出于电路安全考虑，不宜用普通贴片电阻予以代换，或轻易用导线短接。

贴片熔断电阻，是在电路中起到熔丝保护作用的一种特殊贴片电阻，一般是串联于某单元电路的供电支路中，当流过该电阻的电流超过一定数值，则其电阻层快速熔断，切断电路该单元电路的供电电源，避免故障扩大。其电阻体的数字标注为000或0，是贴片熔断电阻的特征，测量其正常电阻值为0Ω。

4）贴片排阻（见图2-10）。这是另一类型的贴片电阻，最常见为4引脚2元件贴片排阻、8引脚4元件贴片排阻和10引脚8元器件贴片排阻，8引脚4元件贴片排阻其内部含有4只同电阻值的相互独立的电阻元件，标注为472的引脚8贴片排阻，指内部含有4只阻值为4.7kΩ的电阻元件，用于集中使用相同阻值电阻元件的电路，如MCU引脚的上位电阻，在MCU的接口电路中应用较多。

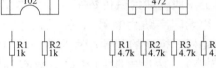

（2）如何判断贴片电阻的阻值和功率大小

如果能清晰看出贴片电阻体上的数字标识，判断电阻值和功率值当然不存在问题。如果损坏电阻本身无标注，或已被烧毁得面目全非，看不

图2-10 贴片排阻与内部等效电路

清标注，那么代换前的电阻值判断就要费一点周折了，而且也必须做到心中有数，才能做出下一步修复。有哪些方法可以做出较为准确的判断呢？

1）参考本机型的相同电路中相对应元器件的电阻值。变频器电路中的相同电路很多，如6路IGBT驱动脉冲传输通道，其中6个支路是完全一样的，从MCU脉冲信号输出引脚，至缓冲电路，至驱动IC，至IGBT的栅、射极电路。任何其中1路或数个支路中的电阻或其他元件损坏，可以参考未损坏支路中贴片元件的参数值，如无标识，可在电路板上测量确定或将元件焊脱电路板进行测定。三相输出电流（模拟信号）的传输通道，3个信号检测电路一般也是完全相同的，一路有损坏时，可参考未损坏两路中的元件参数，确定损坏元件的参数值。

如图2-11所示，PC5与PC6两路驱动IC的外围电路的元件参数完全相同；PC3与PC8两路驱动IC的外围元件参数完全相同，R17 = R51、R23 = R48、R22 = R49……当PC3外围有元件损坏，可以"照搬"PC5相对应外围元件的参数值进行修复。

同理，对晶体管、二极管、IC芯片等其他元器件的损坏，当无法确定损坏元件参数时，可以参照同类型电路元件的参数值进行代换修复。

2）据电路类型确定元件参数。如MCU（微控制器）引脚上连接的上拉、下拉电阻损坏，MCU需外接上拉、下拉电阻的数字端口，一般内部为开漏结构，应用上拉或下拉电阻，可以避免I/O口存在电平漂移状态，维持一个静态的稳定电平。其电阻选值一般为10kΩ、6.8kΩ、5.1kΩ、4.7kΩ、3.3kΩ等，取值过小耗电增大，取值过大则引发电平漂移或易引入干扰。只要确定损坏贴片电阻为MCU引脚的上拉、下拉电阻，则可以直接确定该损坏元件的阻值也在3.3～10kΩ的范围之内。当然也可以参考其他上拉、下拉电阻的电阻值。

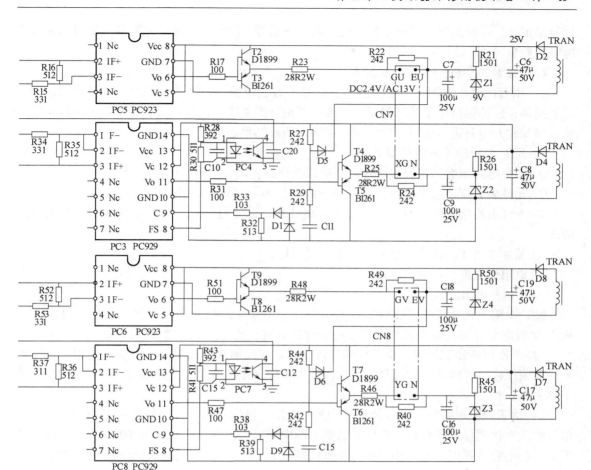

图 2-11　参考相同电路中元件参数示意图

如图 2-12 所示，U2 的脉冲引脚的上拉电阻为 5.1kΩ，在 3.3 ~ 10kΩ 的范围之内。

3）参考同类机型确定元件参数值。没有相同电路可能参考，也不能像上拉、下拉电阻一样可以大致"估算"出元件的参数，找到同类机型进行比对测量，也能确定损坏元件的参数值。

4）调整试验得出元件的参数值。若无同类机型进行参考，需要费点力气测绘出该部分电路，搞明白损坏电阻在电路中的位置和具体作用，与其他元件的连接方法，"估算"出大致的电阻值，若仍无把握，将损坏电阻暂时接入电位器，变频器上电，调整电位器进行试验，配合人工

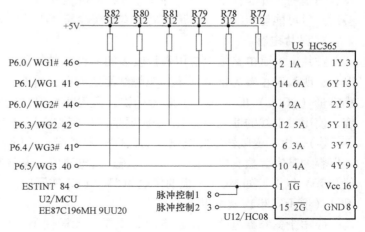

图 2-12　MCU 引脚的上拉电阻的电路示意图

信号给定、后续电路对信号做出的反应、面板显示等，测出电位器的电阻值，进而确定损坏电阻的参数。

（3）贴片电阻的测量及外观检查

1）用万用表在线测量，电阻值大于标称值时，说明元件有断路性故障或电阻值变大，已经损坏；所测阻值小于标称值时，要考虑到是外围并联元件对其造成的影响，应将元件一端或两端脱开电路进行测量，以便得出确切的测量结果。

2）贴片电阻的外观特征如下：

① 贴片电阻表面二次玻璃体保护膜应覆盖完好，出现脱落，可能已经损坏；

② 元件表面应该是平整的，若再现一些"凸凹"，可能已经损坏；

③ 元件引出端电极一般应平整、无裂痕针孔、无变色现象，如果出现裂纹，可能已经损坏；

④ 贴片电阻体表面颜色烧黑，可能已经损坏；

⑤ 电阻体变形，可能已经损坏。

（4）贴片电阻的代换

贴片电阻的代换，除了要求电阻值一样外，还需注意尺寸和功率值。小信号电路（如MCU主板电路）首先要求尺寸一致，便于焊接安装。代换注意事项如下：

1）严格按原参数代换。模拟信号处理电路，如比例放大器电路，对输入电阻、反馈电阻的取值严格，代换元件的电阻值应与原损坏元件一样，不允许差异过大，否则会引发电路工作失常。

2）用于数字电路的元件，如上拉、上拉电阻、隔离电阻等，选值有一定范围，只要令信号电压变化明显，符合高、低电平的要求范围即可。首先应选用相同参数的元件代换。若手头实在不能找到同阻值元件，则可用数值接近的元件代换，一般不会影响到电路性能。如4.7kΩ 电阻损坏，用5.1kΩ 或3.3kΩ 电阻均可以进行代换修复。

3）可用非贴片元件代换。贴片电阻的损坏率极低，除了驱动电路因可能遭受强电冲击经常损坏（可购用部分备件），其他电路的元件很少损坏，可能有一只或两只损坏，类型不一，也无法选购备件。遇到此类损坏元件，用非贴片的1/4W 或1/8W 普通电阻来代换也是没有问题的，并非找不到原配件就导致维修进度的"卡壳"。当然焊接时要注意，做好引线整形，尽可能使引线短些，焊接后若有必要涂覆704 胶加固，也能达到高质量的修复要求。

2. 贴片电容

贴片电容是电路板上应用数量较多的一种元件，形状为矩形，有黄色、青色、青灰色，以半透明浅黄色者为常见（系高温烧结而成的陶瓷电容，无法印出标识），如图2-13 所示。小容量（pF级）电容体上一般无标识，微发级电容才有标识（应用不多，容量稍大的电容，使用带引线的插孔电容）。变频器生产厂家在电路板上标注的元件序列号为C（如C1、C47 等），由于变频器实际电路板的元件安装紧凑，一般只标注序号，而不标出容量值。贴片电容的基本参数有电容量、工作电压、漏电流值、误差等，用于小信号电路的供电电压一般为15V 以下，如MCU 主板的供电为5V，所以实际应用中，仅需注意第一个参数电容量和尺寸（便于安装）就可以了。

应用于变频器电路的贴片电容，主要有无极性小容量贴片电容（用于IC 小信号滤波、抑制振铃）、有极性贴片钽电容（电解电容的一种，用于供电电源输出端的滤波）两种，其

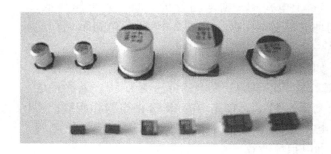

图 2-13 无极性贴片电容和钽电容贴片元件外形图

耐压在 63V 以下，容量在 10μF 级。更大电容量和高耐压级别的电容往往采用普通的电解电容。

（1）无标识贴片电容的容量估算、检测和代换

1）用于开关电源电路的供电输出端及 IC 电路的供电输入端的贴片电容，如图 2-13 左侧元件图示。

在供电输出端，与（滤波）电解电容并联在一起。因电解电容是导电极板和绝缘介质卷绕在一起，具有"电感效应"，高频滤波效果差。并联小容量电容，滤除整流后的高频纹波成分。电路中 IC 的供电端，也都加有高频滤波电容，以吸收（可能存在由引线形成的寄生电感或由某种干扰带来的）电源扰动。此类电容的电容量一般为 0.01 ~ 0.1μF。该类电容对容量要求并不严格，故障率也比较低。如检查发现有损坏，换用 0.01 ~ 0.1μF 范围内的电容都是可以的。

2）信号通路中的低通滤波器用到的贴片电容。低通滤波器电路用于对信号中的某一频段内的高频成分进行衰减和吸收，只要求其中的信号中的低频成分（甚至直流成分）通过。变频器的信号传输通路中，多用于将脉动直流信号经 RC 电路转化成直流信号，因而该电路中的电容量大致在 0.01 ~ 0.47μF，因为电阻 R 的作用，虽然电容量较小，但 RC 总的时间常数并不小，也能达到较好的滤波效果。如不好确认容量大小，可以用 0.01 ~ 0.47μF 以内容量的电容试验，至电路能正常工作为止。

3）具有特定容量的贴片电容。如 MCU 晶振引脚的补偿电容，其容量与 MCU 类型和晶振频率相关，可由 MCU 的相关资料和晶振元件的标注频率值确定该电容的容量，一般为 33pF 或 22pF、15pF。

贴片电容的损坏现象和检测方法：

1）同一类型的电容，个头越大或颜色越深，容量也越大。电容的容量可以用专用的电容测试仪来测定，目前一些数字万用表也附加此项功能。测电容量时，必须将贴片电容至少脱开一端，排除外电路的影响后，再行检测。

2）用万用表检测。如果在线检测，万用表测量得出电容两引脚之间的电阻值，其实是与电容相连接的外电路"综合电阻值"，若电容处于短路或近于短路情况（电阻值极低）下，才能有所反映。将电容器脱开原电路，测量其电阻值应为无穷大。用指针式万用表的 ×10k 档测量时，对 0.1μF 左右的电容指针有跳动（充电）现象，静止后归于无穷大。若测得固定电阻值，说明电容损坏。

3）上电检测，由电路分析判断该点电压降低，可能是电容漏电引起，如图 2-14 所示电路示例。这也是一个比较好的方法。

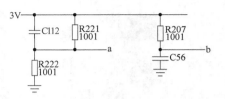

图 2-14　电容漏电引起 a 点电压降低

如图 2-14 所示电路中，测量 a 点电压正常值应为 R221、R222 对 3V 供电的分压值 1.5V，若测量电压值高于 1.5V，可能是电容 C112 漏电损坏所致；测 b 点电压正常值应为 3V，若低于 3V，可能是电容 C56 漏电损坏所致。

进一步可将 C112 或 C56 焊脱电路，对其引脚电阻值进行测量验证。

当贴片电容损坏时，也同确定贴片电阻的阻值一样，可参考同类电路，测出好的电容元件的电容量，来确定故障电容的参数。如晶振引脚电容坏掉一只，测另一脚电容元件的电容量即可，两只电容的容量是一样的。

故障电容的代换：贴片电容的故障率较低，对各种规格的贴片电容都要备件，显然不是现实的。偶尔发现损坏元件时，用普通的同容量瓷片或涤纶电容来代换是完全可以的，注意引线尽量要短，焊接质量要好。

（2）有极性（有标识）贴片电容的容量识别、检测和代换

有极性贴片电容的外形如图 2-13 中右侧元件图所示，一般有矩形贴片，圆柱形贴片两种形式，后者的标识与形状与普通电容器相似，易于辨识，不做讨论。矩形贴片电容的颜色多为银白色或黑色，标有横杠的一端为正极（也可通过其在电路中的连接方式进一步判断——带横杠的一端与供电电源的正极连接）。根据封装形式不同，耐压分为 A（10V）、B（16V）、C（25V）、D（35V）四个等级，电容量多为数微法至数十微法。

贴片电容的规格型号所包含的参数一般有电容量、额定电压、容量误差、尺寸、封装类型等，不同厂家皆有差异，想记住或弄明白，真是相当困难（也无必要）。

贴片有极性电容的标注法举例：

1）采用数字标注法，采用一位字母 +3 位数字组成，如 A475，数字中前两位为有效值，末位为零的个数，即 4700000pF ＝4.7μF。A 为耐压级别，10V。

2）直接标注法。如 16V　10，即为 10μF，耐压 16V 的有极性电容。

3）4 色环标注法。色环的颜色与数字对应关系，棕（或茶色）1、红 2、橙（或橘红色）3、黄 4、绿 5、蓝 6、紫 7、灰 8、白 9、黑 0，同普通电阻的色环标注法相同。（从左至右）前两道色环为有效值，第 3 道色环为零的个数，第 4 道色环为额定电压标识。如黄紫绿绿，前 3 环为 4700000pF（4.7μF），第 4 道色环表示额定电压为 10V。

4）代码标示法，在没有相关资料的情况下，就比较难于辨识了。必须依据代码，按资料"翻译"出电容的容量和耐压等参数值。

对故障电容器参数的确定，假设从标识上很难判定，则采用上文如对贴片电阻检测判断的其他方法，也能达到判定和确定元件参数的目的，如在电路中一般都能找到相同标识的贴片电容，用电容表测量相同标识的电容，可以判断出电容量，耐压则选用比供电电源高一级别的即可，如 5V 供电电源下，选用 6.3～16V 的都可以。

有极性贴片电容的好坏判断：贴片有极性电容有击穿短路、内部电极断路、漏电、容量减小等故障，检测方法同普通电解电容的检测与判断方法一样。用数字万用表测量

电容量，或指针式万用表的电阻档测量充、放电现象和静态电阻值，都可以判断电容的好坏。

贴片有极性电容的代换：

1）如果易于购到原型号、原封装形式的"原配件"，代换最为方便。原配件的来源一般有：从供应商（电子元件商场），或从网络（当当网、淘宝网上可购得难以找到原配件的二手元件）；废旧电路板上拆用。无论从何处得到的配件，一定要先测量，判定是好的，再往电路板上焊接，焊接前一定要有"测量验证"这个环节，避免查出一个坏元件，再换上一个坏元件，使检修进入误区导致修复失败的现象发生。

2）有极性贴片电容的损坏率也是相当低的。如果安装空间许可，用普通的同容量和耐压符合要求的电解电容来代换也没有什么问题，注意选用质量优良（温度系数小、性能稳定）的电解电容，焊接引脚要短，焊接后可用 704 胶加固。

3. 贴片电感

贴片电感元件在电路中的应用数量较少，仅仅在低压直流控制电源的输出端，见到其应用，与滤波电容构成 CLC 的 π 形滤波电路，有稳定输出电流的作用（抑制电流突变）。电感元件由单线圈组成，有的带磁心（电感量较大），单位一般用 μH 和 mH 表示，流通电流值为几毫安至几百毫安。

贴片电感（见图 2-15）有圆形、方形和矩形等封装形式，颜色多为黑色。带铁心电感（或圆形电感），从外形上看易于辨识。但有些矩形电感，从外形上看，更像是贴片电阻元件。变频器生产厂家对电路板上贴片电感的标号，标有"L"字样。电感的工作参数有电感量、Q 值（品质因数）、直流电阻、额定电流、自谐频率等，但贴片电感受体积局限，大多只标注出电感量，其他参数未予标注，而且往往是间接

图 2-15　贴片电感外形图

标注法——贴片电感本体上标注，只是整个规格型号的部分信息，即大多只是电感量信息。

贴片电感的标注举例：实际（印字）标注——101，完整型号——MPI 0610 M T 101（含有类型、尺寸、误差、封装形式、电感量等信息），是电感量为 $100\mu H$ 的贴片电感。1R1 是电感量为 $1.1\mu H$ 的贴片电感。有的用一个字母表示电感（代码标注法），实际标注——E，完整型号——MPE0312NT2R7，是电感量为 $2.7\mu H$ 的贴片电感。

贴片电感的辨识方法：

1）从外形，如带磁心方形或圆形电感，体积稍大，能看出磁心和线圈。

2）有的贴片电感从外形上与贴片电阻一样，但没有数字与字母标注，只有一个小圆圈的标注，意为电感元件。

3）在电路中的元件序号，往往标为 L 字样，如"L1"、"DL1"等。

4）有电感量标注，如 100。

5）理想电感的交流电阻较大，而直流电阻为零。电感元件的测量电阻值极小，电阻值近于为 0Ω。从 3）、4）、5）项，配合观察和测量（在电路中的位置和作用），能区别出元

件是贴片电阻还是贴片电感，并判定出电感元件。

6）用专用电感量测试仪，将元件脱开电路，测量其电感量。

贴片电感的好坏判别：

1）首先确定是电感元件；

2）观察外形有无变形、变色、碎裂等，若有以上现象，可能已经损坏；

3）用万用表的小电阻档（如200档或1档），测直流电阻应近于零，若测量电阻值较大或无穷大，说明电感元件损坏。

贴片电感的故障代换：

1）可从废旧电路板上拆同型号元件代换；

2）先确定电感量和流通电流值，用普通带引脚电感元件代替，并做好固定；

3）自行绕制，制作电感代用，有一定操作难度；

4）如果对电路性能无明显影响，应急修复可暂时短接（仅供参考，并不提倡这个修复方法，这样做有可能降低产品的某些性能）。

4. 贴片二极管、稳压二极管和贴片晶体管

将这3种器件放在一块讨论，是因为该类器件有共通性，同属半导体器件，测量结果一致（均有明显的正、反向电阻特性），都可以作为二极管器件来测量；贴片二极管和贴片稳压二极管的外形，以及内含双单元的二极管和晶体管的外形，非常接近，有时难以辨别。贴片元器件的型号规则因厂家不同而不同，其标识作为型号的缩写，有代码的意义，目前没有一定的规范，缩写代表的型号可能有多个，而且有的型号会与其他元器件相混淆。因而其元器件本体的标识（印字）不能作为唯一的参考，根据检测结果和电路构成（分析元器件在电路中的作用），综合各种观测和测量、电路分析等综合参量，才能突破标识（印字）的束缚，达到准确辨别元器件的类型和参数，判断其好坏的目的。

（1）贴片二极管

1）贴片二极管的封装形式和电气参数。利用二极管的单向导电特性，在电路中实现整流、钳位与限幅等作用。贴片二极管的常见封装形式有：矩形贴片二极管（外形同贴片电阻），黑色；圆柱无引线型，外形为透明红色玻璃管，带负极指示圆环；SOT23封装型贴片二极管，外形如同贴片晶体管，内含2只串联形式不同的二极管元件，又称为双单元贴片二极管，黑色；多单元贴片二极管，外形同IC电路，内含3只及3只以上二极管元件。贴片二极管外形如图2-16所示。

图2-16 贴片二极管外形图

贴片二极管的电气参数有 I_F（最大工作电流）、P_D（最大允许功耗）、U_{BR}（反向击穿电压）、C_j（结电容）、T_{rr}（反向恢复时间）等共二十几个，换用时必须注意的是 I_F、P_D、

U_{BR} 和 C_j、T_{rr} 这 5 个参数值，前 3 个关系到二极管所承受的反向电压和最大流通电流，即二极管的功率类型。后两个参数决定二极管可以用于低频或高频电路中。用于普通低频电路时，可以不考虑后两个参数。

I_F 值为 0.3A 以下的二极管称为小功率二极管，大于 0.3A 小于 10A 的为中功率二极管，10A 以上的为大功率二极管；T_{rr} 大于 150ns 的是低速度开关二极管，小于 150ns 并大于 30ns 的是中速开关二极管，小于 30ns 并大于 1ns 的是高速开关二极管；小于 0.3W 以下的为小功率二极管，0.3 ~ 5W，为中功率二极管，5W 以上为大功率二极管。

2）贴片二极管的标识与辨别。贴片二极管的标注法，有字母、数字代码或字母 + 数字代码标注法和颜色（代码）标识法两种，如印字"A3"的电气参数如下：P_D 为 0.15W；I_F 为 0.1A；U_{BR} 为 80V；T_{rr} 为 4ns。颜色标注法则主要由负极侧标注的颜色查得型号，由型号再查出参数值来。

贴片二极管的极性辨别方法：

① 玻璃管贴片二极管，红色一端为正极，黑色一端为负极；

② 矩形贴片二极管，有白色横线一端为负极。

贴片二极管的好坏测量：在线测量，有明显的正向电阻小，反向电阻大的差异；脱开电路测量，（指针式万用表）正向电阻约为 3kΩ，反向电阻为数百千欧姆或无穷大；（数字万用表的二极管档测量）正向电压降为 0.3 ~ 0.6V，反向电压降为无穷大。

贴片二极管的在线辨别：

① 在电路板上，贴片二极管的元件序号一般标注为 D + 数字，如 D1、D15 等；VD，如 VD1、VD10 等；DD，如 DD10、DD100 等，以标注序号的不同，可以区分贴片二极管和贴片电阻。此处的"DD"，多加的"D"字是变频器生产厂家为区别电路功能所自行追加的，如电源/驱动板中的二极管器件标注为 DD + 数字，MCU 主板中的二极管器件，标注形式则为 D + 数字，以区别两块电路板的功能。这一点必须引起读者注意。

② 用万用表测量，以明显的正、反向电阻值的不同，来确定是二极管器件。

③ 贴片二极管的允许功耗（功率值）一般在 1W 以下，体积大的功率值越大。

④ 为器件上电测量，以验证为普通二极管还是稳压二极管，见后述。

⑤ 从电路结构出发，分为普通二极管、稳压二极管或是晶体管，见后述。

（2）贴片稳压管

贴片稳压管从外形、颜色和封装形式上，乃至从电路板上元件的序号标注上，和测量时正、反向电阻特性，都"酷似"贴片二极管，区分两者确实需要下功夫。

稳压二极管的三个重要参数值，即稳压值 U_z、最大工作电流 I_O 和最大耗散功率 P_D。可以依据这 3 种参数选用代换器件。贴片稳压二极管的稳压范围一般为 3 ~ 30V，功率为 0.3 ~ 1W，体积大，功率值也大。

1）稳压二极管的稳压值采用数字 + 字母标注法。如 5V1，稳压值是 5.1V。

2）数字加色带标注法。色带表示二极管的极性（负极），数字表示稳压值。如 15，稳压值是 15V。

3）稳压值的色环标注法（仅供参考，必须查证产品资料落实）。一般为 2 色环或 3 色环标注法，色环所对应数值同电阻色环标注法。用于玻璃体圆柱体的贴片稳压二极管，靠近负极的为第 1 色环，是 10 位数，第 2 道色环是个位数，第 3 道色环为小数点后数值。如棕黑黄，是 10.4V 的稳压二极管（注意，有些稳压二极管，**色环其实是颜色代码**，其稳压值必须查相关产品资料或上电验证）。

4）从电路结构判断是稳压管，如图 2-17 所示。

这是一个控制端子的 −10V 辅助电源电路，从开关电源来的 −15V，经限流电阻 R35/39 和 10V 稳压二极管稳压后，取得 −10V 辅助电源，用于外接电位器进行调速，从电路构成、控制端子上的 −10V 标注等判断，D1 器件应该是稳压二极管器件，而且稳压值是 10V。

5）准确的测量方法（见图 2-18）。用提供外加电源、串接限流电阻的方法，可以准确测知元器件是否为稳压二极管、及稳压值，这种方法用于元器件离线测量时比较准确，因为 R 的限流作用，不会损坏元器件。

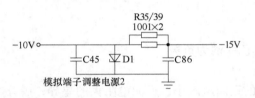

图 2-17　从电路构成判断稳压二极管和稳压值

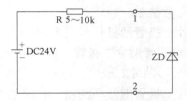

图 2-18　稳压二极管的判断和测量电路

接通电路，测量稳压二极管 ZD 两端的电压值，若低于供电电源值，说明稳压二极管处于反向击穿状态，测量值即为稳压值，若等于电源电压，所测器件可能为二极管。选合适的 R 值，使流过被测器件的电流值在 2～10mA 以内。为了使测试范围宽一些，可提高电源电压的值。但用于变频器控制电路的稳压二极管，其稳压值一般不超过 24V，选用 24～30V 直流电源就可以了。

6）从相同电路结构判断元件类型和稳压值。

图 2-19 电路是变频器 IGBT 驱动 IC 的供电电源，多路供电电路是相同的。当 DD2 损坏时，上电后测量图 2-19b 电路中 a、b 两点之间的电压值，可以得知 DD6 的稳压值，从而得知 DD2 稳压二极管的参数，并找到代换器件。

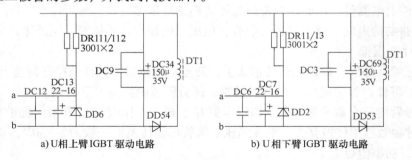

a）U 相上臂 IGBT 驱动电路　　　　b）U 相下臂 IGBT 驱动电路

图 2-19　在线（上电）测量得到稳压二极管的稳压值

（3）贴片晶体管

贴片晶体管是一种半导体器件，广义上包含双极型半导体晶体管（BJT，有两种载流子——自由电子和空穴参与导电）与场效应晶体管（FET，多数载流子参与导电，称为单极型晶体管），狭义上专指双极型晶体管。本文特指双极型器件，对场效应器件在驱动电路和主电路一章中有专文介绍。

晶体管颜色为黑色，一般为 3 引脚、4 引脚封装形式，如图 2-20 所示。出于加大功率值和利于散热考虑，尚有 IC（如 8 引脚 IC 外形）封装形式的贴片晶体管，只有 3 个引脚是有效引脚，其他引脚是空置的（或集电极占用 6 个引脚）。根据结构不同，可分为 NPN 和 PNP 两类，两者的区别是电流方向不同；依功率分类，分大、中、小 3 类，贴片晶体管的功率值一般为 0.1 ～

图 2-20　贴片晶体管的外形图

0.5W，属于中、小功率类型；依频率分类，分低频（f_t 为 3MHz 以下）、中频（f_t 为 30MHz 以下）、高频和特高频（f_t 为 30MHz 以上）类型。

1）贴片晶体管的电气参数和测量方法。

主要电气参数：

① 晶体管都有 3 个反向击穿电压值，分别是基极开路时集电极-发射极反向击穿电压（U_{ceo}）、发射极开路时集电极—基极反向击穿电压（U_{cbo}）和集电极开路时基极-发射极反向击穿电压，决定晶体管正常工作的电压范围。

② 集电极电流 I_C（最大集电极电流 I_{CM}），决定晶体管的工作电流范围。

③ 允许功耗 P_C（最大允许功耗 P_{CM}），此值和工作电流及封装形式有关。

④ 特征频率值 f_T，此值决定着晶体管适用于低频或中频、高频电路。

⑤ 直流放大倍数 h_{FE}，决定着晶体管的电流放大能力。

此外，晶体管的导通饱和压降 U_{CE} 和反向漏电流等参数，在特殊场合下，也需要考虑。在一般低频或控制应用场合，需要关注的是 U_{ceo}、I_C、P_C 3 个基本参数。

晶体管的简易测量方法：

贴片晶体管的测量结果是内部两个 PN 结的正、反向电阻值，或正、反向电压值（数字万用表测量时）。以测量 NPN 型贴片晶体管为例。用数字万用表测量，当基极接红表笔时，黑表笔搭接另两极，都显示 0.6V 左右的正向电压值。基极接黑表笔时，显示 1。发射极与集电极之间，无论怎么测量，都显示 1；用指针式万用表测量，则显示如同测量二极管一样的正、反向电阻值。因为贴片晶体管体积很小，测量 h_{FE} 值比较困难，一般也省去这一步骤。带电阻贴片晶体管，因内部电阻的原因，基极和发射极之间的正、反向电阻值比较接近。

正、反向电阻为零，或电阻值极小，或正、反向电阻值接近（带电阻贴片晶体管除外）和集电极、发射极之间有电阻值，均说明晶体管已经损坏。

2）贴片晶体管的封装形式、内部结构及测量特点。

① 3 端元件，外形同双单元贴片二极管，测量结果同双单元贴片二极管，公共端为基极，管脚排列方式一般为左基极、右发射极、中间集电极。

② 4 端元件，其中（往往是中间相对应的）两端子是相通的，从背面可看出直接相连接，多为集电极，兼用于散热，将相连的端子当做一个端子，集电极，测量结果如同 3 端元件。

③ 带电阻贴片晶体管，内部有基极串接电阻 R1 和发射结并联电阻 R2（见图 2-21），测量结果是发射结正、反向电阻值相近。带阻贴片晶体管 R1/R2 的比率为 10kΩ/10kΩ、22kΩ/22kΩ、47kΩ/47kΩ、1kΩ/10kΩ、4.7kΩ/10kΩ、10kΩ/47kΩ、22kΩ/47kΩ、47kΩ/22kΩ。

图 2-21　带阻贴片晶体管外形及等效电路

④ 双单元贴片晶体管，内含两只独立的晶体管器件或共发射极连接引出的两只晶体管器件，应用不多，在此不予介绍了。

3）贴片晶体管的标注方法。

主要是代码标注法，器件表面的印字有单字母、双字母、多字母、字母＋数字等多种标注方式，由印字（代码）查资料得知器件的具体型号，再由型号查资料得知该器件的相关参数值。单单从印字上往往看不出晶体管的使用参数。贴片晶体管的印字具有"一代多"的现象——相同的印字可能代表不同的贴片晶体管。而且同一家的产品，也可能有"一代多"的现象。如果手头没有相关资料，从代码本身"猜测和判断"晶体管的类型和使用参数，有点"天机难以参透"的意味了。一定要找到别的简易和有效的方法，不再依据代码，便能大致确定器件的类型和参数，并找到代换器件，才是最根本的解决办法。

4）贴片晶体管的在线鉴别方法。

① 贴片晶体管在电路中器件序号一般标注为 Q＋数字、T＋数字、DT＋数字、VT＋数字等，如 Q1、Q2，T10、T23，VT1、VT6，DT2、DT4 等，可根据序号标注找到贴片晶体管器件。

② 根据"左基右射中间集"的电极引出规律（个别器件可能不是这个规律），测量发射结和集电极的正、反向电阻值，应该有较大差异。

③ 为电路板上电，测量 3 个端子的（静态工作点）电压值，应用于变频器电路的贴片晶体管多工作于直流开关状态，一种情况是处于截止状态，$U_{be} = 0V$，$U_{ce} = $ 电流电压；一种情况是饱和状态，$U_{be} = 0.7V$，$U_{ce} = 0V$（或接近 0V），说明元件是好的。若传输脉冲信号，如数码显示器的驱动信号，则 $U_{be} = 0.3V$ 左右，U_C 电压处在高于 0V 低于电源电压的中间值。

④ 由电路结构区别相关器件是贴片二极管还是贴片晶体管。假设器件的序号标注不够清楚，又因为双单元贴片二极管和贴片晶体管的外形极为相似，则只有分析电路才能见出端倪，如图 2-22 所示。

电路中 D15 是 3 端贴片器件，为信号传输电路，信号在（一个点）a 点上输入和输出。D15 的另两个端子直接接 ＋5V 和电源地，起到对输

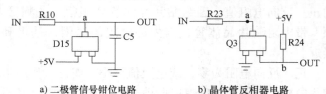

a）二极管信号钳位电路　　b）晶体管反相器电路

图 2-22　贴片晶体管与贴片二极管在电路中的作用和连接不同示意图

入信号电压的钳位作用，将输入信号电压值钳位于 －0.7～5.5V。显然该元件不能是贴片晶体管（器件导通时会令 ＋5V 电源短路，工作条件不成立），判断其为贴片双单元二极管，条件成立，是一个二极管信号钳位电路。

图 2-22b 电路中 Q3 也是一个 3 端贴片器件，信号从一端（a 点）输入，从另一个端子（b 点）输出，输出端串接负载电阻 R24 接供电 5V，配合 3 个端子之间的正、反向电阻测量，判断该器件为 NPN 型晶体管。现测得 $U_{be} = 0.7V$，$U_C = 0V$，说明晶体管处于饱和状态。进一步进行动态测试，用导线短接发射结时，U_C 电压（因晶体管截止）上升为 5V。显然，判断该器件是贴片晶体管的条件完全成立，是一个晶体管反相器电路。

由电路构成、信号输入、输出方式分析，可以判别相同封装形式的贴片器件不同的"真实身份"。

（4）贴片二极管、稳压管、晶体管的代换

综上所述，确定贴片器件是什么类型（如二极管、晶体管或稳压管），根据器件序号、电路构成、测量结果得出准确结论，并不困难。但进而想根据器件上的印字，得知元件的工作参数，如果手头没有资料（而且一般维修者手头很难有比较完备的资料，因为新元器件层出不穷，资料储备总是跟不上），几乎是不可能的事情。那么，贴片器件损坏后，如何确定其工作参数，并进行代换呢？如果维修者因难以破解器件参数，被"卡"在这儿，往往会因查不到器件资料而苦恼，因无从下手修复而迟滞了修复时间，甚至造成设备的无法修复！维修者一定要攻破这个"关隘"，不再依赖于器件代码，确定元件参数并找到代换器件。

那就要从该器件所在的电路着手，从电路原理分析、器件在电路中的位置和作用、器件所承受的电源电压和可能流过的电流值、从具体电路构成和特点入手，从中找到"规律性的脉络"，让所有的困难迎刃而解，做到对贴片器件的识别和修复不再成为一个问题！

现在换一个思路：

1）从变频器的整机电路来看，对某一器件如贴片二极管，应用的"布局"如何——有哪几部分电路要用到贴片二极管？

2）贴片二极管在某电路中起到的作用是什么？选取什么样的参数值才能满足其应用要求？

3）什么电路中贴片二极管的故障率低，什么电路中贴片二极管的故障率高？

由以上 3 点，根据电路需求来选用贴片二极管的参数值，某电路的器件损坏，用符合电路要求、换上即能保证其正常工作的器件就行。对故障率高的器件，可以采购部分备件。如此一来，选件的问题变得非常简单，有些器件只需一两种配件，就能完成修复和代换任务。

1）小功率贴片二极管的代换。

变频器电路中，除去开关电源电路中用到的贴片二极管，控制电路用到的可分为两类：

① 用于 MCU 接口电路中的、用于信号电压双向钳位的贴片二极管器件，以双单元封装形式的为多。另外，电流检测电路中用于信号隔离和小信号整流的，也多为双单元封装形式。此类贴片二极管用于低电压微电流的小信号回路，供电电压级别一般为 5V 或 15V 以下，流通电流仅为几毫安或更小，电路传输信号为直流或者是频率仅为 kHz 级别的脉冲信号。

② 用于 DC24V 继电器的控制电路中，并联于线圈两端，称为续流二极管（提供线圈驱动管反向电流的通路，吸收线圈电源断开时产生感应电压）或线圈反向电压释放二极管。电路的工作电源为 24V，线圈工作电流为 30mA 左右。

用于这两处电路的似乎不用考虑它们的工作频率方面的参数，只要耐压为 50V 以上，电流 100mA 以上，就能满足使用要求。一般的贴片二极管均能达到使用条件，只要考虑便于安装即可。

普通的快速小功率开关二极管 1N4148 的主要参数值如下：$U_{BR} = 80V$，$I_F = 100mA$（或至 300mA），$P_D = 500mW$，$T_{rr} = 4ns$；双单元贴片二极管 A3 的主要参数值如下：$U_{BR} = 80V$，$I_F = 100mA$，$P_D = 150mW$，$T_{rr} = 4ns$。

用于实际电路中，无论什么封装形式的贴片二极管都可用普通开关二极管 1N4148 代换。如果考虑到安装美观和便利，可用贴片封装的 CD4148 代换；对双单元的贴片二极管器件，可用贴片二极管 A3 代换。应急修复，也可以用两只 1N4148 串联代换。

电路板上用小信号处理的所有贴片二极管器件，用普通的 1N4148 或 A3 贴片器件代换就可完成任务，不用再去考虑损坏器件是何型号以及工作参数如何了。

2）（开关电源电路）整流二极管的代换。

电路中经常用到的二极管，可以粗分为低频二极管和高频二极管，前者一般特指用于对 50Hz 工频电源的整流，后者可用于数十千赫乃至数兆赫高频电路的整流。又可根据性能不同，将高频二极管分为快速恢复二极管、超快恢复二极管和肖特基二极管 3 种类型。开关电源的振荡（输出）频率一般为 30～60kHz，一般应用超快恢复二极管。器件损坏时，不宜用 1N400x 系列的普通整流二极管代换，会出现整流效率变低、过热、易烧毁等故障。

所谓高、低频二极管的区别，主要在于其 PN 结的结电容大小和反向恢复时间的长短，影响到整流效率和适应电路的频率特性。高频二极管的结电容极小，对输入高频电压，具有一定的容抗，而且反向恢复时间短，整流效率高；低频二极管的结电容则可能对高频电压产生"直通"，又不能及时反向截止，从而导致整流失败。贴片整流二极管的种类较多，一些器件的资料也比较难以查到，一些型号的产品甚至也不易购到，那么选用一种"通用型"贴片整流二极管，一劳永逸地解决贴片二极管的配件问题，就变得很有价值了。

选用 US1A～US1M 或 US2A～US2M 贴片二极管，即可满足修复开关电源电路中对整流二极管的代换要求，这两种元件，前者的正向电流值为 1A，后者的正向电流值为 1.5A，其他参数都相同。反向电压值为 50～1000V，反向恢复时间为 50～75ns。US1x/2x 系列贴片二极管的重要参数见表 2-1。

表 2-1　US1x/2x 系列贴片二极管的工作参数

型号	最大可重复反向电压/V	最大正向平均整流电流/A	最大反向恢复时间/ns	最大正向电压/V	典型结电容/pF
US1A/2A	50	1/1.5	50	1	15/30
US1B/2B	100	1/1.5	50	1	15/30
US1D/2D	200	1/1.5	50	1	15/30
US1G/2G	400	1/1.5	50	1.3	15/30
US1J/2J	600	1/1.5	75	1.7	15/30
US1K/2K	800	1/1.5	75	1.7	15/30
US1M/2M	1000	1/1.5	75	1.7	15/30

变频器开关电源电路所有的整流二极管均可用 US1B/2B 及其后续器件代用，如果器件的电流参数不够，可用两只并联使用；如果要承受较高反向电压，可用 US1M/2M 代用，或可用 US1K/2K、US1J/2J、US1M/2M 两只串联使用。

3）贴片稳压二极管的代换。

变频器电路中，除 6 路（或 4 路）驱动电路用到贴片稳压二极管，其他电路用到稳压二极管的地方很少。遇有损坏时，完全可购买普通的耗散功率 0.5W 或 1W 左右的稳压二极管（如 1N47xxx 系列稳压二极管）来代用，因用量少损坏率低，没必要专备贴片元件。

1N47xx 系列稳压二极管（见表 2-2）的稳压范围为 3.3V ~ 100V，最大功耗为 1W，工作电流为 100mA 左右。可代替变频器电路板上的所有稳压二极管元件。

表 2-2　1N47xx 系列稳压二极管的稳压值

型号	稳压值/V	型号	稳压值/V	型号	稳压值/V
1N4728A	3.3	1N4734A	5.6	1N4740A	10
1N4729A	3.6	1N4735A	6.2	1N4741A	11
1N4730A	3.9	1N4736A	6.8	1N4742A	12
1N4731A	4.3	1N4737A	7.5	1N4743A	13
1N4732A	4.7	1N4738A	8.2	1N4744A	15
1N4733A	5.1	1N4739A	9.1	1N4745A	16

4）贴片晶体管的代换。

① 变频器电路中，一类贴片晶体管充当开关器件——实施对充电继电器、工作状态指示继电器线圈的电源通、断控制，或充作散热风扇的"电源开关"，控制继电器产生吸合或释放、风扇运转或停止。这类贴片晶体管对频率（f_T）参数没有什么要求，只是控制直流电流的通、断，只要集电极电流（I_C）值大于实际工作电流的 2 倍以上，反向击穿电压（U_{ceo}）值高于实际电路电源电压的 2 倍以上，就能应用了。

普通晶体管中的 S8050（NPN 型）、S8550（PNP 型）；9014（NPN 型）、9015（PNP 型）等都能胜任。大功率变频器电路中，散热风扇的工作电流和功率要大一些，可采用功率大一些的晶体管，如 D882（NPN 型）、B772（PNP 型）等，则能解决所有问题。

S8050/S8550 的主要工作参数：$P_{CM} = 0.625W$，$I_{CM} = 0.5A$，$U_{(BR)CBO} = 40V$。

D882/D772 的主要工作参数：$P_{CM} = 1.25W$，$I_{CM} = 3A$，$U_{(BR)CBO} = 40V$。

当然，用普通晶体管代换贴片晶体管，焊接操作上应该注意，占用空间较大。但此类元件的损坏率较低，偶尔遇上，用普通晶体管修复可以满足要求。也可以选同类型贴片晶体管备用，如小功率贴片晶体管 2SA1774Q/R/S（印字 Q/FR/FS，3 种器件的参数相同）、中功率贴片晶体管 2SB1038P/Q/R（印字 BFP/BFQ/BFH，3 种器件的参数相同）。需说明的是，随着技术的进步和工艺水平的提高，以上晶体管的 f_T 值都已达到 30MHz 以上，用于中频电路都没有问题的，用在变频器的任何电路中，都无需考虑这一项了。

② 大、中功率变频器，驱动 IC 输出的脉冲信号，需要末级功率放大电路进行电流/功率放大，再驱动 IGBT，末级电路往往选用贴片或非贴片晶体管完成功率放大任务，代换器件的选型，后文有专门讨论。

对贴片元器件的识别和代换，初学者往往太把它当回事儿，随着检修进程的深入和技术能力的提高，将识别能力逐渐积累到一定火候，经验就会参与其中，对各种现象——如型号、引脚、电源供给、外围电路等因素起到引导、整合归纳等既是理性又是感性的甄别作用，使识别贴片元器件型号并不耗费心力（不耗费无谓心力），只是就事论事（以该器件在电路中的位置和作用），判断出该元器件的电路类型。即使不能购到同型号元器件，也可用其他同类型的元器件来代用,从容完成检修任务。不必斤斤计较于元器件标识和无法查到资料,测量一下,观察一下元器件在电路中的位置和作用,即能大致判断该元器件是什么元器件,并"顺手"找到代换元器件,完成修复任务。以上内容通过对一些贴片元器件标识的认识和检测方法的介绍,逐步过渡到甩开元器件标识,辨别元器件类型和找到合适代换元器件的目的。

5. 贴片 IC

贴片 IC 的体积较大,其上易于容纳更多的产品信息,包括型号、封装形式、制造厂家等,检修者最重要的是根据贴片 IC 的型号,了解贴片 IC 的电路原理和引脚功能,并找到代换贴片 IC。

(1)贴片 IC 的封装形式和种类

贴片 IC 的封装形式有多种类型,制造厂家不同,封装形式往往也有差异。SOP(又称为 SOL、DFP、SOF、SSOP)是普及最广的表面贴装形式,引脚从封装两侧引出呈海鸥翼状 L 字形,材料有塑料、陶瓷两种。一般引脚数为 20 以下的数字、模拟集成电路,多采用此类封装;多引脚如 84 脚以上贴片 IC,多采用 LQFP、PQFP 等封装形式,塑料扁平封装,引脚从 4 个侧面引出。塑料封装的颜色为黑色,陶瓷封装的为黄色,如图 2-23 所示。

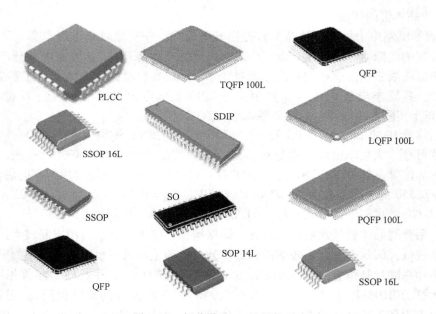

图 2-23 部分贴片 IC 的封装形式

贴片 IC 损坏时,照原型号采购,型号上标注有封装型号的信息,所以一时弄不明白封装形式也不要紧。需要注意的是,一些三端 IC 既有 3 引脚封装形式,也有 5 引脚和 8 引脚封装形式,如基准电压源 TL431 等,如图 2-24 所示。

(2)贴片 IC 的种类

1)数字 IC 电路。

目前所应用的数字 IC 电路形成有代表性的两大系列,即 74 系列和 4000 系列两大类,若以电路采用元件类型细分,又可以分成 DTL、HTL、TTL、ECL、CMOS 等数种。应用面最广、数量最大的数字电路是 74 系列中的 TTL 电路和 4000 系列中的 CMOS 电路。

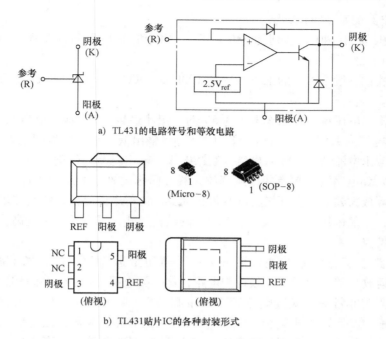

a) TL431的电路符号和等效电路

b) TL431贴片IC的各种封装形式

图 2-24 TL431 的符号、等效电路及各种贴片封装形式

TTL 电路以双极型晶体管为开关器件，称为双极型集成电路，它沿着 74→74S→74LS→74AS→74ALS 系列向高速、低功耗方向快速发展。"S"代表肖基特工作，工作速度比标准 TTL 快，功耗较大；"LS"代表低功耗肖特基工艺；"AS"代表先进（高速）的肖基特工艺；"ALS"代表先进（高速）低功耗的肖基特工艺。实际应用中，以 LS、AS 型较多。国产的 T1000、T2000、T3000、T4000，分别同 74、74H、74S、74LS 兼容。**TTL 电路的最大特点是适应供电电源电压为 5V，输入、输出电流值较大，工作频率较高。**

TTL 数字 IC 的基本特性如下。

工作电压范围：S、LS 系列为 $5(1 \pm 5\%)$ V；AS、ALS 系列为 $5(1 \pm 10\%)$ V。

频率特性：一般在 35～200MHz 之间。

输入、输出电压特性：输入逻辑"1"输入的电平高于 2.0V，逻辑"0"输入的电平低于 0.8V；输出逻辑"1"电平值高于 2.4V，输出逻辑"0"的电平值低于 0.4V。

输入、输出电流：输入电流为数 mA 级，输出电流为数十 mA 级。

CMOS 电路以绝缘栅场效应晶体管（即金属-氧化物-半导体场效应晶体管，又称单极晶体管）为开关器件，又称单极型集成电路，CMOS 电路沿着 4000A→4000B/4500B（统一称为 4000B）→74HC→74HCT 系列的方向高速发展，保持低功耗高运行速度的优势，HCT 与 TTL 电平兼容。"AC"代表先进的 CMOC 高速电路；"ACT"代表如 TTL 一样的输入特性；"HC"代表高速 CMOS 电路；"HCT"代表与 TTL 相兼容的高速 CMOS 电路；"LVC"代表 PHILIPS 公司的低电压 CMOS 电路，等等。4000B 系列的前缀很多，其中"CD"代表标准的 4000B 系列 CMOS 电路；"CC"代表国产 CMOS 产品；"HEF"代表 PHILIPS 公司的产品；"TC"和"LR"代表日本东芝和夏普的产品。**CMOS 电路的最大特点是适应较宽的供电电源电压，如 3.0～18V，输入、输出电流值较小，工作频率较低。**

CMOS 电路的基本特性如下。

工作电压范围：4000 系列为 3.0～18V；HC 和 HCU 系列为 2.0～6.0V；HC 系列为 4.5～5.5V。

频率特性：一般 CMOS 的工作频率在 100kHz；4000 系列在 12MHz 以下；74HC 系列在 40MHz 以下。

输入、输出电压特性：工作电压为 5V 时，最小逻辑"1"输入电压为 3.5V，最大逻辑 "0"的输入电压为 1.0V；输出高电平约为 U_{CC}，输出低电平，约为 0V。

输入、输出电流特性：输入电流为数微安级，输出电流为数毫安级。

2）模拟 IC 电路（主要有集成运算放大器（简称运放电路）组成）。

集成运算放大器是一种高增益的直流放大器，内部电路是由多级直接耦合放大电路组成的模拟电路，一般采用双端输入、单端输出的结构形式，具有输入阻抗高，输出阻抗低、电压增益高的特点。

运放电路按工作参数分类，可分为：①通用型运算放大器，如 LM358（双运放）、LM324（四运放）等，适用于一般控制电路，这一类应用最广；②高阻型运算放大器，特点是差模输入阻抗非常高，偏置电流较小，如 LF356（单运放）、LF347（四运放）、CA3140（单运放）等；③低温漂型运算放大器，又称精密型运算放大器，工作性能稳定，受环境温度变化影响小，适用于仪表测量等电路，如 OP07、AD508 等；④高速型运算放大器、低功耗型运算放大器等，适用于低功耗和高速（宽带）信号电路；⑤电压比较器，也是运放电路的一种，也看作放大倍数接近"无穷大"的运算放大器，用在电压比较场合，如 LM339（四运放）、LM393（双运放）等，电压比较器相对于 LF324 等集成运放电路，因其"比较输出"的特点，又称为非线性模拟集成电路。

以①、②、⑤型电路应用较多。

运算电路的工作特性和主要电气参数（以四运放 LM324 为例）：

① 电源电压范围：单电源供电 3～30V，双电源 ±1.5～±15V。

② 静态功耗极低，允许功耗：570mW。

③ 输出电流：40mA。

④ 输入偏置电流：45nA。

⑤ 差模共模电压输入范围接近电源电平。

运放电路适应电源电压范围极宽，输入阻抗高，并有较强的带负载能力，在开关量信号电路中也有应用（如用作电压比较器），比数字 IC 电路更具灵活性。

（3）如何辨识贴片 IC 器件的产品型号

同一电路的贴片 IC 器件，因生产厂家的不同，型号标注有很大差异，型号所含的内容一般有前缀、类型、产品编号、封装形式、制造厂家缩写字母信息、温度范围等。有的标注较全，有的仅标注其中几项。检修者要紧的是忽略次要信息，找到关键信息，即器件类型、型号的标注信息。

1）型号缩写特点。

贴片数字 IC 器件往往省略前缀，如 74 系列 IC，标注 HC240，型号全称为 74HC240；标注 LS14，型号全称为 74LS14，省略了"74"字样；标注 3771（复位 IC），型号全称为 MB3771，省略了"MB"字样。

如果在网络上搜索 3771 或 LS14，有可能无法搜到，明白缩写特点以后，在器件前试加 "74"、"MB""SN"、"AD"、"MAX"、"UL" 等数字或字母，就能搜到要查的器件资料。"MB""SN"、"AD"、"MAX"、"UL" 为器件制造厂家的公司名称缩写字头，多用于器件型号的起始标注。

2）同一器件，不同厂家标注不同的型号。

同一类型和功能的器件，有的仅为前缀不一致，如 HC240 和 F240、HCT240 等，由于其中的 "240" 一致，比较易于辨别；有的型号大不相同（而且引脚数也不一样），如 NE555（时基电路）器件，LM555、μA555、CA555、CB555、1455B 等统称为 555，一般为 8 脚双列封装，相互可以代换使用。其中的 1455B 标注型号，因为添加了 "14" 或 "455" 字样，不易使人 "联想" 到是 555 时基电路；少数产品如 RV6555DC、LB8555、M52051 等，采用 16 脚双列封装。其中的 M52051 标注差别大，再加上引脚数的不同，如果手头无资料，辨识难度较大，需要注意。

3）代码标注法。

对于一些小型贴片 IC（如稳压器电路）电路，特别是 3 引脚，其封装形式易于与贴片晶体管、贴片二极管等混淆，表面印字为代码，无资料情况下，型号辨识难度就相当大了。

图 2-25 中标注 BA 的贴片电压调节器与标注 BA 的贴片晶体管，标注和外形上都有相同和相似之处，要细心鉴别其不同点，并配合电路测量，确定器件类型。

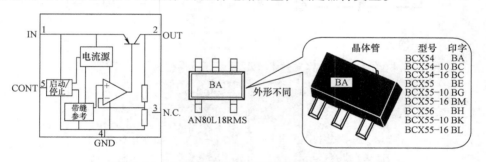

图 2-25　AN80LXXRMSTX 器件内部电路与外形

4）质量级别的标注。

通用型普通 IC 和贴片 IC，一般均分为 3 个质量级别，即军品（一级）、工业品（二级）和农用品（三级），变频器产品一般采用工业品和农用品器件。贴片 IC 的质量级别不同，标注型号也有差异，如稳压 IC 器件，依据质量级别，分别标注为 LM117、LM217、LM317；四运放器件，分别标注为 LM124、LM224、LM324。虽然标注有异，但器件的电路结构是完全一样的，只不过在耐温等使用参数方面有差异而已。

（4）贴片 IC 的其他辨识手段和方法

1）贴片 IC 的起始引脚的辨别。

确定贴片 IC 的起始脚（1 脚）后，才能配合相关资料和测量，确定器件的类型或好坏。20 引脚以下器件，通过标识印字的方向、器件本体上的缺口等可以判断起始脚。但四侧引出脚的多引脚器件，或器件引脚数相同，但起始脚不同的器件，就必须找到起始脚，才能展开以后的测量和检修工作。

将贴片 IC 的缺口向左，标注字符向下（符合阅读习惯），左下端为第一引脚，按逆时针方向旋转，依序为后续引脚。

另外，一些设备生产厂家，为检修的方便，有时也会在电路板上标出贴片 IC 的引脚序号，如图 2-26 和图 2-27 所示。设备生产厂家，在电路板上，标注了 1、17、18、34、35、52、68 等 IC 引脚（顺序）数字，提供检修者的检测方便。

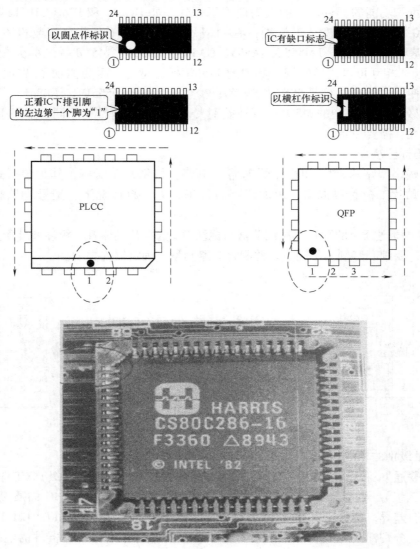

图 2-26　贴片 IC 的 1 脚识别图示之一

有些贴片 IC，难以进行 1 脚识别时，可以根据电路外接元件和资料中引脚图，加以辨识。

图 2-30 电路中，无法确定贴片 IC 的起始脚时，首先数清器件的引脚数和确定器件型号，根据器件的引脚数和型号找到相关资料，由相关引脚功能——供电引脚和外接晶振引脚作参考，确定该器件的起始脚。如图 2-30 中的 MCU 芯片，若不易确定其引脚次序时，可据

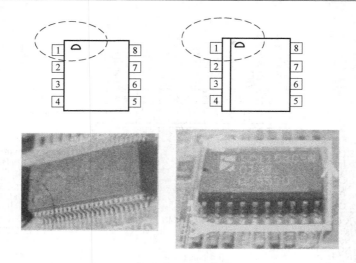

图 2-27 贴片 IC 的 1 脚识别图示之二

元件标注型号，查找到相关引脚功能的资料，确定 81、82 引脚，即为外接晶振元件引脚，由此进而确定其他引脚的顺序。同理，也可以从检测上确定 V_{CC}、V_{ss} 引脚，并依次作为基准，进而确定其他引脚的顺序。可见只要细心一点，不难确定贴片 IC 的 1 脚。

2) 从供电引脚的排列次序区分模拟 IC 和数字 IC。

直接从型号（或印字）辨识贴片 IC 较为困难时，可以先行判断 20 引脚以下元件的电路类型——是数字 IC 还是模拟 IC。

如器件为 14 引脚器件，模拟 IC 器件的供电脚一般为 4、11 或 3、12；数字 IC 的供电引脚则为 7、14。若所测元件的供电脚为 7、14，可以初步确定该器件为数字 IC，进一步的辨识方向便被引导于数字 IC 上，根据其简易标识可以很快找到突破口。数字 IC 和运放电路，这两类器件的供电引脚引出，是有较大差别的。

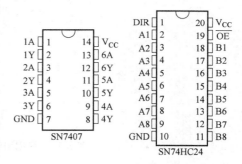

图 2-28 数字 IC 的（供电）引脚图

从图 2-28 和图 2-29 的比较可看出：数字 IC 电路的电源引脚在芯片的端部（起始或末

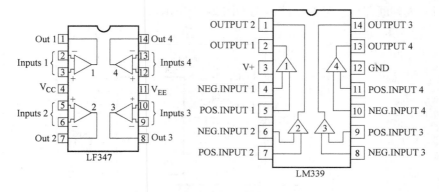

图 2-29 运放 IC 的（供电）引脚图

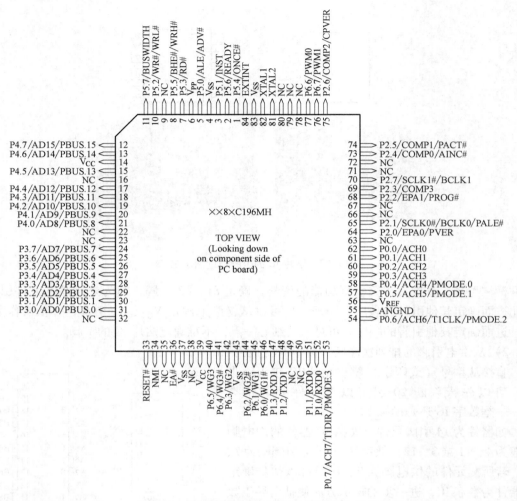

图 2-30　根据引脚外接元件确定器件的起始端

端），运放 IC 的电源引脚一般在芯片的中部（中间引脚）。从电源引脚的不同，可以区分 IC 是数字或模拟电路芯片。

3）从电路构成判断 IC 型号。

由电路构成判断器件型号的电路示例如图 2-31 所示。

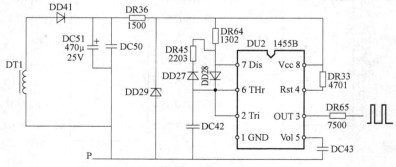

图 2-31　由电路构成判断器件型号的电路示例

电路中贴片 IC 器件为 1455B，单看型号标注不好确定是什么器件，将外围电路进行了简单测绘，由器件引脚的外接供电和外接元器件、供电引脚，脉冲信号输出引脚进行综合判断和分析，确定该器件为 555 时基电路。损坏时可直接用 NE555 贴片 IC 代换。

4）从输入、输出信号变化和电路构成判断 IC 类型。

① 如果不能判断出器件是数字 IC 或模拟 IC，要细心观察器件的信号输入、输出脚，根据输入、输出脚外围电路的形式判断器件类型。

如 IC 的输入、输出脚之间有反馈电阻，再测量输入、输出脚之间的电压关系（有时可人为送入一个电压信号，测输出电压的变化），呈现信号放大状态，说明该 IC 器件为运算放大器电路；IC 器件的输入、输出侧均接有上拉电阻，测量输入、输出信号之间的逻辑关系为"非"，即输入为 0V，输出为 +5V，可确定器件为反相器（非门）数字 IC。

② 已经确定为数字 IC，但不好确定是哪种逻辑门电路，可以细心找出（或测绘部分电路）信号输入脚，如信号 1 脚入、1 脚出，可能为非门、同相驱动/缓冲门电路等；若为 2 引脚信号输入、1 引脚信号输出，测量输入电压和输出电压，根据输入、输入信号电平之间的逻辑关系，一般可判断出电路为与门、与非门、或门、异或门等器件类型。

大部分贴片 IC，可由标注型号查到相关资料，判断器件类型并不费力，少数器件可由上文所述的"辅助测量和判断方法"，在一定程度上"破译"出器件类型和型号。

（5）贴片 IC 的代换

变频器电路中用到的 IC 器件，除 MCU 外围电路中用到的存储器、RS485 通信电路等专用器件外，多为用于电流、电压、温度等检测电路的集成运算放大器和少量数字 IC，处理直流和数千赫兹以下脉冲信号，一般贴片 IC 或普通 IC 器件均能满足代换要求，只要适宜安装，引脚功能一致，供电电压范围合乎要求，就可以代换。不必在意器件的输入阻抗、扇出能力、工作频率等参数（一般都能满足要求）。

1）用同型号贴片 IC 代换。这是最省心、省力的一个方法，需要手头储备一些常规备件，如数字 IC（HC08、LS14 等）、运放电路（LM324、LF393、LF339 等）。

2）用虽然型号不一致，但电路功能一样的贴片 IC 代换。如运算电路 LM324 和 LF347 的引脚功能完全一致，可直接代换。LM358 与 HA17904 的引脚功能完全一致，可直接代换。数字 IC 也是一样，多数器件都有型号不一致但引脚功能完全一样的器件，可以直接代换。

3）用普通插孔 IC（塑封双列直插）代换。如 LS14 可用型号为 74LS14 塑封双列直插的普通器件进行代换。对于损坏率低、用量不大或需应急修复的，都可以用普通 IC 器件代换，但需要细心焊接引线，引线尽可能要短，并做好固定。

贴片 IC 由于新型号、新器件层出不穷，维修者手头不可能有完备的资料，因而要在实践中不断强化自己破解标识和搜寻资料的能力。

2.3 知识储备和资料准备

1. 知识储备——相关技术的学习

变频器是一个电源设备，用于工业生产的电力拖动领域，是微电子技术和电力电子技术相结合、硬件和软件相结合的电气设备，需要检修者有以下几方面的知识储备和技术能力。

1）电子电路的理论基础和实践能力。包括模拟电路和数字电路的理论基础，达到对基础性电子电路的原理分析能力,对基本电子元件(电阻、电容、电感、晶体管、集成电路等)的检测和识别能力,以及掌握拆卸、焊接等基本的实际动手操作能力。

2)对 MCU(微控制器,又称单片机)器件所构成的硬件(电子电路)系统的电路原理和故障检修能力,对系统正常工作的三要素(电源、时钟、复位)及存储器电路、通信电路、显示电路等,掌握其检修方法和有一定的故障判断能力。变频器是以 MCU 为核心的智能化设备,熟悉单片机的"系统表现(智能化特点)"会大大提高检修能力。

3)变频器是"强电"和"弱电"的结合,为电气自动化系统的有机组成部分(或称其中一员),其操作与控制方式以及与 PLC、文本显示器等构成的"系统结构",需要一些电气自动控制的专业知识和电工基础作为知识储备。从而提高检修者对变频器的应用能力,反过来促进检修者的维修能力。

其实,从事检修变频器,已经不是一门单一性的技术,涉及电工知识、电力电子技术、电子技术、单片机技术、电气自动化控制技术等多个领域,属于"综合学科",其中电子技术是必备的,其他技术虽然是"辅助手段",但对提高检修者的综合素质,体现高效检修,实际起到不可忽视的作用。当然技术能力不是一蹴而就的,有了电子技术基础,就具备了基本的检修能力,在检修过程中,检修者必然会学习和进一步掌握其他方面的知识,日积月累,知识储备和技术能力将产生飞跃性的变化和提高。

2. 学习建议

在对电子电路的基础知识掌握后,进一步的学习内容如下:

1)选读一至两本变频器应用方面的技术书籍,这类书籍已出版的种类极为丰富,从中可以学到变频器的安装应用和自动控制技术。

2)本书和作者已由机械工业出版社的出版的《变频器实用电路图集与原理图说》两书,是目前为止少有的,结合变频器具体实际电路本身来讲解变频器检修的技术书籍,包含了电路资料和维修技能介绍,对提高变频器检修能力能发挥关键性作用。

3)其他技术书籍,如单片机初级教程、PLC 编程技术方面的书籍,可适当选学一些,以提高自己的综合技术素质。

3. 常备资料

1)变频器的使用操作说明书。市面上流行的变频器的使用操作说明书,无论是纸质的或从网络下载得到的,手头都应该有。检修过程中,经常要与相关参数的设置和修改相配合,进行起、停操作或某种性能的试验,没有操作说明书是寸步难行的。无法储备说明书时,应该抄录部分诸如"控制指令来源"和"频率指令来源"等基本的参数代码,便于维修中的操作。

2)作者本人在中华工控网(http://blog.gkong.com)开有"变频器维修-工控"博客,并作为"变频器维修论坛"的版主,这块"地方"有为读者朋友实时更新的常备资料,维修中碰到的疑难问题,可以即时提问,并参加讨论,大部分都能得到作者本人及时有效的解答。

第3章 变频器主电路的检修

变频器的主电路结构,是由交-直-交工作方式所决定的,由整流、储能(滤波)、逆变3个环节构成。图3-1为东元7200PA 37kW变频器主电路,从R、S、T电源端子输入的三相380V交流电压,经三相桥式整流电路整流成300Hz脉动直流,再经大容量储能电容平波和储能,输入到由6只IGBT构成的三相逆变电路,在驱动电路的6路PWM脉冲激励下,6只IGBT按一定规律导通和截止,将直流电源逆变为频率和电压可变的三相交流电压,输出到负载电路。变频器主电路的简单工作原理就是如此。

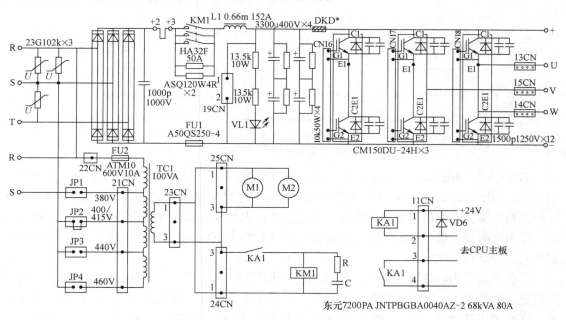

图3-1 东元7200PA 37kW变频器主电路

变频器的主电路,也有多种电路形式。7.5kW以下小功率机型,如台安N2-405-1013 3.7kW变频器主电路,三相整流和三相逆变电路都集成于一个模块内,称为"一体化或集成式主电路";功率稍大一点,主电路即由三相整流模块和三相逆变模块两个模块构成;中功率机型,则由3只或6只单管或双管式(又称半桥)整流模块组成,逆变输出电路也是如此;大功率变频器,则数只功率模块并联构成以提高电流输出(扩流)能力。

主电路的形式随功率大小而表现在配置上有所不同。

3.1 对IGBT模块的检测

对用户送修的变频器,一定要先与用户交流,掌握使用和损坏的大致情况,这对故障部位的判断和对用户的答复都大有好处。变频器接手后,不要忙于上电检查,可先万用表的电阻档（数字式万用表的二极管档、指针式万用表 R×100 或 R×1k 档），分别测量 R、S、T 3 个电源端子对 +、−端子之间的电阻值，其他变频器直流回路正、负端标注为 P、N，打开机器外壳后在主电路或电路板上可找到测量点。另外，直流回路的储能电容是个比较显眼的元件，由 R、S、T 端子直接搭接储能电容的正、负极进行电阻测量，也比较方便。

R、S、T 3 个电源端子对 +、−端子之间的电阻值，反映了三相整流电路的好坏，而 U、V、W 3 个输出端子对 +、−端子之间的电阻值，则能基本上反映 IGBT 模块的好坏。将图 3-1 整流和逆变输出电路简化一下，输入、输入端子与直流回路之间的测量结果便会一目了然。如图 3-2 所示。

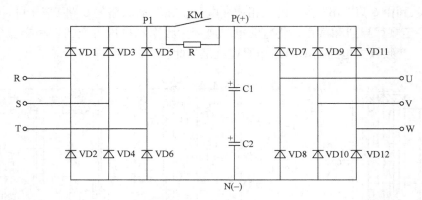

图 3-2   变频器主电路端子正反向电阻等效图

VD1～VD6 为输入三相整流电路，R 为充电电阻，KM 为充电接触器。C1、C2 为串联储能电容。VD7～VD12 为三相逆变电路中 6 只 IGBT 两端反向并联的 6 只二极管。IGBT 除非在漏电和短路状态能测出电阻的变化，对逆变输出电路我们能实际测出的只是 6 只二极管的正、反向电阻值。这样一来，整个变频器主电路的输入整流和输出逆变电路，相当于两个三相桥式整流电路。

用数字式万用表测量二极管，将 R、S、T 搭接红表笔，P（+）端搭接黑表笔，测得的是整流二极管 VD1、VD3、VD5 的正向压降，为 0.5V 左右，数值显示为 540；如将表笔反接，则所测压降为无穷大。如用指针式万用表，黑表笔搭接 R、S、T 端，红表笔搭接 P（+）端，则显示 7kΩ 正向电阻；表笔反接，则显示数百 kΩ。因充电电阻的阻值一般很小，如图 3-1 所示电路，仅为几欧，小功率机型为几十欧，测量中可将其忽略不计。但测其 R、P1 正向电阻正常，而 R、P（+）之间正向电阻无穷大（或直接测量 KM 常开触头之间电阻为无穷大），则为充电电阻已经开路了。

整流电路中 VD2、VD4、VD6 及 U、V、W 端子对 P（+）、N（−）端子之间的测量，也只能通过测量内部二极管的正反向电阻的情况来大致判定 IGBT 的好坏。

需说明的是，桥式整流电路用的是低频整流二极管模块，正向压降和正向电阻较大，同于一般硅整流二极管。而 IGBT 上反向并联的 6 只二极管是高速二极管，正向压降和正向电阻较小，正向压降为 0.35V 左右，指针式万用表测量正向电阻为 4kΩ 左右。

以上说到对端子电阻的测量只是大致判定 IGBT 的好坏，尚不能最后认定 IGBT 就是好的，简易测量后，就对用户说，输出模块是好的，会给自己带来极大的被动，IGBT 的好坏还需进一步测量验证。如何检测 IGBT 的好坏，得首先从 IGBT 的结构原理入手，找到相应有效的测量方法，图 3-3 所示为 IGBT 等效电路和单/双管模块引脚图。

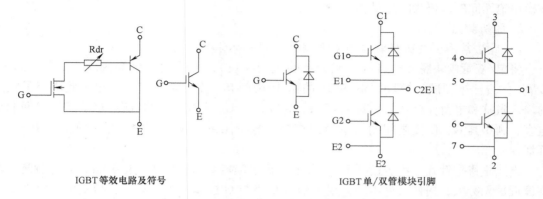

　　IGBT 等效电路及符号　　　　　　　　　　　　IGBT 单/双管模块引脚

图 3-3　IGBT 等效电路和单/双管模块引脚

　　场效应晶体管有开关速度快、电压控制容易的优点，但也有导通压降大以及电压与电流容量小的缺点。而双极型器件恰恰有与其相反的特点，如电流控制容易、导通压降小，功率容量大等，两者复合，正所谓优势互补。IGBT 或者 IGBT 模块的由来，即基于此。从结构上看，类似于我们都早已熟悉的复合放大管，输出管为一只 PNP 型晶体管，而激励管是一只场效应晶体管，后者的漏极电流形成了前者的基极电流，放大能力是两管之积。

　　单/双管模块常在中功率机型中得到应用。大功率机型将其并联作用，以达到扩流的目的。图 3-4 为单机模块，将整流与逆变电路集成于一体。另外，有的一体化（集成式）模块，将制动单元和温度检测电路也集成在内。

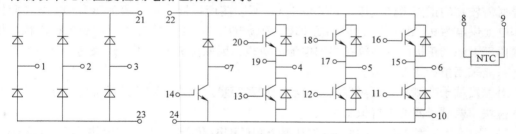

图 3-4　FP25R12KE3 单机模块原理图

对主电路测量方法有两种，即在线测量和脱机测量。

1. 在线测量

　　1）上述测量方式是仅从输入、输出端子对直流回路之间来进行的，是在线测量方法的一种，对整流电路的开路与短路故障则较明显，但对逆变电路还需进一步在线测量以判断好坏。

　　2）打开机器外壳，将 CPU 主板和电源/驱动板两块电路板取出，记住排线、插座的位置，插头上无标记的，应用油性记号笔等打上标记。取下两块电路板后，剩下的就是如图 3-1 所示的主电路了。直接测量逆变模块的 G1、E1 和 G2、E2 之间的触发端子电阻，都应为无穷大。如果驱动板未取下，模块是与驱动电路相连接的，则 G1、E1 触发端子之间往往并接有 10kΩ 电阻（大功率机型 3kΩ 左右），则正反电阻值均应为 10kΩ。有了正反电阻值的偏差，在排除掉驱动电路的原因后，则证明逆变模块已经损坏。

3）触发端子的电阻测量也正常，一般情况下认为逆变模块基本上是好的。但此时宣布该模块绝无问题，仍为时过早。

2. 脱机测量

1）此法常用于大功率单/双管模块和新购进一体化模块的测量。

将单/双管模块脱开电路后（或为新购进的模块），可采用测量场效应晶体管（MOSFET）的方法来测试该模块。MOSFET 的栅-阴极间有一个结电容存在，故由此决定了极高的输入阻抗和电荷保持功能。对于 IGBT，存在一个 G、E 极间的结电容和 C、E 极之间的结电容，利用其 G、E 极之间的结电容的充电、电荷保持、放电特性，可有效检测 IGBT 的好坏。

方法是将指针式万用表拨到 R×10k 档，黑表笔接 C 极，红表笔接 E 极，此时所测量电阻值近乎无穷大；搭好表笔不动，用手指将 C 极与 G 极碰一下并拿开，指示由无穷大阻值降为 200kΩ 左右；过一、二十秒钟后，再测一下 C、E 极间电阻（仍是黑表笔接 C 极，红表笔接 E 极），仍能维持 200kΩ 左右的电阻不变；搭好表笔不动，用手指短接一下 G、E 极，C、E 极之间的电阻又重新变为接近无穷大。

实际上，用手指碰一下 C、G 极，是经人体电阻给栅、阴结电容充电，拿开手指后，因此电容无放电回路，故电容上的电荷能保持一段时间。此电容上的充电电压，为正向激励电压，使 IGBT 出现微导通，C、E 极之间的电阻减小；第二次用手指短接 G、E 极时，提供了电容的放电通路，随着电荷的泄放，IGBT 的激励电压消失，管子变为截止，C、E 极之间的电阻又趋于无穷大。

手指相当于一只阻值为数 kΩ 级的电阻，提供栅阴极结电容充、放电的通路；因 IGBT 的导通需较高的正向激励电压（10V 以上），所以使用指针式用万表的 R×10k 档（此档位内部电池供电为 9V 或 12V），以满足 IGBT 激励电压的幅度。指针式万用表的电阻档，黑表笔接内部电池的正极，红表笔接内部电池的负极，因而黑表笔为正，红表笔为负。这种测量方法只能采用指针式万用表。

对触发端子的测量，还可以配合电容表测其容量，以增加判断的准确度。往往功率容量大的模块，两端子间的电容值也稍大。

2）下面为双管模块 CM100DU-24H 和 SKM75GB128DE 及集成式模块 FP25R12KE3，用 MF47C 指针式万用表的 R×10k 档测量出的数据。

CM200Y-24H 模块：主端子 C1，C2、E1、E2；触发端子 G1、E1、G2、E2；触发后 C、E 极间电阻为 250kΩ；

用电容表 200nF 档测量触发端子电容为 36.7nF，反测（黑表笔搭 G 极，红表笔搭 E 极）为 50nF。

SKM75GB128DE 模块：主端子同上，触发后 C、E 极间电阻为 250kΩ；

触发端子电容：正测为 4.1nF，反测为 12.3nF。

FP25R12KE3 集成模块：也可采用上述方法，触发后为 C、E 极间电阻为 200kΩ 左右；

触发端子电容正测为 6.9nF，反测为 10.1nF。

脱机测量得出的结果，基本上可判定 IGBT 的好坏，但仍不是绝对的。

在线测量或脱机测量之后的上电测量，才能最后确定模块的好坏。上电后先空载测量三相输出电压，其中不含直流成分，三相电压平衡后，再带上一定负载，一般达到 5A 以上负载电路，逆变模块导通、内阻变大的故障便能暴露出来，详见后面章节。

3.2　主电路上电检修

变频器维修者必须牢记：逆变模块与驱动电路在故障上有极强的关联性。当逆变模块炸裂损坏后，驱动电路势必受到冲击而损坏；逆变模块的损坏也可能正是因驱动电路的故障而造成的。因而无论表现为驱动电路或是逆变输出电路的故障，必须将逆变输出电路与驱动电路一同彻底检查。对主电路上电试机，必须在确定驱动电路正常——能正常输出 6 路激励脉冲的前提下进行。对驱动电路的检修见本书第 5 章。

检查驱动电路正常后，将损坏逆变模块换新，才可以上电试机。

整机装配后的上电试机，是一个必须慎重的事情。必须采取相应的措施，以保证在异常情况出现时新换的 IGBT 模块不至于损坏。试机时，变频器起动瞬间是最"要命的一个时刻"，无任何防护措施下的匆忙上电，会使新换的价值昂贵的模块损坏于刹那间。以前所付出的检修的努力不仅白废了，而且造成了更大的损失，有可能使故障范围扩大了。有的维修人员炸过几次模块，便对变频器维修望而却步了。采取相应的上电试机措施，能基本上杜绝上电试机逆变模块损坏的发生，只要细心一点的话基本没有问题。

1. 方法一

将图 3-1 中标注 DKD * （笔者自行标注的，意为断开点）处断开，其实电路中为连接铜排，拆去一段连接铜排，即将三相逆变电路的正供电端断开。注意，断开点必须在储能电容之后。假定在 KM1 或 L1 之处断开，储能电容上存储的电量，会在逆变电路故障发生时，释放足够的能量将逆变模块炸毁。连接简图如图 3-5 所示。

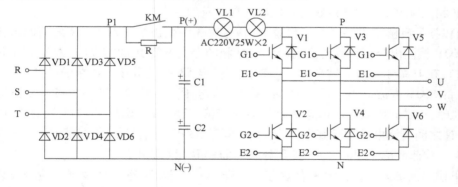

图 3-5　变频器逆变电路的上电检修电路接线图一

在断开处串入两只 25W 交流 220V 灯泡，因变频器直流电压约为 530V，一只灯泡的耐压不足（故障情况下），需两只串联以满足耐压要求。即使逆变电路有短路故障存在，因灯泡的降压限流作用，将逆变电路的供给电流限于 100mA 以内，逆变模块将不会再有损坏的危险。

变频器空载，U、V、W 端子不接任何负载。先切断驱动电路的模块 OC 信号输出回路，避免 CPU 作出停机保护动作，中断试机过程（具体操作方法见第 5 章）。上电后可能出现如下几种情况：

1）变频器在停机状态，灯泡亮。3 只模块有一只上、下臂 IGBT 漏电，如 V1 和 V2。此种漏电在低电压情况下不易暴露，如万用表不能测出，但引入直流高压后，出现了较大的漏电，说明模块内部有严重的绝缘缺陷。购买的拆机品中的模块有时候出现这种情况，可用排除法检修，如拆除 U 相模块（V1、V2）后灯泡不亮了，说明该模块已损坏。

2）上电后，灯泡不亮，但接收运行信号后，灯光随频率的上升同步闪烁发亮。说明三相逆变模块中，出现一相上臂或下臂 IGBT 损坏故障。如当 V1 受激励信号而导通时，已损坏的 V2 与导通的 V1 一起，形成了对供电电源的短路。两只串联灯泡承受 530V 直流电压而发出亮光。

3）上电后，灯泡不亮，接收运行信号后，灯泡仍不亮。用指针式万用表的交流 500V 档，测量 U、V、W 端子输出电压，随频率上升而均匀上升，三相输出电压平衡。说明逆变输出模块基本上是好的，可以带些负载试验了。

4）上电后，灯泡不亮，起动变频器后，灯泡仍不亮。但测量三相输出电压，不平衡，严重偏相。故障原因：某一臂 IGBT 内部已呈开路性损坏；某一臂 IGBT 导通内阻变大，接近开路状态。对此故障的检测方法如下：

① 用直流电压档测量变频器 U、V、W 端子的方法。当变频器输出端子输出三相平衡的交流电压时，说明输出电压中不含有直流成分。换句话说，此时指针式万用表的直流 500V 档所测得的直流电压值为零。当输出偏相时，实质是逆变输出电路的某一臂 IGBT 导通不良或呈开路状态，致使该相输出为正或负的半波输出，或者该相输出的正、负半波不对称，输出电压中出现了直流分量。一臂 IGBT 为开路（断路）状态时，则为纯直流分量了。此时用万用表直流 500V 档测量，可得出如下结果：假定测量 U、V 之间无直流电压，但测量 W、V 和 W、U 之间有直流电压值出现，说明 W 相模块不良。若为红表笔搭接 W 相，指针正偏转，测说明 W 相下臂 IGBT（V6）导通不良或没有导通；若黑表笔搭接 W 相指针为正偏转，则说明 W 相上臂 IGBT（Q5）导通不良或没有导通。

也可以换一种测量方法，直接测量 U、V、W 3 个输出端子对 P、N 之间的电压值。仍用直流 500V 档。由分析可以得出结论：当 U 相的上、下臂 IGBT（V1、V2）完全正常地对称导通时，在 U 端子形成了"等效的"对直流供电 530V 的分压，U 端子对 P、N 两点都能测出 1/2 的 530V 直流电压，即 260V 左右的直流电压。而异常状态下，可得出这样的测量结果，如 P、U 之间所测电压远远高于 260V 甚至等于 530V，说明 V1 内部断路或导通不良；若在 U、N 之间所测电压远远高于 260V 甚至等于 530V，则说明 V2 内部 C、E 之间断路或导通不良，不能形成对 530V 的"正常分压"而使 U 相直流电压升高。

② 下述的测量方法，也为一有效方法。修复一台 37kW 东元变频器，检查发现为逆变模块损坏，型号为 CM100DU-24H。购得一块相同型号的模块，进行一遍脱机测量的所有"程序"，确认模块无问题后，装机上电试验。三相输出电压很不平衡，彻底检查驱动电路确认无故障后，按图 3-6（简化图）接线方式测量出新换模块导通内阻变大，换新模块后故障排除。

我国的动力和居民供电，一般采用三相四线制。N 为中性线，也称为零线。注意，变频器直流回路负端常常标注为 N，与三相供电的中性线不是一码事，在图中以 N＊（中性线）相区分。有的维修人员弄混了，以为变频器中的 N 点是与三相供电的 N 线相连的，连接后，一上电，整流模块就炸了。

将三相 U、V、W 输出端对三相供电的零线（N＊）测量（用指针式万用表直流 500V

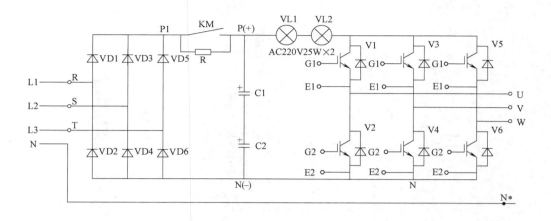

图 3-6　变频器逆变电路的上电检修电路接线图二

档)，U 相、W 相直流成分为零，而 V 相约有 −300V 的直流负压。由此判断：V 相下臂导通良好，而上臂导通不良，两臂输出的正、负半波不对称，致使 V 相对零线有负电压输出。而 V 相上臂，恰巧就是新换上的模块。另购一只 CM100DU-24H 更换后，三相输出正常。模块的故障，为内部输出管 C、E 极间导通内阻变大。说明了一件事，即使是细致测量后，认为是好的逆变模块，也不能百分之百断定就是没有问题的。万用表的测量判断能力毕竟是有限的。对接入电路上电后反映出的问题，不要存有先入之见，认为模块不可能是坏的，从而造成对故障的误判，使检修走入弯路。

串接灯泡上电检查逆变电路，对绝大部分变频器是适用的，因为灯泡的限流和指示作用带来了检修上的很大方便。但也有例外，在检修一例安川 55kW 变频器时，上电试机时出现意外，见故障实例。安川 616G3 型 55kW 变频器的主电路如图 3-7 所示。

故障实例1

在图 3-7 中 DKD∗点串入两只灯泡，上电，灯泡不亮，这是对的，按操作面板起动变频器，灯泡变亮。这说明输出模块有短路现象，这是笔者的第一判断。停电检查模块和驱动电路，均无异常。回头查看电路结构，在拆除掉 MS1250D225P 和 MS1250D225N 后，起动变频器后灯泡不亮了。测空载输出三相电压正常。这两只元件与外接 10Ω80W 电阻提供了约一百毫安的电流通路，使 25W 灯泡变亮。安川与东元大功率变频器的 IGBT 上往往并联有 MS1250D225P 和 MS1250D225N，内含电容、二极管等，与外接电阻元件一件构成了 IGBT 的保护电路，是为了抑制尖峰电压，提供 IGBT 的反向电流通路来保护 IGBT 安全的，以牺牲几十瓦功耗换来 IGBT 更高的安全性，这是安川变频器模块保护电路的特色。

变频器空载起动后，由于 MS1250D225P 和 MS1250D225N 等元件的关系，逆变电路自身形成了一定的电流通路，并非为逆变模块不良造成。该机是一个特例。有了电流通路，也并一定是模块已经损坏了，观察一下，是不是有哪些元件提供了此电流通路？当新鲜的经验固化成思维定式，对故障的误判就在所难免了。

2. 方法二

因灯泡的降压作用，虽有一定的输出电压，但幅值较低（模块相关电路取用了一部分电流)，不能满足对三相输出电压的检测和判断要求，变频器有可能报出"输出异常"等故

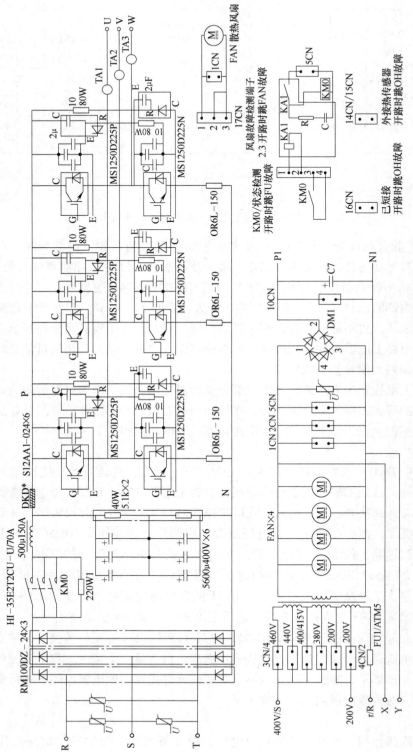

图 3-7 安川 616G3 型 55kW 变频器主电路

障，采取保护停机措施，由此引出了上电检修方法二，如图 3-8 所示。

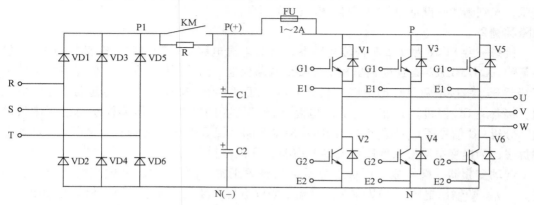

图 3-8　变频器逆变电路的上电检修电路接线图三

将串联灯泡拆除，串入一只 2A 玻壳熔断器，上电检测图 3-7 所示安川变频器主电路的 U、V、W 三相输出电路，无直流成分，输出三相电压平衡。将切断的 OC 信号回路恢复，将 U、V、W 输出端接入 2.2kW 三相电动机，进行频率增减和起、停操作，表现良好，机器修复。

3. 方法三

逆变输出电路在无防护措施下的高电压供电情况下，带电状态（尤其是起动运行状态）时严禁测量触发端子（G1、E1）~（G6、E6），否则搭接表笔即由表笔引线引入干扰，使 IG-BT 误触发，因对电源形成短路而导致炸毁。用示波器的探头检测也不可以。将驱动板脱开逆变电路后，单独检修驱动板时，可对 6 路输出脉冲进行检测。一旦连接好主电路，在无限流降压措施下，不可贸然搭接表笔测量。

上电检修前，一定检查逆变模块的触发端子的连线是否牢固，无保护措施下，触发引线的连接不良，将导致模块的炸裂。故障机理见本书第 5 章。

即使串入熔断器，高电压状态下也不建议进行激励电压（脉冲）的测量，由此引出了上电检修方法三，低电压供电条件下是可以测量激励脉冲有无的，如图 3-9 所示。

将逆变输出电路供电正端 P（＋）断开，另行接入一个低压直流电源，如常用的 S-100-24 型 24V/100W 的一体化仪用开关电源，或低压线性电源。因为低电压供电，且电源本身有输出限流保护（电源本身的电流输出能力也是有限的，这是一个好处，有了自限流功

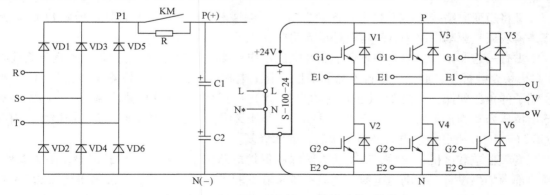

图 3-9　变频器逆变电路的上电检修电路接线图四

能), 检测逆变输出电路就变得非常安全了。可配合测量触发端子上的截止负压和正的激励电压, 来判断哪一路激励脉冲或哪一臂 IGBT 异常。

故障实例 2

接修一台 PI-18 型 11kW 普传变频器, 开关电源电路、驱动电路等全部检测并修复后, 将新购 SKM75GD124D 逆变输出模块焊接到电路板上。为了保险起见, 先将逆变电路的供电正端断开, 串接了两只灯泡上电试机。上电, 灯泡不亮, 按操作面板的起动按钮, 灯泡一闪, 接着跳 OC 停机。此前, 对驱动电路已做了彻底的检查, 对所购模块也做了细致的测量。分析 OC 信号还是因逆变电路故障由驱动电路返回 CPU 的, 为检查故障所在, 将串联灯泡拆去, 为逆变电路接入低压直流 24V 电源, 开机检测。

起动变频器, 操作显示面板上显示输出频率正常, 测 U、V、W 输出交流电压, 50Hz 时 U、V、W 输出电压为 13V 左右, 且输出幅度有周期性收缩现象。但三相都有输出, 也不再跳 OC 故障。曾检测过正常的变频器, 当逆变输出电源供电为 24V 时, U、V、W 端子应为稳定的 18V 左右交流电压。测触发端子上的 6 路激励脉冲, 电压幅度和电流输出能力都满足要求。说明不是驱动电路的问题。这一来有点意思了, 将 24V 电源换为 200V 直流电源后, 并串接 2A 熔断器。上电后起动变频器, 还是跳 OC, 并且串接的熔断器熔断。这一下故障彻底暴露出来了, 模块有严重绝缘缺陷! 低电压供电时尚不至于击穿短路, 能维持一定电压输出, 高电压供电时, 即形成较大的短路电流, 使变频器报出 OC 故障。所购模块可能为拆机品, 存在绝缘缺陷, 换一块新模块, 装机后故障排除。

故障实例 3

一台 22kW 泓筌变频器, 逆变模块供电串接的熔断器熔断, 测量主电路未见其他异常。一般情况下, 逆变电路供电电路中串接的速熔熔断器熔断时, 逆变电路中必定有一只或两只IGBT 短路了。或者反过来说, 正是由于 IGBT 的短路才造成了熔断器的熔断。但怎么测量该变频器逆变模块都是好的。装机后先将逆变供电送入 24V, 跳 EOCn, 意为加速中过电流, 电动机侧短路。显然逆变模块或驱动电路部分还有故障。看来并非只是换上熔断器那么简单。

拆机, 重新检查驱动电路板, 结果 6 路驱动电路都工作正常。

装机, 还是将逆变供电接入 24V, 上电跳 EfbS, 意为熔断器熔断。拆除 24V 供电, 将原熔断器端子用灯泡串联代之, 送电即发强光。但停电拆掉触发端子后, 单独测量逆变模块正常。

又将逆变电路接入 24V 供电, 起动变频器, 当频率上升至 5Hz 左右时, 仍跳 ECOn。到底是模块还是驱动电路仍有问题还是没弄明白。

重查一遍驱动输出电路的正负电压及电流, 均正常。判断还是为逆变模块不良。索性将3 只模块全数拆下, 放到工作台上与驱动板一起上电检测。上电后, 检测 V 相上臂 IGBT 触发端子的负压偏低, 约为 2V (正常时约为 7.5V)。与驱动电路脱开触发端子后, 测驱动板输出负压恢复为正常值, 插上模块触发端子, 负压又降低。证实该模块确实已经损坏, 内部IGBT 的 G、E 极已经漏电。换新模块后, 故障修复。

变频器空载试机正常后, 应将所有解除的保护电路恢复, 进一步带载试验, 限于条件, 维修部内如果没有三相动力电源, 则只有带轻载试验了。根据经验, 一般输出电流达 5A 左右时, 模块内部缺陷也是能暴露出来的。将 3 只相同功率的灯泡连接成星形 (见图 3-10),

每只灯泡承受最高电压恰为 220V 左右，可直接接
于变频器的 U、V、W 三个输出端；也可直接接入
小功率三相电动机试机，后者的试验效果要好
一些。

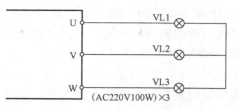

图 3-10 变频器负载灯泡连接电路图

变频器装机完毕后，空载和轻载（试机）后，
一般问题都能暴露出来，但逆变模块的输出内阻
变大，不易检测出来，所以应尽可能地接入电动
机试机，才能使返修率最低。

接入电动机，使输出电流达到 5A 左右。三相电压与电流都有较好的平衡度，电动机在
整个频率范围内运行平稳，变频器修复。

如果电动机运行时有明显跳动，发出"喀楞喀楞"的声音，测量输出三相电压不平衡，
偏相严重。用指针式万用表直流 500V 档，测量出哪一相直流电压最高，则该相模块不良，
导通内阻变大，必须予以更换。此试机过程，可检测出逆变模块导通出电阻变大的故障。

3.3 储能电容的问题

直流回路储能电容的"硬"损坏，会出现明显溅液、鼓顶、炸裂等现象，观察即能看
出。当出现严重漏电和击穿故障时，则已经炸裂了，是无须测量的。应用一块电容表，对电
容容量进行检测，当容量有明显下降时，应予以更换。电容串联于电路中，两只串联电容容
量应相等或接近，偏差过大时，容量小的电容会因承受过高电压而损坏。

储能电容有"老化失效现象"，电容表测量不出容量异常，但运行中会造成直流回路电
压下降，变频器频报欠电压故障，带载能力变差。

下面结合故障实例来说明对储能电容的检修，电路如图 3-11 所示。

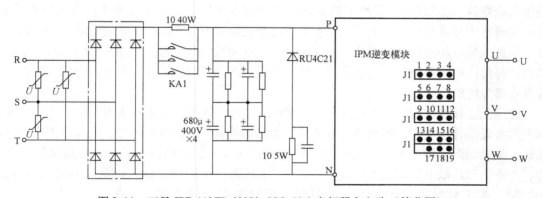

图 3-11 三垦 IPF-11kW（MC）ICO-3LC 变频器主电路（简化图）

故障实例

1）用户反映：该变频器因生产检修而停机，停机时变频器还是正常的。隔了一天后，
再起动时，听到变频器内部发出"啪"的一声响，连变频器的面板显示也熄灭了，电动机
不能起动。用户应急将电动机改接到工频电源上，以满足生产供水要求。

2）拆机检查：发现逆变输出模块炸裂，测量输出 U、V、W 端子已短路；发现

10Ω40W 电容充电电阻烧断。原因为逆变模块短路后（后查出充电继电器 KA1 也已损坏），其浪涌冲击电流将其烧断。查出整流回路尖波抑制电路的二极管 RU4C21 和串联电阻同时损坏，10Ω 5W 电阻已开路，二极管短路。

3）分析原因：限流电阻的损坏是浪涌电流冲击所致；但尖峰电压抑制电路的电阻和二极管同时损坏，则说明直流回路中出现了波动异常剧烈的冲击电压，有可能存在电网电压异常的冲击，使其瞬间损坏，是否由于逆变模块的短路瞬间造成电网电压波动，以至于损坏了尖波抑制网络呢？逆变模块的损坏，可能是由于电动机时有堵转现象或由于元器件老化、电网电压冲击等原因。

4）修复：将损坏元器件拆除，并换新的，观察 4 只 680μF400V 电容外面上无异常，粗测滤波电容器无短路，也有"容量"——有充、放电现象；将损坏模块拆除，将其他损坏元器件更换新品，送电后有显示，说明电源及控制部分基本正常，测开关电源各路输出都正常。

因为采用了 IPM，新品价格不菲，故购买了一只拆机品，更换后带 3 只 15W 灯泡试机，一切正常。由于手头也没有合适的负载试机，便认为已经修复完毕，可以交付使用了。

5）几天后到现场安装试机，第一次起动时，频率才上升到 30Hz 左右，便跳"减速过电流"保护停机。将其复位后再起动，起动过程中听得"啪"的一声，前级空气开关跳闸，变频器内冒烟。又应急接成工频运行，将其拆机检查，损坏情况与上次大致相当，逆变模块炸裂，连充电短接继电器的触点都已烧熔，其触点引脚竟被电弧烧断。二极管 RU4C21 已被击穿。这只管子的耐压值相当高，起码应高达 1200V 以上。回忆工频起动过程，时间很短即能顺利起动，起动电流也不大，负载并不重。看来模块的损坏，过电流只不过是一个表面现象，或者不是主要原因。造成功率器件大面积损坏的原因，**是直流回路中出现了异乎寻常的高电压，甚至出现了谐振过电压，以致超过了 RU4C21 的耐压值而导致其击穿，逆变模块的损坏原因可能也源于此，先是由过电压造成击穿，电压性击穿使电流剧增（实际上是输出三相短路），而接着又导致了热击穿。**这种过电压发生得是如此迅疾，如此猝不及防，连一向自许为灵敏度极高的电压、电流保护电路竟都来不及动作，击穿过程就已经结束。

检测现场电动机的运行电流在额定值以内，电动机状况良好，三相工作电压均在额定值以内，外部的电气和机械环境都看不出什么异常，其异常只能发生在变频器内部。那么症结究竟在哪里呢？

还是从二极管 RU4C21 击穿着手，从直流回路出现异常的过电压状态着手。按说直流回路有大容量的储能电容，对电网侧的瞬时过电压也具有一定的吸收能力，除非雷击造成的过电压，其他情况很难击毁它。另外输入侧并接有 3 只压敏电阻，也具一定的过电压吸收能力，检查 3 只压敏电阻都无过压击穿痕迹。那么这种过电压只能是变频器内部回路异常造成的。输入侧压敏电阻并未损坏，说明输入侧并未有过电压发生。拆下电容箱，将 4 只 6800μF 电容逐个拆下，拆某一只电容时发现，电容竟被什么东西"粘"在安装架上，细看该电容有喷液痕迹，测量其容量接近为 0！另 3 只并接电容虽无喷液痕迹，但测容量也仅为几十微法左右，至此真相大白了。

电容失效以后（只存在极小容量），带小功率负载（如 15W 灯泡）尚察觉不出什么异常，整个输出频率范围内"极为正常"，但接入较大功率负载后，情形就不同了。此时直流回路已完全丧失储能滤波能力，直流回路是频率为 300Hz 的脉动直流，电动机起动时的电流吸入，加大了脉动电流的脉动成分。这还不是最主要的，要紧的是电动机绕组的反电动势或变频器的某一输出载波，恰好落在脉动直流的变化范围之内，两者互动，推波助澜。整个系统内脉动电流的急剧变化，恰好落到某一频率点上，电路中的分布电感和分布电容适时加入进来，各方面"生力军"的加入和互为作用，使回路中的动态能量急剧上升，危险的谐振过电压在此时出现。逆变模块中的 IGBT 和上述 RU4C21 尖峰电压吸收二极管，它们的耐压值在正常时有一定甚至是较大的富裕量，但在此时高于耐压值数倍的高电压冲击下，脆弱得简直不堪一击，炸裂和短路也就顺理成章。严重的是无论是电压或电流保护检测电路对此类瞬变根本无法作出适时的反应，电压击穿同时又是电流短路性损坏，发生在一瞬间，各类保护电路也无能为力。

逆变模块的损坏，除了外部负载的长时间过载，散热不良和雷电冲击外，究其内部原因，电容的容量减少、失容和失效，是导致其损坏的致命杀手，其危害性当属第二位（第一位为驱动电路异常）。电容的容量减少，轻者表现为带负载能力差，负载加重时往往跳直流回路欠电压故障，电容的进一步损坏，则形成对逆变模块的致命打击。此类故障往往又较为隐蔽，不像元件短路那样容易引人重视，检查起来有时也颇费周折，有的电容测其容量似乎为好电容，但好坏则不一定。尤其是大功率变频器中的电容，运行多年后，其引出电极常年累月经受数百赫兹的大电流充、放电冲击，出现不同程度的氧化现象，用电容表测量，容量正常，但接在电路中，则因充、放电内阻增大，致使直流回路电压下降，变频器不能正常工作，检修人员往往会作出误判。而失容后则极易出现谐振过电压导致炸裂模块。检修两年以上或运行年限更长的变频器，尤其不能忽略对储能电容的检查；对逆变模块不明原因的损坏，则应首先彻查直流回路中的储能电容。

现在回头来看一下该变频器未损坏前跳"减速过电流"的现象。应该说明的是，减速过电流是发生在加速起动的过程中。在起动过程中，直流母线电压检测将延时动作，以避免起动过程中因电流增大而导致的电压保护误动作。因电容已经失效，电压的跌落以及纹波的扰动使起动电流剧增，变频器在此时所能实施的动作，便是减缓频率上升速率，并进而将起动频率自动下调，以使电动机的转差率维持在一定范围内，抑制起动电流。等到电流回复到允许值以内，再继续升高频率起动。变频器起动过程中的智能化控制大致就是如此。在起动过程中出现了过电流现象，变频器启用的将频率自动下调（减速）这一"杀手锏"，因电容的失效，没有起到作用，出现了减速过程中的过电流。反之，起动过程中的电流（电压）的扰动使逆变模块数次处于过电流和过电压击穿的边缘上，**此时过电流是个"显"现象，而危险的过电压则"潜伏"在此过程中**，变频器确实检测到了减速过电流，只有停止起动，以求自保。程度不太严重的过电流，只会引起模块的温升，但不会导致瞬间损坏，而危险的过电压则可轻易使逆变模块击穿于瞬间。

将该变频器的失效电容更换后，再换掉损坏的逆变模块，现场试运行，起动过程也不再出现"减速过电流"，短时间内反复起动了几次，起动电流都在额定电流值以内，变频器投入正常运行。至此，该台变频器被有效修复。

3.4　充电电阻故障

运行中的变频器，停机后再上电，仿佛接不通电源似的，毫无反应。用户送修，测量图

3-9 中 P1、P（＋）两点间的电阻值变为无穷大，充电电阻 R 在不知不觉中已经开路了。此种故障并不少见。充电电阻提供变频器上电期间对直流回路储能电容（缓）的充电任务，在储能电容上建立起一定幅值的电压后，充电接触器或充电继电器闭合，变频器才能进入待机工作状态。充电电阻"执行任务"的时间虽短，但要承受一定的电流冲击，若选用功率余量不足或质量较差的元件，则充电电阻在上电期间有可能随时"牺牲"掉。从 1.5 ~ 90kW 的变频器，充电电阻的阻值从几 Ω 到 51Ω，功率从几瓦到几百瓦，多采用柱体线绕功率电阻和方形水泥电阻，讲究一点和功率大些的变频器，则采用铝封装功率电阻。大、中功率变频器的充电电阻损坏不多，越是小功率的变频器，充电电阻损坏的故障率越高。直流回路中串有直流电抗器的变频器，如安川变频器、东元变频器等，因电抗器对上电充电电流的抵制作用，充电电阻往往阻值较小，如东元 7200PA37kW 变频器，两只充电电阻并联，每只仅为 2Ω/240W。

还有一种情况也易导致充电电阻的损坏。当充电继电器（小功率变频器）或充电接触器（中功率变频器）触点接触不良或控制电路不良时，充电电阻可能会承受起动或运行电流，过热而烧断。因而遇有充电电阻损坏时，需检查充电继电器或接触器的触头状况及控制情况。除了三相整流电路采用晶闸管而省掉充电接触器这一环节外，大部分变频器都有充电电阻和充电接触器这一环节。因而在变频器上电时要注意听一种声音：对大、中功率变频器（使用充电接触器），上电期间，会听到很响的"喱"一声，是接触器闭合了，没有动静就不对了；小功率变频器采用充电继电器，变频器上电期间，应能听到"啪哒"一声响；若没有动静，就要检查继电器本身和控制电路了。

功率电阻元件假冒伪劣太多，从拆机品里选用的充电电阻倒能用得住。下面举例解决此充电电阻问题。

故障实例 1

英威腾 INVT-P9 1.5kW 变频器主电路的充电电阻 R44 是由两只 51Ω/5W 电阻串联而成。总功率为 10W，总阻值约为 100Ω。手头有每盒千只的 1.2kΩ/0.25W 的电阻，不到一分钱一只。用 20 只并联为 60Ω/5W 电阻，再串联成 120Ω/10W 电阻。装机反复上电试验，电阻仅有轻微的温升，完全没有问题。装机运行已有数年了，未因充电电阻问题返修过。

故障实例 2

阿尔法 ALPHA2000-318R5P 18.5kW 变频器，充电电阻烧掉。原电阻为一只 20Ω/80W 电阻。用 40 只 180Ω/0.25W 的电阻并联为 4.5Ω/10W 的电阻，用 6 组串联组成 27Ω60W 充电电阻。共耗用了 240 只小电阻，制作和焊接 1.5h。用热缩管缩成糖葫芦状的一个"整电阻"，绝缘和加固两个问题一同解决，未出现返修情况。

故障实例 3

伟创 AC60 7.5kW 变频器，现场起动运行中，频率上升到 7Hz 左右，跳欠电压故障代码而停机。故障复位后再行起动，电动机才动一下，面板就不显示了，机器像没通电一样，变频器外壳感觉很热。

拆机检查，充电电阻已烧掉。单独给充电继电器上电，检测触点闭合状态，有接触不良现象，拆开继电器检查，触点因跳火有烧灼现象，换新继电器和充电电阻后，故障排除。

故障实例 4

一台送修的 5.5kW 康沃变频器，问题是：有输出，但是不能带负载运行，电动机转不动，运行频率上不去。

检测主电路、整流与逆变电路，都正常。

上电，空载测三相输出电压正常。接上一台 1.1kW 的空载电动机，起动变频器运行，频率在一二赫兹附近却升不上去，电动机有停顿现象，并发出"喀楞"声。也不报出过载或 OC 故障。停机，再起动，还是如此。

将逆变模块的 550V 直流供电断开，另送入直流 24V 低压电源，检查驱动电路。查驱动电路和驱动供电电路的电容等元件，都正常。测逆变输出上三臂驱动电路输出的正、负脉冲电流，均达到一定的幅值，驱动 IGBT 模块应该没什么问题；又检查电流互感器信号输出回路，也正常。在运行中，并无故障信号报出。

感觉无处下手了，找不到故障的原因。问题出在驱动、模块、电流检测还是其他电路？

低频运行下，试短接 U、V、W 输出回路的分流电阻，以使 CPU 退出降速限流动作，无效；

将参数恢复出厂值（怀疑此运行方式可能是人为设置），无效。

起动变频器，细致观察：转速上升到 3Hz 后，下降为 0，又重复此过程。电动机停顿，运行。

将加速时间大大加长后，平稳上升为 5Hz 后，又下降为 0，可看出驱动电路等皆无异常。此运转现象应是根据 CPU 发出的信号来形成的，好像是 CPU 根据电流信号，作出的限流动作。

在起动过程中自行降速一般源于以下两方面的原因：

1）在起动过程中，CPU 检测到急剧上升的异常电流值，进行即时降速处理，当电流恢复到正常值以内时，再升速运行。

2）在起动过程中，CPU 检测到主电路直流电压异常的跌落，进行即时降速处理，当主电路电压恢复到正常值以内时，再升速运行。

驱动与电流检测电路无问题后，应从电压方面着手检修了。

由电压导致的异常也分为两个方面：

1）由直流回路电压检测电路异常造成（比较基准电压产生漂移、采样电阻变值等）。此信号使 CPU 误以为电压过低，从而采取降低输出频率来保持电压平稳的措施。

2）主直流回路的异常造成电压过低（储能电容失容、充电短接接触器未吸合等），为检测电路所侦测，使 CPU 在变频器起动过程中采取降速动作。

重新装机上电，带电动机试验。**上电时，未听到充电接触器的吸合声（即便是能听到充电接触器的吸合声，也不能忽略对其触头闭合状态的检查。如触头因烧灼、氧化或油污造成接触不良，同样导致此故障的出现）。检查接触器线圈为交流 380V，取自 R、S 电源进线端子。线圈引线端子松动造成接触不良，接触器未能吸合。起动时的较大电流在充电电阻上形成较大的压降。主电路直流电压的急剧跌落为电压检测电路所侦测，促使 CPU 发出了降频指令。**

检修走了很多弯路的原因，一是未注意倾听上电时有无接触器的吸合声；二是该台机器在电压跌落时，只是进行了降频处理，并未报出欠电压故障。而其他机型在此种情况下，往往已报出欠电压故障了。也是因为空载的原因，在降频处理时，电压很快回升，频率又继续上升。然后电压又再度回落，变频器降频处理，电压又能再度回升，如此反复，造成变频器升速，降为零速，停顿后又升速，再降为零速。但是不停机，也不报出故障信号。

想来如此简单的一个故障，竟在其正常电路上大查故障所在。又因其不报故障代码，致使检查步骤有些茫然无措。

变频器是软、硬件电路的有机结合，上述故障现象即是软件程序的自动控制下形成的。如果只根据表面现象和以往经验形成的思维定势，不作深入分析和细致的观察，真会把此简单故障当作疑难故障来修了。

上述几例充电电阻烧坏的故障维修，变频器已正常运行多年了，未因充电电阻故障返修过。用多只小电阻代用原充电电阻，实际应用效果还是不错的。代用原则如下：

1）总阻值要等于或稍大于原电阻值，实际应用中，等于或大于原阻值两倍以内都没有问题，不过上电充电时间稍长一些，但充电电阻相对功耗小一些，安全一些。但电阻值过大就有坏处了。根据充电继电器、充电接触器控制方式的不同，充电电阻阻值过大，有以下3种弊端：会使充电继电器、充电接触器的触头闭合电流加大，缩短其使用寿命；会使充电时间过长，反而加大了充电电阻的功耗，易使充电电阻因过热而烧坏；充电过程中变频器可能会跳欠电压故障而实施保护停机动作。

2）功率值应等于原电阻功率值，如前述的故障实例2，组装的充电电阻的功率值虽然稍小于原电阻，但长期应用都没有问题。实际上组装电阻的功率富裕量毕竟要大于原单只电阻。

对充电电阻的处理，有时因买不到质量较好的原配件，在维修上采用了一些变通方法。

变频器充电电阻的损坏，除自身质量欠佳和功率选配不当外，与充电继电器（接触器）的状态好坏更有直接关系。充电继电器（接触器）的控制方式如下：

1）充电继电器（接触器）的电源取得方式：充电继电器的电源一般是取自开关电源电路二次绕组输出的直流24V电源；充电接触器的线圈电压一般为AC220V，通常由一只380V/220V的隔离变压器取得供电。如图3-1所示的东元7200PA 37kW变频器主电路中的电源变压器TC1既提供了充电接触器线圈的220V供电，也同时提供散热轴流风机的供电电源，但接触器线圈的得电是由中间继电器KA1来控制的；少数机型接触器线圈的供电是直接取自R、S、T三相电源进线端子的380V交流电压。

2）充电继电器（接触器）的控制方式：

① 变频器上电后，随着直流回路储能电容上充电电压的建立，开关电源开始起振工作，二次绕组整流滤波后，输出直流24V控制供电，充电继电器直接由24V电压驱动而闭合。或由该继电器直接驱动充电接触器。这种控制方式最为直接，没有中间控制环节，控制动作最快，开关电源起振后，充电继电器（接触器）也相应完成闭合动作。

② 变频器上电，开关电源起振工作后，CPU得电工作，开始工作自检完成后，侦测直流回路的电压值，达到一定幅度后，输出充电继电器（接触器）的闭合指令，经控制电路控制充电继电器（接触器）得电闭合。

③ 多数中功率变频器还有对充电接触器触头状态的检测电路，如图3-1东元7200PA 37kW变频器主电路中，由11CN接线端子的3、4将充电控制继电器的触头信号返回CPU，供CPU判断充电接触器的触头闭合状态。若CPU发送充电接触器闭合信号后，检测其触头并未闭合，便判断为充电接触器的控制电路故障，报出直流回路欠电压、输入电源断相等故障，拒绝运行操作。一般变频器是由充电接触器的常开辅助触头，来返回闭合信号的。对上电即报欠电压等故障的机器，要检查充电接触器辅助触头有无接触不良。

由充电断电器（接触器）故障检测电路引起的故障保护实例分析，见后面与故障检测电路相关的章节。

3.5　晶闸管故障

图 3-12 中主电路结构与其他变频器有所不同。三相整流桥的 3 个上桥臂是由 3 只单向晶闸管组成的，省去了充电电阻和充电接触器，增加了 R1、VD1 变频器上电时的预充电电路。在对直流回路储能电容器的充电控制上，也有其新的特点。控制机理如下：变频器上电瞬间，三相整流桥的上三桥臂晶闸管，因无触发电流而关断；R1、FU1、VD1 将 R 相输入交流电整流成正半波电压，经 P0、P1 端子给直流回路的储能电容器充电。在电容器建立起充电电压后，变频器的开关电源电路起振，由开关变压器 DT1 的二次绕组感应电压，经 VD7、DC31 整流滤波后，作为晶闸管触发电路的隔离直流电源。多谐振荡器 DU2 开始工作。此时 CPU 检测由直流回路来的电压检测信号，判断储能电容上电压达到一定幅值时，输出一个晶闸管控制信号，控制光耦合器 DPH2 导通，将振荡信号由 DU2 的 3 脚引入到晶体管 VT22 的基极，进而驱动功率管 VT3 导通，将触发信号同时加到 3 只晶闸管的栅极和阴极，3 只晶闸管全部导通，输入电路由半波整流电路转化为三相桥式整流电路，预充电过程结束，变频器进入待机状态。

触发电路相对简单，既非移相电路也非过零触发电路，振荡电路输出比电网频率高出几十倍的矩形脉冲，几乎在任意时间内都将触发信号送到 3 只晶闸管的触发极。可以说，变频器在上电后，一旦 DPH2 受 CPU 控制而导通，3 只晶闸管也即随时处于导通状态下，同 3 只普通整流二极管相差不大。

晶闸管的意思：可控的硅整流器，其整流输出电压是受控的，常与移相或过零触发电路配合，应用于交、直流调压电路。晶闸管是在晶体管基础上发展起来的一种集成式半导体器件。单向晶闸管的等效原理及测量电路如图 3-13 所示。

晶闸管为具有 3 个 PN 结的 4 层结构，由最外层的 P 层、N 层引出两个电极——阳极 A 和阴极 K，由中间的 P 层引出门极 G。电路符号好像为一只二极管，但多一个引出电极——门极或触发极 G。SCR 或 MCR 为晶闸管英文缩写名称。

从控制原理上晶闸管可等效为一只 PNP 晶体管与一只 NPN 晶体管的连接电路，两管的基极电流和集电极电流互为通路，具有强烈的正反馈作用。一旦从 G、K 回路输入 NPN 管的基极电流，由于正反馈作用，两管将迅速进入饱和导通状态。晶闸管导通之后，它的导通状态完全依靠管子本身的正反馈作用来维持，即使控制电流（电压）消失，晶闸管仍处于导通状态。控制信号 U_{GK} 的作用仅仅是触发晶闸管使其导通，导通之后，控制信号便失去控制作用。

单向晶闸管的导通需要两个条件：A、K 之间加正向电压；G、K 之间输入一个正向触发电流信号，无论是直流或脉冲信号。欲使晶闸管关断，也有两个关断条件：使正向导通电流值小于其工作维持电流值；使 A、K 之间电压反向。

可见，晶闸管若用于直流电路，一旦为触发信号导通，并保持一定幅度的流通电流的话，则晶闸管会一直保持导通状态。除非将电源开断一次，才能使其关断。若用于交流电路，则在其承受正向电压期间，若接收一个触发信号，则一直保持导通，直到电压过零点到来，因无流通电流而自行关断。在承受反向电压期间，即使送入触发信号，晶闸管也因 A、K 间的电压反向，而保持关断状态。

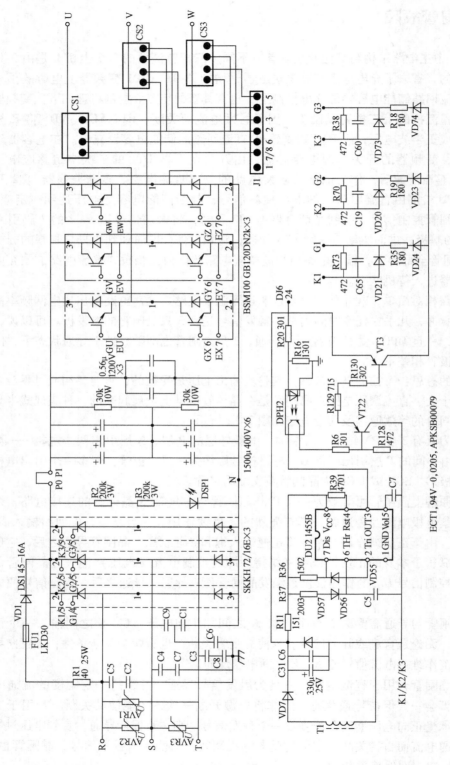

图 3-12 台达 DVP-1 22kW 变频器主电路/晶闸管触发电路

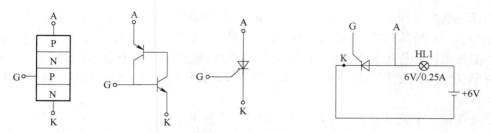

图 3-13　单向晶闸管器件等效及测量电路

晶闸管因工艺上的离散性，其触发电压、触发电流值与导通压降很难有统一的标准。晶闸管控制本质上如同晶体管一样，为电流控制器件。功率越大，所需触发电流也越大。触发电压范围一般为 1.5~3V，触发电流为 10mA 到几百 mA。峰值触发电压不宜超过 10V，峰值触发电流也不宜超过 2A。A、K 间的导通压降为 1~2V。主要工作参数有正、反向耐压值和正向平均电流、触发电流（电压）值、维持电流值等。

晶闸管的检测方法如下：

1) 用万用表粗测晶闸管的好坏。用 R×1k 档，正、反向测量 A、K 之间的电阻值，均接近无穷大；用 R×10 档测量 G、K 之间的电阻，从十几欧至几百欧，功率越大电阻值越小，正、反向电阻值相等或差异极小，说明晶闸管的 G、K 并不像一般晶体管的发射结有明显的正、反向电阻的差异。这种测量方式是有局限性的，当 A、K 之间已呈故障开路状态时，则无法测出好坏。有的晶闸管 G、K 间电阻值极小，也难以判别两极是否已经短路。

2) 较为准确的测量方法是如图 3-13 中给晶闸管连接上电源和负载，才能得出好坏的结论。方法是将晶闸管接入电路，晶闸管因无触发信号输入，小灯泡 HL1 无电流通路不发光；将 A、G 短接一下再断开，晶闸管受触发而导通，并能维持导通（灯泡的额定电流应大于 100mA），灯泡一直发光，直到断开电源。再接通电源时，灯泡不亮。说明晶闸管基本上是好的。

晶闸管有以下几种损坏情况：A、K 极间短路或断路；G、A 极间短路或断路；3 个电极之间的短路。

还有一种损坏情况很让人迷惑，用上述 1)、2) 两种检测方法检测时，晶闸管是好的，但接到交流电路中，便失去可控整流作用。故障晶闸管在未接收触发信号前，呈开路状态，是对的。触发电流输入后，晶闸管导通了，交流输入的正、负半波都一齐过去了，单向晶闸管成了一只"交流开关"。变频器整流电路中，若有这种情况发生，储能电容非喷液了不可。晶闸管的这种损坏情况，不能用短路或击穿来说明了，只能说这只晶闸管已经失效——失去整流作用了！

故障检修的几种常见情况：如图 3-12 所示电路，当晶闸管有击穿或短路故障时，将输入三相交流电源形成短路，运行中电源开关跳闸。用户会合不上供电开关（一般是采用断路器），一合即跳；当晶闸管有开路故障（或触发电路有故障）时，变频器起动或运行过程中，会跳直流回路欠电压、LU 等故障，并停机保护。此时必须区分是晶闸管本身故障还是触发电路的故障，用检测方法 2) 先检测是否是晶闸管损坏，再检查触发电路的好坏。

对触发电路的检查，先将直流回路的电容器组脱开主电路，另行接入两只 100μF/400V 电容器代替原储能电容，可方便对晶闸管触发电路的检查。

触发电路的正常工作须具备两个条件：DU2 振荡电路能正常工作，输出正的驱动电压；

触发电流的通路受控于 CPU 的开关信号，取决于 DPH2、VT22、VT3 的工作状态。对触发电路的检查，也可从此两方面着手。短接 VT3 的 C、E 极，测晶闸管的 G、K 极间应有 2V 左右的直流电压。若此电压正常，说明 DU2 振荡电路正常，检查排线 DJ8 的 24 端子从 CPU 来的 +5V 控制信号、DPH2、VT22、VT23 等环节；若晶闸管仍无触发信号，则检查 DU2 及外围电路。

从电路的一个关节处、枢纽处，人为改动一下原电路状态，即可令电路的输出产生明显的变化，从而暴露出故障在哪个环节。也许从电路的静态状态中我们较难判别，或是需费较大的力气才能检测出故障所在，而有采取一个小手段，令电路动起来，则故障环节就会显露无遗，我们可以自己造出一条故障检修的"捷径"来。

故障实例 1

台达 DVP-1 22kW 变频器，上电无反应，操作面板无显示，测量控制端子的 24V 电压为 0。判断为开关电源或开关电源的供电回路故障。上电检测直流回路的储能电容两端无 530V 直流电压，进一步检测预充电电路的熔断器 FU 已经熔断，致使开关电源得不到输入电源，整机不工作。考虑到熔断原因为三相整流电路中晶闸管因未被触发导通，预充电电路因承受运行电流冲击，而使 FU 熔断。将 FU 换新后，上电，在 3 只晶闸管的触发端子处均检测不到直流电压。当短接触发电路中的 VT3 时，3 只晶闸管的触发端子均有触发电压输入，3 只晶闸管导通。检查 VT3 的集电结已经开路损坏，将 VT3 用功率管 BU406 代换后，故障排除。

故障实例 2

台达 DVP-1 22kW 变频器，故障状态同上。检查也是 FU1 熔断。换新熔断器后上电检查：短接 VT3 的 C、E 极，测量 G1、K1，G2、K2，G3、K3 触发端子间仍无触发电压信号；测量 DU2 的 3 脚有直流电压输出；测量光耦合器 DPH2 的 1 脚无 1.7V 输入电压，排线端子 DJ6 的 24 脚电压仅为 0.3V。DPH2 因无信号电压输入，输出侧晶体管未导通，而使晶闸管的触发电流回路被切断。是直流回路的电压检测电路故障，使 CPU 误以为储能电容的电荷尚未充满，因而不输出晶闸管导通指令，还是 CPU 的 I/O 口内部电路故障，不能输出 +5V 高电平指令呢？变频器上电，在停机状态下，由预充电回路，也能在储能电容上建立起 500V 以上的电压。空载，操作变频器起动运行试验，输出正常，未报出欠电压故障。说明故障是由 CPU 的 I/O 口内电路损坏所致。

是由厂家购进 CPU 主板，还是采用应急措施修复此例故障呢？在不更换 CPU 主板的前提下，有两种方法，都可以将此故障变通修复：

1）直接将 VT3 短接，变频器上电时，由预充电电路为储能电容充电，当充电电压建立起一定幅度后，如 450V，开关电源起振，触发电路得电，3 只晶闸管得到触发电源而导通；晶闸管导通时有较小的冲击电流，但基本上无妨。

2）加装一个晶体管 R、C 延时电路，在开关电源起振后，控制 DPH2 延时得电，以便延时送出晶闸管开通的控制信号，电路如图 3-14 所示。

只需将 DPH2 的 1 脚元件拆除，加装由图 3-14 中的 5 只元件组成的延时电路即可。在开关电源起振工作后，从排线端子 DJ6 的 9 端引入 +15V 电源电压，经 R1 给 C2 充电到 C2 上电压上升为 12V 左右时，VS1 击穿导通，晶体管 VT1 有偏流而导通，驱动 DPH2，接通晶闸管的触发电流通路。电路的延时时间约为 3s。此时储能电容上已有 500V 以上的电压值，3 只晶闸管便基本上在无冲击电流的情况下顺利导通了。

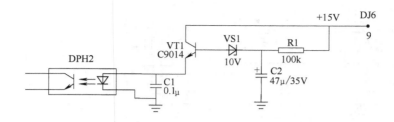

图 3-14　使晶闸管延时导通的电路

故障实例 3

先看一下东元 7300PA 300kW 变频器的整流电路与晶闸管触发电路图（见图 3-15）。

实际电路中，晶闸管的触发电路是由 PHR、PHS、PHT 3 个触发控制端子接入到晶闸管的 1、4、5 三个引脚的，为便于观察信号流程，省略了三个端子，将触发电路与晶闸管画在了一处。本机的整流电路，上三桥臂为晶闸管，下三桥臂为二极管（不可控），故称为三相半控桥电路。预充电回路由小三相整流桥（IXYS-VU036-16）、两只并联 120Ω/200W 电阻和充电控制继电器 KA4 的常闭触点组成。变频器上电时将输入三相交流电压半波整流后，由电阻限流，为直流回路的 12 只 8200μF 电容器预（缓）充电，在电容器建立起一定幅度的电压值后，晶闸管触发电流通路接通，整流电路的 3 只上桥臂晶闸管在无冲击情况下顺利导通，同时将预充电回路断开，变频器进入待机工作状态。

晶闸管的导通和预充电回路的断开，是由 U7（六反相器/驱动器）受 CPU 指令控制 KA1～KA4 4 只继电器实现的。在预充电期间，U7 内部反相器的输入端由 R47 上拉为高电平，输出端为低电平，VT10、VT11、VT12、VT8 4 只晶体管无正向基极偏流处于截止状态，KA1 的常闭触点串接于预充电回路，储能电容进行缓充电。随着电容上充电电压的升高，开关电源电路起振工作，CPU 检测到电压检测电路送来的信号后，经排线端子 7CN 的 1 脚输入到 U7 的 1、3、5、9 脚，U7 的 2、4、6、8 脚随即输出高电平信号，4 只晶体管的导通，驱动 KA1～KA4 四只继电器得电吸合，KA1、KA2、KA3 接通了 3 只晶闸管的触发电流通路，KA4 常闭触点断开，切断了预充电回路。

晶闸管阳极、阴极之间并联的 R、C 电路，为尖峰电压吸收网络。KA1～KA3 的常开触点与 D、R 构成触发电流通路，串入 D 是避免晶闸管的 G、K 极间承受反向电压。当控制继电器的常开触点闭合后（以其中一路触发电路为例），在输入交流电压的正半波期间，形成了自 KA1、VD15、R44、24Ω/1W 电阻的正向触发电流通路，晶闸管导通，将输入交流电压整流成直流电压。

东元 7300PA 300kW 变频器，起动过程中跳"直流回路电压低"故障，不能投入运行。上电观察 KA1～KA3 控制继电器，只有一只得电动作。测量 U7 的各脚电压，在 7CN 的 1 脚为低电平信号时，U7 和 4 脚为高电平，其余各脚都为低电平。判断为 U7 损坏，更换 U7后，KA1～KA4 在变频器上电几秒钟后都能吸合，3 只晶闸管 G、K 间都有了触发直流电压，故障排除。

东元 7300PA 300kW 变频器，上电后操作显示面板无显示，操作无反应。测量控制端子的 24V、15V 等控制电压，均为 0。检测 KA4 的常闭触点呈开路状态，将 KA4 更换后，故障排除。

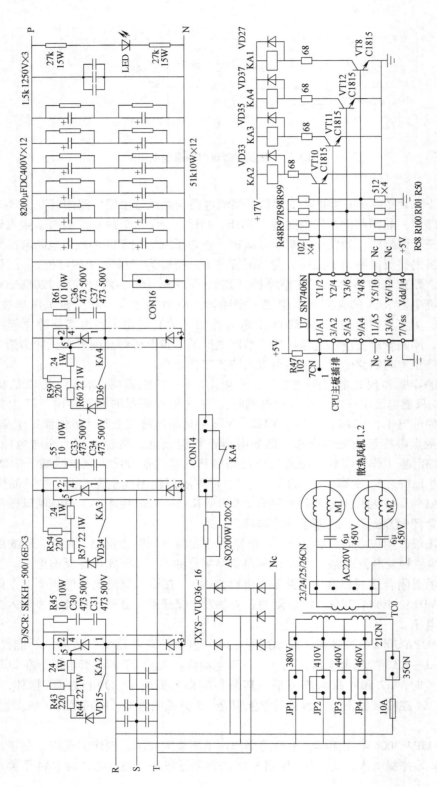

图 3-15 东元 7300PA 300kW 变频器整流电路与晶闸管触发电路

3.6　变频器主电路的其他环节故障

三相整流、直流储能回路、三相逆变电路搭起了变频器主电路的基本框架；整流和储能电容之间，串有充电电阻和充电继电器（接触器）的缓冲电路，而采用半控桥的三相整流器，则省去了这一环节。有充电接触器的电路，接触器的辅助触点信号往往作为反映接触器工作状态的检测信号，输入 CPU 电路。

此外，对于小功率变频器，散热风扇的电源是采用开关电源输出的直流 24V（或 12V）供电，而对大、中功率变频器，多采用 380V/220V 变压器用作散热风扇和充电接触器线圈的供电。散热风扇的运转，往往又与整流和逆变模块的温度检测有所联系。因而，对散热风扇的控制，常有以下几种方式：

1）上电运行。如图 3-15 等风扇电路，变频器上电，风扇即由 380V/220V 变压器取得电源，在变频器通电过程中，风扇一直在运转。小功率变频器，散热风扇取自直流 24V 供电，在开关电源起振工作后，也一直在运转中。

2）风扇的运转受模块温度检测电路控制，受信号阈值控制，如环境温度或模块温度低于 40℃ 以下，风扇不转，高于此值时，风扇运转。检测温度值高于 65℃ 时，变频器停机保护。风扇的运转可能直接受控于温度检测电路，也可能间接受控于 CPU（据温度检测电路的信号而发送风扇运转/停止信号）。

3）受可编程运转模式控制，风扇怎么工作，完全取决于用户对相关参数值的调整，可将其设置为上电运转；变频器起动运行后运转；温度高于某一阈值后运转等。

风扇是个易损配件，厂家给出的寿命周期为 3 年，而劣质风扇仅有 1 年左右的寿命，优质风扇六七年后还能保持良好的运行状态，不能一概而论。当铝质散热器的风道严重阻塞时，即使散热风扇狂转，但模块的温度仍得不到有效的散失，变频器的温度检测电路也会报出 OH 过热故障，而保护停机。

风扇损坏，不只是引发 OH 故障，与温度检测电路、直流电源电路都有相关的联系，这些内容在第 7 章保护电路中专门讨论。

变频器模块温度的检测，常采用触点型热继电器和热敏电阻作为温度传感器。一般多采用常闭触点型热继电器，当运行中模块温度上升到一定值（85℃）时，触点断开，变频器报 OH 故障而停机。用热敏电阻作为传感器的，则可用于上述的第 2）和 3）种控制方式，使风扇按温度或可编程模式运行。温度传感器与温度检测电路配合，将温度信号送入 CPU，实行模块超温保护、风扇运转、温度显示（极少数机型有）等控制。这一块内容也将在第 6 章保护电路中专门讨论。

据风扇和温度检测的控制特点，便可得出相应的检修思路和检修方法。而对风扇的种种控制，最后落实到对风扇的供电控制上，种种控制电路，其实是种种供电电源控制方式上的不同，检查的重点也在这里。下面给出几个风扇检修的故障实例。

故障实例 1

一台科姆龙 KV2000 7.5kW 变频器，冬季使用正常，到夏季后频跳 E-12（意为散热器过热）故障。该变频器是用在食品机械上的，散热器风道与风扇上沾满了面粉，风扇运转迟滞，风道基本阻塞。运转中模块热量不能散发，报出过热故障。

拆去机壳与电路板，用吹风机、毛刷等，先将机器涂覆面粉全部清理干净。

其实接手任意一台变频器，卫生清理工作是一个维修环节，在对电容鼓顶、喷液，整流、逆变模块的炸裂等故障在清理过程中即能检查出来。先清理干净，便于检查和测量。

清理散热风道，将风扇更换后，故障排除。

故障实例 2

东元 7300PA 37kW 变频器，上电即跳 OH 过热故障，拒绝起动操作。模块温度检测为常闭触点型温度继电器，由 8CN 端子接入电源/驱动板。上电，将 8CN 端子用镊子短接，按操作面板 RST 键复位后，能起动运行。测量温度传感器引线，内部触点已呈开路状态。用一市售 75℃ 常闭触点型温度继电器代换后，故障修复。

3.7 省钱的修理方法之一

降低元器件性能指标下的"省钱"的修理，只图一时的低成本，但埋下了更大的故障隐患，是要不得的。储能电容器，单、双管式逆变、整流模块的损坏，坏一只，换一只，也谈不到省钱。CPU 主板电路，尤其是 CPU 本身局部引脚电路的损坏，采取变通手段应急修复它，最好是在不降低电路性能的前提下进行，则也不失为"省钱修复"的好方法。小功率变频器，其主电路采用一个集成型模块，成本动辄几百元，乃至上千元，IPM 则造价更高。整流或逆变电路的局部性损坏，是不是可用分立元件取代，达到降低维修成本的要求，答案是肯定的。

当然，修复损坏严重的机器，必须事先与用户沟通，最好还是用同型号器件来修复。如出于维修成本考虑，用分立元件来代用模块，必须先与用户达成共识。

想到用省钱的方法修复集成型模块，是在阅读一本电磁炉维修的书籍时联想到的。用于电磁炉的一些集成整流器件和 IGBT，其高耐压、大电流特性完全可应用于对变频器集成模块局部损坏的修复。此后，笔者购买了一些整流桥和 IGBT 等，将变频器 15kW 以下的机型做了几例修复试验，发现 7.5kW 以下变频器的修复成功率较高，而较大功率机型，可能由于购买的 IGBT 的参数一致性较差，尤其是导通内阻较大。修复后，变频器空、轻载运转正常，但正常带载时会出现输出偏相、电动机跳动和易跳 OC 故障等现象。所以此类修复以 1.5～7.5kW 小功率机型为宜。电磁炉的配件中，IS2510 整流桥，额定电流为 25A，反向耐压为 1000V，全塑封，可涂覆导热硅脂后，直接攻螺纹（或用 ϕ2.5mm 的钻头打孔，用 ϕ3mm 的螺钉直接旋入）固定在模块散热器上；25N120 IGBT，额定电流为 25A，反向耐压为 1200V。安装时需在 IGBT 与散热器之间加装绝缘片。整流器与 IGBT 引脚图如图 3-16 所示。

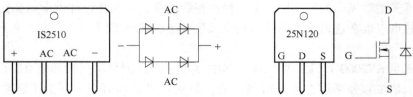

图 3-16 电磁炉功率配件引脚图

说明一下，本书只是提出这样一个模块修复方法，供维修中参考，并不积极提倡集成模块的局部修复，这是因其有一定的操作难度和较高的返修率，模块局部损坏是否会牵连到其他电路，模块内部是否有影响正常运行的其他缺陷等是不好检测和判断的。模块的损坏还是以原配件更换为主。

图 3-17 整个主电路采用了 BSM15GP120 一只集成型模块，或称一体化模块，连制动单元电路和温度检测电路都集成在内了。

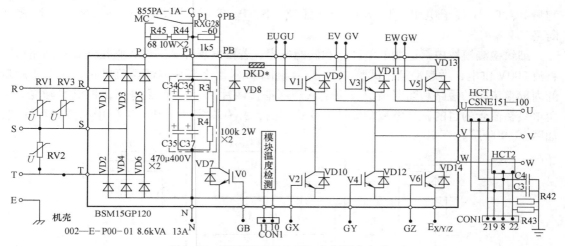

图 3-17 康沃 CVF-G3.7kW 变频器主电路

故障实例 1

康沃 CVF-G3.7kW 变频器，运行中听到异常响声，变频器电源输入端连接的 16A 断路器跳闸，送修。测量 R、S、T 三相电源输入端，无短路现象，但测量 R、P 端子，已短路，BSM15GP120 模块内部整流电路 VD1 已击穿短路。检测逆变输出电路等，都无异常。只从 S、T 端子接入 380V 供电，变频器操作运行等都正常。

询问用户，该变频器拖动 1.5kW 电动机，负载较轻。修复方法（见图 3-18）如下：

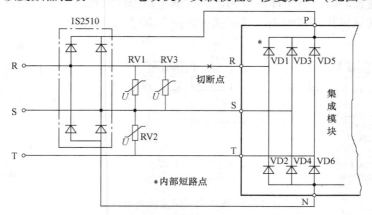

图 3-18 模块内部整流电路损坏后的整流整改电路之一

1）较为省事的方法是：变频器与拖动电动机功率小，负载轻，即使单电源供电，也能满足负载要求。将 R 引线端子至模块的引线铜箔条切断，只从 S、T 端子输入电源。剩下模块内部电路4只整流二极管工作，为逆变电路提供直流供电，也是可以满足工作要求的。

2）切断 R 供电铜箔条，用整流桥器件搭接一整流电路，与模块内部整流电路一起构成三相桥式整流电路。

故障实例2

一台阿尔法 ALPHA2000 2.2kW 变频器，运行中电源开关跳闸，无法合闸运行，送修。测量 R、T、S 端子电阻，T、S 端子间短路、S、P，T、P 之间短路，S、N，T、N 之间断路。

细致检测模块内部逆变电路部分和储能电容，若没发现什么问题，直接向直流回路送入直流 500V 供电，做起动运行试验，正常。判断故障只出在模块内部整流电路，又据所测量的内部整流桥的短路和断路情况，决定从外部搭接两片 IS2510 整流电路，将机器修复。不用单只整流管的目的，是整流桥器件为片式塑封，并有固定孔，利于工作中的散热和固定，如图 3-19 所示。

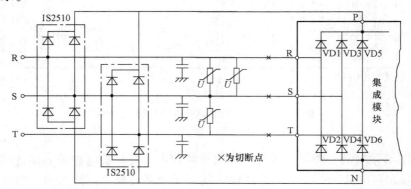

图 3-19　模块内部整流电路损坏后的整流整改电路之二

一体化模块，内含温度检测电路，经两个端子引出模块温度检测信号，当模块内部整流电路或逆变电路损坏时，有可能波及到温度检测电路也同时损坏，也可用外加温度检测电路来实施修复。常见模块温度检测电路形式有如图 3-20 所示的几种。

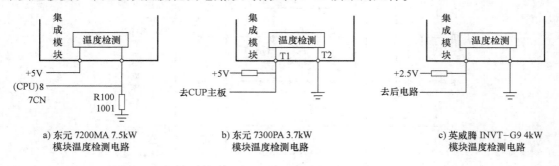

a) 东元 7200MA 7.5kW
模块温度检测电路

b) 东元 7300PA 3.7kW
模块温度检测电路

c) 英威腾 INVT-G9 4kW
模块温度检测电路

图 3-20　模块内部温度检测电路形式

模块内部由热敏电阻等元件构成模块温度检测电路，输出的是线性电压温度信号。信号输出后有的直接输入 CPU 引脚，有的经后续温度检测电路进一步处理后，再送入 CPU 电路。东元 7300PA 3.7kW 变频器的模块温度检测电路中，逆变模块的两个引脚 T1、T2 为模块温度检测信号输出脚，T2 脚直接接地，T1 脚接入一只 +5V 的上拉电阻，电路正常和模块温度在正常范围内时，T1 脚电压幅度较低，当模块温度异常上升时，T1 脚电压上升至一定幅度，变频器报出模块过热故障，变频器自动停机。

故障实例 3

　　一台东元 7300PA 3.7kW 变频器，检查发现集成型模块局部损坏，进行了相应的修复后，上电，变频器报过热故障。测量 T1 脚电压为 +5V，判断为内部温度检测电路损坏，误输出超温信号，使 CPU 报出过热故障。试用导线短接 T1、T2 端子，再上电起动变频器，能正常运行。因模块的其他部分已经修复，因温度检测电路故障即更换模块有些可惜。故加装了图 3-21 所示的点画线框内电路，将该台变频器成功修复。本电路虽将温度线性信号变为了温度开关信号，但不影响正常的超温起控。对于变频器上电，散热风扇即投入运行的机器，没有什么影响。需注意的是，若风扇的运转是取决于此路温度检测信号，则改装后，CPU 误认为环境和模块温度极低，使风扇不能投入运转。可以短接风扇的控制电路，强制风扇上电即行运转。此种"省钱"的修理方法，只能作为应急修复手段。

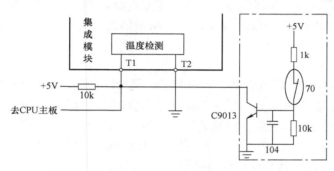

图 3-21　模块内部温度检测电路的应急修复

　　当对变频器进行某一电路改动后，可能会同时牵涉几个环节，要考虑周到，不能贸然下手。不能单求降低维修成本，而埋下更大的故障隐患。"省钱的和应急的修复方法"，仅作为修理中的参考和特殊情况下的应急措施，笔者本人并不提倡将其作为常规"赚钱"的手段。对于变频器的应急修理，也有个因地制宜的问题，需具体情况具体分析。

3.8　省钱的修理方法之二

　　一体化模块逆变电路的改装（修复）难度远远高于整流电路，改装的成功率也要低一些。还是要采用整体更换为主，局部修复为辅的原则。一个模块，有无可能局部修复，需看模块的损坏程度。观察外观完好，无裂纹和黑线出现。若有裂纹、黑线和变形等，说明内部绝缘物质炭化严重、模块引线端子受损等，必须更换新品。逆变电路只有一臂 IGBT，最多是一相电路中的两只 IGBT 损坏，应保障其余两相 IGBT 的完好。一旦有两相中的 IGBT 损坏，则应坚决换用新品。

　　逆变电路的修复会牵涉以下几方面的问题：

　　1）上、下臂管子的配对，力求参数接近。

　　2）对 IGBT 容量取得大一些，如 3.7kW 的变频器，也采用了 25N120 25A 的管子，管子的驱动电流要比模块内管子的驱动电流可能要大一些。原栅极电阻的阻值要相应调小一些，如从 100Ω 调整为 75Ω 或 51Ω。该电阻的大小决定了驱动峰值电流的大小和 IGBT 导通和截止脉冲沿的陡峭度，阻值偏大时，IGBT 导通内阻大，会出现三相输出电压不平衡，电动机抖动和易跳 OC 故障；阻值偏小时，产生过激励，有可能使 IGBT 损坏。

3）必须考虑驱动电路的功率输出容量。加装 25N120 后，栅极电阻也相应调整，驱动电路则需输出更大的驱动功率，一个措施是将驱动电源的滤波电容的容量加大一些，如将 $47\mu F$ 电容换为 $100\mu F$ 的，以减小电源输出内阻。但小功率变频器，往往因空间狭小，电源的功率余量并不是太大，光靠加大驱动电源电容量不能解决根本问题。所以有一相逆变电路损坏，加装两只 IGBT，改装成功率要高。但用 6 只 IGBT 将逆变电路整体改装后，往往因驱动电路的驱动能力不足（电源容量不足）而导致修复的失败。耗费了许多工夫，最后还是得更换一体化模块。

试图搭接三相整流桥和三相逆变电路，而将一体化模块整体取代的做法，则存在一定的侥幸心理了。只有极少数的机型改装后能正常运行，多数机型是不行的。

近几年，有些厂家出于市场竞争的目的，逆变电路也可采用 6 只 IGBT 的。

4）改装后，对 IGBT 的引线尽量要短些，两根触发线要用双绞线，以减小分布电容的影响。

故障实例 1

一台康沃 CVF-G 3.7kW 变频器，上电起动，跳 OC 故障。将逆变电路的正供电铜箔条从 DKD∗ 处切断（见图 3-22），为逆变电路送入直流 24V 供电，强制切断驱动电路返回 CPU 的 OC 信号（具体操作见驱动电路的维修一章），使 6 路激励脉冲正常加到 6 只 IGBT 的触发端子上。检测与判断 U 相上臂 IGBT 的 C、E 极间开路。用 2 只 IGBT 搭接 U 相电路（点画线框内电路），将一体化模块成功修复。

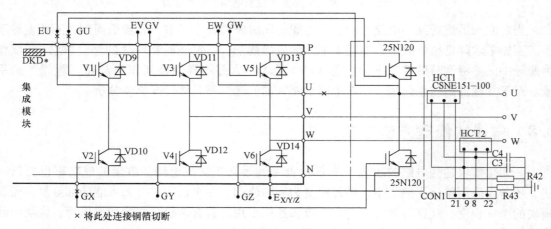

图 3-22　模块逆变电路的局部修复电路一

故障实例 2

一台阿尔法 ALPHA2000 5.5kW 变频器，测量 U、V 输出端短路。进一步检测 U、V 与 N 之间短路，与 P 之间正反向电阻正常。判断模块内部的 Q2、Q4 两只 IGBT 短路。继而切断逆变电路的供电（见图 3-23），送入 24V 直流电源，检测 W 相输出正常。阿尔法

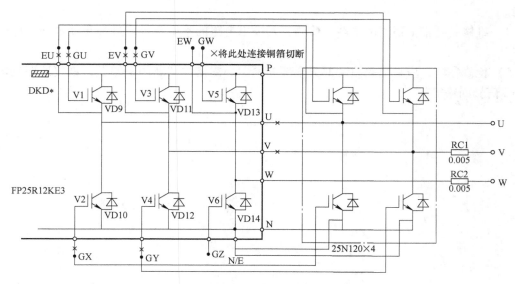

图 3-23 模块逆变电路的局部修复电路二

APHA2000 系列变频器，似乎比较适合用分立元件搭接逆变电路，即便是整体改装的成功率也较高。

3.9 维修补充注意说明

对变频器主电路的检修，归根到底落实到对逆变回路的检修。怎样采取措施保障 IGBT 的安全，使之不会在检修过程中造成新的损坏，形成大的损失，是一个重点问题。对主电路的检修，势必牵涉到驱动电路、开关电源电路及脉冲传递电路的检修等相关内容。本章内容不可能表述出所有的检修环节，只是讲解了部分检修方法，对逆变电路的检修，要全面掌握相关电路的检修方法，并融会贯通，才算具备了真正检测变频器主电路的能力。换句话说，将本书内容全面掌握后，才能检修变频器。对变频器的检测绝不能"头疼医头，脚疼医脚"，确实应以"系统的"眼光和思路，进行故障判断和检修。

IGBT 的损坏原因其实是多方面的，这是在本书的后几章有所论述。对其检修，应尤为注意以下几个方面：

1）本章所提及的对 IGBT 逆变电路的上电检测，是在确认驱动电路正常的前提下进行的。逆变电路故障后，驱动电路受冲击而同时损坏，必须先修复驱动电路的故障，令其输出 6 路正常的工作脉冲，才谈得上对逆变功率电路的维修。

2）从逆变电路的电路供电上采取相应措施，如串接灯泡、熔断器、降低供电电压等，以期保障 IGBT 在上电检修期间的安全；无论是一体化模块的整体更换，还是局部修复，必须将原供电切断，采用以上措施上电检查正常后，再恢复正常供电。

有的电路板为三层板或四层板，切断供电铜箔条时，应注意划痕不能过深，以免造成两层铜箔条之间的短路。也可采取将储能电容全部拆除的办法，用外加直流电源（串熔断器等措施）进行检修。修复故障后，再安装上储能电容。

3）运用指针式万用表的交、直流电压档，根据三相输出电压情况正确判别 IGBT 的故障。

4）维修后要带上适当的负载，检测三相输出电路的平衡度等，进一步使隐蔽故障暴露出来。

5）检修完毕，应将电路改动部分全部复原。焊锡搭焊切断的铜箔条，恢复原驱动电路的 OC 信号回路等。

第4章 开关电源的检修

所谓兵马未动，粮草先行。开关电源电路提供变频器的整机控制用电，是变频器正常工作的先决条件。

变频器应用的开关电源电路，为直—交—直型的逆变电路，是一种电压和功率的变换器，将直流电压和功率转换为脉冲电压，再整流成为另一种直流电压。输入、输出电压由开关变压器相隔离，开关变压器起到功率传递、电压/电流变换的作用。开关变压器为降压变压器。开关电源的特点如下：

1）开关电源的振荡和调压方式是利用改变脉冲宽度或周期来调整输出电压的，称为时间比例控制，又分为 PWM（调宽）和 PFM（调频）两种控制方式。

2）从电路的能量转换特性看，可分为正激和反激两种工作方式。开关管饱和导通时，二次绕组连接的整流器受反偏压而截止，开关变压器的一次绕组流入电流而储能（电磁转换）。开关管截止时，二次绕组经负载电路释放电能（磁电转换）。正激方式则与此相反，实际应用不多。

3）从开关变压器的一次电路结构来看，有分立元件构成的和集成振荡芯片构成的两种电路形式。因而从振荡信号的来源看，又分为自激（分立零件）和他激式（IC 电路）开关电源。两种电路结构都有应用。

4）开关管有采用双极型器件和采用场效应晶体管的。

5）小功率变频器采用单端正激式电路，大、中功率变频器常采用双端正激式电路。

一般变频器的开关电源，常提供以下几种电压输出：CPU 及附属电路、控制电路、操作显示面板的 +5V 供电；电流、电压、温度等故障检测电路、控制电路的 ±15V 供电；控制端子、工作继电器线圈的 24V 供电。四路相互隔离的约为 22V 的驱动电路的供电，该四路供电往往又经稳压电路处理成 +15V、−7.5V 的正、负电源供驱动电路，为 IGBT 逆变输出电路提供激励电流。

任何电子设备，电源电路的故障率总是相当高的——因其要提供整机的电源供应，负担最重。变频器的开关电源电路，形式上比较单一，结构上也比较简单。但是简单电路也可能会产生疑难故障。开关电源的检修不像线性电源那么直观，电路的任一个小环节——振荡、稳压、保护、负载等出现异常，都会使电路出现各种各样的故障现象。

上电后无反应，操作显示面板无显示，变频器好像没通电一样。测量控制端子的 24V 控制电压和 10V 频率调整电压都为 0，测量变频器主接线端子电阻正常，那么大致上可以断定问题是出在开关电源电路了。

4.1 开关电源的供电取自何处

在维修中常需将控制电路板进行单独上电检修。无论是检测 CPU 主板还是检修电源/驱动板，都需要先使开关电源工作起来，为各部分电路的检测提供条件。所以需知晓开关电源电路的电源取自哪里，进而用外置维修电源来取代。

开关电源的电源供给一般有以下几种来源：

1）直接取自变频器主电路的直流回路的两端，即储能电容的两端，在变频器电路中，厂家往往标注为 P（或 P1，供电 + 端）、N 端（供电 – 端），P、N 之间直流电压约为 530V，如图 4-1a 所示。大部分变频器开关电源的供电，皆取自此处。如台达、东元、台安、康沃、富士等变频器一些机型的开关电源，都是取自直流回路 530V 直流电压的。

2）直流回路的储能电容，由于耐压的关系，用两只串联接于直流回路上，两只电容对 530V 形成分压点，分压点电压为 265V 左右。有的变频器开关电源的供电是取自 a 点（见图 4-1b），供电电压降低为原来的 1/2。如英威腾 INVT-P9 系列小功率变频器的开关电源，取自直流回路的 265V 分压。

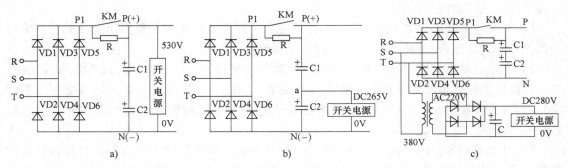

图 4-1 开关电源电路的 3 种检修供电方式

3）开关电源的供电，不接自直流回路，而另用 380V/220V 变压器，从变频器电源输入端子 R、S、T 的任两相上取得，再经整流滤波后，送至开关电源，如富士、安川、东元变频器的一些机型。

由图 4-1 中的 3 种变频器开关电源电路的供电方式，可以自己动手制作一个简易的维修电源（见图 4-2），放置于检修工作台的一个位置上，这个维修电源可用于对变频器进行拆机的上电检查、维修完毕装机后的上电检查、对 CPU 主板和电源/驱动板的脱机检修等。

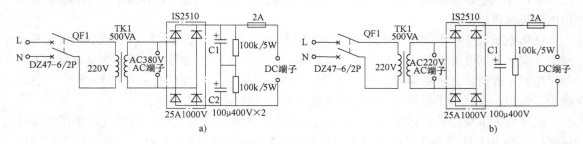

图 4-2 开关电源电路的两种维修电源

图 4-2a 中 AC 端子电源的作用如下：

1）用户送修变频器，测量主接线端子无短路故障后，可从变频器的 R、T 电源输入端子接入图 4-2a 的 **AC 端子**电源，为变频器上电，进行初步检查，如操作显示面板无显示、控制端子无电压等，即可判断故障出在开关电源电路。操作面板有显示，可通过调看故障记录（一些变频器无此功能），起、停变频器，观察运行和报警（故障代码）情况，进一步判断故障所在，为拆机检测提供依据。

需注意的是：

① 如图 4-1c 电路，应将 AC 端子电压接入该变频器的 S、T 电源输入端子，否则机器内部开关电源因得不到工作电源，整机不能工作。测量 T、S 端子间只有几十欧的电阻值，需细致检查和观察一下，不一定是整流模块短路故障，有可能是该电源端子接入了内部变压器的一次绕组。

② 部分变频器内部有三相电源输入检测电路，接入单相电源，上电会跳"输入断相"故障，需找出电路板中的相关电路，将此一报警信号切断或屏蔽掉（见第 7 章故障电路维修）。

③ 大功率变频器（如 55kW 以上机型），因直流回路的储能电容器容量大，电容器的瞬态充电电流过大，使维修电源中的断路器跳闸，此时可在 AC 端子上串联大功率电阻（如 100Ω/400W）进行限流充电。

④ 维修部有三相动力电源，可直接用三相电源，上电检修。

2）变频器维修完毕，整机装配后，可送入上图 4-2a 中的 **AC 端子**电源，将负载端接入 2.2kW 三相电动机，上电试验。虽然变压器 TK1 有较强的过载能力，但也要及时调整变频器的频率，使输出电流值较大时（如 4A）的时间要短一些，限制在 10s 以内，以保障变压器的运行安全。

维修部有三相动力电源，此试机步骤则不必用维修电源。

图 4-2a 中 **DC 端子**的作用如下：

接入 **DC 端子**电源，是将原变频器内三相整流电路、直流回路全部脱开，而用此电源代替之。从一定意义上讲，**DC 端子**电源也是一种安全检修电源，一是变压器本身供电隔离作用，在检修中万一触及强电部分，因无对地回路，不会造成对人体触电的危害（若同时接触两个电源端子，会使人触电）。二是该电源为小容量电源，又串入 2A 熔断器，机器电路即使有短路故障存在，但因电源容量所限和熔断器的作用，不致损坏整流和逆变模块。

1）单独维修电源/驱动板和 CPU 主板时，可将 **DC 端子**直接接入开关电源的供电端子上，为开关电源提供工作电源，对 CPU 主板电路和驱动电路进行检查。

2）整机试机时，可用此电源代替原直流回路，给逆变输出电路供电，对逆变电路进行试验与检查。

须注意的是：

对于大、中功率变频器，储能电容的容量较大，一般单独组装于一个容器箱内。在检修过程中，一定要将其撤去，当逆变电路、驱动电路及开关电源有异常时，储能电容上存储的电能，足以在瞬间内烧毁昂贵的逆变模块。用 DC 端子电源可直接为逆变电路供电和开关电源电路供电。严禁将原大容量储能电容并接于逆变供电电源上，待各部电器检修完毕，进行整机装配时，再装入储能电容。

7.5kW 以下小功率变频器，储能电容往往直接焊装于电路板上，如方便拆下，拆下最好。如不能拆下，需从 P 端切断对逆变电路的供电，串入 1A 或 2A 熔断器后，再接入 P 端的供电。**DC 端子**电源可直接并接于 7.5kW 以下小功率变频器的直流回路。

图 4-2b 中的 AC 端子电源，可对 220V 交流供电的变频器，进行拆机前和装机后的上电检修；DC 端子电源可对该供电级别的变频器进行 CPU 主板、电源/驱动板的上电检修；可作为如图 4-1b 所示的电路开关电源的供电，便于对电路板进行上电检修。

4.2　认识开关电源电路的重要元器件

先看图4-3所示的一个开关电源的简化电路。

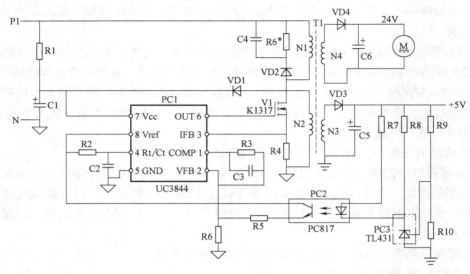

图4-3　开关电源简化电路

可以看到，PC1、PC2、PC3、Q1构成了开关电源电路的主干和骨架。PC1为专用振荡芯片，是振荡、稳压与保护的控制中心。PC2是一只光耦合器，跨接在一次和二次绕组之间，既将负载供电电压的采样信号传递给PC1，又起到对输入、输出供电绝缘隔离的作用。PC2可依输出侧、输入侧为界，将稳压电路切成两部分。PC3为电压基准源电路，PC2的工作状态，完全依赖于PC3的工作状态。两者结合，承担着对输出电压的稳压控制。V1为开关管，电路的所有控制都落实到对V1导通与截止时间的控制上。一次、二次电路的功率传递，是通过V1进行的。因其工作于高电压、大电流状态，成为开关电源电路的易损元件。

下面详解一下开关电源电路4个元器件的工作参数和测量方法。

1. 开关管

双极型器件晶体管和场效应晶体管，开关管都有采用，如图4-4所示，以场效应晶体管为多。

表4-1列出了晶体管QM5HG-24和场效应晶体管BFC40的部分参数。

表4-1　晶体管 QM5HG-24 和场效应晶体管 BFC40 的部分参数

类　　别	型号	V_{CEX}	V_{CBO}	V_{EBO}	I_C	P_C	t_{on}	t_s	t_f
晶体管	QM5HG-24	1200V	1200V	7V	5A	100W	1.0μs	4.0μs	0.8μs
类　　别	型号	V_{DSS}	V_{GS}	I_D	I_{DM}	P_D	t_{on}	t_{off}	$R_{ds(on)}$
场效应晶体管	BFC40	1500V	±20V	2A	4A	50W	30ns	200ns	8.00Ω

型号为K1317和K2225的场效应晶体管应用最多，两者可互换。

器件互换首先考虑的是耐压和工作电流值，尤其是耐压值，应不低于1200V为宜。另外，应注意封装形式，C 极或漏极接金属散热壳体的，应加装绝缘片和涂覆导热硅脂后进行安装。

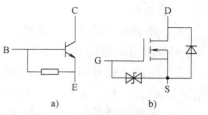

大功率晶体管，如图 4-4a 所示，B、E 极间并接有几十欧姆的电阻。测量发射结的正、反向电阻为一并接电阻的阻值。但集电结的正、反向电阻特性同一般晶体管。应与好的管子对比，测量晶体管的放大倍数，这在故障检修中尤为重要。

图 4-4　开关管的电路结构符号图

大功率场效应晶体管，如图 4-4b 所示，G、S 间并接有双向击穿二极管，在 D、S 极间反向并联有二极管（有资料说，此二极管为工艺过程中自然生成），两者都对场效应晶体管起到保护作用。测量 D、S 极间呈二极管的正、反向电阻特性。对场效应晶体管的测量，应利用 G、S 结电容的电荷存储特性，观测 D、S 极间电阻变化的方法，检测其好坏。具体测量方法见 3.1 的相关内容。

故障检修中，仅靠测量管子的电阻判断其性能是不够的，一般条件下对管子的低效、老化现象是检测不出的，须根据故障现象综合分析，不放过看似"隐蔽"的故障环节和表现，"揪"出故障元件。

2. 光耦合器

由于光耦电路简单，对不能共地的、电压差异较大的输入、输出信号有较好的隔离度，又具有较高的抗干扰性能，故在开关电源电路、数字隔离和模拟信号传输通道中被广泛采用。更换损坏光耦器件时，要充分考虑其在电路中的位置和作用，用同类型光耦器件进行代换。

在变频器电路中，常用到 3 种类型的光耦合器（不只是开关电源电路中的应用，在此一并交代一下），一种为晶体管型光耦合器，如 PC816、PC817、4N35 等，常用于开关电源电路的输出电压采样和电压误差放大电路，也应用于变频器控制端子的数字信号输入回路。3 种光耦合器结构如图 4-5 所示，输入侧为一只发光二极管，输出侧为一只光敏晶体管。第 2 种为集成电路型光耦合器，如 6N137、HCPL2601 等，其频率响应速度比晶体管型光耦合器大为提高，输入侧发光管采用了延迟效应低微的新型发光材料，输出侧为门电路和肖特基晶体管构成，使工作性能大为提高。在变频器的故障检测电路和开关电源电路中也有应用。第 3 种为线性光耦合器，如 A7840。便于对模拟信号进行线性传输，A7840 往往与后续运算电路相配合，实现对输入信号的线性放大和传输。

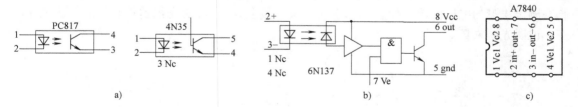

图 4-5　3 种光耦合器电路图

（1）第一类型的光耦合器

输入端工作压降约为 1.2V，输入电流 10mA 左右；输出最大电流 1A 左右，因而可直接驱动小型继电器，输出饱和压降小于 0.4V。可用于几十 kHz 或较低频率信号的传输。

测量方法：

1）数字式万用表二极管档，测量输入侧正向压降为 1.2V，反向无穷大。输出侧正、反压降或电阻值均接近无穷大。

2）用指针式万用表的 R×10k 电阻档，测其 1、2 脚，有明显的正、反电阻差异，正向电阻约为几十 kΩ，反向电阻无穷大；3、4 脚正、反向电阻无穷大。

3）两表笔测量法。用指针式万用表的 ×10k 电阻档（能提供 15V 或 9V、几十 μA 的电流输出），正向接通 1、2 脚（黑表笔搭 1 脚），用另一表的 ×1k 电阻档测量 3、4 脚的电阻值，当表笔接入 1、2 脚时，3、4 脚之间呈现 20kΩ 左右的电阻值，脱开 1、2 脚的表笔，3、4 脚间电阻为无穷大。

4）可用一个直流电源串入电阻，将输入电流限制在 10mA 以内。输入电路接通时，3、4 脚电阻为通路状态，输入电路开路时，3、4 脚电阻值无穷大。

3、4 种测量方法比较准确，如用同型号光耦器件相比较，甚至可检测出失效器件（如输出侧电阻过大）。

上述测量是新器件装机前的必要过程。对上线不便测量的情况下，必要时也可将器件从电路中拆下，脱机测量，进一步判断器件的好坏。

在实际检修中，脱机测量电阻不是很便利，上电检测则较为方便和准确。要采取措施，将输入侧电路变动一下，根据输出侧产生的相应的变化（或无变化），测量判断该器件的好坏。即打破故障中的"平衡状态"，使之出现"暂态失衡"，从而将故障原因暴露出来。光耦器件的输入、输出侧在电路中串有限流电阻，在上电检测中，可用减小（并联）电阻和加大电阻的方法（将其开路）等方法，配合输出侧的电压检测，判断光耦器件的好坏。部分电路中，甚至可用直接短接或开路输入侧、输出侧，来检测和观察电路的动态变化，利于判断故障区域和检修工作的开展（详见第 6、7 故障电路检修一章）。

如图 4-6a 所示电路，为变频器控制端子电路的数字信号输入电路，当正转端子 FWD 与公共端子 COM 短接时，PC817 的 1、2 脚电压为 1.2V，4 脚电压由 5V 变为 0V。同理，当控制端子呈开路状态时，PC817 的 1、2 脚之间电压为 0V，而 3、4 脚之间电压为 5V。从图 4-6a 电路可以看出光耦器件的各脚电压值，故障或正常状态测量输入、输出脚电压即可得出判断。

如图 4-6b 所示电路，测量 1、2 之间为 0.7V（交流信号平均值），3、4 脚之间为 3V，说明光耦合器有了输入信号，但光耦器件本身是否正常？用金属镊子短接 PC817 的 1、2 脚，测量 4 脚的电压由原 3V 上升为 5V（或有明显上升），说明光耦器件是好的。若电压不变，说明光耦损坏。

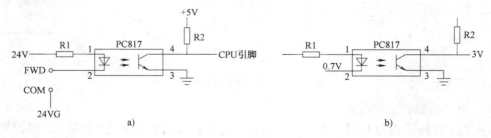

图 4-6　光电耦合器在线检测示意图

（2）光耦合器（6N137）

输入端工作压降约为 1.5V，但输入、输出最大电流仅为 mA 级，只起到对较高频率信号的传输作用，电路本身不具备电流驱动能力，可用于对 MHz 级信号进行有效的传输。

3 种在线测量方法，可用短接或开路 2、3 输入脚，同时测量输出 6、5 脚的电压变化；减小或加大输入脚外接电阻，测量输出脚电压有无相应变化；从 +5V 供电或其他供电串限流电阻引入到输入脚，检测输出脚电压有无相应变化，来判断器件是否正常。

（3）第 3 种类型的光耦合器

输入侧不是发光二极管，输入、输出阻抗较高，用于对小信号的传输。检测方法同上。

注意：在开关电源电路应用的光耦合器，是作为电压误差放大器的一个环节来使用的，测量中输入、输出脚的电压扰动，会引起负载供电的突变。尤其是 +5V 的 CPU 主板负载电路在连接状态下，不可带电在线检测光耦合器的引脚电压，测试不慎将造成烧掉 CPU 的危险！对其好坏的判断，应通过停电后，对引脚电阻值的检测来进行。

运用于其他电路的光耦合器，如控制端子的光耦合器，则完全可以带电在线测量，比电阻测量更为方便。

3. 专用电流模式 PWM 振荡芯片 UC3844（3842）

UC3844 与 UC3842 在变频器的开关电源中都有应用，前者应用为多，其电路图如图 4-7 所示。电路无论为塑封或贴片元器件，都有 8 脚和 14 脚两种双列封装型式。两种电路的主要区别为 UC3842 输出频率等于振荡器的振荡频率，输出频率的最大占空比可达 100%；而 UC3844 内部集成了一个二分频触发器，输出频率只有振荡频率的一半，输出最大占空比为 50%。另外，两者内部欠电压锁定电路的开启阈值有所差异。UC3844、UC3845 可互换，UC3842、UC3843 可互换。一般电路的实际振荡频率在 100kHz 以下，为 40~60kHz。电路内部集成了基准电源、高频振荡器、电压误差放大器、电流检测比较器、PWM 锁存器及输出电路。利用误差放大器和外围电压采样电路能构成电压闭环（稳压）控制；利用电流检测

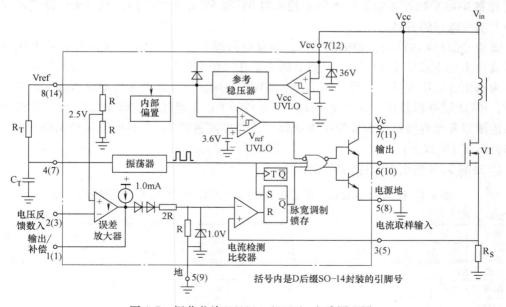

图 4-7 振荡芯片 UC3844（3842）电路原理图

比较器和外围电流检测电路，能构成电流闭环控制。

引脚功能说明（以下均以 8 脚封装为例）：1 脚为误差放大器输出端，与引脚 2 之间接入 R、C 反馈网络，以决定误差放大器的带宽频率特性和放大倍数；2 脚为误差放大器反馈输入端，该端接输入电压反馈信号，以实现电压闭环（稳压）控制；3 脚为电流检测比较器输入端，该端接电流（电压）检测信号，以实现过电流（过电压）保护；4 脚为振荡器定时元件接入端，所接 R、C 元件决定了电路振荡频率的高低；8 脚为基准电源输出端，可提供 +5V 温度稳定性良好的基准电压，实际应用中，R、C 振荡电路及稳压电路，常取用该电源，以增加振荡和稳压的稳定性；7、5 脚是供电 Vcc、GND 端子，额定供电电压为 30V，实际电路中自供电绕组提供的直流电压约为 20V 左右；6 脚为 PWM 波形输出脚，最大输出电流（拉、灌电流）达 1A。

UC3842/44 的 3 脚内部误差放大器的同相端已在内部供入 2.5V，意味着：当 2 脚反馈输入电压也稳定于 2.5V——也必然会保持在 2.5V 时，电路的动态反馈及输出的稳定过程已经完成，在此稳定状态下，输出电压的高低，取决于外围电压采样、反馈电压处理电路，而与芯片本身和振荡环节无关；2 脚反馈电压的输入范围为 −0.55 ~ 5.5V，当 2 脚反馈电压维持一个低于 2.5V 的值时，负载电压将维持一个超压输出状态。当 2 脚反馈电压维持一个高于 2.5V 的值时，输出电压将维持一个低于正常值的状态。由此可判断反馈电压处理电路相关元件的故障。

UC3842/44 欠电压锁定开启阈值为 16V，UC3843/3845 则为 8.5V；UC3842/44 欠电压锁定关断阈值为 10V，UC3843/3845 则为 7.6V。其意义是：当芯片供电电压高于 16V 时，8 脚输出 +5V 电压，提供给 4 脚 R、C 振荡定时元件，电路起振工作，当供电低于 10V 时，欠电压保护电路起控，8 脚输出电压为 0，电路停振，避免了开关管因欠激励（功耗过大）而烧毁。**应用此一特点，当电路出现停振故障，而又查不出故障点时，可单独为振荡芯片提供 10 ~ 20V 的可调直流电源（将其他供电全部停掉！），在调压过程中，检测 8 脚的电压变化（应有 0 ~ 5V 的跳变输出），6 脚也相继有 0V 和 6V 以上的输出，从而大致确定振荡芯片及外围部分电路的好坏。**

要使 UC3844 内部的保护电路动作，通常有两种方法：使引脚 1（内部误差电压放大器输出端）上的电压降至 1V 以下；使引脚 3（电流检测比较器输入端）电压升至 1V 以上。前者为输出过电压保护，后者为输出过电流保护，两种方法都会导致电流检测比较器输出高电平，PWM 锁存器复位，输出端关闭。其意义在于：**当电路出现停振故障时，可能为保护电路故障或其他电路故障引发保护电路动作，而使芯片的 1、3 脚电压值分别降至了 1V 以下和升至了 1V 以上！**

UC3844 芯片各引脚电阻值见表 4-2。

表 4-2 UC3844 芯片各引脚电阻（用 MF47 指针式万用表 R×1k 档测量）值

5 脚搭红表笔：

引脚号	1	2	3	4	6	7	8
电阻/kΩ	24	14	14	14	140	100	4

5 脚搭黑表笔：

引脚号	1	2	3	4	6	7	8
电阻/kΩ	9	10	10	9	14	8.5	4

以上所测贴片元件 3844B 各引脚电阻值，与双列塑封直插元件的引脚电阻稍有差异。

4. 基准电压源（可调式精密并联稳压器）TL431

TL431 是一种具有电流输出能力的可调基准电压源，输出电压范围 2.5～36V。在开关电源电路中，常与光耦合器配合构成隔离式电压反馈（误差电压放大器）电路。其主要优点是，动态阻抗低，典型值为 0.2Ω，若构成稳压电路，能显著提高稳压精度。工作电流 I_{KA} 为 1～100mA，范围较宽。器件一般为 3 引脚和 8 引脚两种封装形式，为三端控制器件。内部基准电压 V_{REF} 为 2.5V，接入电路达到稳态输出后，外部基准端子 V_{REF} 电压也为 2.5V，因而此端子也称为外部基准端子。

短接 V_{REF} 和 K 端子，接成图 4-8 中的左边的测试电路，即成为 2.5V 稳压电路。稳压控制原理如下：当负载电流减小引起输出电压上升时，内部运算放大器的同相端电压上升，晶体管 VT 导通增强，对负载电路进行并联式分流，直到 V_{REF} 端子电压等于 2.5V 为止。若在 V_{REF} 端子和 K、A 极间接入分压电阻如图 4-8 中右边的测试电路，可以调整输出电压为 2.5～36V 以内的任意值。在稳压电路中，TL431 与外围电路接成闭环电压控制电路，从 V_{REF} 端子输入的为输出电路反馈信号，电路的动态调整，即是将此反馈信号调整到 2.5V 左右，电路达到平衡状态。

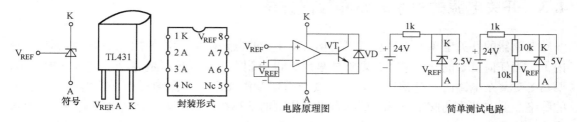

图 4-8　TL431 元件符号、封装形式、原理图和测试电路图

但在开关电源电路中，对 TL431 并不是作为一个稳压电路来使用的，如图 4-3 所示。

分析一下稳压控制过程：当 +5V 输出电压上升时，R8、R9 分压点电压上升，流过 TL431 阳极、阴极间的电流上升。TL431 的 I_{AK} 电流的上升，使光耦合器 PC2 输入侧二极管发光强度随之上升，PC2 输出侧光敏晶体管因受光面的光通量上升，其导通等效内阻减小，PC1 的 2 脚（反馈电压引入脚）的电压升高，IC201 内部误差放大器的输出增大，此信号控制内部 PWM 波发生器，IC201 的 6 脚输出的脉冲占空比变化，使开关管 TR1 的截止时间变长，TL1 的储能减少，二次绕组输出电压回落。

常规由 TL431 构成的稳压电路中，K 极输出电压再经分压电阻反馈到 V_{REF} 端，电路工作于闭环状态，形成并联分流式稳压控制。而开关电源电路中，TL431 自身恰恰是工作于开环状态的，利用 V_{REF} 端子输入小信号电压的变化，控制 I_{AK} 较大电流的输出。

当 V_{REF} 端电压 < 2.5V 时，PC2、PC3 中无电流，U_K 约为 5V；当 V_{REF} 端电压 ≥ 2.5V 时，PC2、PC3 中产生电流，U_K 约为 2V。而且随着 +5V 输出电压的上升，I_{AK} 有明显的上升，因回路电流在 R6、R7 上产生压降的缘故，U_K 反而有一定的下降。此种变化对控制光耦合器中的发光二极管的发光强度有较好的作用，对二次绕组输出 +5V 电压的稳压性有较好的保障。如同用一个高阻抗的电压源，获得了一个低阻抗的电流源，从而提高了控制的灵敏度。

表 4-3 为三线端 TL431 各引脚电阻值, 8 引脚贴片封装型式的 TL431 引脚电阻稍有差异。

表 4-3　TL431（3 引脚封装型式）各脚电阻（用 MF47 指针式万用表测量）值

表笔接入方式	K、A 电阻值/kΩ	表笔接入方式	K、V_{REF} 电阻值/kΩ
A 极接红表笔	∞	K 极接红表笔	11
A 极接黑表笔	7	K 极接黑表笔	∞

TL431 的上电检测（见图 4-3）: 脱开开关电源的输入电源和 +5V 供电负载电路, 单独在 C4 两端加上 5V 左右的电源。

1）测量第 1 脚（或第 8 脚）电压应为 2.5V, 测量 U_K 电压, 应为 2V 左右。

2）测量 R7 两端电压降, 正常时应为 3V 左右。过低, TL431 漏电或短路损坏。等于 5V 时, TL431 已经开路损坏。

3）用同阻值电阻并联 R8 时, 测量 R7 两端电压有显著上升; 用同阻值电阻并联 R9 时, R7 两端电压有显著下降。说明 TL431 性能良好。

4.3　开关电源的检修思路和检修方法

变频器的开关电源电路完全可以简化为图 4-3 的电路模型, 电路中的关键要素都包含在内了。而任何复杂的开关电源, 剔除枝蔓后, 也会剩下图 4-3 这样的主干。其实在检修中, 要具备对复杂电路的"化简"的能力, 要在看似杂乱无章的电路伸展中, 拈出这几条主要的脉络。要向解牛的庖丁学习, 训练自己, 使眼前不存在什么整体的开关电源电路, 只有各部分脉络和脉络的走向——振荡回路、稳压回路、保护回路和负载回路等。

看一下电路中有几路脉络。

1）振荡回路: 开关变压器的主绕组 N1、Q1 的漏-源极、R4 为电源工作电流的通路; R1 提供了起动电流; 自供电绕组 N2、VD1、C1 形成振荡芯片的供电电压。这 3 个环节的正常运行, 是电源能够振荡起来的先决条件。

当然, PC1 的 4 脚外接定时元件 R2、C2 和 PC1 芯片本身, 也构成了振荡回路的一部分。

2）稳压回路: N3、VD3、C5 等的 +5V 电源, R7 ~ R10、PC3、R5、R6 等元件构成了稳压控制回路。

当然, PC1 芯片和 1、2 脚外围元件 R3、C3, 也是稳压回路的一部分。

3）保护回路: PC1 芯片本身和 3 脚外围元件 R4 构成过电流保护回路; N1 绕组上并联的 VD2、R6、C4 元件构成了开关管的反压吸收保护电路; 实质上稳压回路的电压反馈信号——稳压信号, 也可看作是一路电压保护信号。但保护电路的内容并不仅是局限于保护电路本身, 保护电路的起控往往是由于负载电路的异常所引起的。

4）负载回路: N3、N4 二次绕组及后续电路, 均为负载回路。负载回路的异常, 会牵涉到保护回路和稳压回路, 使两个回路做出相应的保护和调整动作。

振荡芯片本身参与和构成了前三个回路, 芯片损坏, 三个回路都会一齐罢工。对三个或四个回路的检修, 是在芯片本身正常的前提下进行的。另外, 要像下象棋一样, 用全局观念和系统思路来进行故障判断，透过现象看本质。如停振故障，也许并非由振荡回路元件损坏所引起，有可能是稳压回路故障或负载回路异常，导致了芯片内部保护电路起控，而停止了 PWM 脉冲的输出。并不能将各个回路完全孤立起来进行检修，某一故障元件的出现很可能表现出"牵一发而全身动"的效果。

开关电源电路常表现为以下 3 种典型故障现象（见图 4-3）：

1）次级负载供电电压都为 0V。变频器上电后无反应，操作显示面板无指示，测量控制端子的 24V 和 10V 电压为 0V。检查开关电源输入的 530V 电压正常，可判断为开关电源故障。检修步骤如下：

① 先用电阻测量法测量开关管 Q1 有无击穿短路现象，电流取样电阻 R4 有无开路。电路易损坏元件为开关管，当其损坏后，R4 因受冲击而阻值变大或断路。Q1 的 G 极串联电阻、振荡芯片 PC1 往往受强电冲击而损坏，必须同时更换；检查负载回路有无短路现象。

② 更换损坏件，或未检测到有短路元件，可进行上电检查，进一步判断故障是出在振荡回路还是稳压回路。

检查方法：

a 先检查起动电阻 R1 有无断路。正常后，用 18V 直流电源直接送入 UC3844 的 7、5 脚，为振荡电路单独上电。测量 8 脚应有 5V 电压输出；6 脚应有几 V 左右的电压输出。说明振荡回路基本正常，故障在稳压回路。

若测量 8 脚有 5V 电压输出，但 6 脚电压为 0V，查 8、4 脚外接 R、C 定时元件，6 脚外围电路。

若测量 8 脚、6 脚电压都为 0V，UC3844 振荡芯片坏掉，需更换。

b 对 UC3844 单独上电，短接 PC2 输入侧，若电路起振，说明故障在 PC2 输入侧外围电路；电路仍不起振，查 PC2 输出侧电路。

2）开关电源出现间歇振荡，能听到"打嗝"声或"吱吱"声，或听不到"打嗝"声，但操作显示面板时亮时熄。这是因负载电路异常，导致电源过载，引发过电流保护电路动作的典型故障特征。负载电流的异常上升，引起一次绕组激磁电流的大幅度上升，在电流采样电阻 R4 形成 1V 以上的电压信号，使 UC3844 内部电流检测电路起控，电路停振；R4 上过电流信号消失，电路又重新起振，如此循环往复，电源出现间歇振荡。

检查方法：

a 测量供电电路 C5、C6 两端电阻值，如有短路直通现象，可能为整流二极管 VD3、VD4 有短路；观察 C5、C6 外观有无鼓顶、喷液等现象，必要时拆下检测；供电电路者无异常，可能为负载电路有短路故障元件。

b 检查供电电路无异常，上电，用排除法，对各路供电进行逐一排除。如拔下风扇供电端子，开关电源工作正常，操作显示面板正常显示，则为 24V 散热风扇已经损坏；拔下 +5V 供电端子或切断供电铜箔，开关电源正常工作，则为 +5V 负载电路有损坏元件。

3）负载电路的供电电压过高或过低。开关电源的振荡回路正常，问题出在稳压回路。

输出电压过高，稳压回路的元件损坏或低效，使反馈电压幅度不足。

检查方法：

a 在 PC2 输出端并接 10kΩ 电阻，输出电压回落。说明 PC2 输出侧稳压电路正常，故障在 PC2 本身及输入侧电路。

　　b 在 R7 上并联 500Ω 电阻，输出电压有显著回落。说明光耦合器 PC2 良好，故障为 PC3 低效或 PC3 外接电阻元件变值。反之，为 PC2 不良。

　　负载供电电压过低，有 3 个故障可能：负载过重，使输出电压下降；稳压回路元件不良，导致电压反馈信号过大；开关管低效，使开关变压器储能不足。

　　修复方法：

　　a 将供电支路的负载电路逐一解除（注意！不要以断开该路供电整流管的方法来脱开负载电路，尤其是接有稳压反馈信号的 +5V 供电电路——稳压回路不可断开！反馈电压信号的消失，会导致各路输出电压异常升高，而将负载电路大片烧毁！），判断是否由于负载过重引起电压回落；如切断某路供电后，电路回升到正常值，说明开关电源本身正常，检查负载电路；若输出电压低，检查稳压回路。

　　b 检查稳压回路的电阻元件 R5～R10，无变值现象；逐一代换 PC2、PC3，若正常，说明代换元件低效，导通内阻变大。

　　c 代换 PC2、PC3 若无效，故障可能为开关管低效，或开关管激励电路有问题，也不排除 UC3844 内部输出电路低效。更换优质开关管、振荡芯片 UC3844。

　　对于一般性故障，上述故障排查法是有效的，但不一定百分之百的准确。若检查振荡回路、稳压回路、负载回路都无异常，电路还是输出电压低，或间歇振荡，或干脆毫无反应，这些情况都有可能出现。先不要犯愁，让我们往深入里分析一下电路故障的原因，以帮助尽快查出故障元件。电路的间歇振荡或停振的原因不在起振回路和稳压回路时，还有哪些原因可导致电路不起振呢？

　　1）主绕组 N1 两端并联的 R、D、C 电路，为尖峰电压吸收网络，提供开关管截止期间，存储在变压器中磁场能量的泄放通路（开关管的反向电流通道），保护了开关管不被过电压击穿。当 VD2 或 C4 严重漏电或击穿短路时，电源相当于加上了一个很重的负载，使输出电压严重回落，U3844 供电不足，内部欠电压保护电路起控，而导致电路进入间歇振荡。因元件并联在 N1 绕组上，短路后不易测出，往往被忽略。

　　2）有的开关电源有输入供电电压的（电压过高）保护电路，一旦电路本身故障，使电路出现误过压保护动作，电路停振。

　　3）电流采样电阻不良，如引脚氧化、碳化或阻值变大时，导致压降上升，出现误过电流保护，使电路进入间歇振荡状态。

　　4）自供电绕组的整流二极管 VD1 低效，正向导通内阻变大，电路不能起振，更换试验。

　　5）开关变压器因绕组发霉、受潮等，品质因数降低，用原型号变压器代换试验。

　　6）R1 起振电路参数变异，但测量不出异常，或开关管低效，此时遍查电路无异常，但就是不起振。

　　修理方法：

　　变动一下电路既有参数和状态，让故障暴露出来！试减小 R1 的电阻值（不宜低于 200kΩ 以下），电路能起振（此法也可作为应急修理手段之一）。若无效，更换开关管、UC3844、开关变压器再试验。

　　输出电压总是偏高或偏低一点，达不到正常值。检查不出电路和元件的异常，几乎换掉了电路中所有元件，电路的输出电压值还是在"勉强"状态，有时好像能"正常工作"了，但让人心里不踏实，不知什么时候会来个"反常表现"。**不要放弃，调整一下电路参数，使**

输出电路达到正常值，达到其稳定工作状态。电路参数的变异，有以下几种原因：

1）晶体管低效，如晶体管放大倍数降低，或导通内阻变大，二极管正向电阻变大，反向电阻变小等；

2）用万用表不能测出的电容的相关介质损耗、频率损耗等；

3）晶体管、芯片器件的老化和参数漂移，如光耦合器的光传递效率变低等；

4）电感元件，如开关变压器的 Q 值降低等；

5）电阻元件的阻值变异，但不显著。

6）上述 5 种原因有数种参与其中，形成"综合作用"。

　　由各种原因形成的电路的"现在的"这种状态，是一种"病态"，也许我们得换一下检修思路了，中医有一个"辨证施治的"理论，我们也要用一下了，下一个方子，不是针对哪一个元件，而是将整个电路"调理"一下，使之由"病态"趋于"常态"。电路的一个环节动了，整个状态就变了，所谓满盘皆活。就这么"模糊着糊涂着"，把病就给治了。

修理方法（元件数值的轻微调整）：

1）输出电压偏低：增大 R5 或减小 R6 电阻值；减小 R7、R8 电阻值或加大 R9 电阻值。

2）输出电压偏高：减小 R5 或增大 R6 电阻值；增大 R7、R8 电阻值或减小 R9 电阻值。

　　上述调整的目的，是在对电路进行彻底检查，换掉低效元件后进行的。目的是调整稳压反馈电路的相关增益，使振荡芯片输出的脉冲占空比变化，开关变压器的储能变化，使二次绕组的输出电压达到正常值，电路进入一个新的"正常的平衡"状态。

　　好多看似不可修复的疑难故障，经过一、两只电阻值的调整，就被修复了。

　　检修中需注意的问题：在开关电源检查和修复过程中，应切断三相逆变电路 IGBT 模块的供电，以防止驱动供电异常，造成 IGBT 模块的损坏；在修理输出电压过高的故障时，更要切断 +5V 对 CPU 主板的供电，以免异常或高电压损坏 CPU，造成 CPU 主板报废；不可使稳压回路中断，将导致输出电压异常升高；开关电源电路的二极管，用于整流和用于保护的，都为高速二极管或肖特基二极管，不可用普通 1N4000 系列整流二极管代用；开关管损坏后，最好换用原型号的。

4.4　开关电源的经典电路及故障实例之一

　　图 4-9 所示电路为单端正激式隔离型开关稳压电源。电路由分立元件组成，非常简洁，故障率较低。与上文中由 UC3844 振荡芯片为主干构成的电源电路有所不同，但电路原理与检查方法都是相近的。

　　开关电源的供电取自直流回路的 530V 直流电压，由端子 CN19 引入到电源/驱动板。

　　电路原理简述：由 R26 ~ R33 电源起动电路提供 VT2 上电时的起始基极偏压，由 VT2 的基极电流 I_b 的产生，导致了流经 TC2 主绕组 I_c 的产生，继而正反馈电压绕组也产生感应电压，经 R32、VD8 加到 VT2 基极；强烈的正反馈过程，使 VT2 很快由放大区进入饱和区；正反馈电压绕组的感应电压由此降低，VT2 由饱和区退出进入放大区，I_c 开始减小；正反馈绕组的感应电压反向，由于强烈的正反馈作用，VT2 又由放大状态进入截止区。以上电路为振荡电路。VD2、R3 将 VT2 截止期间正反馈电压绕组产生的负压，送入 VT1 基极，迫使其截止，停止对 VT2 的 I_b 的分流，R26 ~ R33 支路再次从电源提供 VT1 的起振电流，使电路

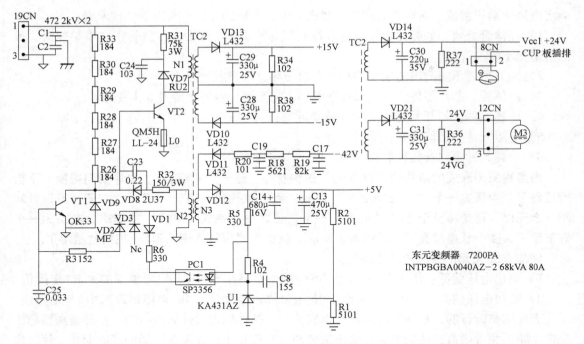

图 4-9　东元 7200PA 37kW 变频器开关电源电路

进入下一个振荡循环。

5V 输出电压作为负反馈信号（输出电压采样信号）经稳压电路，来控制 VT2 的导通程度，实施稳压控制。稳压电路由 U1 基准电压源、PC1 光耦合器、VT1 分流管等组成。5V 输出电压的高低变化，转化为 PC1 输入侧发光二极管的电流变化，进而使 PC1 输出测光敏晶体管的导通内阻变化，经 VD1、R6、PC1 调整了 VT2 的偏置电流。以此调整输出电压使之稳定。

在 VT2 截止期间，开关变压器 TC2 中存储的磁能量，由二次电路进行整流滤波释放给负载电路，在 VT2 导通期间，TC2 从电源吸取能量进行存储。在二次绕组上产生交变的感应电压，正向脉冲宽度较大，幅值较低，经正向整流后提供负载电路的供电；反向脉冲宽度极窄，但因无电流释放回路，故能维持较高的幅值。VT2 饱和导通时，将 TC2 的一次绕组接入直流 530V 电源的两端，因而二次绕组所感应的负向脉冲电压，是能反映 TC2 主绕组供电电压高低的。VD11 和 VD12 接于同一个二次绕组上，VD12 将"大面积低幅度"的正向脉冲整流作为 5V 供电，而 VD11 却将"小面积而幅度高"的负向脉冲做负向整流后，经 R20、C19、R19、C17 等元件简单滤波处理后，将此能反映一次主绕组供电高低的 -42V 电压信号，作为直流电路电压的检测信号，送入 CPU，如图 4-10 所示，供显示直流电压值和参与 CPU 程序控制之用。

直流回路的直流电压检测信号，即为 D11 的后续 R、C 电路输出的 -42V 电压信号，属于对直流回路电压的间接采样。这几乎成为电压检测电路的一个机密，好多维修人员从与直流回路有联系的电路上查找电压检测电路，结果是可知的。此一电路功能的揭示，对相关故障检修有重要的意义（见第 7 章相关内容）。

为驱动电路供电的 6 组相互隔离的整流、滤波电路，省略未画，请参见第 5 章驱动电路的相关内容。

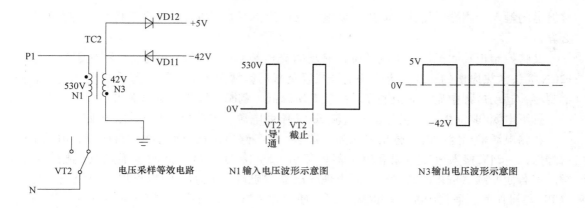

图 4-10 直流回路电压采样等效电路及波形示意图

对开关电源故障的检修，要找出其中关键的脉络。主要有两个电路环节：

1）振荡支路——包括起振电路和正反馈信号回路。起振电路：由 TC2 一次绕组、VT2 的 C、E 极构成 VT2 的 I_c 电流回路，和由起动电阻 R26 ~ R33、VT2 的发射结构成的（I_b）起振回路；由 TC2 的正反馈绕组（有时称自供电绕组，本电路中兼有两种身份）、R32、VD8 构成的正反馈回路。起振回路和正反馈回路，两者结合，共同提供了和满足了 VT2 的振荡条件。

2）稳压支路——U1、PC1、VT1 构成了对输出电压的采样电路和电压误差放大电路，以 VT1 对 VT2 的 I_c 的分流作用实现对输出电压的调整。

在实际工作中，开关电源电路的两个支路其实共同构成了对 VT2 的 I_b 的控制。显然，稳压支路会影响到振荡支路。如 VT2 的漏电或击穿，将会造成对 VT2 的 I_b 分流过大，导致电路停振。电路停振肯定不单只是振荡电路本身的问题，但检修的步骤，却可以围绕两个支路来展开。

故障实例 1

接手一台 7200GA-41kVA 变频器，属雷击故障。检查三相整流模块其中一块短路；开关电源电路中开关管 VT2，分流控制管 VT1 都已击穿短路。开关变压器 TC2 的一次绕组受冲击而开路。

采购整流模块、电源损坏元件。开关变压器 TC2 须采购原配件。因市售晶体管的耐压一般在 900V 以下，也需采购原型号或工作参数与原管子接近的元件。分流控制管最好有原型号管子，如不易购到，可用市售彩电开关电源中的分流管代用。

拆下电源/驱动板，更换损坏元件。上电，测各路输出电压正常，连接 CPU 主板，屏显正常。检测驱动电路的六路触发脉冲正常，整机装配后，带电动机试验。修复。

故障实例 2

该机在遭受雷击损坏修复后，运行了一个多月，又出现了奇怪的故障现象：运行当中出现随机停机现象，可能几天停机一次，也可能几个小时停机一次；起动困难，起动过程中电容充电接触器"哒哒"跳动，起动失败，但操作面板不显示故障代码。费些力气起动成功后又能运转一段时间。

将控制板从现场拆回，将热继电器的端子短接，以防进入热保护状态不能试机；将充电接触器的触点检测端子短接以防进入低电压保护状态不能试机，进行全面检修，检查不出什么异常。

又将控制板装回机器，上电试机，起动时充电接触器"哒哒"跳动，不能起动。拔掉12CN插头散热风扇的连线，为开关电源减轻负载后，情况大为好转，起动成功率上升。仔细观察，起动过程中显示面板的显示亮度有所降低，判断故障为开关电源带负载能力差。

拆下电源/驱动板，从机外送入直流500V维修电源，单独检修开关电源电路。

各路电源输出空载时，输出电压为正常值。将各路电源输出加接电阻性负载，电压值略有降低；+24V接入散热风扇和继电器负载后，5V降为4.7V，此时屏显及其他操作均正常。但若使变频器进入起动状态，则出现继电器"哒哒"跳动，间或出现"直流电压低"、"CPU与操作面板通信中断"等故障代码，使操作失败。测量中，当5V降为4.5V以下时，则变频器马上会从起动状态变为待机状态。详查各电源负载电路，均无异常。

分析：控制电源带负载能力差的判断是正确的。由于CPU对电源的要求比较苛刻，不低于4.7V时，尚能勉强工作；但当低于4.5V时，则被强制进入"待机状态"；在4.7～4.5V之间时，则检测电路工作发出故障报警。

意想不到的是此故障的检修竟然相当棘手，遍查开关电源的相关元器件竟"无一损坏"！试将U1（KA431AZ）的基准电压分压电阻之一的R1（5101）并联电阻试验，其目的是改变分压值而使输出电压上升。测输出电压略有上升，但带载能力仍差。仔细观察电路板，分流调整管VT1似有焊接痕迹，但看其型号为原型号，即使更换也是从同类机中拆换的。该机的开关管VT2为高反压和高放大倍数的双极型晶体管，市场上较难购到，况电路对这两只管子的参数有较严格的要求。再结合故障分析，可能为VT2低效，如β值降低等，使TC2储能下降，电路带载能力变差；也可能为VT1的工作偏移，对VT2基极电流分流能力过强，使电源带载能力变差。试调整电路，将分流调整管的工作点下调，使之降低对VT2基极电流的分流作用，进而提升开关管VT2的导通能力，使TC2储能增加。

试将与电压反馈光耦合器串接的电阻R6（330Ω）串联47Ω电阻以减小VT1的基极电流，进而降低其对VT2的分流能力，使电源的带载能力有所增强。上电试机，无论加载或起动操作，均稳定输出5V，故障排除！

故障推断：VT1有老化现象，放大能力下降，故经分流后的I_b值不足使其饱和导通（导通电阻增大）而使电源带载能力变差；分流支路有特性偏移现象，使分流过大，VT1得不到良好驱动，从而使电源带载能力差。

附记：以后该机又因模块损坏故障送修，手头有QM5HLL-24管子，故换掉VT2，将串接47Ω电阻解除，恢复原电路后，开关电源工作正常。说明该机器开关电源电路带载能力差的故障原因，确为VT2开关管低效所致。

4.5 开关电源的经典电路及故障实例之二

图4-11为台安N2-405-1013 3.7kW开关电源电路图，开关电源电路的供电由直流回路的530V取得。

R248、R249、R250、R266 4只75kΩ2W电阻承担了输送电源起动电流的任务，可称之为起动电路。电源起振后，IC201的供电即由自供电绕组N2的输出电压经VD215、C236整

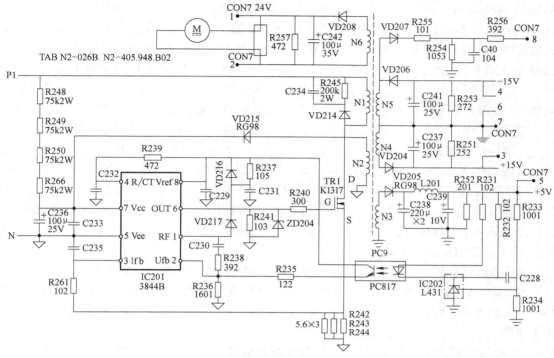

图 4-11 台安 N2-405-1013 3.7kW 开关电源电路

流滤波成直流电压供给。电源起动后，IC201 的 8 脚输出 5V 基准电压，除提供 8、4 脚之间的 R、C 振荡定时电路的供电外，还提供稳压控制电路中 PC9 输出侧内部晶体管的电源；IC201 的 1、2 脚之间所并联的 R238、C230 等元件，构成了内部电压误差放大器的反馈回路，决定了放大器的增益和频率传输特性。由 1 脚到 8 脚的 VD216、VD217，则将 1 脚电位钳位在 6.2V 左右，当反馈电压瞬间过低时，避免了 IC201 内部误差放大器输出过高的电压信号，而使输出电压产生过冲现象；6 脚内部为 PWM 波形成电路，振荡脉冲由 6 脚输出，由 R241、ZD204 消噪和正向限幅，经 R240 加到开关管 TR1 的栅极，TR1 的导通，形成了开关变压器 TL1 一次绕组 N1 中的电流，TL1 的自供电绕组、二次绕组随即产生感生电压，并经负载电路形成输出电流通路。

TL1 一次绕组中的电流，在 R242、R243、R244 3 只并联电流采样电阻上，产生电压降信号，此电流采样信号经 R261 输入到 IC201 的 3 脚，与内部电路基准电压比较，产生控制信号送后级 PWM 波形成电路。因电流采样信号能对一次绕组电流变化做出快速反应，使整体电路有较好的电流控制性能，在过电流程度较轻时，电流的闭环控制，使输出电流趋于稳定，在过电流程度较重时，使开关电源停振，保护了开关管和后级负载电路的安全。

稳压电路由 5V 输出端、R233、R234、IC202、PC9、IC201 的 8 脚基准电压、R235、R236 等环节构成。开关电源输出的 5V 为 CPU 直接供电，而 CPU 较之其他电路对供电有较苛刻的要求，要求电压的波动不大于 5%，因而开关电源的电压反馈信号就取自这里。5V电源是直接受开关电源稳压支路控制的，属于"嫡系电源"，其他各路输出电源的稳压精度稍次之，属于"旁系电源"了。

稳压控制过程如下：当 5V 输出电压上升时，R233、R234 分压点电压上升，流过电压基准源 L431 阳极、阴极间的电流上升，因 R231 的降压作用，L431 阳极电压反而下降。L431 电路出现了一个负的电压放大倍数，回路电流的上升，使光耦合器 PC9 中的二极管发光强度随之上升，PC9 输出侧光敏晶体管因受光面的光通量上升，其导通等效内阻减小，由 R235 输入到 IC201 的 2 脚（反馈电压引入脚）的电压升高，IC201 内部误差放大器的输出增大，此信号控制内部 PWM 波发生器，IC201 的 6 脚输出的脉冲占空比变化——低电平脉冲时间加长，使开关管 TR1 的截止时间变长，开关变压器 TL1 的储能减少，二次绕组输出电压回落。在因电网电压降低或负载电流上升，引起 5V 输出电压下降时，实施反过程稳压控制。

二次绕组的整流、滤波电路输出 24V、15V、–15V 等各路常规用电。–15V 的供电绕组，有两组整流电路，一路即 D206、C241 的 –15V 电源，一路是 VD207、R225、R254、C40、R226 等的正电压输出电路。注意，此路"电源"的滤波电容仅为 0.1μF，又经约 10kΩ 电阻串联输出。这路输出显然是不能当作电源使用的，它不需要提供大的负载电流，它只是提供一个电压信号，它是直流回路的电压检测输出信号。这个模拟电压信号，反映了 530V 直流回路电压的高低。

从维修的角度出发，同分立元件构成的开关电源电路一样，可将本电路分为 4 个工作环节：

1）振荡支路。R248、R249、R250、R266 为电源起动电路；N2 绕组、VD215 等构成提供 IC201 的工作供电；IC201 本身及 4、8、6 脚内电路和外接元件、TR1、N1 绕组等构成了振荡电路。

2）稳压控制支路。N3 绕组、+5V 整流滤波电路、IC202、PC9、IC201 的 1、2 脚内电路和外接元件等，构成了稳压电路。

3）保护电路。TR1 的源极电流采样电阻、R261、IC201 的内部电路等构成了电流保护电路；上述稳压控制支路也可看作是一个电压保护支路；N1 绕组并联的尖峰电压吸收网络（TR1 反向电流泄放通路），则可看作是又一个电压保护支路。

4）二次绕组供电电路及负载电路。

故障实例 1

接手一台台安 N2-405-1013 3.7kW 变频器，检测主电路无短路故障。接入交流 380V 维修隔离电源，上电即跳 OC 故障，检测逆变输出模块未损坏，6 块逆变驱动 IC 已损坏大半。进一步检查发现，开关电源有一奇特现象：甩开 CPU 主板供电时，测 5V 正常，但其他支路的供电较正常偏高，如 15V 为 18V，22V 的驱动供电为 26V，掴插上 CPU 主板的接线排时，测 +5V 仍正常，但其他支路的供电较则出现异常升高现象！如 22V 的驱动供电甚至于上升为近 40V（驱动 IC 电路的供电极限电压为 36V），驱动 IC 的损坏即源于此。

重点检查稳压环节，IC202、PC9 等外围电路皆无异常。脱开 5V 负载电路后，**在 R233 上并联 5kΩ 电阻，输出 5V 电压有明显下降，且能稳压在一定值上，说明稳压电路是在正常工作的**。进一步查找其他电路也无"异常"，检修陷入僵局。

分析：电路的稳压环节是起作用的。稳压电路的电压采样取自 5V 电路，拔掉 CPU 主板的接线排时，相当于 5V 轻载或空载，5V 的上升趋势使电压负反馈量加大，电源开关管驱动脉冲的占空比减小，开关变压器的励磁电流减小，其他支路的输出电压相对较低；当插入 CPU 主板的接线排时，相当于 5V 带载或重载，5V 的下降趋势使电压负反馈量减小，电源开关管驱动脉冲的占空比加大，开关变压器的励磁电流上升，使其他支路的输出电压幅度上升。现在的状况是，5V 电路空载时，其他供电虽输出较低，但仍偏高。5V 加载后，其他供电支路则出现异常高的电压输出！故障环节要么是 5V 供电电路本身故障导致带载能力变差，要么是负载电路异常（过载），两者的异常都使得稳压电路进行了恪尽职守的"误"调节，结果是维护了 5V 故障电路的"电压稳定"，出现了其他供电支路"电压的异常上升"！

着手检修 5V 电源输出电路，拔下电源滤波电容 C238、C239，检测：两只电容容量仅十几个微法，且存在明显的漏电电阻。两只电容的失效正好满足了两个条件：容量变小使电源带载能力差，漏电使负载变重。

更换 C238、C239 电容后，开关电源的各路供电输出正常。

故障实例 2

一台英威腾 P9/G9 55kW 变频器，开关电源电路结构同图 4-11 接近。机器在雷雨天气中突然停机，面板无显示，疑遭雷击损坏。

检查：输入整流模块与输出逆变模块均无损坏。开关电源无输出，开关管损坏，电源引入铜箔条及开关管漏极回路的铜箔条都已与基板脱离，说明该机可能从电源引线引入了雷电，致使开关电源电路损坏。

更换开关管、开关管源极电流信号采样电阻、振荡块 3844B 和开关电源供电熔断器 F1 后，给开关电源先送入直流 300V 直流维修电源，不起振；再送入 500V 直流维修电源，上电即烧电源熔断器 F1。停电测量检查，无短路现象，更换保险管后上电，供电电压低于 300V 直流时，电路不起振，送入 500V 时仍烧熔断器。

分析：开关电源供电低时，电路不起振。当供电高到一定幅值时，如直流 450V 时，电源有可能起振。是否为电源起振后，电路存在"交流"短路而烧掉 F1 呢？因为据检测，无短路元件，不存在直流短路呀。交流短路的原因，不外乎开关变压器匝间短路、负载电路有元件有加电后软击穿现象。

又检查了一遍，甚至代换开关变压器试验，无效。将负载电路逐一切除，无效。检修进入死胡同。

在观察电路板的过程中，无意中观察到开关电源的电路板上有一条异常黑线！开关电源的 530V 直流电源通过主直流回路引入，电路板为双面电路板。电源引入端子在电路板的边缘，正面为 + 极引线铜箔条，反面为 - 极引线铜箔条，发现电路板边缘—— +、- 铜箔条之间有一条"黑线"！由于雷雨潮湿天气，使电路板材的绝缘性能降低，引起 +、- 铜箔条之间跳火，电路板碳化。电源电压低于某值时不会击穿，高于 500V 时便使碳化电路板击穿，烧断熔丝。烧断熔丝的原因并非起振后开关管回路有短路故障，而由电路板碳化引起。检修中并未从供电现象得出绝缘不良的原因，使检修走了一段弯路。

清除电路板边缘的碳化物并做好绝缘处理，送入 500V 时不再烧熔丝，但不能起振。检查开关变压器自供电绕组的整流二极管 D38（LL4148）有一定的反向电阻（整流效率变低），更换后试机正常。

由电路板潮湿后，电源引线铜箔条之间的绝缘介质被击穿碳化，引起烧熔丝故障，这也是开关电源中较少碰到的故障现象。

4.6　开关电源的经典电路及故障实例之三

图 4-12 为康沃 CVF-G 5.5kW 变频器开关电源电路，本机的电压反馈信号也取自自供电

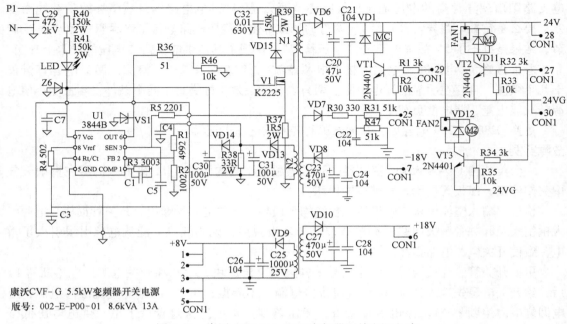

康沃CVF-G 5.5kW变频器开关电源
版号：002-E-P00-01 8.6kVA 13A

图 4-12 康沃 CVF-G 5.5kW 变频器开关电源电路

绕组 N2，而非取自二次绕组的整流电压。二次绕组输出的各路供电电压，为间接稳压控制，控制精度不高，故各路输出电压再经后级稳压电路处理后，再送至负载电路。

R40、R41、LED 组成上电起动电路，为振荡芯片 U1（3844B）提供上电时的起振电流。在电路起振工作后，由自供电绕组、VD13、VD14、C30 构成的整流滤波电路为 U1 提供工作电源。自供电绕组、VD13、C31 整流滤波电路输出的电压，同时也作为反馈电压信号输入到 U1 的 2 脚，由内部误差放大器与基准电压处理，输出控制电压控制内部 PWM 波发生器，改变 U1 的 6 脚输出脉冲的占空比，从而控制开关管 K2225 的导通与截止时间，维持二次绕组输出电压的稳定。自供电绕组、VD13、VD14、C30、C31 既是 U1 的供电电源，同时构成了稳压电路，将因电网电压波动或负载电流变动引起的二次绕组输出电压的变化，反馈到 U1 的 2 脚，实现稳压控制。

二次绕组输出电压经 VD9、C25 整流滤波成 8V 直流电源，送入 CPU 主板，再经后级电路稳压成 5V，供 CPU 电路；二次绕组输出电压经 VD6、C20 整流滤波成 24V 直流电源，供充电继电器 MC 的线圈供电，变频器上电时，先由充电电阻给直流电路的储能电容器充电，CPU 再输出一个 MC 闭合指令（由 CON1 端子的 29 脚进入），MC 闭合，将充电电阻短接。24V 电源还作为两只散热风扇的供电电源，两只散热风扇由晶体管 VT2、VT3 驱动，风扇运转指令也由 CPU 从端子 CON1 的 27 脚输入，控制 VT2、VT3 的导通与截止。另有两组 VD10、C27 和 VD8、C23 等整流滤波电源，分别输出 ±18V 两路供电，送入 CPU 主板，再由后级稳压电路处理成 ±15V 直流稳压电源，供电流、电压保护检测电路和控制电路。−18V 的供电绕组，同时还由 VD7 正向整流成正电压，作为直流电压的检测信号，送入后级直流电路电压检测电路，进一步处理后，送入 CPU，供过、欠电压保护、直流电压显示、参与输出电压控制等。

图 4-12 也可将电路分为振荡、稳压、保护等 3 个支路来进行检修。

故障实例 1

接手了 3 台康沃 CVF-G1 型小功率机器，故障皆为开关电源无输出，操作显示面板无屏显，电路如图 4-12 所示。

所有开关电源不外乎有以下几条支路：

1）上电起动支路，往往由数只较大阻值的电阻串联而成，上电时将 530V 直流电压引至 3844B 供电脚，提供开关管的起振电压。

2）正反馈和工作电源支路，由反馈绕组和整流滤波电路组成（有的机器由两绕组供电支路组成，有的兼用。

3）稳压支路，一般由二次侧 5V 供电支路，将 5V 电压的变化由光耦合器反馈到一次侧 3844B 的 2 脚，但该机型的电压反馈是取自一次侧自供电绕组。

电路起振的条件是：

1）530V 供电回路正常，530V 直流经一次绕组加至开关管漏极，开关管源极经小阻值电流采样电阻形成供电回路。

2）上电起动支路正常，提供足够幅度的起振电压（电流）。

3）正反馈和工作电源支路正常，提供满足幅度要求的正反馈电压（电流）和工作电源。

4）负载侧无短路，负载侧短路无法使正反馈电压建立起来足够的幅度或由此引发电流保护电路起控，故电路不能正常起振。

以上电路构成了开关电源回路。为缩小故障，应采用将稳压支路开路，看电路能否起振。方法是：将 530V 供电切断，对振荡芯片 U3844B 单独供入 18V 直流电源，测 8、6 脚的电压输出。若电路能起振——6、8 脚有相应电压输出，说明满足起振条件的前 3 个支路大致正常，可进而排查稳压支路负载电路的故障元件。若仍不能起振，说明故障在振荡回路，可查找上述的 4 个支路。

依上述检查次序，甲、乙、丙机开关电源的故障都在振荡电路。检查甲机 4 个支路及 3844B 外围元件都无异常，试将一块 3845B 代换之，电源输出正常，修复；乙机，换用 3845B 后仍不能起振，4 个支路元件都无异常，试将上电起动支路的 R40、R41 串联 300kΩ 电阻上并联 390kΩ 电阻后，上电恢复正常；丙机也为 3844B 损坏，换新块后故障排除。

只有乙机的故障稍微有趣，试分析如下：

表面看起来，乙机查不出一个故障损坏元件，成了疑难故障。但减小起动支路的电阻值后，则能正常工作。乙机的"异常之处"到底在哪里呢？可能是元器件性能的微弱变化导致电路综合参数的变动，如开关管放大能力的稍微降低，或开关变压器因轻度受潮使 Q 值变化，或 3844B 输出内阻有所增大，或阻容元件有轻微变异，上述原因的查找与确认委实不易，或者是有一种，甚至有可能是数种原因参与其中。但上述多种原因只导致了一个后果：开关管不能被有效起动，电路不能起振！解决的办法是转变现有状态，往促成开关管起振的方面下力气，在起动支路并联电阻是最省力也是最有效的一个方法。

顺便说明一下，该机的起动支路电阻为 300kΩ，再加上其他环节的电阻，实际加到开关管栅极的起动电流仅 1mA 多一点。按道理说，虽然场效应晶体管为电压控制器件，理论上不吸取电流，但能使其导通的结电容充电电流，恰恰是使其导通的硬指标。从此一角度来讲，场效应晶体管仍为电流驱动器件。当电路参数产生变动后，原起动支路的供给电流不足以使开关管导通乃至微导通，所以电路不能起振。将此起动电流值稍稍加大，电路便有可能起振。300kΩ 起动电阻只是提供 UC3844 的起振电压，并不直接参与对开关管的导通控制，稍稍减小其阻值，能够促成电路起振。

因而高效率的修理方法不妨走以下的路子：检查开关管不坏，4 个支路大致无异常，先在起动支路上并联电阻试验，无效后，再换用 3844B，再无效，才下功夫细查电路。往往在第 1）、2）个步骤，故障就已经排除了。

故障实例 2

一台康沃 CVF-G1 型小功率变频器，上电，操作面板无显示，检测主电路输入、输出端子电阻均正常。判断为控制板开关电源故障。细听有轻微的间隔的"嗒嗒"声（开关电源的间歇振荡倒不一定是"打嗝"声或"吱吱"声啊），显然为电源起振困难。据经验，此种现象多为电源负载异常引起。查各路电源的整流、滤波及负载电路，均无异常；先后脱开散热风扇电源、逆变驱动电源、操作面板显示电源等电流较大的电源支路，故障现象依旧。

莫非不是负载电路异常所引起，但故障特征为典型的负载电路过电流，引起电流检测电路起控。

检查并联在开关变压器一次绕组的尖峰电压吸收网络 R39、C32、VD15，用指针式万用表测量二极管正反向电阻均为 15Ω，感觉异常。将二极管 VD15 焊开一端检测，正常。细观察，电容器有细微裂纹，测其两引脚电阻值，近于短路了。将 C32 更换后，机器恢复正常。

此电容短路引起开关电源起振困难的故障殊不多见。

此尖峰电压吸收网络的设置，本是为了吸收开关管截止期间产生的异常的危及开关管安全的尖峰电压，但电容被击穿后，相当于开关变压器的一次绕组负载加重，有一点交流短路的意思。使开关变压器容易进入磁饱和区，从而使自供电绕组感生电压大为降低，UC3844 内部的欠电压保护电路起控，造成了与电流保护电路起控一样的，引发电路进入间歇振荡状态——的电路振荡，然后因供电电压低落，电路停振；然后电路重新起振，又停振，这样一个过程。

故障实例 3

一台康沃 CVF-G1 型小功率变频器，上电时，操作显示机板的显示时有时无，测量开关电源电路的各路供电电压，也是时有时无。当脱开 24V 供电端子时，显示正常。故障为散热风扇损坏，将风扇换新后故障排除。

故障实例 3 说明好多电源故障其实是很容易排除的。简单的故障修复过程，往往没做什么笔记。上述实例，多为故障检修中碰到的疑难问题，就记下来了。如停振故障，仍以开关管与 UC3844 损坏为多。疑难故障毕竟只是少数，可是碰上一个，就应该想办法解决，好多个检测方法，可以说是被疑难故障逼出来的。

4.7 大功率变频器的开关电源

打开东元 7300PA 300kW（446kVA）的机壳，找到开关电源电路，一看其结构布局，就感到与其他变频器的开关电源电路不太一样。有两只大个头的开关变压器和两只小个头的变压器，开关管好像有 4 只。不错，大功率变频器所需电源容量较大，尤其是驱动电路，需要较大的功率输出能力，故开关电源电路与小功率变频器有了明显不同。开关电源电路可分为

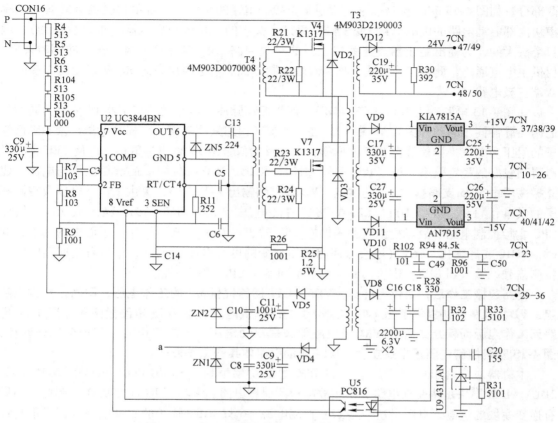

图 4-13 东元 7300PA 300kW 变频器开关电源一图

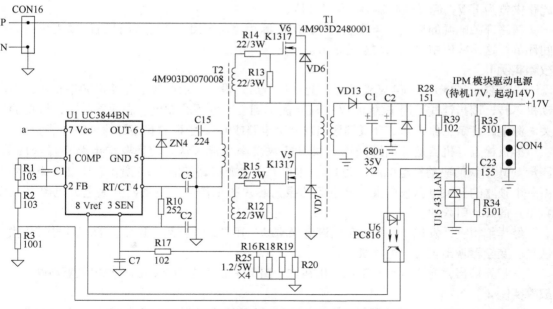

图 4-14 东元 7300PA 300kW 变频器开关电源二图

两部分。如图 4-13 和图 4-14，前者提供整机控制电路的用电，后者单独提供 IPM 智能功率模块内部驱动电路的供电。4 只变压器，两只个头小的，是激励变压器（推动变压器），两只个头大的，为输出变压器。开关变压器的一次回路，由 V4 和 V7 两只管子的同时通断，提供主电流通路，此种工作方式，称为双端控制方式。当电源功率达 300W 以上时，多采用双端正激电路。

如图 4-13 电路：由 U2（UC3844BN）产生振荡脉冲，再经激励变压器 T4 分解为同相位的两路脉冲同步驱动开关管 V4 和 V7。在一次振荡回路采用双管，可提高电源容量和降低管子的耐压。电流采样信号由 R25 上取得；电压反馈信号由 5V 输出端取得，以使 CPU 主板供电得到较好的稳定效果；R4、R5、R6、R104、R105、R106 提供 U2 的起振电压与电流，建立振荡后由 VD5 支路提供 U2 的供电。VD12 支路输出 24V 电路，提供工作继电器及控制端子的供电；VD9、C17、D11、C27 的整流滤波电压，又经 7815、7915 稳压成 15V，用作 CPU 主板控制电路、故障检测电路的供电；5V 输出供 CPU 主板、操作显示面板的用电，同时，VD10 支路输出 −16V（随直流回路电压而变的可变电压）电压，作为直流回路的电压检测信号，输入到 CPU，供主回路电压显示和参与 CPU 的相关控制。

电路起振工作后，自供电绕组、VD5、C11 回路提供 U2 的工作电压，同时，自供电绕组、VD4、C9 回路提供了图 4-14 电路 U1 的工作供电。当图 4-13 电路故障时，图 4-14 电路无工作电源而停止工作，IPM 模块随即失去驱动电压。正常工作时，有一个工作时序：图 4-13 整机控制电压正常建立后，IPM 驱动电路才具备工作条件。

本机器逆变输出电路采用了 3 只 IPM 智能功率模块（SEMIKRON SK11P 1203GB122-2DL）。IPM 模块是将驱动电路、模块故障检测保护电路和大功率 IGBT 集成在一起的，而所有逆变模块的供电，只用了这一路 17V 直流电源。6 只 IGBT 管子的驱动电流，都是取自此一电源的，要求电源本身有较大的电流输出能力。实际测量，变频器在停机（空载）状态，此路供电为 17V，起动变频器后，降为 14V。

两路开关电源的特点，与其他变频器的电源相比，多出了 T2、T4 两只激励变压器的中间环节，这是检修中须予以注意的地方。

故障实例 1

一台东元 7300PA 300kW 变频器，起动运行后，操作显示面板上有输出频率指示，但电动机不转，用指针式万用表的 500V 交流档测不到交流电压的输出。表面看起来，该机的开关电源电路肯定工作正常，怀疑问题出在驱动电路或 CPU 主板的 6 路脉冲电路环节。

拆机检查，机器逆变电路采用 3 块 IPM 大功率智能模块，功率驱动电路在模块内部。测量 IPM 模块的驱动供电电压，为 0V。本机开关电源电路如图 4-14 所示，驱动电路的供电由一个独立的开关电源来提供，该电源的振荡芯片的工作电压是由前开关电源电路（见图 4-13）的 a 点引入的。

经详细检查，发现 a 点铜箔条因潮湿而霉断。用导线连接后，IPM 驱动电路的 17V 供电恢复。变频器输出正常，电动机运转。

三相无输出，逆变电路不工作，出在这一路 17V 供电电源上，也有点出人意料啊。

故障实例 2

在对阿尔法小功率变频器维修的过程中，发现该变频器有一个通病——容易跳 OC 故障。其表现为：多在起、停操作过程中跳故障，但有时也在运行中跳故障；有时候莫名其妙地又好了，能运行长短不一的一段时间。在以为已经没有问题的时候，又开始频繁跳 OC 故障；空载时用表笔测量 U、V、W 输出电压时，易跳故障，但接入电动机后起动运行，又不跳了，再过一阵子，接入电动机还是跳 OC 故障。

无论怎么查找故障原因和进行故障检测电路逐一的排查，就是找不出故障原因（当然是针对逆变电路和驱动电路），逆变电路和驱动电路都无问题呀。又检查故障检测电路和 CPU 电路，该类机型故障检测电路有一个故障信号汇总点，过、欠电压、OC 等信号统统汇集于一处，再送入 CPU 电路，将此故障汇总点切断，变频器还是频报 OC 故障。难道别处还有串入 OC 信号的途径吗？不大可能啊！

该类故障的处理相当棘手，可能在测试过程中故障已经消除，致使查无所据。即使在故障频繁发生的当口，测试硬件电路（保护电路），却怎么也检查不出什么问题，搞不清此故障的来龙去脉。

可能电路存在说不清道不明的某种干扰，但干扰的来源与起因又很难查找。绞尽脑汁用尽了一切手段，在故障信号电路中，加装电容、电阻滤波元件，以提高电路的抗干扰性能，但无效果。莫非是起/停瞬间——逆变驱动模块的"加载和卸载"期间，导致了 CPU 供电的波动而跳故障吗？测量 CPU 供电为 4.98V，很稳定，满足要求呀。无来由地灵机一动，将 4.98V 调整为 5.02V，再作起/停试验，故障竟然排除了！故障原因竟然为 5V 供电偏低！

试分析故障原因如下：

CPU 外部或内部静态电压工作点的设置不当或偏低，恰在信号干扰电平的临界点上，故易出现让人摸不着头脑的随机性的跳 OC 故障的现象。将其 5V 供电略调高后，其工作点的电压值也相应抬高，避开了干扰电平的临界点，变频器便变为正常了。

机器在出厂时，CPU 供电调整值略高一点的，机器便能长时间正常运行。调整值偏低一点的，或在使用过程中因某种原因（如元件变值、温飘等）使 5V 略有下降，便出现频繁跳 OC 的故障。在确保硬件保护电路无问题时，调整 5V 供电，便能轻易解决问题了。不是出于一个偶然的因素，则此故障的隐蔽性之深，让人很难将此一故障"调理"好。

OC 故障的根源，竟然在开关电源电路上，又只是 5V 电压只是低那么一点点，真是有点匪夷所思了啊。

第 5 章　变频器驱动电路的检修

变频器维修中的大部分时间都是在驱动电路上"折腾"。但这种折腾又是非常必要的——与其让逆变功率模块承受损坏的危险，不如在驱动电路上多下一点功夫。哪一台变频器的维修，都似乎经受不住逆变功率模块的重复性损坏。赔钱式维修是任何一个维修人员都不愿看到的局面。

逆变功率模块与驱动电路有斩不断的"血缘关系"，这不单是从信号流程上来讲的。驱动电路的异常，不仅表现为逆变模块的"无法正常工作"，而且可能会导致上电过程中逆变功率模块不可逆的损坏——直接炸裂！驱动电路也不仅是提供逆变功率电路的六路激励脉冲，往往也承担着对 IGBT 的管压降检测和驱动电压的检测，因而也像"贴身警卫"一样承担着对逆变功率模块的直接保护任务。变频器的电流互感器及后续电流检测电路主要分担着对输出频率的控制和电流显示的任务，它所实施的对 IGBT 的故障报警和过电流保护，是较为迟缓的、间接的和有条件的，不像驱动电路这样直接。

变频器电路中的逆变功率模块是易损部件，这也就决定了驱动电路是"事故频发地段"。当逆变功率模块击穿损坏时，驱动电路首当其冲，也会经受强电动势冲击而被动损坏，很少有幸免于难者。

因而逆变功率模块损坏后，必须对驱动电路进行彻底检查，解决两个疑点：模块的损坏是模块质量、负载短路原因，还是因驱动电路不良引起；对逆变功率模块的更换，必须是在彻底检查驱动电路是正常的前提下进行。要避免一个问题出现：驱动电路存在故障，模块有可能在上电或试机过程中炸毁！

一定要将本章内容与第 3 章结合起来看，如果把驱动电路看成为一个电源电路，把逆变功率模块看成一个负载电路的话，则只有当电源与负载连接在一起后，才能显现出两者的故障所在。

5.1　驱动电路的供电电源

图 5-1 为驱动电路的电源供应图。

1）除少数大功率变频器的驱动电路，采用独立电源供电外，大部分驱动电路的供电取自开关电源电路。因而驱动电路也是开关电源电路的一个负载电路之一，当驱动 IC（或驱动 IC 后级功放电路）短路时，开关电源因负载过重会出现间歇振荡的故障现象。而开关电源的带负载能力不足时，也会令驱动电路频报 OC 故障，出现断相运行等现象，尤其当负供电（IGBT 的截止电压）丢失和 IGBT 的触发回路处于开路状态时，极容易使 IGBT 模块炸裂！驱动电路与开关电源电路是密切关联的。

2）变频器的逆变功率电路是由 6 只 IGBT 构成，有人称其为三相逆变桥，每相电路由上、下臂 IGBT 组成。上三臂 IGBT V1、V3、V5 的驱动，因其 IGBT 的射极为三相输出端子 U、V、W，不是同一电位点，驱动电路须采用由 N1、N2、N3 3 个开关变压器独立绕组提供的供电电源。而下三臂 IGBT 的驱动，因 3 只 IGBT 的射极共地（N），驱动电路可共用由 N4 绕组提供的供电电源。有的变频器电路，干脆采用了六路相隔离的供电电源，由开关变压器的 6 个绕组提供六组供电电源。但与变频器主电路连接后，还是形成了共 N 点。这为我们判断某电路是上臂 IGBT 还是下臂 IGBT 的驱动电路提供了测量依据。

3）普通单、双管 IGBT 模块或集成型逆变电路。因考虑

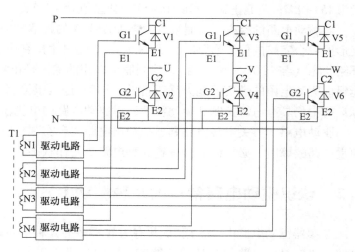

图 5-1　驱动电路的电源供应图

到驱动信号的引线电感效应，和提高 IGBT 工作的可靠性，常采用正、负双电源供电模式；少数逆变功率电路，是采用 IPM 智能模块的，驱动电路与 IGBT 保护电路是集成于模块内部的，故驱动电路的电源便为单电源模式了，甚至只提供了一路驱动电源（如第 3 章所述东元 300kW 变频器的 17V 驱动供电）。

大部分变频器驱动电路的电源形式，都与图 5-1 所示电路相同或近似。由开关变压器二次绕组输出的交流电压，经整流滤波成直流电压后，往往又经限流电阻和稳压管组成的稳压电路，处理成正、负双电源，再供给驱动电路和后级逆变功率电路。严格的说，驱动电路接受的仍为 22V 左右的单电源供电，但驱动电路的输出电路与 IGBT 的输入电路构成了正、负双电源回路，IGBT 和射极与电源 0V 端子是直接相通的，为等电位点。如果忽略驱动电路的输出内阻的话，相对于 0V 端子，驱动电路输出的是 15V 左右的正电压和 -7.5V 左右的负电压。在正电压输出时，IGBT 受正向电激励电压的作用而开通，而在负电压输出期间，IGBT 受反向截止电压而截止。为提高电路的可靠性，在待机和停止状态，IGBT 的 G、E 极间往往为栅负偏压所嵌位，以保障其处于可靠的截止状态下。

图 5-2 的 3 种电路，只是被稳压的对象不同，图 5-2a 所示电路将 -7.5V 稳压，图 5-2b 所示电路是将 +15V 稳压。但电路结构是相同的。开关电源二次绕组的输出电压，处于一个大的稳压控制环路中，如图 5-2a 所示电路中的 +15V 输出电压，虽未并接稳压二极管，但电压的稳定性仍有一定的保障。图 5-2c 所示电路中的正电压值为 +18V，负电压值为 -9V，比图 5-2a、b 电路稍高，对 IGBT 的控制电压要求，正向激励电压不低于 12V，典型值为 +15V，一

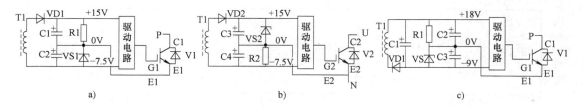

图 5-2　驱动电路供电电源的基本类型

般为 15 ~ 18V；负截止偏压不低于 –5V，典型值为 –7.5V，一般为 –10 ~ –7.5V。

对驱动电路的检查，总是要配合对驱动电源的检测和对 IGBT 的检测。最终，当驱动电路形成一个完整的信号通路时（见图 5-1），检测才具有决定性的意义。当脉冲输出端子呈开路状态（与 IGBT 相脱离后），检测驱动电路的输出是正常的（空载状态是正常的），却不能保证驱动电源的带负载能力是正常的。IGBT 是电压控制型器件已成为公论和定论，但实际运行中仍具有电流控制和驱动特性，对驱动电路的电流输出能力，也有比较严格的要求。

驱动电路、开关电源电路和逆变输出电路三者在驱动电路的检修中，有着密切联系。当驱动电路故障时，必须同时检查这 3 种电路的工作状态。

5.2 认识驱动电路常用的几种驱动 IC

变频器驱动电路中的常用 IC 共有为数不多的几种。可以设想一下，变频器电路的通用电路，必定是主电路（包括三相整流电路和三相逆变电路）和驱动电路，即便是不同型号的功率级别不同的变频器，驱动电路也往往采用了同一型号的驱动 IC，甚至于驱动电路的结构和布局是非常类似的和接近的。

早期的和小功率的变频器机种，经常采用 TLP250、HCPL3120（A3120）驱动 IC，内部电路简单，不含 IGBT 保护电路；被大量广泛采用的是 PC923、PC929 的组合驱动电路，往往上三臂 IGBT 采用 PC923 驱动，而下三臂 IGBT 则采用 PC929 驱动，PC929 内含 IGBT 检测保护电路等。智能化程度比较高的专用驱动芯片 A316J，也在大量机型中被采用。

通过熟悉驱动 IC 的引脚功能和掌握相关的检测方法，达到掌握对驱动电路进行故障判断与检测的能力，以及能对不同型号的驱动 IC 应急进行代换与修复。

1. TLP250 和 HCPL3120 驱动 IC（见图 5-3）

TLP250：输入 IF 电流阈值为 5mA，电源电压为 10 ~ 35V，输出电流为 ±0.5A，隔离电压为 2500V，开通/关断时间（t_{PLH}/t_{PHL}）为 0.5μs。可直接驱动 50A 1200V 的 IGBT 模块，在小功率变频器驱动电路中和早期变频器产品中被普遍采用。

HCNW3120（A3120）：其与 HCPL3120、HCPLJ312 内部电路结构相同，只是因选材和工艺的不同，后者的电隔离能力低于前者。输入 IF 电流阈值为 2.5mA，电源电压为 15 ~ 30V，输出电流为 ±2A，隔离电压为 1414V，可直接驱动 150A 1200V 的 IGBT 模块。

3 种驱动 IC 的引脚功能基本一致，小功率机型中可用 TLP250 直接代换另两种 HCNW3120 和 HCPL3120，大多数情况下 TLP350、HCNW3120 可以互换，虽然它们的个别参数和内部电路有所差异，如 TPL250 的电流输出能力较低，但在中功率机型变频器中，驱动 IC 往往有后置放大器，对驱动 IC 的电流输出能力就不是太挑剔了。

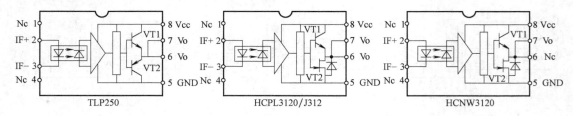

图 5-3　3 种驱动 IC 的功能电路图

驱动 IC 实质上都为光耦合器件，具有优良的电气隔离特性。输入侧内部电路为一只发光二极管，有明显的正、反向电阻特性。用指针式万用表 R×1k 档测量，2、3 脚正向电阻约为 100kΩ，反向电阻无穷大；用 R×10k 档测量，正向电阻约为 25kΩ，反向电阻也为无穷大。当然 2、3 脚与输出侧各引脚电阻，都是无穷大的。5、6 脚和 5、8 脚之间，均有鲜明的正、反向电阻，当 5 脚搭接红表笔时，有 10～30kΩ 的电阻值，5 脚接黑表笔时，电阻值接近于无穷大。因选材、工艺和封装型式的不同和测量仪表的选型不同，得出的测量数值会有一定的差异。TLP250 的输出电路采用互补式电压跟随器输出电路，V1、V2 均为双极型晶体管。而 HCPL3120 的输出电路 V2 采用了 DMOS 晶体管，两种芯片的输出侧电阻值有所差异。在上电检测中，从驱动 IC 的电路结构中可得出如下结论：当 2、3 脚输入电流通路接通时，TPL250 内部 V1 导通，6、7 脚则与 8 脚电压相近或相等；当 2、3 脚输入电流为零时，TLP250 内部 V2 导通，6、7 脚则与 5 脚电位相近或相等。这即是对 TLP250 好坏进行判断的依据。

TLP250 在线测量：

因机型不同，外围电路的数值不尽相同，所以测量得出的在线电阻值的参考意义不大。在供电状态下，可方便测出 TLP250 的好坏情况。**驱动电路的带电检测，必须在单独检修驱动电路的情况下或已将逆变功率电路的供电切除的情况下进行！**严禁在整机运行状态下，直接下笔测量驱动电路——由表笔引入的干扰信号会误触发 IBGT，造成严重损坏！在驱动电路供电正常的情况下和 CPU 主板能输出正常六路驱动脉冲的情况下，可以在线检测驱动 IC 的工作状态。

在变频器的控制电路处于停机状态时，测量 2、3 脚电压应为 0V，测量 5、6 脚电压应为 0V。操作变频器的操作显示面板，使之处于起动运行状态，测量 2、3 脚应有 0.6V 左右的正向电压值，此时测量 5、6 脚之间应有 2～4V 的电压输出。说明 TLP250 是好的。2、3 脚输入电压有变化，但输出脚无电压变化，或输出脚一直保持一个固定不变的高电平或低电平，说明 TLP250 损坏。

当然，也可用外加电源串联限流电阻提供 TLP250 的输入电流，检测输出脚的电压变化，来检测判断 TLP250 的好坏。上述检测方法同样适用于 HCNW3120 等的检测。

2. PC923、PC929 驱动 IC（见图 5-4）

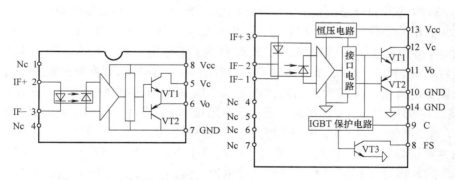

图 5-4　配对应用的驱动 IC：PC923（8 引脚）、PC929（14 引脚）

两片驱动 IC 经常成对出现，成为驱动电路的一个经典组合模式。PC923 用于上三臂（见图 5-1 中的 V1、V3、V5）IGBT 的驱动，PC929 则用于驱动下三臂（见图 5-1 中的 V2、

V4、V6）IGBT，并同时承担对 IGBT 导通管压降的检测，对 IBGT 实施过电流保护和输出 OC 报警信号的任务。PC929 与普通驱动 IC 的不同，它内部含有 IGBT 保护电路和 OC 信号输出电路，将驱动和保护功能集成于一体。PC923 和 PC929 与后置放大器构成的 U 相驱动电路如图 5-5 所示。

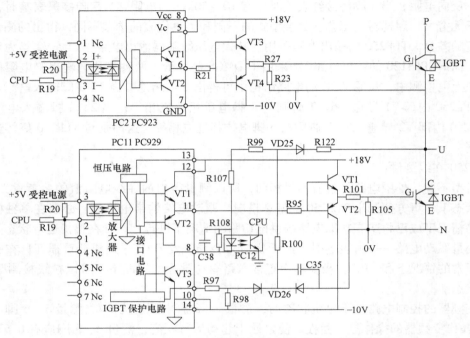

图 5-5　PC923 和 PC929 与后置放大器构成的 U 相驱动电路

PC923 的相关参数：输入 IF 电流值为 5～20mA，电源电压为 15～35V，输出峰值电流为 ±0.4A，隔离电压为 5000V，开通/关断时间（t_{PLH}/t_{PHL}）为 0.5μs。可直接驱动 50A 1200V 以下的小功率 IGBT 模块。PC923 的电路结构同 TLP250 等相近，但输出引脚不太一样。5、8 脚之间可接入限流电阻，限制输出电流以保护内部 VT1、VT2 晶体管。常规应用，是将 5、8 脚直接短接，接入供电电源的正极。如果将输出侧引线改动一下，也可以与 TLP520、A3120 等互为代换。其上电检测方法也同于 TLP250，在此不予赘述。

PC929 的相关参数与 PC923 相接近，在电路结构上要复杂一些。1、2 脚为内部发光二极管阴极，3 脚为发光二极管阳极，1、3 脚构成了信号输入端。4、5、6、7 脚为空端子。输入信号经内部光电耦合器、放大器隔离处理后经接口电路输入到推挽式输出电路。10、14 脚为输出侧供电负端，13 脚为输出侧供电正端，12 脚为输出级供电端，一般应用中将 13、12 脚短接。11 脚为驱动信号输出端，经栅极电阻接 IGBT 或后置功率放大电路。PC929 的 9 脚为 IGBT 管压降信号检测脚，9、10 脚经外电路并联于 IGBT 的 C、E 极上。IGBT 在额定电流下的正常管压降仅为 3V 左右。异常管压降的产生表征了 IGBT 运行在危险的过电流状态下。PC929 的 8 脚为 IGBT 的 OC（过载、过电流、短路）信号输出脚，由外接光耦合器将故障信号返回 CPU。

PC929 内部 IGBT 保护电路的动作过程：在正常状态下，变频器无论处于待机或运行状态，2、3 脚输入脉冲信号电流，11 脚相继产生 15V 和 −7.5V 的输出驱动电压信号。此时

PC929 的 8（FS）脚一直为高电平状态；当所驱动的 IGBT 流过异常电流时（如 2 倍以上额定电流），IGBT 的导通管压降迅速上升，使 9 脚电压上升到达故障报警阈值，PC929 内部的 IGBT 保护电路起控，11 脚输出的正向激励电压降低，使 IGBT 的导通电流下降，同时控制 8 脚内部的晶体管 VT3 导通，输出一个低电平的 OC 故障信号，经外接光耦合器送入 CPU，CPU 据过电流情况实施保护停机等动作。

PC923、PC929 输出侧的各脚电阻值见表 5-1（MF47 型指针式万用表 R × 1k 档，红表笔搭接 GND 脚）

表 5-1　PC923、PC929 输出侧的各脚阻值　　　　　　　　（单位：kΩ）

		5、6 脚	5、7 脚	5、8 脚		
PC923	正向电阻 100　5 脚搭接红表笔	34	8.5	70		
	反向 ∞　5 脚搭接黑表笔	∞	∞	∞		
		10、8 脚	10、9 脚	10、11 脚	10、12 脚	10、13 脚
PC929	正向电阻 250　10 脚搭接红表笔	∞	55	10	∞	20
	反向 ∞　10 脚搭接黑表笔	13	13	12	11	10

在单独维修电源/驱动板的上电检测中，因 PC929 的 9、10 脚与 IGBT 模块脱离，一接受运行信号，8 脚即报出 OC 故障信号，11 脚输出脉冲电压也被内部 IGBT 保护电路所钳制，致使无法测出 PC929 的工作状态。需采取相应措施，解除 PC929 的管压降检测功能，强制电路正常工作，达到方便检测的目的（具体方法见 5.3 节）。

3. 智能型驱动 IC——HCPL-316J（A316J）

图 5-6 和图 5-7 分别为 A316J 的内部结构图和原理图。AJ316 的输出电流值达 2.5A，可直接驱动 150A/1200V 的 IGBT。作为一种专用驱动芯片，其各项功能已接近完善，外围附属电路相对简洁。输入侧内部电路为数字门电路，阻抗较高，不必取用大的信号源电流。AJ316 内含欠电压封锁输出电路和 IGBT 保护电路，还内含输入脉冲信号和输出 OC 信号的两路光耦合器；具有故障时封锁驱动脉冲和故障复位控制功能，与 CPU 配合，可实现自动停

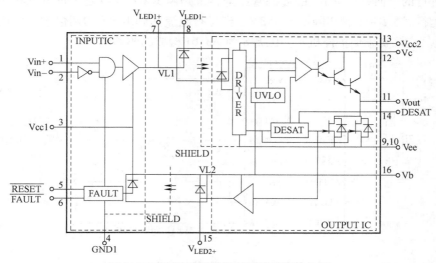

图 5-6　A316J 内部结构框图及引脚功能图

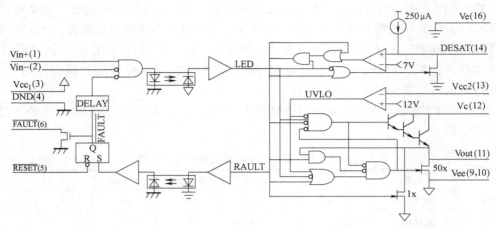

图 5-7　A316J 内部电路原理图

机、自动复位等控制。

如图 5-6 所示，A316J 内部以两只光耦合器光传输通道为分界点，分出了输入侧电路和输出侧电路。1、2 为 V_{in+}、V_{in-} 正/负信号输入端，**VL1 与相关输入侧、输出侧电路构成了脉冲信号传输电路**。输入信号经门电路由发光管 VL1（光耦合器）传输至输出侧电路。输出侧接收到的光信号再经受控放大电路，进行功率放大后由 11 脚输出，驱动 IGBT 模块。VL1 的阳极和阴极分别由 7、8 脚引出，便于外接故障保护电路，以切断脉冲信号的传输。但常规应用中，一般是将 7 脚悬空，8 脚直接接输入侧信号（电源）地，构成了信号直通回路。

内部输出级电路为推挽式输出电路，由复合放大器保障大电流输出能力。实际电路中，控制电路的供电端子 13 脚与输出级放大器的供电端子 12 脚也是短接的，接入驱动电路供电电源的正极，9、10 脚接入供电负极，电源电压范围为 15～30V。

驱动电路对 IGBT 的过载保护，并非是通过电流采样——串联电流采样电阻或采用电流互感器来进行的，而是由 IGBT 的通态管压降，来判断 IGBT 是否处于过电流状态。在额定电流以下运行时，IGBT 管压降不大于 3V，当运行电流达到 IGBT 的两倍时，管压降会上升到 7V 以上。应该实施保护停机了。图 5-8 为 A316J 构成的驱动电路。

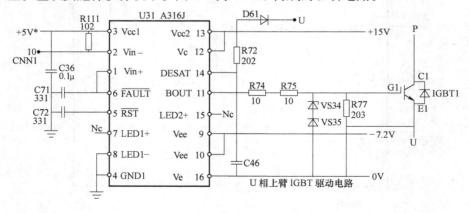

图 5-8　由 A316J 构成的驱动电路

VL2（光耦合器）与输入、输出侧相关电路构成了 IGBT 管压降检测电路、IGBT 模块的 OC 信号报警电路和故障复位电路。 14 脚为 IGBT 管压降信号（IGBT 过电流检测信号）输入脚，14、16 脚经外接元件并联于 IGBT 的 C、E 极上。正常工作状态下，IGBT 保护电路不动作，VL2 为截止状态，输入侧内部 RS 触发器的输出 Q 端保持低电平，对 VL1 的信号输入通路不起控制作用，同时 6 脚内部 DMOS 管因无工作偏压处于截止状态，6 脚（模块 OC 信号输出脚）为高阻态（高电平），电路正常工作；当负载过重或驱动电路本身故障或 IGBT 有开路性损坏时，14 脚检测到 IGBT 导通期间的管压降达 7V 以上时，内部 IGBT 保护电路起控，11 脚内部功率输出电路被先行封锁，VL2 导通，RS 触发器 Q 端变为高电压，脉冲信号输入门电路被封锁，同时 6 脚内部 DMOS 管子导通，将低电平的 OC 信号输入 CPU 或前级故障信号处理电路。当 RS 触发器被触发后，将维持故障锁定状态，VL1 的传输通路被切断，驱动信号无输出。直到 AJ316 的 5 脚（复位信号输入脚）接收一个外来（该信号常用 CPU 输出）低电平的复位信号时，RS 触发器状态复位，VL1 等电路构成的脉冲信号传输通道，才又重新开通。15 脚在 OC 故障信号输出时为高电平，也可配合外接电路进行故障报警等，一般电路中，15 脚也被空置未用。

OC 故障信号、供电电源欠电压信号和脉冲输入信号，决定着 AJ316 的输出状态。输出推挽电路具有互锁功能，确保上、下管子不会同时导通。当供电电压低落到 12V 以下时，为避免 IGBT 欠激励而导致电路故障，内部欠电压电路保护电路起控，推挽输出电路的 DMOS 下管被强制导通，将驱动脉冲输出端下拉为低电平，IGBT 被截止；在脉冲输入信号有效期间，IGBT 保护电路检测到 IGBT 的管压降异常上升时，则保护电路起控，推挽输出电路的上部达林顿管被关断，并由 RS 触发器实施了故障锁定。同时推挽输出电路下管中并联的 DMOS 管子中放大倍数小的管子先行导通，经外接触发回路将 IGBT 的 G、E 结电容所存储的电荷进行缓慢释放，使 IGBT 软关断，避免由主电路的分布电感形成过大的 $L\mathrm{d}i/\mathrm{d}t$，易使 IGBT 超出安全工作区而损坏。

A316J 的各脚电阻值见表 5-2（MF47 型指针式万用表 R×1k 档测量）。

表 5-2　A316J 的各脚电阻值　　　　　　　　　　　　　　（单位：kΩ）

输入侧引脚	1	2	3	5	6	7	8
4 脚搭接红表笔	∞	∞	∞	∞	∞	∞	∞
4 脚搭接黑表笔	43	43	7	42	9	10	∞
输出侧引脚	10	11	12	13	14	15	16
9 脚搭接红表笔	0	∞	∞	∞	∞	∞	∞
9 脚搭接黑表笔	0	8	8	8	9	10	9

A316J 的上电检测，请参见 5.4 节的相关内容。

5.3　PC923 和 PC929 驱动电路的检修

对逆变功率电路的修复是在确认 CPU 主板和驱动电路正常的前提下进行的，否则对 IGBT 模块的盲目更换不但毫无意义，而且可能会造成直接的经济损失。对驱动电路的修复是在 CPU 主板能正常输出六路脉冲信号的前提下进行的，否则对驱动电路的修复不但无意义，而且给检测带来了一定的难度。CPU 主板（操作显示面板）的正常，为我们修复各种故障，提供了有效的监控和提示的作用，使我们能根据操作显示面板上故障代码的提示，有针对性地检查故障电路。

变频器完善的各种检测和保护功能，在变频器正常运行时是非常必要的，但在我们进行局部电路故障的维修时——总得使机器脱离开整机连接的状态，会引发相关保护电路的起控，而使变频器进入故障锁定状态，停止了对比如对六路脉冲信号的输出，使我们无法（或比较困难）检测该信号通路（如驱动电路）是否能正常地对 CPU 电路来的六路脉冲信号进行传输和放大。

驱动电路的工作状态的正常，只有一个标准：能正常地传输和放大六路驱动脉冲。输出的六路驱动脉冲具有符合要求的电压幅度和电流供给能力。静态（待机）下的工作点检测，往往不能得出准确的结论。得想法让电路处于动态工作中：一是采取相应措施，屏蔽掉变频器的相关故障检测功能；二是用某种方法验证驱动电路的输出能力，确认驱动电路输出的六路逆变脉冲信号是完全符合要求的，于是对驱动电路的修复才能画上一个圆满的句号。

对驱动电路的检修，一定程度上决定了整机检修的成败。故障变频器无论表现出何种故障，最后的修复总是表现驱动电路六路驱动脉冲的正常输出！六路脉冲输出信号都有，但有缺陷，轻者机器不能正常工作，重者将有可能使逆变模块损坏，对驱动电路的检修，小心不为过！

1. 驱动电路（由 PC923 和 PC929 组合）**的构成和电路原理**

图 5-9 为 INTPBGBA0100AZ 110kVA 东元变频器 U 相的驱动电路图。15kW 以下的驱动电路，则由 PC923 和 PC929 经栅极电阻直接驱动 IGBT，中、大功率变频器，则由后置放大器将驱动 IC 输出的驱动脉冲进行功率放大后，再输入 IGBT 的 G、E 极。

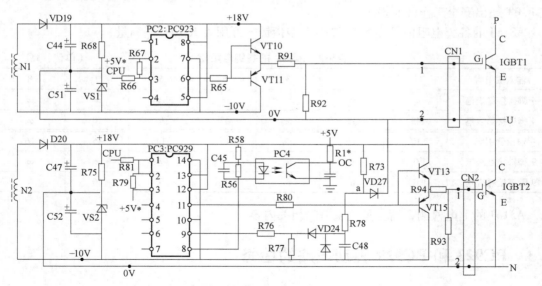

图 5-9　由 PC923 和 PC929 构成的驱动电路

驱动电路的电源电路，是故障检测的一个重要环节。不但要求其输出电压范围满足正常要求，而且要求其具有足够的电流（功率）输出能力——带负载能力。每一相的上、下 IG-

BT 驱动电路，因 IGBT 的触发回路不存在共电位点，驱动电路也需要相互隔离的供电电源。由开关电源电路中的开关变压器 N1 绕组输出的交流电压，经整流滤波成 28V 直流电压后，又由 R68、VS1（10V 稳压二极管）简单稳压电路处理成正 18V 和负 10V 两路电源，供给驱动电路。电源的 0V（零电位点）线接入了 IGBT 的 E 极，驱动 IC 的供电脚则接入了 28V 的电源电压。

　　光耦合器的输入、输入侧应有独立的供电电源，以形成输入电流和输出电流的通路。PC2 的 2、3 脚输入电流由 +5V * 提供。此处供电标记为 +5V *，是为了和开关电源电路输出的 +5V 相区分。+5V * 供电电路如图 5-10 所示。该电路可看作一简单的动态恒流源电路，R179 为稳压二极管 VS7 的限流电阻，稳压二极管的击穿电压值为 3.5V 左右。基极电流回路中稳压电路的接入，使流过 VT8 发射结的 I_b 维持一恒定值，进而使动态 I_c 也近似为恒定值。忽略 VT8 的导通压降，电路的静态输

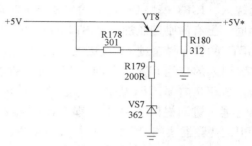

图 5-10　驱动光耦输入侧供电电路

出电压为 +5V，但动态输出电压值取决于所接负载电路的"动态电阻值"，而动态输出电流总是接近于恒定的，这就使得驱动电路内部发光二极管能维持一个较为恒定的光通量，从而使传输脉冲信号的"陡峭度"比较理想，使传输特性大为改善。

　　电路工作原理简述（请同时参见图 5-4 的 PC923、PC925 内部电路）：

　　由 CPU 主板来的脉冲信号，经 R66 加到 PC2 的 3 脚，在输入信号低电平期间，PC2 形成由 +5V *、PC2 的 2、3 脚内部发光二极管、信号源电路到地的输入电流通路，PC2 内部输出电路的晶体管 VT1 导通，PC2 的 6 脚输出高电平信号（18V 峰值），经 R65 为驱动后置放大电路的 VT10 提供正向偏流，VT10 的导通将正供电电压经栅极电阻 R91 引入到 IGBT 的 G 极，IGBT 开通；在输入信号的高电平期间，PC2 的 3 脚也为 +5V 高电平，因而无输入电流通路，PC2 内部输出电路的晶体管 VT2 导通，6 脚转为负压输出（10V 峰值），经 R65 为驱动后置放大电路的 VT11 提供了正向偏流，VT11 的导通将供电的负 10V 电压——IGBT 的截止电压经栅极电阻 R91 引入到 IGBT 的 G 极，IGBT 关断。在待机状态，PC2 的 3 脚输入信号一直维持在 +5V 高电平状态，则驱动电路一直输出 -10V 的截止电压，加到 CN1 触发端子上，IGBT 一直维持于可靠的截止状态上。

　　因 IGBT 栅-射极间结电容的存在，对其开通和截止的控制过程，实质上是对 IGBT 栅-射极间结电容进行充、放电的过程，这个充、放电过程形成了一定的峰值电流，故功率较大的 IGBT 模块须由 VT10、VT11 组成的互补式电压跟随放大器来驱动。

　　PC929 驱动 IC 是兼有对驱动脉冲隔离放大和模块故障检测双重"身份"的。由 CPU 主板来的脉冲信号从 1/2、3 脚输入到 PC923 内部的光耦合器，从 11 脚输出后，经 VT13、VT15 两级互补式电压跟随器的功率放大后，引入 IGBT2 的 G 极。此为驱动脉冲的信号传输电路；PC929 的 9 脚为模块故障检测信号输入脚。正常工作状态下，PC923 的 11 脚输出正的激励脉冲电压，使 VT13 导通，VT15 截止。VT13 的导通，将正偏压加到 IGBT2 的 G 极上，IGBT2 进入饱和导通状态。忽略 IGBT 导通管压降的话，IGBT2 的导通即将 U 输出端与负直流供电端 N 短接起来，提供输出交流电压的负半波通路，在导通期间，只要变频器是在额

定电流以内运行，IGBT2 的正常管压降应在 3V 以下。

PC929 的 9 脚内部电路与外接 R76、R77、VD24、R73、D27 等元器件构成了 IGBT 管压降检测电路，二极管 VD27 和负极接入了 IGBT2 的 C 极。PC929 在发送激励脉冲的同时，内部模块检测电路与外电路配合，检测 IGBT2 的管压降，当 IGBT2 正常开通期间，忽略 IGBT2 的导通压降，U 点电压与 N 点电压应是等电位的，N 点与该路驱动电源的零电位点为同一条线。可以看到，VD27 的正向导通将 a 点电压也钳位为零电位点，即 PC929 的 9 脚无故障信号输入，IGBT 模块 OC 信号输出 8 脚为高电平状态。当变频器的负载电路异常或 IGBT2 故障时，虽有激励偏压加到 IGBT2 的 G 极，但严重过电流状态（或管子已经开路性损坏），使 IGBT2 的管压降超过 7V 或更大，U、N 之间高电压差使 VD27 反偏截止，此时 a 点电压是由 R73 引入的、经 R78、VD24、R77 对驱动电源分压取得的电压值，经 R76 输入到 PC929 的 9 脚。PC929 内部 IGBT 保护电路起控，对 IGBT 进行强行软关断动作，同时控制 8 脚内部晶体管导通，进而提供了 PC4 光耦合器的输入电流，于是 PC4 将低电平的模块 OC 信号报与 CPU，变频器实施 OC 故障保护停机动作。

IGBT 模块管压降检测电路中的 VD24 和 C48 组成消噪电路，以避免负噪声干扰引起误码保护动作。

让我们看一下驱动电路中 R91、R92、R93、R94 的作用，实际电路中，这 4 只电阻在模块损坏带来的强电压冲击下，造成开路、短路和阻值变大的情况比比皆是。而这 4 只电阻的未予修复，会给新换功率模块带来毁灭性的打击。它在电路中究竟起到什么样的作用呢？

R91 将驱动脉冲引入到 IGBT 的 G 极，表面看来，这是一只限流电阻，限制流入 IGBT 的驱动（充电）电流，因管子的开通速度越快越好，开通时间越短越好，电阻的阻值就不能太大，以避免与 IGBT 管子的输入结电容形成一个较大时间常数的延时电路，这是不希望出现的。但过激励也会导致 IGBT 的损坏。此电阻多为欧姆级功率电阻，随变频器功率的增加其阻值而减小。此电阻还有一个"真名"，叫栅极补偿电阻，因为 IGBT 的触发引线有一定长度，触发脉冲又是数千赫兹的高频信号，所以有一定的引线电感存在，而引线电感会引起触发脉冲的畸变，产生"电压过冲"现象，严重时会造成 IGBT 的误开通而造成损坏。接入 R91 可对引线电感有所补偿，尽量使引线呈现电阻特性而不是电感特性，有效缓解引线电感造成的电压过冲现象。

R92 并接于 IGBT 的 G、E 极间，第一个好处就是，将 IGBT 输入端的高阻状态变为低阻状态。我们新购得的 IGBT 逆变模块，出厂前是用短路线将 G、E 极短接的，这样万一有异常电压（如静电）加到 G、E 极时，短路线将很快将此一异常电压吸收，而避免了 IGBT 因输入端子遭受冲击而损坏。电路中并联 R92 也有同样的用处，在一定程度上将输入的"差分电压"变为了"共模电压"，消解了异常输入电压的冲击作用。R92 对瞬态干扰有一定的作用，又可称之为"消噪电阻"。R92 并接于 IGBT 的 G、E 极间，与 IGBT 的 G、E 结电容相并联，此电阻又被称为"旁路电阻"，将瞬态干扰造成的对 G、E 结电容的充电电流"旁路掉"，以避免其误开通。R92 又形成了 IGBT 输入结电容的电荷泄放通路，能提高电荷的泄放速度，对于只采用单电压供电（无负供电电压）的驱动电路，此电阻的作用尤其重要。

我们说，截止负电压的丢失或幅度不足，会给 IGBT 的安全运行带来极大的危害，而 R91、R92 的断路，使 IGBT 的触发回路变成了"高阻态"，更易受感应电压冲击，形成 G、

E 结电容的充电流，而造成 IGBT 的误导通。当拔掉 IGBT 模块的触发端子后，上电或起动变频器，会造成 IGBT 模块的炸裂，原因正源于此。

R39、R94 同 R91、R92 作用是一样的，分析从略。

2. 驱动电路的故障特征

1）变频器上电显示正常，接收起动信号，即跳 OC（过电流）、SC（短路）故障代码。故障原因：

① 逆变模块有开路性损坏，先是击穿短路，炸裂后开路，或 G、E 间内部损坏，虽有触发信号引入，但 IGBT 不能正常导通，驱动电路的 IGBT 管压降检测电路检测到异常大的导通压降，报出 OC 故障。

② 驱动电路本身故障。

a. 无激励脉冲加到 IGBT 的触发端子。一是从 CPU 主板来的脉冲信号未能正常输入到驱动电路的输入端；二是驱动电路有元器件损坏，阻断了脉冲信号的传输。

b. 驱动电路不能输出正常的驱动脉冲，多为电流输出能力不足。一是驱动 IC 的后置放大器低效，元器件变值等；二是驱动供电不良，不能达到足够的电压幅值和输出足够的驱动电流，使 IGBT 不能被良好导通或处于导通与截止的临界点上，IGBT 管压降检测电路检测到大于 7V 的管压降信号而报出 OC 故障。

c. 驱动供电电源电压的低落为驱动 IC 内部欠电压电路所侦测，驱动 IC 报出 OC 故障。

2）接收起动信号，即跳 GF（接地故障）。变频器说明书中对接地故障的定义是，当接地电流大于额定电流的 50% 时，即判断为 GF 故障。其实 GF 也是 OC 故障的一个别名。在报警层次上有所不同（详见安川驱动电路的检修一节），GF 报警用于起动初始阶段的对 IGBT 过电流（或管压降）状态的检测。

3）上电，变频器未接收起动信号，变频器在系统自检结束后，即报出 OC 故障。故障原因：

① 变频器的三相输出电流检测电路损坏，误报过电流故障，如电流互感器内部电路损坏，误报出严重过电流故障。

② 驱动电路的 OC 信号报警电路损坏，如 PC929 的 8 脚内部晶体管短路，向 CPU 误报 OC 信号。

4）变频器上电后，不跳 OC、SC 等故障代码，但拒绝所有操作，出现类似于程序进入死循环的"死机"现象，先不要轻易判断为 CPU 故障，可能为变频器上电检测到有 OC 信号输出，出于保护目的，故拒绝所有操作，以免造成人为的故障扩大（详见英威腾驱动电路检修一节）。

5）变频器上电，操作显示正常，起动后能在操作面板上监控到输出频率数值上升的现象，但 U、V、W 输出端子无电压输出，变频器也不报出 OC 故障，好像是"运行正常"。

故障原因为驱动 IC 输入侧的 +5V∗ 供电电源丢失，六路驱动 IC 都无脉冲信号输入，驱动电路处于"待机"状态，IGBT 管压降检测电路在"休息中"，并不向 CPU 返回 OC 信号。

6）变频器空载或轻载运行正常，但带上一定负载后，出现电动机振动、输出电压不稳定、频跳 OC 故障等。

故障原因：驱动电路的供电电源电流（功率）输出能力不足；驱动 IC 或驱动 IC 后置放大器低效，输出内阻变大，使驱动脉冲的电压幅度或电流幅度不足；IGBT 低效，导通内阻变大，导通管压降增大。

3. PC923 和 PC929 驱动电路的检修方法

本节检修是指在脱开变频器主电路后的，对电源/驱动板的单独上电检修，整机连接条件下，可不敢对驱动电路这么动手啊，别说逆变电路有 6 只 IGBT，有 60 只 IGBT 也不够"报销"的。

（1）静态检测

电路处于静止状态时，相对于 +5V 供电的地端，PC2 的 2、3 脚电压都为 5V，直接测量 2、3 脚之间电压差为 0V；以驱动电源的 0V 为 0 电位参考点，CN1 触发引线端子的 1 线应为 -10V。PC923、PC929 的脉冲输出脚和后置放大器的中点电压都为 -10V。

检测 CN1 端子的 1 线为 0V，故障原因有：驱动电源稳压二极管击穿短路；栅极电阻 R91 开路。

检测 CN1 端子的 1 线为 18V 左右，故障原因有：PC2 的后置放大电路中的 VT10 短路；PC2 内部输出电路中的 VT1 短路；检查 PC2 的 2、3 脚如有电压输入，如 1V、2V，故障原因为前级信号电路故障，使 PC2 形成了输入电流的通路。

（2）动态检测

电路静态时测得 CN1 端子 1 线上有正常的 -10V 截止电压，及测量各静态工作点基本正常（其实各检测点都表现为供电电压），要进一步检查动态——对脉冲信号的传输能力，验证电路确无故障或使隐蔽故障暴露出来。

但接着碰到了麻烦事，因为在检修中电源/驱动板与主电路已经脱开，CN1、CN2 触发端子是空置的，并未接入 IGBT，而且在未查明驱动电路是否工作正常之前，也是绝不允许在 IGBT 接入 530V 直流供电的情况下连接驱动电路并检查驱动电路的故障的。请参考第 1 章变频器主电路的有关章节。

因为 IGBT 的脱开，驱动电路输出的脉冲无论正常与否，只要按一下操作面板的起动（FWD）或运行（RUN）按键，操作显示面板即跳出 OC 故障。原因在于驱动芯片 PC929 在脉冲信号传输期间，PC929 的 9 脚内部电路与外部元器件构成的 IGBT 管压降检测电路，因 IGBT 的未接入（相当于开路），而检测到极大的管压降信号，而向 CPU 报出 OC 信号，CPU 采取了停机保护措施。必须采取相应手段，屏蔽掉驱动电路对 IGBT 管压降检测功能，令 CPU 正常发送六路脉冲，以利驱动电路的进一步检修。

图 5-11 所示电路为 PC929 驱动电路的 IGBT 管压降检测等效电路图。

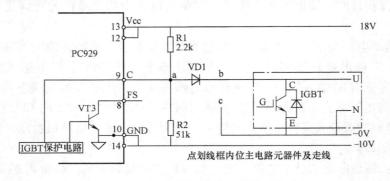

图 5-11 IGBT 管压降检测等效电路图

如果把 IGBT 看作一只开关的话，则在正向激励脉冲作用期间，这只开关是闭合状态的，b 点电压也为 0V，钳位二极管 VD1 正向导通，将 a 点电压钳位为 0V，PC929 的 9 脚因输入低电平信号，IGBT 保护电路不起控，驱动电路正常传输脉冲信号。当 IGBT 开路性损坏或检修中脱开主电路后，同样在正向激励脉冲作用期间，VD1 反偏截止（在与主电路连接状态下）或因脱开主电路呈开路状态，a 点电压则上升为 R1 与 R2 对 18V 和 – 10V 的分压值，从两只电阻的阻值可看出，a 点电压上升为近 17V，PC929 的 9 脚内部 IGBT 保护电路起控，VT3 导通，由 8 脚输出 OC 信号，经光耦器件输入 CPU，CPU 报出 OC 故障，并停止了脉冲信号的输出。

如果单纯将 OC 信号切断，如将图 5-9 中的 PC4 开路或短接 PC2 的 1、2 脚，以中断 OC 信号的输出，固然可以令 CPU 不停止脉冲信号的输出，但 PC929 中 IGBT 保护电路还处于起控状态，PC929 仍无法正常输出驱动脉冲信号。**正确的做法是：短接图 5-11 中的 b、c 点，即将 VD1 的负极与 0V 供电引出线短接，人为造成"IGBT 的正常导通状态"，"糊弄"一下 IBGT 管压降检测电路，使之在激励脉冲作用期间，能一直检测到 IGBT 的"正常状态"，内部保护电路不起控。**

在检修所有变频器的驱动电路板时，只有驱动电路本身有 IBGT（管压降检测）保护电路，我们都可以找出图 5-11 电路中的 b、c 点并予以短接，就可以将驱动电路 OC 故障的报警功能屏蔽掉，对驱动电路进行脉冲传输状态的检查了。

好了，短接 b、c 点，按动操作显示面板上的起动和停止按键，配合对输出脉冲电压的测量，驱动电路的隐蔽故障，便一一暴露无遗了。

驱动电路动、静态电压变化是如此明显，无论用指针式万用表或数字式万用表的直流电压档或交流电压档，都能测出明显的变化。以至于我们不必采用示波器，也能准确判断出驱动电路对脉冲信号的传输情况。测量值见表 5-3。

表 5-3 电压测量值

	直流电压档/停止	直流电压档/起动	交流电压档/停止	交流电压档/起动
输入信号电压/V （PC923 的 2、3 脚之间）	0	约 0.3	0	约 0.6
输出信号电压/V （CN1 端子/2 线为 0V）	– 10	约 4	0	约 16

注：1. 用数字式万用表，则能得出表 5-3 中的数据。指针式万用表的交流电压档，也能显示偏大的直流电压值，故在停机状态，仍显示一定电压值，但在起动状态，表笔马上反向指示。说明指针式万用表的交流电压档，**虽能测出信号电压的峰值，但仍能指示出电压的极性。**

2. 当驱动供电电压为 15V 和 – 7.5V 时，检测得出的输出侧的电压值也相应降低。

3. 因电路元器件的离散性、各路驱动电源电压的差异以及不同型号变频器 PWM（SPWM）脉冲波形的差异，测量所得出的动态电压值也会有较大的差异。如从触发端子测得交流电压值，其峰值往往大致接近供电电压值，一般只要满足在 13V 以上，IGBT 就能可靠工作，六路脉冲电压的幅度也有所差异。所以即使同一种采用同一种驱动 IC 的不同型号的变频器，也不可能测得一样的结果。我们不必从数值的精确度上太过讲究，可完全从动、静态电压值、电压极性的明显变化上，判断出驱动电路的工作状态。

每一路驱动电路，都可以直接从驱动 IC 的两个输入脚检测输入信号，从驱动信号的输出端子（模块触发端子）检测输出信号。

若输入信号电压为零，则往前检测从 CPU 至驱动 IC 的信号传输电路，检测内容请见第 7 章脉冲信号的前级电路检测；若有输入信号，CN1、CN2 的输出信号端子则可能有以下几种情况：

1）用 50V 交流档测 PC923 的 6 脚电压，若过低（如仅为 10V），对比测量一下 PC929 的输入 2、3 脚电压，若偏低，则往前检测从 CPU 至驱动 IC 的信号传输电路，检测内容请见第 7 章相关章节；如正常，故障可能为 PC923 内部输出电路的 VT1 低效，代换 PC923。

2）检测 PC923 的 6 脚交流电压值，达 15V 以上（15V 供电下，13V 以上即为正常值），故障原因为 R65、R91 有阻值变大现象，更换。或 VT11 低效，更换。

若触发端子仍为 -10V 的固定负压。测 PC923 的 6 脚，也为 -10V，驱动 IC 内部 VT2 击穿，代换；测 PC923 的 6 脚有 4V 左右的正电压，故障为驱动 IC 后置放大器的 VT11 短路，更换。

以上检查，只是检测出驱动电路输出的脉冲电压幅度没有问题，但下一个驱动电路无问题的结论还为时过早。还需验证驱动电路的电流（功率输出能力）请参见下两节驱动电路的检修。

5.4 A316J（HCPL-316J）驱动电路的检修

图 5-12 画出了阿尔法变频器驱动电路，每相下臂 IGBT 的驱动电路其实是共用 D51、E32 直流电源的。驱动供电也由稳压电路分为 15V 和 -7.2V 两路电源，以形成对 IGBT 供电的 15V 激励电压回路和 -7.2V 的截止电压回路。驱动 IC（A316J）的左侧引脚为输入侧电路，右侧引脚为输出侧电路。无论是脉冲信号还是 OC 故障信号，都由内部光耦合器电路相隔离。与 PC929 相比，因内部已有对 OC 信号的隔离，可省去外接光耦合器，并且脉冲信

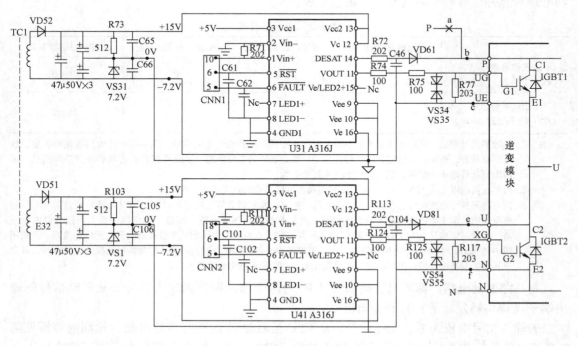

图 5-12 阿尔法变频器驱动电路

号、OC 信号和故障复位信号可经控制端子 CNN1 直接与 CPU 引脚相连。在有的变频器电路中，仅是下三臂 IGBT 驱动电路采用 A316J，上三臂采用 TLP250 等。

1. 电路工作原理简述（以 U 相上臂 IGBT 驱动电路为例）

U31（A316J）的输入侧的供电为 5V，由 CPU 主板来的正向脉冲信号输入到 3 脚，经 2 脚到地形成输入信号通路。U31 本身可能产生的 OC 信号由 5 脚经 CNN1 排线端子返回 CPU，从 CPU 来的复位控制信号也由 CNN1 端子输入到 U31 的 6 脚。整个驱动电路中的 6 块驱动 IC，其 OC 信号和复位信号是并联的，即当检测到任一臂 IGBT 有过电流故障时，都将 OC 故障信号以或输入方式输入到 CPU；而从 CPU 来的故障复位信号，也同时加到 6 片 A316 的 6 脚，将整个驱动电路一同复位。

驱动脉冲从 A316J 的 11 脚输出，经 R74、R75 栅极电阻引入到模块内部 IGBT 的 G 极。R77 为栅极旁路电阻，VS34、VS35 为栅、射极正负偏压钳位稳压管，保护 IGBT 的输入回路的安全。

A316J 的 14 脚外电路与 16 脚引线并接于 IGBT 的 C、E 极，构成 IGBT 管压降检测电路，电路仅由 R72、VD61、C46 3 只元件构成，C46 吸收瞬态干扰，避免误保护动作出现。在 11 脚输出高电平驱动电压期间，IGBT1 的导通，使 VD61 正偏导通，将 b 点电位钳制于 0V 驱动供电电位上。U31 的 14 脚输入一个"IGBT 良好开通"的低电平信号，驱动脉冲被正常传输。因过电流或 IGBT 低效或损坏时，b、c 两点间电压异常升高，VD61 反偏截止失去低电平钳位作用，14 脚为高电平状态，U31 内部 IGBT 保护电路起控，将脉冲信号传输通道锁定，同时令 5 脚输出一个低电平的 OC 信号，通知 CPU。直到 6 脚输入一个 CPU 来的低电平复位信号后，U31 的故障锁定状态才被解除。

2. 检修步骤和方法

根据驱动电路相关的故障特征（见 5.3 节），可以有的放矢地进行检查和修复了。

1）对小功率变频器，逆变输出电路采用集成型（一体化）模块，引脚较多，而且直接焊接于电源/驱动板上。在对驱动电路上电进行电压检测前，必须先行切断逆变模块的供电，待驱动电路检修完毕后，再将逆变模块的供电恢复！用壁纸刀或钢锯条将图 5-12 中 a 点切开一个 2mm 以上的缺口，印刷电路板多为双面的，应将电路板两面的铜箔条各切开一个口子。切完后，测量一下从 P 供电线到逆变模块的 P 供电引入端子，呈现较大电阻后，再行上电。切忌在只切断一面的铜箔而另一面铜箔仍旧相连的状态下上电，避免测量不慎或驱动电路存在故障而造成 IGBT 的损坏！

2）电路静态测量（操作控制在停机状态）。

输入侧电路（4 脚为 0 电位点）：

3、4 脚之间有 5V 的供电引入，1 脚信号输入端为接近 0V 的低电平，5、6 脚为接近 5V 的高电平，说明 A316J 输入端静态工作点基本正常。

① 若测得 1 脚有 1V 以上（比如 5V）的高电平信号输入，检查 CNN1 端子 10 到 CPU 脉冲输出脚的脉冲信号传输通道，排除其故障。

② 若测得 OC 信号输出脚 6 脚，为 1V 以下低电平，加热焊点，用细钢针挑开 6 脚与电路板的连接，原测量点电压上升为 5V，说明 6 脚内部 DMOS 管子短路，更换 A316J。若测量点仍为低电平，检查 A316J 的 6 脚至 CPU 引脚的相关电路，直到 6 脚电压值恢复 5V 的正常值为止。

③ 若测得 RST 信号输入脚 5 脚为 1V 以下低电平，加热焊点，用细钢针挑开 5 脚与电路板的连接，原测量点电压上升为 5V，说明 A316 内部电路损坏，更换 A316J；若仍为低电平，检查 CPU 主板电路。

输出侧电路（以 16 脚为 0 电位点）：

① 先检查 15V、−7.2V 的驱动供电电源是否正常。若无负压，检查稳压电路并排除；测得输出电压偏低，A316 有异常温升，脱开栅极电阻 R74，供电电压正常，为模块内部 IGBT 的 G、E 结漏电损坏，更换模块；若供电电压仍低，挑开 A316 的 12/13 脚，供电电压恢复为正常值，更换 A316J。

② 测量 UG、UE 端子电压应为 −7V 左右。测得负压仅为 3V 以下，测得栅极电阻上有电压降，说明模块内部 IGBT 的 G、E 结漏电损坏，更换逆变模块；测得栅极电阻上电压降为 0V，更换 A316J。

③ 检查 R74、R75、VS34、VS35、R77 等 IGBT 栅控回路元器件，确保其正常。

3）电路的动态检测。

从三相供电电路中找到 b、c、e、f 点，并将 b、c 点和 e、f 点分别短接，以屏蔽驱动 IC 中 IGBT 保护电路 OC 故障报警功能，令 CPU 输出 6 路脉冲信号。

配合操作显示面板的起/停操作，可测出正常状态下的驱动电路的输入、输出电压值（数字式万用表测得），见表 5-4。

表 5-4 驱动电路的输入、输出电压值

	直流电压档/停止	直流电压档/起动	交流电压档/停止	交流电压档/起动
输入信号电压/V （A316J 的 2、3 脚之间）	约 0	约 0.4	0	约 0.7
输出信号电压/V （UG、UE 端子电压）	−7	约 4	0	约 14

注：各机型所测驱动脉冲的输出信号电压应相差不大，但输入电压值因各种因素的不同，可能有较大差异，但以动、静态电压值的显著变化来判断故障所在就行了。显然，用交流电压档，测量数值变化更为显著。

① 检测 A316J 的 2、3 脚之间输入信号无变化，检查 CPU 至 A316J 的输入信号通路，并将故障排除。

② 若检测输入信号正常，检测 UG、UE 端子电压，正常时交流电压值约为 14V 左右；检测输出电压偏低，同时测量 15V 供电电压低落，为电源带负载能力不足，排除电源故障；检查电源无故障，可能为 A316J 内部输出管低效，导通内阻变大，更换 AJ316。

4）检查六路驱动脉冲电压幅度都正常了，先别忙着装机，在 5.5 节专门讨论装机过程中必须注意的问题。

5.5 驱动电路的神秘之处

对驱动电路经过以上检查，一般检修人员就认为可以将驱动电路与逆变模块连接，然后装机试验了，此时忽略了一个极其重要的检查环节——对驱动电路电流（功率）输出能力的检查！很多我们认为已经正常修复的变频器，在运行中还会暴露出更隐蔽的故障现象，并由此导致了一定的返修率。

变频器空载或轻载运行正常，但带上一定负载后，出现电动机振动、输出电压偏相、频

跳 OC 故障等。

故障原因有：驱动电路的供电电源电流（功率）输出能力不足；驱动 IC 或驱动 IC 后置放大器低效，输出内阻变大，使驱动脉冲的电压幅度或电流幅度不足；IGBT 低效，导通内阻变大，导通管压降增大。

第三个原因所导致的故障比例并不高，而且限于维修部的条件所限，如无法为变频器提供额定负载试机。但前两个原因所带来的隐蔽性故障，我们可以采用为驱动电路增加负载的方法，使其暴露出来，并进而修复之，从而能使返修率降到最低。

IGBT 的正常导通不仅需要幅值足够的激励电压，如 12V 以上，更需要足够的驱动电流，保障其可靠导通，或者说保障其导通在一定的低导通内阻下。上述前两个故障原因的实质，即由于驱动电路的功率能力输出不足，导致了 IGBT 虽能导通但不能处于良好的导通状态中，从而表现出输出偏相、电动机振动剧烈和频跳 OC 故障等。

让我们从 IGBT 的控制特性上来做一下较为深入的分析，找出故障的根源所在。

1. IGBT 的控制特性

通常的观念，认为 IGBT 器件是电压型控制器件——为栅偏压控制，只需提供一定电平幅度的激励电压，而不需吸取激励电流。在小功率电路中，仅由数字门电路，就可以驱动 MOS 型绝缘栅场效应晶体管，作为 IGBT，输入电路恰好具有 MOS 型绝缘栅场效应晶体管的特性，因而也可视为电压控制器件。这种观念确实有失偏颇。因结构和工艺的原因，IGBT 的栅-射结间形成了一个名为 C_{ge} 的结电容，对 IGBT 导通和截止的控制，其实就是 C_{ge} 进行的充、放电控制。15V 的激励脉冲电压，提供了 C_{ge} 的一个充电电流通路，IGBT 因之而导通；-7.5V 的负向脉冲电压，将 C_{ge} 上的"已充电荷强行拉出来"，起到快速中和作用，IGBT 因之而截止。

假定 IGBT 只对一个工作频率为零的直流电路进行通断控制，对 C_{ge} 一次性充满电荷后，几乎不再需要进行充、放电的控制，那么将此电路中的 IGBT 说成是电压控制器件，是成立的。而问题是：变频器输出电路中的 IGBT 工作于数千赫兹的频率之下，其栅偏压也为数千赫兹频率的脉冲电压！一方面，对于这种较高频率的信号，C_{ge} 的呈现出的容抗是较小的，故形成了较大的充、放电电流。另一方面，要使 IGBT 可靠和快速的导通（力争使管子有较小的导通内阻），在 IGBT 的允许工作区内，就要提供尽可能大的驱动电流（充电电流）。对于截止的控制也是一样，须提供一个低内阻（欧姆级）的外部泄放电路，将栅-射结电容上的电荷极快地泄放掉！

大家都知道电容为储能元件，本身不消耗功率，称为容性负载。但正犹如输、配电线路的道理一样，除了电源必须提供容性元件的无功电流（无功功率）外，无功电流也必然带来了线路电阻上的损耗！驱动电路的功率损耗主要集中在栅极电阻和末级放大管的导通内阻上。我们常看到——尤其是大功率变频器——驱动电路的输出级其实是一个功率放大电路，常由中功率甚至大功率对管、几瓦的栅极电阻等元器件构成，说明 IGBT 的驱动电路是消耗一定功率的，是需要输出一定电流的。

而从上述分析可看出：应用在变频器输出电路的 IGBT，恰恰应该说是电流或说是功率驱动器件，而不纯为电压控制器件。

2. 装机前最后一个检测内容

为最大可能地降低返修率，在对驱动电路进行全面检测后，不要漏过对驱动电路的带负载能力这样一个检查环节。方法如下：

图 5-13 为 DVP-1 22kW 台达变频器的 U 相上臂的驱动电路。图中 GU、EU 为脉冲信号输出端子，外接 IGBT 的 G、E 极，检修驱动板时已与主电路脱离。点画线框内为外加测量电路。为电源/驱动板上电后，配合起动和停止操作，在 m、n 点串入万用表直流 250mA 档，与 15Ω 3W 的外加测量电阻构成回路，检测各路驱动电路的电流输出能力，测得起动状态，有五路输出电流值均在 150mA 左右，其中一路输出电流仅为 40mA，装机运行后跳 OC 的故障原因正在于此，该路驱动电路的驱动能力大大不足！停机状态，测得各路电流值均为 50mA 左右，负压供电能力正常。

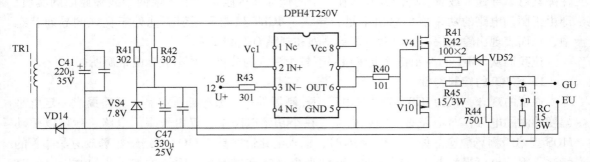

图 5-13　对驱动电路带负载能力的测量

串接 RC，起到限流作用，其取值的原则：选取电阻值及功率值与栅极电阻相等（图 5-13 中 R45 的参数值），以使检测效果明显。

对驱动电路做过功率输出能力的检测，可以确定驱动电路完全正常了。在驱动电路与主电路连接的试机过程中，请参照第 3 章主电路的维修供电一节，以低压直流电源或在供电回路串接灯泡等措施，进一步检测逆变输出回路的故障，正常后，再恢复逆变回路的正常供电。

驱动电路输出能力的不足，由以下两方面的原因造成：

1) **电源供电能力不足**，空载情况下，我们检测输出正、负电压，往往达到正常的幅度要求，即使带载（如接入 IGBT 后）情况下，虽然对 C_{ge} 的瞬时的充电能力不足，但因充电时间太短，我们往往也测不出供电电压的低落，不带上电阻负载，这种隐蔽故障几乎不能被检测出来！电源电路的常见故障为滤波电容失容，如图 5-13 中 C41，因长期运行中电解电容内部的电解液干涸，其容量由几百微法减小为几十微法，甚至为几微法。另外，可能有整流管低效，如正向电阻变大等，也会造成电源输出能力不足。

2) **驱动 IC 内部输出电路不良或后置放大器 V4、V10 导通内阻变大等。**如带载后检测电源电压无低落现象，检测 T250V 输出电压偏低，则为 T250V 不良，否则更换 V4、V10 等元件。R40、R45 等阻值变大的现象比较少见。

需要说明的是：**正向激励电压的不足，只是表现出电动机振动剧烈、输出电压移相、频繁跳 OC 故障等现象，**虽然有可能使电动机绕组中产生直流成分出现过电流状态，但对模块构不成一投入运行信号即爆裂的危害。而负向截止电压的丢失和栅极电阻、旁路电阻的断路，则表现出上电时正常，一按动起动按键，IGBT 逆变模块便会发出"啪"的一声马上爆裂的故障！这是为何呢？

3. IGBT 截止负压丢失（栅控回路开路）后的危害

除了在全速运行下负载突然短路造成的损坏外，过电流、过载、过电压、欠电压等，所有故障的危害性都要远远小于截止负压丢失对 IGBT 的危害（栅极电阻的断路、触发端子拨掉），说到这一点，广大维修人员都会深有体会的。

检修过程中漏焊了栅极电阻，如图 5-9 所示，在装机过程中粗心大意间只插好了 CN1 端子，而忘记了连接 CN2 端子，而使 IGBT2 驱动信号引入端子被空置，上电后，不投入起动信号，还没有问题，一旦投入起动信号，那就毫无商量，模块坏掉。长期的维修工作中，要养成一个习惯：上电后起动操作前先停一会儿，观察一下驱动脉冲输出端子是否已经连接完好。检查每路都连接完好后，再按下起动按键。常常觉得这轻轻的一点有千钧之重啊——驱动电路与逆变模块都是好的状态下，只漏插了一只驱动脉冲的信号端子，必会造成 IGBT 模块与驱动电路的再次严重损坏，致使前功尽弃！

如同双极型器件——晶体管一样，三线 IGBT 器件也自然形成了内部 3 只等效电容，而 IGBT 内部的 C_{ge} 却不是寄生性的，实在是工艺与结构所形成，对 C_{ce} 电容我们不要去管它。对 IGBT 能起到毁灭性作用的是 C_{cg} 和 C_{ge} 两只电容。

图 5-14 为下臂 IGBT 的触发端子开路时的情形。上电后，IGBT1 因驱动电路的接入，负的截止电压加到 G、E 极上，能将其维持在可靠的截止状态。变频器运行信号的莽撞投入，使 IGBT1 受正向激励脉冲电压驱动而导通，U 端子即 IGBT2 的 C 极马上跳变为 530V 的直流高压，此跳变电压提供了 C_{cg}、C_{ge} 两只电容的充电电流回路，在 IGBT1 导通

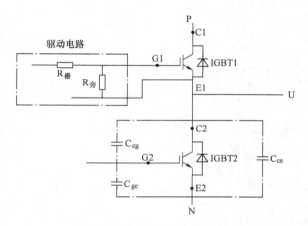

图 5-14 IGBT 结电容等效图

期间，IGBT2 也为此充电电流所驱动，而近于同时导通，两管的共通形成了对 P、N 端的 530V 供电电源的短路，"啪啦"一声，两只管子都炸掉了！假如上管的信号端子是空置的，而下管接入了驱动电路，同样，下管的导通，也会因同样的原因使两管损坏。

假定 IGBT2 的 G、E 极上，尚并联有栅极旁路电阻（如 IGBT1 栅控回路中的 $R_{旁}$），将对上述充电电流形成旁路作用，两管同时导通的可能性会降低一些。再假定在上管导通期间，下管的 G、E 极间有 7V 左右截止负压的存在，正向的充电电流为栅负偏压所中和和吸收，远远达不到使 IGBT 导通的幅值，则 IGBT2 是安全的。**这也正是 IGBT 的控制回路为什么要加上负压的缘故。**

对于采用 IPM 智能化逆变模块的变频器，驱动供电往往为单电源，并未提供负压，又是怎么回事呢？

从设计上的要求，IGBT 驱动信号的引线越短越好，因驱动信号为数万赫兹的高频脉冲信号，引线电感不容忽视，栅极电阻的接入并不能完全补偿引线电感效应。而逆变输出电路工作于高频率大电流状态下，引线电感产生的作用同样不容忽视。故逆变电路用分立元件构成的机型，或驱动电路与逆变电路的信号引线较长时（达几十厘米），驱动供电必须有负压

提供，而保障 IBGT 的安全。而 IPM 模块，驱动电路与逆变主电路都集成于模块内部，引线电感的作用就不是那么突出了。再加上栅-射极的低阻抗匹配措施，是完全可以省掉负压的。

在 IGBT 截止负压丢失或触发端子空置的情况下，切记：不可使变频器进入起动状态！

5.6 早期变频器产品驱动电路的检修

图 5-15 所示为 616G3 55kW 安川变频器驱动电路图，由 CPU 主板来的 U＋、U－、

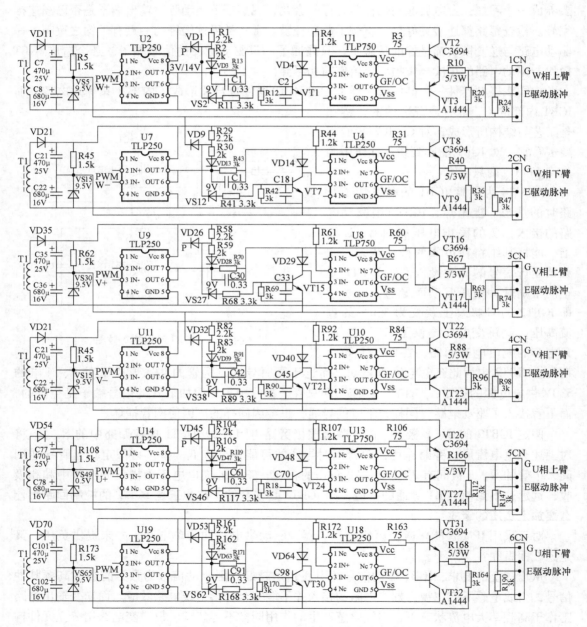

图 5-15　616G3 55kW 安川变频器驱动电路图

V + 、V − 、W + 、W − 六路 PWM 脉冲信号，经 TLP250 驱动光耦隔离和放大后，送入后置功率放大器继续放大至一定的电流幅度后，由 1CN ~ 6CN 6 个信号端子输入至逆变电路的 6 只 IGBT 模块。本电路中 IGBT 管压降检测与保护电路是由分立元件构成的，因此更便于理解 IGBT 管压降检测与保护动作过程。将图 5-15 中的其中一路脉冲与保护电路（W 相上臂 IG-BT 驱动电路）稍为改画，即可看出 IGBT 管压降检测电路是如何对 IGBT 模块实施保护动作的了，如图 5-16 所示。

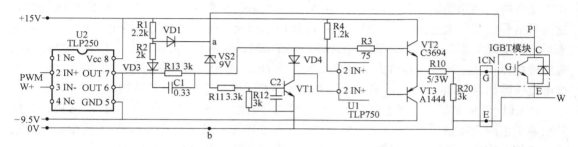

图 5-16   616G3 55kW 安川变频器驱动电路中的 IGBT 保护电路

在变频器未接收起动信号时，U2 的 6、7 输出脚为截止负电压，如以 0V 电源线作为参考点的话，此时 6、7 脚电压约 −9.5V，此负压经 R13、C1、R3 引入到 VT2 和 VT3 的基极，C1 为加速电容，能加快 VT2 的导通并加速 VT3 的截止。VT2 因反偏压而截止，VT3 因正偏压而导通，IGBT 模块的栅偏压为负，处于截止状态。电阻 R1、R2 对 15V 和负 −9.5V 分压得到 3V 的电压。VD9 是击穿电压值为 9V 的稳压管，R1 与 R2 的分压值不足以使其击穿，故 VT3 无偏流，处于截止状态。光耦合器 U1 无输入电流，故无 GF（接地）和 OC（过载、短路）等故障信号返回 CPU。当 CPU 发送激励脉冲期间，U2 的 7、8 脚变为峰值为 15V 的正脉冲电压，VD1 的正极便因 VD3 的隔离作用而上升为 15V，此时便出现了两种情况：一种情况下是模块良好，IGBT 在正激励脉冲驱动下迅即导通，可认为 P 与电源供电 0V 线短接了。VD1、VS2 的负端电位因 IGBT 模块的导通被拉低为 0V 的低电平，使 VT3 仍无基极偏流而截止；一种情况下是模块已损坏或因负载异常使运行电流过大，或因 VT3 等驱动电路本身不良使 IGBT 管子并未良好地导通（导通管压降大大上升），VD1 反偏截止，此时由 R1、VD1 引入的 +15V 电压使 VS2 击穿，VT1 得到偏流导通，将 U2 输出的正脉冲电压拉为 0.8V 左右零电平，IGBT 模块失去激励脉冲而截止。保护动作管 VT3 的 C 极串入 VD4 的目的，是使驱动脉冲电压在保护电路动作后仍能保持一个低电平输出，实现软关断控制。同时 VT3 的导通产生了 U1 的输入电流通路，U1 将模块故障信号送入 CPU。可见此电路是保护电路先切断了 IGBT 的驱动脉冲，同时送出了模块故障信号。保护时间上是较为及时和快速的。

由 U1 报与 CPU 的故障信号，在起动初始阶段，为 GF（接地故障）信号；在起动的后半阶段和运行期间，则为 OC（模块过流故障）信号。

在与主电路脱开，单独检修电源/驱动板时，短接 a、b 点或短接 VT1 的发射结，均会使保护电路停止工作，不向 CPU 返回故障停机信号，便于对驱动电路的动态检修。

故障实例 1

一例安川变频器 GF（接地）故障——疑难故障的修复。

检修一台安川 616G3 型 55kW 变频器，上电即报 GF——接地故障。也曾上过一些网站搜寻对此故障的分析，好多帖子都反映这个故障比较顽固的，必须换板才能修复的。换主板还是驱动板？未说清楚。由于检修的一度陷入僵局，几乎也要认可这一说法了。

但看安川变频器保护电路的结构，与其他变频器其实是一样的。过电流 OL1、OL2、OL3 故障信号，应是电流互感器和后续电流检测处理电路与 CPU 的；而 GF（接地）和 OC（负载侧短路）故障信号，应为驱动电路板的保护电路直接馈送 CPU 的。不同点在于，在起动初始阶段，检测模块异常，即报出 GF 故障。在运行中检测模块异常，则报出 OC 故障。这两种信号，其实也透出这样一种信息：起动初始阶段，还未建立起三相输出电压，负载尚未运行，实际的故障来源应为变频器驱动电路或 IBGT 模块本身异常所致，但也不排除负载有接地故障；在运行中有异常大的电流出现，跳 OC，则为负载侧故障的几率为大，而且为过电流故障而非接地故障。GF 和 OC 故障的区别和所指，确实是有其道理的。

由 CPU 自身损坏，造成上电即报 GF 故障的可能性，是微乎其微的。而 GF 故障，肯定是由驱动电路直接报予 CPU 的。换板，似乎只能是换驱动板了。更换 CPU 主板来修复此故障，不符合逻辑条件呀。此纯粹是硬件电路（驱动电路或 IGBT 模块）的故障。

机器原故障为：三相电源输入整流模块有两块损坏，6 块逆变 IGBT 模块有两块损坏。驱动板因受 IGBT 损坏模块的冲击，也有一些元件损坏。此机器因某种原因放置了二、三年后，才来维修部修理。先检查了主电路，对逆变模块与直流回路的储能电容进行了检测，对损坏模块咨询了货物来源和价格。然后准备在修复驱动板后，才购回模块实施修复。

驱动电路如图 5-15 所示。

将电源/驱动板和 CPU 主板从机器中脱开，单独引入直流 500V 维修电源进行检修。换掉已坏的功率放大电路的 4 只晶体管 VT26、VT27、VT31、VT32 及 R166、R168 栅极电阻等损坏元件，上电，操作面板有显示，能操作。说明开关电源与主板大致无问题。依照常规采取相应措施，人为解除了过电压、欠电压、过热、风扇、OC 等故障报警（即采取相应手段满足上述故障检测电路的检测条件），以使驱动板能输出 6 路正常的激励脉冲，以检查驱动电路的好坏。

但作了上述处理后，电路仍然报 FU（熔断器）故障，检查了 VT5、VT20、VT29 光耦器件及相属电路的元器件，都无异常。观察电路板，部分铜箔条有霉变现象，且从主电路再经端子引入的 P、N 接线的铜箔条，细如发丝。不但铜箔条有可能霉断，尤其是此铜箔条上的焊盘过孔处极易产生接触不良的故障。要注意此点。霉变铜箔条，这往往成为疑难故障的根源。检查发现，果然发现 N 引线铜箔条有断裂现象，致使熔断器检测电路以为连接 N 线的熔断器已断，故上电后即报出 FU 故障。将霉变铜箔条用细砂纸打磨后，贴敷一根裸铜线再用焊锡连接后，上电后跳 FU 的故障排除。

按操作面板［RUN］键，给出运行指令，测驱动电路输出的六路脉冲，均正常。停机后，测六路截止负压，也都在正常范围以内。经过以上大致检查，确定机器完全可以修复，即打去货款，让供货商将定购的整流与逆变模块发过来。进行装机试验了。

装机试验，仍跳 GF（接地）故障。在线检查模块等均无异常。拆下驱动板重新检修，测量电路元器件都是好的。短接了保护电路的晶体管 VT3、VT7、VT15、VT21 等的发射结（当然短接图 5-16 中的 a、b 点，也是一样的效果，但不如晶体管好找短接点），才不跳 GF 故障了。逆变模块没有问题，可能为驱动电路误报 GF 故障。检查发现，是 IGBT 管压降检测回路的一只二极管 VD9 的焊盘与铜箔条接触不良，进行清污和焊接处理。慎重起见，又重新检查了六路输出脉冲的电流输出能力，检测中发现 W 相上管驱动脉冲的正电压偏低，正电流偏小（比其他电路近乎小一半），肯定存在故障。查起来可就费了劲了，先后换掉了驱动对管、滤波电容、稳压管和驱动光耦等，均无效果。从电路原理分析，同等负载情况下，输出电压幅度低，说明输出电路存在一定的输出内阻。故障还是在驱动 IC——U14 上，可能所换的 TLP250 也为不良器件！用手头的一片 A3120 将 TLP250 更换后，测输出脉冲幅度与其他五路的基本一样了。原驱动光耦合器和所更换的光耦合器低效，输出内阻增大，使输出能力打了折扣。这当然也是驱动电路报 GF 故障的一个原因。

此时以为驱动板的故障已经彻底修复，装机试验。起动后还是跳 GF 故障。重又查了一次模块，感觉故障还是在驱动板上。又拆下驱动板，利用故障分区切割法，缩小故障范围，查出 U 上臂 IGBT 驱动电路（保护电路）易报出 GF 故障。这回下了细功夫了，总共也不过十几个元器件，一个一个地排查。当表笔无意中触到模块检测输入电路的二极管 VD45 时，准确一点地说，是触到二极管管体中间的"小圆疙瘩"时，这个"小圆疙瘩"竟然从电路板上滚落了下来。该二极管的封装形式现在已经不多见，像是旧式彩电上行输出电路中的阻尼二极管，中间是一个"小圆疙瘩"。细看从电路板上留下 VD45 的引线端面，隐约有一个小黑点。这只二极管的电极引线早就接触不良了。但为什么在数次检测中没有测量出来呢？因电路板上表面涂敷有一层绝缘漆，故测量该二极管的引线端时，必须在表笔上施加一定的加力，才能测量。在此压力下，二极管是"是接触良好"的。而撤去表笔，而又处在接触不良的状态下了。因而这种接触不良，甚至是很难测量的。另外，当驱动板从主电路上拆除后检修时，不再承受主回路高电压的冲击。接通低电压回路，强制解除掉 GF 故障报警功能时，在低电压状态下，其接触不良引起的"导通内阻"便被忽略了。而接入主电路后，这种接触不良，必定又会暴露无遗，导致 IGBT 管压降检测电路（保护电路）误送出 GF 信号，而使变频器实施保护停机动作。

一般的 GF 故障，到此应该是宣告结束了。

又一次装机试验，起动仍跳 GF 接地故障！有点意外，原以为驱动板已修好，十拿九稳地装机即能正常运行了。无奈之下，在主回路 P 供电端与逆变模块之间串接两只 25W 灯泡的前提下，将模块检测电路的晶体管 VT3、VT7、VT15、VT21、VT24、VT30 的发射结全都短接，解除了驱动电路的保护功能。U、V、W 三相输出端全部空置，不接负载。上电起动，出现一个不同于其他机器的异常现象：上电后，不投入起动信号，串接灯泡不亮；投入起动信号后，灯泡即亮，且亮度较高！照常规判断，是起动后逆变模块出现了上、下臂 IGBT 的共通现象。不是驱动电路有异常，即是有模块存在漏电或短路！将直流供电的电压全降在灯泡上了。但更为奇怪的是，此时测量 3 个输出端，竟也能输出较高幅值的三相交流电压，且较为平衡，其中无直流成分！由此也可判断出：驱动脉冲电路和输出模块应该都是正常的。但这种正常又都是画了问号的正常了。

到底属于正常还是不正常呢？

单独检查和试验驱动电路和检测模块，确实检测不出有什么异常。只给一相供电，送入驱动脉冲后，串接灯泡仍亮。单独送电三相皆如此，显然三相模块回路应该都是正常的。

观察逆变模块电路结构，发现每只 IGBT 模块上皆装配有型号为 MS1250D225P 和 MS1250D225N 的方形黑色的东西。此为何物？测量判断，内部应为一只二极管和一只 $2\mu F$

容量的无极性电容，再配接外接的一只 10Ω 60W 的电阻，以上元件并联于逆变模块的两端，应是提供模块的反向电流通路，抑制反压，保护模块不被反压击穿的阻容保护网络。将其拆除后，给出起动信号，串接灯泡不亮了。灯泡的百毫安左右的电流，原来就是这个东西提供通路的！以一定的功率损耗作为牺牲，来保障 IGBT 模块更高的安全性。IGBT 模块上并接的 MS1250D225P 和 MS1250D225N 器件，在东元变频器较大功率的机型上也有应用。

解决了这个疑问，模块没有问题，在起动运行后灯泡点亮是正常的。可是又出现了其他问题：空载起动后，有时正常有时还是跳 GF 故障。而最奇怪的是：有时是在运行和 GF 故障停机状态中不停切换的。既不是停机保护了，也不是一直在输出中，测输出也是时有时无的。CPU 好像也处于一个矛盾心态中：可以运行吧？不行。GF 故障！好像又可以运行？就这样来回折腾。CPU 对 GF 或其他故障，总是有一定的时间延迟确认功能的，故障信号好像变化太快，使 CPU 也来不及确认。

这下子有了点安慰：好像能运行了；又有点犯愁：故障更难查了呀。

再将驱动和模块电路检查了一遍，确定都无问题。一共有 6 路脉冲电路，保护电路也有六路。还是采取"笨法子"，一路一路地解除掉保护信号（分别短接每一路保护电路中晶体管的发射结），判断是哪路报的 GF 信号。但奇怪了：只要解除掉其中任一路保护信号，运行中就几乎不跳 GF 了！但实在查不出故障所在，查不出到底是哪一路驱动或模块不良。好像冥冥中一个"共性"在起作用，但琢磨不出这个"共性"是什么因素？莫非如网络上所称，安川变频器的 GF 故障，为疑难的不可解决的？只有换板子才能解决的故障？看其保护电路，与其他品牌变频器的电路也相似呀，看不出什么特别之处呀。还是下决心要解决这个问题。

怎么也检查不出问题，脑子里突然闪现了这样一种观念：既然六路驱动和六路模块都表现了同一个状态，如果说这六路都反常了，反而说明这六路都是正常的。应该确定此六路驱动和保护电路都无问题！6 只功率模块同样也没有问题！问题肯定出在一个共同原因上，此一原因影响了六路保护电路，使任何一路都会随机性地报出 GF 故障。

将此机器的检修稍微停顿了一下，放松了一下大脑神经，再端详这台修理中的变频器时，忽而被电容器的引线吸引住了。

因该台变频器为功率为 55kW 的大中功率机型，直流回路电容量较大，电容器组安装在两块支撑板上，体积较大。为了维修和检查方便，故将电容和支撑板搬到机器壳体外，用引线串入灯泡和充电电阻接入到模块和整流电路上。变频器体积较大，电容器组的引线较长，中间又串入了两只灯泡和限流电阻，总引线长度达 4、5m。因有了 MS1250D225P 和 MS1250D225N 两个阻容吸收网络，使逆变模块在空载时也有了输入电流，这种电流是一种数千赫兹按载波频率变化的电流啊。如此长的引线，引线电感肯定是不容忽视的。此回路中的感生电动势和感生电流形成的干扰信号，影响了模块故障检测电路，导致其报出了不规则的 GF 信号，使 CPU 也模棱两可地判断不准了。其他机型的变频器，因无 MS1250D225P 和 MS1250D225N 两个阻容吸收网络，空载输出中几乎没有输入电流，因而串接灯泡不亮，也不会有什么干扰信号干扰模块故障检测电路。

如果此判断成立的话，则可进行正式装机了，正式装机后，电容器组的引线电感将被限制在允许值内，应该能正常运行，不再跳这个顽固异常的 GF 故障了。

如此思考一番后，果断地拆除了所有临时连接线，正式装机。安川变频器运行后输出稳定，像一位约会迟到的美女虽然姗姗来迟，但也终于向我宣告了一个"已经修复完毕"的消息。

本例维修中出现的问题：

1) 因 IGBT 模块两端并联有 MS1250D225P 和 MS1250D225N 器件，故形成一定的电流通路，在将逆变回路的供电串接灯泡进行上电检修时，出现了起动后灯泡发亮的现象，其他变频器在空载时串接灯泡检修，不会出现此种现象。检修中出现一个怪现象，要静下心来，从电路的结构、功能来找出产生此现象的原因。

2) 大功率变频器的检修，像本例，其电容器的引线连接等方面，都会带来意想不到的问题，如引线电感的问题，单从电路原理图上，是分析不出故障原因来的。要结合具体检修情况，全面、综合地分析故障成因。像本例因引线电感的干扰造成的误报 GF 故障，从驱动电路的元器件本身，是永远也查不出故障根源的。检修的实施过程，有一个"变数"在里面，这是我们需要注意的地方。

故障实例 2

中达（台达）牌 VFD-A 型 3.7kW 3PHASE 变频器驱动电路故障的检修。

接手两台同型号（中达）牌变频器，检查都为逆变输出模块损坏和驱动电路严重损坏：驱动集成电路 T250V 或炸裂，或输出端与供电地短路、滤波电容喷液、稳压二极管击穿或开路、栅极电阻开路或阻值变大、电路板碳化受损等情况，继续检查，发现一台变频器的三相整流桥已有一臂击穿，充电限流电阻、充电电阻短接，继电器触点粘连等情况，损坏情况较为严重。发现驱动集成电路的输入侧的信号引入电阻也有几只呈现开路状态，此电阻的另一端即接至 CPU 触发脉冲输出端，想必 CPU 也遭受了强大的电冲击，如果 CPU 控制板再有损坏的话，则此两台变频器已无太大的修理价值。

1) 将主电路及驱动电路画图后进行全面检查，将电路板碳化部分用小刀刮净，将损坏元器件尽数拆除。测量主电路不存在短路现象，送电检查，显示正常，说明开关电源、控制部分基本上正常。用万用表测量驱动 IC 的输入侧有 0~0.6V 的静、动态电压值，说明 CPU 主板能正常输出 6 路逆变脉冲。即开始购件，做好全面修复准备。

2) 将驱动电路损坏部分全部换新（30 多只元器件），上电检测各个驱动电路的输出电压幅度，也都正常。

3) 装机后上电检查，用万用表交流档测量发现有三相输出电压不平衡现象，换用直流 500V 档测量，V、W 之间无直流成分，但 U、V 和 U、W 之间有直流电压！判断 U 相上、下臂 IGBT，有一路是无输出的！

4) 停电检查，发现 EU 回路触发电源中的稳压二极管 VS11，由于原贴片元件损坏后，换用普通元件后搭焊不结实，在安装逆变模块时不慎将其脱焊，供该路驱动供电电源的中的 0V 点强制为负压，致使 U 相中的上臂 IGBT 的栅偏压一直被钳位为负压，处于截止状态。该相只有下管导通的负半波输出，因而在输出中产生了直流成分！将 VS11 补焊，通电试机，测三相输出平衡，直流成分为零，带载试机，起动与运行都正常，于是第一台变频器顺利修复。

修复第二台机器时，重复了第一台的清理步骤，将驱动电路修复——输出 6 路电压和电流幅度都正常的脉冲电压后，开始焊接逆变模块。焊装模块完毕后，犯了个粗心大意的错误：未在模块直流供电回路串入灯泡或熔断器，也未先接入低压直流电源先行试机，即将逆变模块直接接入主直流回路中，将控制端子 DCM 与 FWD 端子（正转起动控制）瞬时短接了一下，耳听得"啪啦"一声，心里只叫得一声"糟了"，明白刚换上的 MG25Q6ES42 逆变输出模块已于瞬间炸裂损坏！

记得焊接逆变模块前，已测过 6 路驱动电路的输出脉冲电压，完全正常，应该是没有问题的呀。也将逆变模块触发输出端的并联电阻全部焊接，并用万用表测了一遍，以证实焊接良好。一检查，电路板正面的驱动电路的栅极电阻、旁路电阻等都焊接完毕，但一时迷糊，电路板反面驱动电路的的栅极电阻、栅极旁路电阻忘了焊了。电路板正面已损坏的 EU、EV、EW 端子的 3 只触发信号引入电阻都已焊接，但位于电路板背面的 GX、GY 端子因处于背面并已焊接上逆变模块（焊接模块前一定要彻底检查！），两只栅极电阻（一路原为100Ω 两只并联电阻，修理时用一只 0.5W 51Ω 电阻代替）忘记焊接，致使 U、V 下臂 IGBT 栅控回路呈开路状态，接收起动信号后，模块炸裂！

在不接通触发回路的情况下、在触发引入电阻开路损坏的情况下、逆变输出模块触发端子一臂悬空的情况下，运转信号的莽撞投入，会导致逆变模块眨眼间损坏。起动状态下严禁将某一触发输入端开路，否则将造成模块损坏的严重后果！修理过程中，通电试验前，一定要检查触发端子引线是否连接牢靠。对通电起动即损坏逆变模块的故障，就首查、彻查模块驱动电路！逆变模块的首次上电检查，一定要串接灯泡或熔断器或采用低压直流 24V 供电，验证驱动电路正常后，再恢复原供电。不可图省事，直接接入 530V 供电试机！

但其损坏机理何在呢？从故障现象来看，逆变模块为短路性击穿炸裂损坏，短路的原因不属过电压性击穿，应属过电流性损坏。但负载接了 3 只 15W 灯泡，为空载（实际上即使完全空载，也会出现短路性损坏），那么过电流性损坏又是如何发生的呢？试分析如下：逆变电路正常工作时，由六路触发脉冲控制 6 只 IGBT 按一定次序导通与截止，将直流电源斩波成三相交变电压输出。每相输出由上下两只管子轮流导通与截止，形成该相的正半波和负半波电压。两管交接时存在一定的时间间隔，又称一定的死区时间，也即是在任一时间段内，不允许出现两管同时导通的局面。上下两管的同时导通，必定导致对直流电源的短路，其后果是逆变模块的炸裂损坏！这种损坏与外接负载没有直接关系，即使是空载也会照常损坏。上例中下臂 IGBT 的触发端悬空，管子截止所需的负偏压为零，当上管受触发导通时，下管 IGBT 的 C 极将产生一个跳变高电位，由此产生了一个经由下臂 IGBT 的集电极-栅极之间形成的电容、栅极和-射极之间的输入电容的充电电流。栅极电阻未开路时，此充电电流为足够大的负偏压所吸收，不能触通下臂 IGBT。但此时由于负偏压的消失，此充电电流形成了正向栅偏压，其值足以使下管导通，上、下两管的同时导通造成了电源的直接短路，当然就会听见"啪啦"一声了。同理，当上管的触发引入电阻开路时，下管的导通会引起上臂 IGBT 的发射极产生一个低电位跳变，同样瞬间会产生一个经由集电极向集-栅电容、栅-射电容充电的充电电流。形成了两管同时导通将直流电源短路的局面。

以前提到，直流回路储能滤波电容的失效，是造成逆变模块损坏的二级杀手，逆变模块触发端子的悬空（或截止负压的消失、栅极电阻的断路），则是逆变模块破坏的一级杀手了！两者的相同点在于，破坏性极大，保护电路往往来不及动作。两者的不同之处是：前者为电容失效，直流回路的谐波使逆变模块造成过电压性击穿损坏，后者为管子的截止负偏压消失而造成两管同时导通对电源形成的过电流性短路损坏；前者的损坏尚有一个渐变过程，在起动或运行过程中损坏，如果很轻的负载或者空载，不会导致损坏，而后者简直就是无过程损坏，表现为一接受到起动信号，无论是带载或空载，逆变模块都会瞬时坏掉！所以后者的为害尤烈，尤其是易发生于故障修复过程中，稍有不慎，即导致前功尽弃，后悔莫及！

修复后、起动前的保证措施：先断掉逆变模块的供电电源，再上电检查驱动电路的故障。

1）测量驱动集成电路的输入、输出侧的直流静态电压，保证为正常状态。

2）测量六路驱动的输出脉冲信号电压，脉冲信号电流都达到一定幅度。

3）先将逆变模块的供电改接较低的直流电压，如 24V 供电电压，做起停试验，检测三相输出的平衡情况，及有无直流成分。一般在此一步骤，如驱动电路有异常，故障便已经暴露出来。

4）无低压直流电压条件的，可在逆变供电回路中串接两只 15~40W 的灯泡，再开机试验，此灯泡在此不仅起到输出电流指示，重要的是驱动电路不良造成输出短路时，电路的压降降在灯泡上，以灯泡电阻的限流作用保护了模块不被损坏。灯泡也有可能起到一个熔丝的作用，灯丝熔断后也保护了逆变模块。最省事也要串接一只 2A 熔断器，起到对逆变模块的保护作用。

5）检测空载输出正常后，恢复逆变模块的供电。再最后检查触发端子的插头、连接线都正常，整机装配。

6）带载试验，可根据维修部条件，接入小功率三相电动机试验。

7）到现场安装时，落实上次的损坏原因，根据现场的电气、机械和温度等环境，调整相关参数，或增设附件。如考虑现场有电容补偿柜，变频器安装较为密集，因而电源污染较为严重，电源谐波大，可在电源输入侧加装三相电抗器，以避免短时间内再度损坏。如发现负载惯性大，而又必须做到快速停车，变频器易出现过电压损坏。则应要求用户加装制动单元和制动电阻后，再投入运行。需要注意的是，一些变频器的损坏大多是因为用户使用与调整不当造成的，不把这些有害因素排除掉，则修复好的变频器很可能在短时间内再度损坏，使用户和维修者蒙受不必要的损失。

5.7 驱动 IC 经典组合电路的检修

图 5-17 所示为 N2-405 3.7kW 台安变频器的驱动电路。

1. 电路原理简述

本机驱动电路的供电是由开关变压器的 4 个相互隔离的二次绕组的输出其交流电压，经整流滤波，再由 R、VD 稳压电路分解为四路正、负电源，供驱动电路的。逆变功率输出电路上三臂 IGBT，因信号地不能"相共"，由三组驱动电源单独提供；下三臂 IGBT 的驱动，因 3 只管子的 E 极是共 N 的，故采用了一组供电，该组供电是由双绕组正、负整流、滤波输出的。

上三臂 IGBT 的驱动 IC，采用专用驱动芯片 PC923；下三臂 IGBT 的驱动 IC，采用内含模块故障检测电路的 PC929。由 PC923 内部电路和 9 脚外接元件，对下三臂 IGBT 管压降的检测，向 CPU 报出 SC 或 OC 故障，实施停机保护。

PC923、PC929 输入侧均为发光二极管，输入脉冲信号使发光二极管点亮和熄灭，光敏二极管通过光信号强弱导通和截止，将输入光信号转变为电压（电流）信号输入 IC 内部后

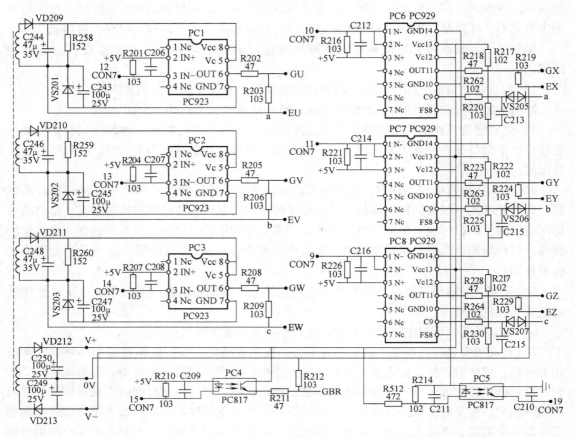

图 5-17 N2-405 3.7kW 台安变频器驱动电路

级放大器。驱动 IC 输出的驱动脉冲信号经栅极电阻引入模块的（GU、EU）～（GZ、EZ）6组控制信号输入端子。本机为小功率机型，采用一体化模块，整流和逆变电路都集成在模块内部。另外，模块内部还集成了 IGBT 制动开关管，在直流回路过电压制动电路起控时，由排线端子 CON7 的 15 脚输入制动脉冲信号，由光耦合器 PC4 驱动模块内部的 IGBT 制动开关管。

PC929 的 9 脚为 IGBT 导通管压降信号输入脚，与外电路配合，检测 IGBT 导通时的管压降，大于起控阈值时，内部 IGBT 保护电路动作，控制下三臂 IGBT 的软关断，同时 8 脚输出低电平。接通了 PC5 光耦合器的输入电流通路，PC5 将 OC 信号报与 CPU。下三臂 IGBT 的任一臂出现过电流，都会控制 PC5 送出 OC 信号，由 CPU 中止六路脉冲信号的传输，实施停机保护动作。

2. 对驱动电路的故障检测

1）当逆变电路损坏后，驱动电路也受到冲击，出现驱动 IC 损坏，栅极电阻、旁路电阻损坏等故障，可将损坏模块拆除，为电源/驱动板单独接入 +500V 维修直流电源，令开关电源起振工作后进行检修。将损坏元器件换新后，可将 IGBT 管压降检测电路的 a、b、c 三点对驱动电源的 0V 供电线短接，为 PC929 的 9 脚人为输入"IGBT 正常开通"的信号，使保护电路不起控，CPU 正常输出六路脉冲信号，以利检修工作的进行。

2）当逆变回路正常，驱动电路本身故障时，因一体化模块拆除困难，可将逆变电路的 P 端正供电，切断，将 a、b、c 三点对驱动电源的 0V 供电线短接后，上电检修。将故障修复后，拆除短接线，再恢复逆变回路的供电。

故障实例 1

一台 7200GA-41kVA（22kW）变频器雷击故障的修复。

接手一台 7200GA-41kVA（22kW）变频器，属雷击故障，将损坏的输入整流模块、开关电源的开关管、分流管更换后，屏显正常，看来问题不大。

测六路驱动信号输出端子上的负压正常，驱动 IC 的输入信号均"正常"，整机装配试验，一上电即跳 OC，但复位后能起动操作，操作显示面板上有频率输出显示，但实测 U、V、W 端子无三相电压输出。本机驱动 IC 采用光耦 PC923 和 PC929，由 PC929 与光耦合器 SN0357 配合向 CPU 返回 OC 信号。

检查驱动 IC 输出侧电路及模块内部的逆变回路，都无异常。测 PC923 的脉冲输入脚，感觉不大对劲，怎么 3 脚电平高，2 脚电平低？难道是驱动供电搞反了吗？2 脚和 3 脚为光敏二极管输入电路，2 脚为二极管的阳极，3 脚为二极管的阴极，按常理说，一般 2 脚常由 +5V 供电再经稳压处理给出 +5V * 的电源，而 3 脚接 CPU 的脉冲输出端，低电平输出有效，即输出时从 PC923 的 3 脚拉入电流，使内部输入侧二极管导通。有脉冲作用且频率较低时（直流电压档对 +5V 供电地端测量），3 脚为 3V 上下的摆动电压，当频率上升时，该脚约为 3V 左右的电压值。无输出时，3 脚也为 5V 左右的直流电压。

现在检测的结果如下：未输入运行指令时，3 脚为 0.5V 高电平，2 脚为接近 0V 的低电平；当输入运行指令时，3 脚降为 0.2V，有高低电平的变化，说明 CPU 的脉冲已经到达了 PC923。但 PC923 的 2 脚的 +5V * W 供电丢失了。2 脚供电电压的丢失，使驱动 IC 无输入电流通路不能传输脉冲信号，IGBT 得不到激励脉冲，因而变频器无输出电压。在此情形下，PC923 内部 IGBT 保护电路，也不报出 OC 信号。CPU 以为电路在正常工作中，根据 CPU 对 PWM 波形的输出控制进程，在操作显示面板上显示输出频率值。

检查 PC923 2 脚供电为一只晶体管和稳压二极管的简单串联稳压电源（见图 5-10），晶体管基极偏流电阻开路，导致供电电压为零。更换偏流电阻后，测 PC923 的 2 脚和 3 脚电压恢复正常。但变频器上电，还是跳 OC 故障，必须进行复位操作后，才接受运行信号。此 OC 信号是上电即跳，并不是在起动运行后再跳的。说明 OC 信号输出电路本身有故障，CPU 在自检过程中，检测到 OC 故障的存在。

检测传送 OC 信号的 SN0357 光耦器件，输入侧两引脚电压值为零，说明 PC929 的保护电路未输入 OC 信号，但测 OC 信号传输光耦合器输出侧的两引脚电压值为 0.5V！既然无 OC 信号输入，光耦合器输出侧呈高阻态，两引脚电压应为 5V。测量输出引脚无短路现象，只有一个可能，即信号输出脚的 5V 上拉电阻已经变值或开路。试用一只 10kΩ 电阻接于信号输出脚与 5V 供电之间，开机测信号输出脚为 5V，反复送电几次，不再跳 OC 故障。

上述两个故障，其实都来自于一个原因：即变频器内部电路因引入雷击，由某些电阻元件开路，导致信号回路供电的丢失。脉冲信号输入脚与 OC 信号输出脚，都与 CPU 引脚直接相连，并由上接电阻接 +5V 供电。元件损坏导致上拉高电平消失后，CPU 引脚为 0.5V 的低电平，驱动电路不工作和上电即跳 OC 信号的原因，即在于此。

故障实例 2

一台 DVP-1 /22kW 台达变频器的修复过程。

22kW 台达变频器检查完驱动电路，换上新模块后，起动即跳 OC。模块是新换的，6 路驱动脉冲都正常，又检查了一下电流互感器及后续电路，也没有问题。停机时驱动 IC 的六路负压均正常，起动后六路激励电压也正常。需要先判断故障是出在驱动 IC 还是模块身上。

先检测一下六路驱动 IC 的带负载能力，即测其输出的触发电流值。原输出端串接一只 15Ω 电阻（栅极电阻），再在表笔上串接一只 15Ω 电阻，将回路电流限制在 0.5A 左右。起动信号投入后，测其电流输出能力，在原触发电路连接正常的情况下，仍能给出约 150mA 的动态电流。其中 V 相下臂 IGBT 的驱动电路仅输出约 40mA 的电流，显然远远不能满足 IGBT 的激励要求，跳 OC 故障的根源即在于此！

该机驱动 IC（PC929 和 PC923）的输出信号又经一级互补型电压跟随器功率放大后，再供到模块触发端子。推挽放大器原为一对场效应晶体管，因手头无原型号管子，现更换为晶体管对管 D1899 和 B1261，经改制试验，能满足激励要求。查 V 相下臂电路，由 PC929 的 11（脉冲输出脚）脚接至后级功率放大电路的电阻原值为 100Ω，现变值为 10kΩ 以上，致使 D1899 不能饱和导通，输出驱动电流过小。更换电阻后，输出电流正常。顺便测量了一下截止负压输出时，驱动电路的负电流供给能力，表笔仍串接 15Ω 电阻，各路都在 50mA 左右。

这就得出一个结论：测驱动 IC 的输出电压不如测其输出电流更为直接有效。而且能暴露出故障根源。因某些原因导致电路输出内阻增大时，测量驱动电压往往正常，掩盖了驱动电流不足的真相。

5.8 由 A316J 构成的驱动电路的检修

英威腾变频器的中功率机型以 6 片 A316J 专用驱动芯片电路为中心，构成了驱动电路如图 5-18 和图 5-19 所示。电路采用相隔离的供电电源，下三臂 IGBT 驱动电路因射极共 N，故可共同一组驱动供电源。电源由三抽头绕组经二极管正、负整流和滤波取得，每路电源的正负供电端都加有 30V 保护稳压管，以保障 A316J 的供电不超过安全工作范围。因 A316J 的集成度较高，脉冲传输电路及 IGBT 保护电路都已集成于芯片内部，故障外围电路非常简洁。电源/驱动板为中功率机型定做，为达到较好通用性，A316J 输出的脉冲信号又经后置放大器放大到一定功率值后，送入 IGBT 模块的控制端子。栅极电阻（带 * 号的）可据模块功率大小，另行灵活配置。

1. 电路工作原理简述

与其他驱动芯片相比，A316J 的信号输入电路为数字电路，输入阻抗较高，不像发光二极管，需吸入较大的信号电流，这也为相关控制提供了方便。A316J 的输入侧的供电引脚 3 脚和 4 脚接入的是经前级稳压电路处理过后质量较高的 +5V * 电源。低电平有效的脉冲信号（U+、U-、V+、V-、W+、W-）由 2 脚输入，2 脚和 3 脚之间接有 1kΩ 的上拉电阻，使输入脚静态电平为高电平。同时，信号输入脚 1 脚与 SC 信号输出脚 6 脚并接在一起，正常状态下，1 脚和 6 脚为高电平，1 脚和 2 脚之间为"差分信号输入方式"。当 IGBT 保护

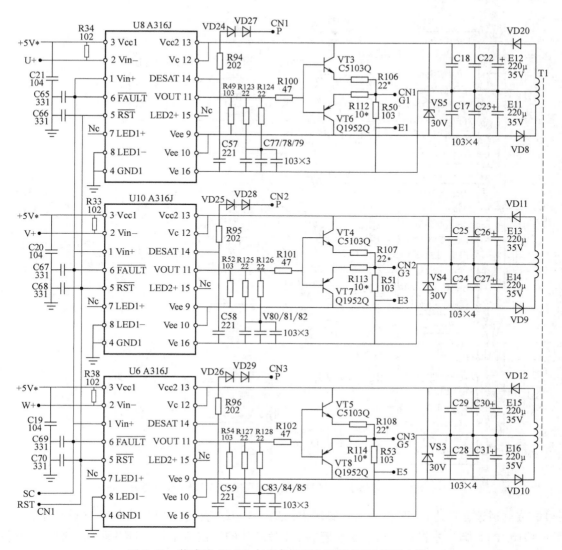

图 5-18　英威腾 G9/P9 中功率机型上三臂 IGBT 驱动电路

电路起控时，1 脚和 6 脚被 A316J 内部电路拉为低电平，1 脚和 2 脚之间形成"共模信号输入方式"，而切断了 A316J 对脉冲信号的传输，比 CPU 接受 SC 信号后再停止脉冲信号的输出动作要快一些。六片驱动芯片的 1 脚和 6 脚全部并联起来，任一路 IGBT 的过载信号，都会同时将整个驱动电路的工作处于停止状态，提升了电路的保护性能。

　　A316J 的 11 脚输出的脉冲信号，经基极电阻送入后置放大器，高电平脉冲期间，NPN 型晶体管正偏导通，输出正向激励脉冲，经 22Ω 栅极电阻输入到 IGBT 的栅极；低电平反向截止脉冲期间和停机期间，PNP 型晶体管正偏导通，经 10Ω 栅极电阻提供 IGBT 栅-射结电容的放电通路，使其维持在可靠截止状态。

　　A316J 的 14 脚外接电阻、二极管等与内部电路一起构成 IGBT 保护电路，该电路并联于 IGBT 的 C、E 极间，在激励脉冲作用期间，检测 IGBT 的导通管压降，到达动作阈值时，A316J 内部 IGBT 保护电路动作，一边对 IGBT 实施软关断控制，并锁定了 A316J 内部脉冲信

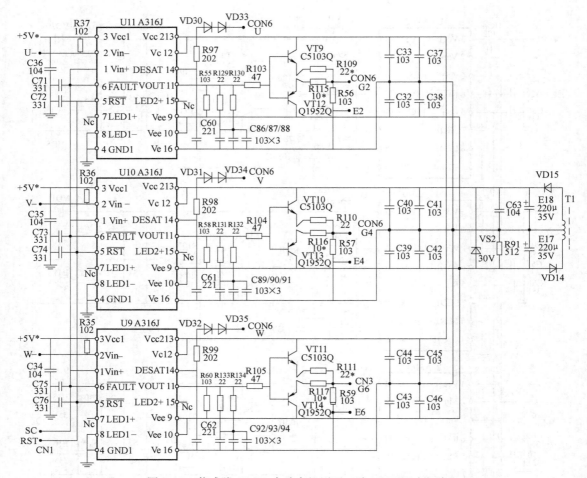

图 5-19　英威腾 G9/P9 中功率机型下三臂 IGBT 驱动电路

号的传输通道，一边将 SC 信号从 6 脚输出，送与 CPU。直到从 CPU 来的低电平复位信号加
到 A316J 的 5 脚，才将故障锁定状态解除。6 片芯片的复位控制脚也都并联在一起，共同受
一路 CPU 复位信号的控制。

A316J 还内含供电电源欠电压检测电路，当检测到驱动电源电压跌落到一定阈值（12V
左右）后，无论输入信号是否有效，信号传输通道都被封锁。

2. 对 A316J 驱动电路故障的检测

1）上电检测驱动电路前，必须切断对逆变回路的供电。检修完毕后，应对逆变电路采
取串接灯泡等措施，确定驱动电路与逆变回路都无问题后，才恢复逆变电路的原供电，这是
检修驱动电路的老生常谈。

2）在脱开主电路后对驱动电路的单独上电检修中，必须将图 5-18 中的 CON6 端子中
U、V、W 3 个端子与驱动供电的 0V 线（A316J 的 16 脚）短接，以屏蔽保护电路的 IGBT 管
压降检测功能。

3）IGBT 的可靠开通，不只取决于激励电压的幅度，更取决于驱动电流的幅度，因而对
驱动脉冲信号，必须对此两个参量进行检测，并使之达到相应要求。

故障实例 1

一例 A316J 驱动不良的故障。

IGBT 的导通压降在正常电流范围内一般在 3V 以内，当出现异常过电流时，管压降急剧上升，管子到达击穿损坏的边缘，此时必须实施速断保护，这一任务由 A316J 向 CPU 发送 OC 信号来完成。

在工作过程中有以下 3 种情况可导致 A316J 报 OC 信号：

1）负载异常导致运行电流过大（大于额定电流的 2 倍左右），使 IGBT 的管压降大于 7V；

2）IGBT 有开路性损坏；

3）驱动电路不良，造成 IGBT 的欠激励，此时输出电流虽偏小，但因管子处于微导通和随机关断状态下，也使其管压降大于动作阈值，A316J 报出 OC 信号。

在维修时，需判别 A316J 及脉冲回路的好坏时（在并不明了 IGBT 的好坏的情况下，或 IGBT 尚未接入电路的情况下），可将 A316J 的 14 脚外接 IGBT 管压降检测电路的末端与 A316J 的 16 脚短接，解除掉 OC 报警和脉冲封锁功能，利于检测 A316J 本身及脉冲输入、输出电路的好坏。

接修一台小功率变频器，更换损坏 IGBT 模块，上电带轻载试机，当频率上升到 20Hz 以上时，电动机出现"咯噔"声，并伴随电动机机体的抖动，运行中不时报出 OC 故障，导致停机保护动作的发生。检测三相输出电压，也有偏相和输出不稳定现象。判断为 IGBT 模块内某一只管子导通不好或性能不良，或某一路驱动电路的供电电源不良。采用第 2 章图 3-6 逆变回路的上电检修电路接线图二的接法，测出故障为 W 上臂 IGBT 导通不良，导致驱动电路报出 OC 故障。检修步骤如下：

1）检查驱动电路，将 A316J 更换，试机故障依旧。

2）单独更换 W 上臂 IGBT 试验（在模块外外接一只 IGBT 试验），故障依旧。

3）故障还在 A316J 外围电路。拆下 A316J 供电电源的两只 100μF/25V 电容，检测容量只有几微法了。又顺便检查了其他驱动电源的电容，发现皆有失容或容量严重减小的现象。逆变模块的损坏原因正在于此。

驱动电源的电容失效后，使电源的带负载能力大为降低，表现为负载低速空载运行（小电流运行中）时，模块内 IGBT 尚维持较小的导通压降，电动机还能"稳定运行"。当频率上升或带载运行时，由于驱动电源的电容失效，驱动能力下降使 IGBT 不能良好导通，形成较大的导通电阻，出现三相严重不平衡而导致电动机振动，并进而因管压降继续增大，使 A316J 检测电路输出 OC 信号而保护停机。所以对逆变模块损坏的机器，不能忽略对驱动电源滤波电容的检查，尤其是使用年限超过 3 年以上的机器，电解电容往往因电解液干涸而产生失容现象。

故障实例 2

一台阿尔法 18.5kW 变频器，遭雷击损坏。逆变电路由 6 只单管 IGBT 模块组成，其中一只 IGBT 模块损坏。上电后 CPU 主板跳 2501，面板操作失效。

检查驱动电路，共 6 片 A316J 承担六路驱动脉冲输出任务。其中 3 片输出上臂脉冲的驱动电路损坏，但手头没有同型号的集成电路更换。用户生产急迫，根据维修其他变频器驱动电路的经验，参考其驱动电路的结构，只用 3 片 A316J 担任三相 OC 信号报警输出，也能满足保护要求。故将输出上臂 IGBT 驱动脉冲电路用 3 片 A3120（同 PL250V）将其代换（见

图 5-20），原 IC 为 16 脚双列贴片封装，换用 IC 为 8 脚双列直插式封装。但连接也较为方便，只将新 A3120 的 8 脚对焊原 12/13 脚，将 A3120 的 5 脚对焊原 9/10 脚，将 A3120 的6/7 相连后对焊原 11 脚；因 A316J 为数字电路输入，A3120 为光耦合输入，故需较大的输入电流。将 A3120 的 3 脚接 +5V 供电地，原 1 脚串入 300Ω 电阻接入 A3120 的 2 脚，通电试之，静态电压正常。

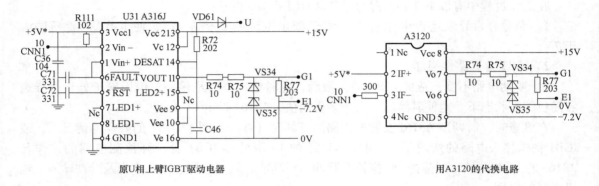

图 5-20　A316J 驱动芯片的应急代换电路

　　CPU 主板遭雷击损坏，更换了 CPU 主板，通电检测 6 路驱动电路的电压和电流输出能力均正常，将损坏的 IGBT 模块换新后，机器修复。

5.9　由 A4504 和 MC33153P 构成的驱动电路的检修

　　普传 PI-18 11kW 变频器的驱动电路，如图 5-21 所示，采用了 A4504 光耦合器和 MC33153P 驱动 IC 的组合驱动电路。MC33153P 的电路功能同 PC929 相仿，但输入、输出电路不隔离，故采用前级光耦合器 A4504 实现对输入信号的隔离。A4504 光耦合器与 TLP250 略有不同，输出电流能力较小，输出电路为单只晶体管构成，为开路集电极输出方式，故输出端与正供电之间接有上拉电阻，输出为低电平脉冲信号。可以说，A4504 和 MC33153 两只 IC 才完成了 PC929 驱动 IC 所具有的功能。

　　1. 电路原理简述（以 U 相上臂 IGBT 驱动电路为例）

　　由 CPU 主板来的负向脉冲信号输入到 A4504 的 3 脚，经隔离由 6 脚输出负向脉冲信号，由 MC33153P 的 4 脚输入至内部电路。MC33153P 内含欠电压保护电路和 IGBT 保护电路，8 脚为 IGBT 管压降检测信号输入脚，8 脚外接元器件 DR16、VD27 接于 IGBT 的 C 极，D27 为钳位二极管，当激励脉冲作用期间，VD27 导通将 8 脚输入电压钳位于供电负端低电平值；因过载、IGBT 损坏或驱动能力不足导致 IGBT 管压降异常上升时，VD27 反偏截止，8 脚电位上升为高电平，MC33153P 内部 IGBT 保护电路动作，输出电路对 IGBT 实施软关断的同时，7 脚输出 OC 报警信号（高电平信号），光耦合器 U25 导通，将 OC 信号输入 CPU。

　　驱动脉冲信号经 CON1、CON2、CON3 3 个控制端子引入 3 只双管式 IGBT 模块。其中端子 14 脚引入到 IGBT 的 C 极，输入 IGBT 管压降检测信号。

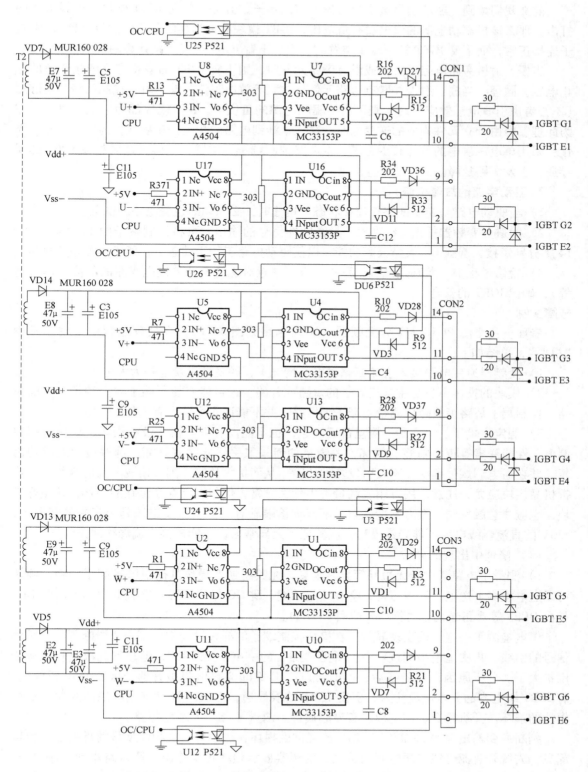

图 5-21　普传 PI-18 11kW 变频器驱动电路

前文我们谈到，驱动信号负压的丢失、控制端子的开路，将对 IGBT 模块产生毁灭性的打击。那么该机驱动电源的供电没有负电压，IGBT 模块有无损坏的危险？假设上臂 IGBT 端子连接正常，而下臂 IGBT 控制端子空置时，上、下臂 IGBT 有无短路炸裂的可能？

当栅、射极旁路电阻过大，或没有旁路元件时，则下臂 IGBT 的截止完全依赖于负的截止电压。同理，当栅、射极并联有旁路元件且并联等效电阻值足够小时，控制引线又足够短（不必考虑引线电感效应）时，则可省掉驱动电源的负供电，IPM 模块都为单电源供电，即为此理。但由分立元件构成的逆变电路，往往牵涉到电路的相关分布参数，为提高工作可靠性，采用单电源供电的就比较少见了。本电路控制端子的空置，同样会造成相关 IGBT 的误导通，引发短路故障。

2. 驱动电路的故障检修

1）当驱动电路与逆变回路相连接状态下检修时，必须切断逆变电路的供电。

2）为避免变频器报出 OC 故障，封锁脉冲信号的输出。可将控制端子的 1、9 脚，10、14 脚分别短接，屏蔽 OC 故障报警功能，以使驱动电路工作于动态下，便于检测相关故障。

3）检修过程中，尤其是试机过程中，必须注意对逆变电路的供电支路的限流（串灯泡等），确保 IGBT 的安全。

故障实例

修理一台普传 PI-18 11kW 变频器（驱动电路见图 5-21），在处理过程中发现了不少"机要"，总结如下：

1）变频器逆变电路接入直流回路供电的情况下，触发端子悬空是为大忌！

2）模块的损坏不只是主电流端子的短路或开路，还可能有控制端子与主端子之间的短路、控制端子短路等故障，测量主端子无短路，并不能证实模块没有损坏。

3）假定主端子、触发端子测量都无问题，也不能彻底证实模块没有损坏，模块尚存在漏电、性能变劣等较为隐蔽的损坏，关键是如何采取手段验明其好坏，确保最后的成功修复，并在通电调试过程中，不致引发新的故障，从而扩大故障范围，造成人为的麻烦。选购拆机品模块应尤为注意，用万用表测量不出什么异常，但很可能存在潜在的损坏，选用好模块，也应注意触发端子万万不能悬空，不能确诊端子有无悬空，及连线是否正常的情况下，530V 的直流母线电压不能轻易投送，应验证确无异常后，才能连接直流母线回路。

（1）修理中出现的异常

1）测量主电路各端子无短路等异常现象，尤其将逆变模块其他引脚各测了一遍，确认可以送电检测。送电，显示正常，空载按起动键，跳 OC 保护停机。空载下的起动即跳 OC，是由 DU25 等 6 路光耦合器将信号馈回 CPU 的。

停电检测了一遍，没发现异常，在模块控制端子的插拔过程中，不小心弄断了一根脉冲信号的引线，再次上电检测过程中，听见"啪"的一声，又跳 OC，但显然此次是将故障范围扩大了。分析原因，在断线后，IGBT 的 G、E 极间旁路电阻被开路，因 C 极电压跳变，有 IGBT 结电容的充电电流注入，引发 IGBT 的误导通，形成两管对直流电源的短路，造成模块的损坏。开机检查，逆变模块有鼓起痕迹。测量 V 相与 P 端已短路。

判断逆变输出模块 SKM75GD124D 已经彻底损坏，故购得一块相同型号的拆机品，慎重起见，先脱开直流母线，送电起动试之，变频器显示频率正常输出，测六路驱动直流电压，模块触发端未起动运行时为 0V，起动后 7.6V 左右，都为正常。判断驱动电路及连接线都准确无误。

还是未敢贸然将逆变模块接入直流母线，先接入 DC24V 开关电源，试起动，变频器显示频率正常，测 U、V、W 输出电压，50Hz 时电压仅为 13V，且输出幅度有周期性收缩现象，但尚能"正常触发与运行"。感觉不太正常，又接入了 200V 左右的直流电源，一送电起动，还是跳 OC！感觉所购模块还是有问题！接入一个优良的逆变模块试验，也是提供 24V 直流电源，测量 U、V、W 输出电压，50Hz 时电压值上升到 17.8V，且输出幅度恒定，无收缩现象。对比检测说明，拆机品模块存在严重漏电现象，低供电时，好像能正常工作，但供电电压升高时，故障也变暴露出来了。用万用表测量，实在也测不出什么异常来。

2）又换回了一只拆机品模块，重复了以上步骤后，验明一切正常，装机，故障修复。

（2）修理步骤

1）六路输出触发脉冲电压全都正常——以后才知道电流输出能力也应该正常，才可以焊接逆变模块。

2）先用 24V 开关电源加电试验，无异常，再送入直流母线电压（如驱动电路及引线异常，加入 24V 开关电源不会损坏模块。注意测量三相交流电压输出是否平衡，输出中有无直流成分，若异常，往往存在有一臂无触发脉冲，或触发脉冲异常。这一环节的观测至为重要，故障隐患往往都会暴露出来）。

3）在逆变电路供电接入前，检查控制端子引线，接线应无断路，触发端子插头不可漏插！

5.10　IPM 驱动（信号隔离）电路的检修

IPM 智能化逆变模块，因驱动电路与 IGBT 保护电路，IGBT 运行温度检测电路等，都集成于模块内部，其外围驱动电路（实质上不宜称其为驱动电路了）相对较为简单了。华伟 TD2000 中、小功率机型，驱动电路是由 6 片 A4504 光耦合器构成，如图 5-22 和图 5-23 所示，只是起到将输入脉冲信号进行隔离的作用罢了。

A4504 输入侧的电源，由 VT2 动态稳流电路提供，以保障信号的动态传输性能。电路也由四路相互隔离的电源来供电。因 IPM 内部引线短，引线电感效应在允许值内，又兼采取了硬件措施，使 IGBT 的 G、E 控制回路能维持一个较小的电阻值，故不需要提供负电源。IGBT 的故障信号由 4 只光耦合器返回 CPU，因下三臂 IGBT 的供电共地，下三臂 IGBT 信号共由一只光耦合器 PC11 返回故障信号。

A4504 的输出电路为开路集电极输出电路，需采用上拉电阻来传递脉冲信号，图中 R36～R41 即输出端上拉电阻。脉冲信号和故障返回信号均通过 J1 过孔端子，直接经金属插针与 IPM 模块控制端子相连，主电路由螺钉固定，模块更换时勿需焊接。

IPM 模块损坏时，因内部驱动电路的屏障作用，外部驱动电路受害轻微，损坏并不严重。

检查驱动电路故障时，也应先切断逆变电路的供电，检测六路脉冲信号正常后，才恢复逆变电路的供电。当 A4504 输入侧电源电路损坏后，出现操作显示面板有输出频率显示，但却无三相输出电压的故障现象。模块或驱动电路（内、外部驱动电路）损坏时，变频器接受运行信号，便跳出 OC、SC 故障代码。IPM 模块内部的驱动 IC，损坏故障也时有发生，

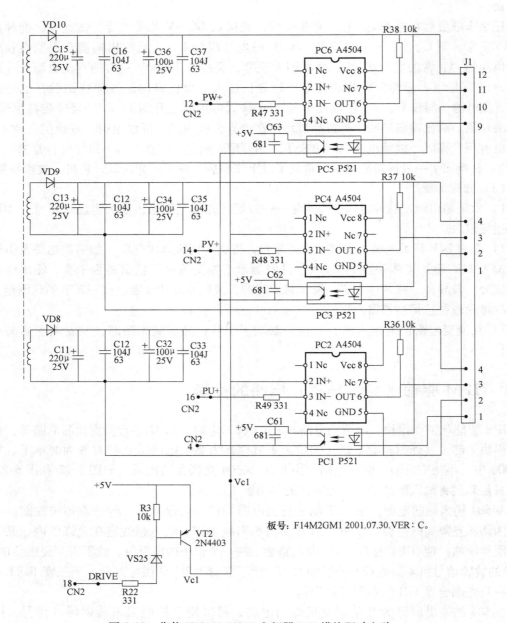

图 5-22　华伟 TD2000 37kW 变频器 IPM 模块驱动电路一

如小心拆开 IPM 模块上盖，可看到电路板上贴片形式封装的驱动 IC，修复驱动电路，能将整个 IPM 模块救活。

故障实例 1

一台华伟 TD2000 37kW 变频器，接受起动信号，即跳 E010（模块故障）故障。

分析：无运行信号投入，输出回路未产生电流，信号不是三相输出电流检测电路返回 CPU 的。故障变频器起动过程中，IGBT 管压降检测电路动作，报出 OC 故障。

先将逆变回路的供电切断，另接入 24V 直流电源，上电检测，当短接光耦合器 PC5 的

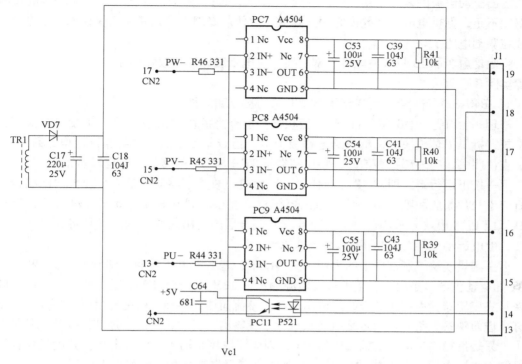

图 5-23　华伟 TD2000 3kW 变频器 IPM 模块驱动电路二

输入侧 1 脚和 2 脚时，变频器运行，不再报 OC 故障。用交流 50V 档，测量三相输出电路，都为 18V，三相平衡。故障的可能性有两方面：U 相 IGBT 有不良现象，如导通内阻变大等；IGBT 管压降检测电路不良，误报 OC 故障。

　　为进一步验证，撤去 24V 供电电源，将逆变电路的供电串入两只 40W 灯泡，短接 PC5 的 1 脚和 2 脚后，上电试机，灯泡不亮，测量三相输出电压正常。确定故障为 IGBT 检测电路不良，但此电路在 IPM 内部，修复较为困难，因此小故障就更换昂贵的 IPM 模块，有些不值。考虑到另外五路 IGBT 管压降检测电路都处于正常状态，屏蔽掉此一路误报的 OC 信号，对电路无太大的影响。

　　故直接将 PC5 的 1 脚和 2 脚短接后，将机器修复。

故障实例 2

　　一台华伟 TD2000 3kW 变频器，运行中跳 E010 故障。据用户反映，机器曾维修过，并判断为 IPM 模块故障，更换后故障依旧。询问用户负载情况，负载为 2.2kW 新电动机，只运行于 30Hz 以下，现场有电流表显示，工作电流小于 3A，跳 OC 故障并不是过载所引起。

　　上电，空载运行正常，不跳故障。带上 2.2kW 电动机试验，5Hz 以下不跳 OC 故障，5Hz 以上，频跳 E010（输出模块故障）故障。

　　故障分析：驱动电路低效，使电流驱动能力不足，IGBT 导通内阻加大，管压降上升，使 IGBT 保护电路起控；IGBT 低效、老化等引起管压降上升，IGBT 保护电路起控。

　　询问用户，得知机器运行已近 5 年。停电，焊下驱动供电电源的滤波电容器，测量部分电容器的容量已减至一半以下，有的仅余十分之一的电容量。电容的失容使电源负载能力变差，输出驱动电流的幅度不足，IGBT 导通压降大，IGBT 保护电路起控。电源提供的瞬时电流幅度不足，但供电电压却并没有明显降低。致使前修理人员判断为模块故障，未将检查重点放在驱动电路上。

将驱动电源的 10 只滤波电容全部更换，上电带载试机，故障排除。

故障实例 3

对 SB40-S11-11kW 森兰变频器驱动电路的检查和修复。

修理一台森兰 SB40-S11-11kW 的变频器，检查为模块输出端 U 和 P + 端击穿损坏，按照常规，拆下损坏模块后，单独给电路板上电，检查驱动电路是否异常。上电，跳 OLE 故障。查说明书，为外部报警信号，将控制端子 THR 与 CM 短接后，上电显示正常。

但一按下运行键，即跳 FL 故障代码，意为模块故障。驱动板是一个较大的电路板，上面有二十几片集成块吧。不知什么原因要搞这么复杂。观察背面有 6 只光耦合器，应是向 CPU 返回 FL（模块）故障的吧。检查 6 只光耦合器的输出是并联的，于是将其输入侧全部短接，上电起动运行，果然不跳 FL 故障代码了。

但一测量模块控制端子上的电压，又傻眼了：怎么没电压呀啊！细看 U、V、W 上三臂 IGBT 的驱动供电，是由主板上的开关电源输出的 12V，又经 NE555 振荡逆变，再由一圆柱体密封式变压器，由次级 3 个绕组取出电压，整流而成 3 路独立的驱动供电。测这三路供电都有。进而观察 3 路驱动信号是由两只对管推挽输出，驱动模块的，加到推挽管上的供电也有了，只是推挽输出电路的输出电压为 0，因而模块控制端子上没有电压。猜测模块控制供电可能为受控电源。莫非模块的损坏，即是此压丢失造成的？6 路都无电压，源于一个通病吗？

忽然想到：这一大片电路，除了处理从 CPU 送来的 6 路脉冲信号外，大概就是实施对模块的保护了。**短接了 6 只光耦合器返回到 CPU 的 FL 信号，虽然 CPU 认为模块已无故障，故正常发送 6 路脉冲，但光耦合器输入侧的大片保护电路，则因模块的拆除，在 6 路脉冲到来期间检测到异常大的"IGBT 导通期间的管压降"，而判断为模块损坏。在将此故障信号由 6 路光耦合器发送回 CPU 的同时，也采取保护动作，切断了模块触发端子上的信号——实质上控制驱动电源的供电，使电源输出电压为 0！**

必须人为造成一个 IGBT 导通的"假象"，"糊弄"一下恪尽职守的 IGBT 保护电路，使其解除保护状态，才能检查出驱动电路是否能输出六路合格的激励脉冲，然后才能确定可不可以换上新模块修复。

循着这个思路，将控制端子的上 3 路与 U、V、W 直通的 3 个端子连起来，接直流回路的 N - 点，即人为短接了下三臂 IGBT 的 C、E 极，同时将对应的 3 路光耦合器（报 FL 故障的）的短接解除。上电，起动运行后，果然不再报 FL 故障。测模块下三臂触发端子，有正脉冲电压输出了。直流档为 4V，交流档为 15V，正常！又照此办理，将触发端子的上 3 路与 U、V、W 直通的 3 个端子连起来，接 P + 点，即人为短接了上三臂 IGBT 的 C、E 极。上电起动运行后，测模块上三臂触发端子，也有正常的脉冲电压输出了。说明整个驱动电路与操作控制是正常的，可以换新模块修复了。

该变频器的驱动电路，为单电源供电，无截止负压，停机状态，触发端子电压为零。

换新模块后，机器修复。

思路决定出路。是为记。

5.11 变频器电路中制动电路的检修

1. 采用制动电路的原因是什么?

因惯性或某种原因,导致负载电动机的转速大于变频器的输出转速时,此时电动机由"电动"状态进入"动电"状态,使电动机暂时变成了发电机。一些特殊机械,如矿用提升机、卷扬机、高速电梯、风机等,当电动机减速、制动或者下放负载重物时,因机械系统的位能和势能作用,会使电动机的实际转速有可能超过变频器的给定转速,电动机转子绕组中的感生电流的相位超前于感生电压,并由互感作用,使定子绕组中出现感生电流——容性电流,而变频器逆变回路 IGBT 两端并联的二极管和直流回路的储能电容器恰恰提供了这一容性电流的通路。电动机因有了容性励磁电流,进而产生励磁磁动势,电动机自励发电,向供电电源回馈能量。这是一个电动机将机械势能转变为电能回馈回电网的过程。

此再生能量由变频器的逆变电路所并联的二极管整流,馈入变频器的直流回路,使直流回路的电压由 530V 左右上升到六七百伏,甚至更高。尤其在大惯性负载需减速停车的过程中,更是频繁发生。这种急剧上升的电压,有可能对变频器主电路的储能电容和逆变模块造成较大的电压和电流冲击甚至损坏。因而制动单元与制动电阻(又称刹车单元和刹车电阻)常成为变频器的必备件或首选辅助件。在小功率变频器中,制动单元往往集成于功率模块内,制动电阻也安装于机体内。但较大功率的变频器,直接从直流回路引出 P、N 端子,由用户则根据负载运行情况选配制动单元和制动电阻。

制动开关管由驱动电路控制,因而制动控制电路也为驱动电路之一种。

2. 变频器制动电路的类型

小功率变频器机型常采用一体化模块,制动单元和温度检测电路也集成在内了。图5-24中的 V0 为制动开关管,该机器内置 1.5kΩ80W 的制动电阻一只,并预留了 P1、PB 制动电阻的接入端子,当内置制动电阻不足以将再生能量消耗掉时,可外接辅助制动电阻,进一步

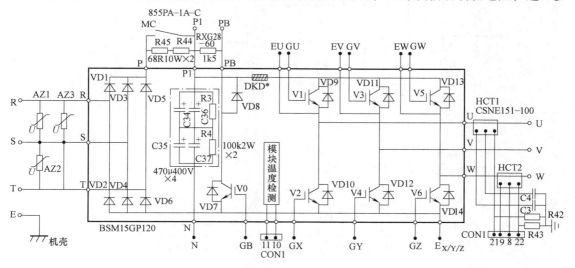

图 5-24 康沃 CVF-G 3.7kW 变频器模块内部的制动开关电路

加大消耗量。因制动电阻为线绕式电阻，有一定的电感量存在，接入二极管 VD8，提供 V0 截止期间的续流以抑制反压，保护制动开关管的安全。

制动控制信号的来源有：

1）由 CPU 根据直流回路电压检测信号，发送制动动作指令，经普通光耦合器或驱动光耦合器控制制动开关管的通断。制动指令可能为脉冲信号，也可能为直流电压信号。

2）由直流回路电压检测电路处理成直流开关量信号，直接控制光耦合器，进而控制制动开关管的开通和断开。

制动开关管的控制电路如图 5-25 所示。

图 5-25 为富士 5000G11/P11 160kVA 变频器的制动控制电路。CPU 根据检测直流回路电压信号，输出制动动作指令，经光耦合器 PC19（PC923）、后级电压跟随放大器输出制动脉冲，经 CN23 端子，控制制动开关管的导通和截止。电路形式同驱动电路是一样的。

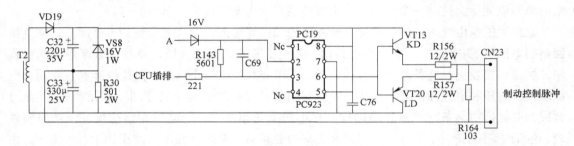

图 5-25　富士 5000G11/P11 160kVA 变频器的制动控制电路

图 5-26 为台达 VFD-A 型 3.7kW 变频器的制动控制电路，控制电路由独立绕组供电，以实现强、弱电隔离。从 CPU 来的 BRK 制动脉冲信号，经 PH7 光耦合器隔离与功率放大，驱动制动开关管。B1、B2 为制动电阻接入端子。驱动信号由 T250V 光耦合器传输。

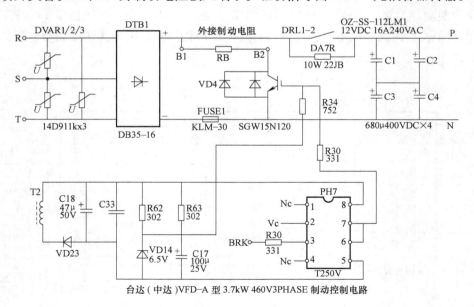

台达（中达）VFD-A 型 3.7kW 460V3PHASE 制动控制电路

图 5-26　台达 VFD-A 型 3.7kW 变频器制动控制电路

3. 制动单元

　　大、中功率变频器因安装空间、制动功率、现场运行情况不一等原因，一般不内置制动开关管和制动电阻，只是从直流回路引出 P、N 两个接线端子，供用户外接制动单元和制动电阻。制动单元和制动电阻为变频器常用可选配件之一，也为易损部件，有一定的维修量。变频器厂家一般也附带生产制动单元，供用户选用。

　　图 5-27 为某厂家生产的变频器选配件——制动单元的电路原理图。

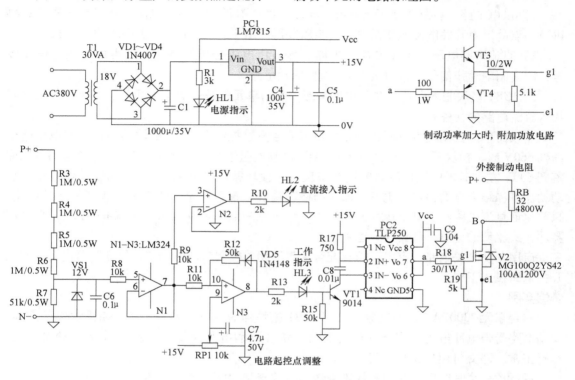

图 5-27　制动单元整机电路图

　　本制动单元的供电是由一只 380V/18V 变压器取得的，由整流、滤波、稳压电路取出 +15V 的稳压电源，供整机控制电路。

　　变频器的 P+、N－端子接至制动单元的主电路和电压检测电路上。由 R3～R7 构成电压采样电路，在直流电路电压为 550V 时，R7 上电压约为 7V。稳压器 VS2 提供输入保护，C6 滤掉引线噪声电压，检测电路经 R8 输入到由运算放大器 LM324 的 5 脚，该级放大器构成电压跟随输出器。由 7 脚输出的电压检测信号，一路经 R9 加至后级电压跟随器，驱动 HL2——主直流回路电压接入指示灯；一路经 R11 输入到后级电压比较器的 10 脚（同相输入端），该级放大器的 9 脚（反相输入端）接有 RP1 可调电阻，接入 RP1 的目的，是为了克服采样电阻网络的离散性，可以精确调整制动动作值。RP1 的中心臂电压即为基准电压，10 脚电压检测信号与此基准电压相比较，在因负载电动机反发电能量馈回直流回路使其电压上升到 660V 时，检测信号电压上为 8.5V 左右，因 9 脚基准电压已事先调整为 8.4V 左右，该组放大器两个输入端信号比较的结果，使放大器的输出反转，8 脚输出高电平，HL3 指示灯点亮，提示电路正在实施制动动作。HL3 的电流通路正是 VT1 的正偏压通路，晶体管 VT1

导通，提供了驱动 TLP520（光耦型驱动 IC）的输入电流，TLP250 的 6/7 输出脚输出正的激励电压，经 R18 直接驱动 IGBT 模块。图中 VT2 即为 IGBT 模块，型号为 MG100Q2YS42，为 100A 模块。若需更大的制动功率、驱动更大的 IGBT 模块时，从 A 点接入由两只大、中功率晶体管构成的互补式电压跟随器（功率放大器电路），将 PC2 输出的激励电流信号放大到一定幅度后，再驱动 IGBT 制动开关模块。

制动单元电路往往由 3 部分组成：

1）供电电路。由降压变压器整流、滤波、稳压取得；由功率电阻降压、稳压取得；再讲究一点的，由开关电源逆变再整流、稳压取得。图 5-27 中电路采用了此种供电方式。

2）直流电路电压检测（采样）电路。一般由电阻分压网络取得，再由后级电压比较器，取出制动动作信号，送后级 IGBT 模块驱动电路。

3）IGBT 模块驱动电路。往简单处考虑，制动单元就是一个电子开关，承担将制动电阻接入直流电路的任务。

比较简单的控制是由电压比较器的输出信号直接控制驱动 IC 的输出，在直流电路电压高到 660V 时，模块开通（开关闭合），接入制动电阻进行"能耗制动"，当直流电路电压回落到 600V 左右时，电压比较器输出状态反转，模块截止（开关断开），制动动作结束。制动动作点和结束点的整定，也不是那么严格和精确，各个厂家的整定值可能有一定的偏差，只要保证直流电路不受高电压冲击就可以了。讲究一点的驱动电路，对 IGBT 模块，是采用脉冲方式驱动的，效果就要好一些了。

启用制动开关电路，有时还需要配合变频器相关控制参数的调整，使变频器内置的制动开关电路投入工作。

维修实例

一台东元 7300PA 75kW 变频器，因 IGBT 模块炸裂送修。检查 U、V 相模块俱已损坏，驱动电路受强电冲击也有损坏元器件。将模块和驱动电路修复后，带 7.5kW 电动机试机，运行正常。即交付用户安装使用了。

运行约一个月时间，又因模块炸裂送修，检查又为两相模块损坏。到用户生产现场，弄明白了损坏的原因，原来变频器的负载为风机，因工艺要求，运行 3min，又需在 30s 内停机。采用自由停车方式，现场做了个试验，因风机为大惯性负载，电动机完全停住需要接近 20min 的时间。为快速停车，用户将控制参数设置为减速停车，将减速时间设置为 30s。在减速停车过程中，电动机的再生电能回馈，使变频器直流回路电压异常升高，有时即跳出过电压故障而停机。用户往往实施故障复位后，又强制开机。正是这种回馈电能，使直流回路电压异常升高，超出了 IGBT 的安全工作范围，而炸裂了。

此次修复后，给用户说明情况，增上了制动单元和制动电阻器后，变频器投入运行，几年来未再发生模块炸裂故障。

第6章　电流检测电路的检修

虽有时候令人头疼，但却是最令人产生检修兴趣的电路之一。变频器故障检测电路，往往是变频器厂家在软、硬件电路设计上的浓笔重彩之处。

变频器电路中林林总总的各种故障检修电路，只有一个指向和目的——在变频器面临异常工作状态时，采取停机或其他保护措施，尽最大可能保护 IGBT 模块的安全。

究竟有哪些因素会影响乃至危及 IGBT 模块的安全呢？

1. 电压因素

1）IGBT 模块的供电电压过高时，将超出其安全工作范围，导致其击穿损坏。

2）供电电压过低时，使负载能力不足，运行电流加大，运行电动机易产生堵转现象，危及 IGBT 模块的安全。

3）供电电压波动，如直流回路滤波（储能）电容的失容等，会引起浪涌电流及尖峰电压的产生，对 IGBT 模块的安全运行产生威胁。

4）IGBT 的控制电压——驱动电压转低时，会导致 IGBT 的欠激励，导通内阻变大，功耗与温度上升，易于损坏 IGBT 模块。

2. 电流因素

1）过电流，在轻、中度过电流状态，为反时限保护区域。

2）严重过电流或短路状态，无延时速断保护。

3. 温度因素

1）轻度温升，采用强制风冷等手段。

2）温度上升到一定幅值时，停机保护。

4. 其他因素

1）驱动电路的异常，如负截止负压控制回路的中断等，会使 IGBT 受误触通而损坏。

2）控制电路、检测电路本身异常，如检测电路的基准电压飘移，导致保护动作起控点变化，起不到应有的保护作用。

相对于以上影响或危及 IGBT 模块的因素，则衍生了下述种类的保护电路。

1. 电压检测电路

1）直流回路电压检测电路用电阻分压网络直接对直流 530V 电压采样，或从开关电源二次整流电路间接对直流 530V 进行采样，由后续电路处理成模拟信号和数字开关量信号。其中模拟量信号用于直流回路的电压显示、输出控制等，而开关量信号用于故障报警、停机保护等。

2）有的机型对三相交流输入电压进行检测，借以判断 IGBT 的供电状态，异常时停机保护。

3）对驱动供电电压进行监测，常由驱动 IC 的内部保护电路执行此任务，预防 IGBT 出现欠激励现象。

4）对充电接触器的触点状态进行检测，实际为直流回路电压的辅助检测。

2. 电流检测电路

1）IGBT 保护电路，检测 IGBT 在导通期间的管压降，判断 IGBT 是否处于过电流、短路状态，实施软关断与停机保护措施。

2）对三相输出电流进行采样，据过电流程度不同，采取不同的保护手段，如降低运行频率、延时停机保护等。

3）在逆变模块供电回路串接快熔熔断器，实现对逆变模块的短路保护，对快熔熔断器状态的检测。

4）个别机型还对直流母线的电流进行采样，异常时采取保护动作。

5）个别机型对输出电压/频率进行采样，实施对 IGBT 的保护。

3. 温度检测电路

1）用温度传感器检测 IGBT 模块的温度。

2）用温度传感器检测 IGBT 模块的温度的同时检测散热风扇的工作状态。

除了对 IGBT 的相关保护外，对其他元器件不需要保护吗？有无相关的故障检测电路呢？

对整流模块的保护，有的机型提供了用温度传感器形式的超温保护。有的没有。

有的机型在供电方面提供了对 CPU 电路、控制电路的检测和保护，如检测负载电压的高低，在供电异常时，实施停机保护，并报出故障代码。CPU 本身（配合软件）也有一个供电检测，超出一定范围后，报出相关故障。

故障检测电路的故障表现为两个方面：

1）保护功能失效，相关电路故障或变频器工作状态异常时，不能起到正常的保护作用。

2）电路本身故障，在所保护电路（元器件）为正常状态时，误报电路（元器件）故障，变频器不能投入正常工作。

故障信号的存在，会使 CPU 封锁六路驱动信号的输出，使我们无法检测驱动电路和逆变模块的正常。故障信号的存在，还可能使 CPU 做出非常"另类"的举动来，如 OC 故障信号的存在，使操作面板的所有操作均被拒绝，好像进入了程序死循环一样，会使人误认为 CPU 故障，而忽视了对驱动电路及逆变输出电路的检查，而实质上是 CPU 采取的一个防范措施——防止因操作造成进一步严重故障的发生！

还有一种情况：故障检测电路本身并无故障，但在检修过程中，我们常将 CPU 主板、电源/驱动板与主电路脱开，单独上电检修，因形不成故障检测电路的检测条件，常使故障检测电路报出相关故障，CPU 封锁六路驱动信号的输出，给检修带来很大的不便。检修电路板故障之前，经常要做的第一项工作，即是采取相应手段，人为提供相关故障检测电路的"正常检测条件"，令 CPU 判断"整机工作状态正常"，可以根据起、停操作，输出正常的六路驱动脉冲信号，以利于检修工作的开展。

故障检测与保护电路本身的故障率是较低的，但在检修过程中，即使故障检测与保护电路状态是完好的，我们仍需要对大部分检测电路动一下"手脚"，屏蔽其检测与报警功能。因而要在电路原理上吃透，知道在什么地方"动手脚"才能有效，才能让故障检测与保护电路听话，根据维修需要，作出相应的动作。摸对了故障检测电路的"脾性"，故障检测与保护电路，确实能"听"维修人员的话。

在逆变回路的供电——直流母线回路中串接熔断器是最为直接的保护方式之一。只要运行电流超过某一保护阈值，熔丝熔断，即保护了 IGBT 的安全。但熔丝的熔断值往往要留有一定的余地，负载电路出现的正常情况下的随机性过载，靠快熔熔丝来完成这种保护任务，显然是不现实的。快熔熔丝所起到的作用，是在严重过电流故障状态下熔断，从而中断对逆变电路的供电，避免了故障的进一步扩大。

由电流互感器检测三相输出电流信号，由运算电路（和数字电路）处理成模拟和开关量信号，再输入到 CPU，进行运行电流显示，和根据过载等级不同，进行相关如降低运行频率、报警延时停机、直接停机保护等不同的控制。在危及 IGBT 安全的异常过载情况下，因传输电路的 R、C 延时效应，再加上软件程序运行时间，CPU 很难在 μs 级时间内作出快速反应，对 IGBT 起到应有的保护。

因而对 **IGBT** 最直接和有效的保护任务，落在驱动电路的 **IGBT** 保护电路——**IGBT** 管压降检测电路的身上。驱动电路与 **IGBT** 在电气上有直接连接的关系，在检测到 **IGBT** 的故障状态时，一边对 **IGBT** 采取软关断措施，一边将 **OC** 故障信号送入 **CPU**，在 **CPU** 实施保护动作之前，已经先行实施了对 **IGBT** 的关断动作。此保护机理在第 **5** 章中已有详述。

本章的重点是电流检测与保护电路。

6.1 直流母线电流检测与保护电路

1. 在直流母线中串接电流采样电阻的检测与保护电路

图 6-1 为松下 DV-551-16A 型变频器的直流母线电流检测保护电路，在正、负直流母线中，串接了 30mΩ30W 电流采样电阻，逆变电路的输入电流在采样电阻上产生电压降，当输入电流达到一定值，30mΩ30W 电流采样电阻上电压降达到一定值时，光耦合器 PC12、PC8 输入侧发光二极管导通，将过电流信号传输给 CPU，变频器报出过载故障，并停机保护。对正、负端供电同时采样是为了提高动作速度，力图在输出电压的正半波周期或负半波周期内，完成对输出电路某一臂 IGBT 的保护。

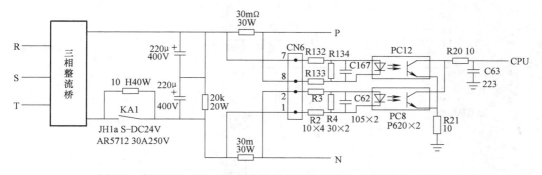

图 6-1 松下 DV-551-16A 型变频器的直流母线电流检测保护电路

电路传送的其实是一路开关量信号，CPU 接受信号，即实施保护动作，没有延时处理过程。

这种电流检测电路在早期的变频器产品中应用较多，新产品则省去了此一检测环节，只是对三相输出电流进行检测了。有的一体化 IGBT 模块和智能 IPM 模块，在其内部电路也设有对直流母线电流的检测。

故障实例1

一台松下 DV-551-16A 变频器，因逆变模块损坏送修。修复逆变与驱动电路后，上电带载试机，跳过电流故障，而空载运行正常。该机器的过电流保护与检测电路有：U 相输出电流检测电路，直流母线的电流检测电路，而对 IGBT 逆变输出电路的保护，相当程度上是依赖于后者的，此电路的功能相当于驱动电路中对 IGBT 管压降检测电路。

拔掉电流互感器的引线端子，带载运行时仍跳过电流故障，说明故障是直流母线检测电路报出。测量直流母线中 P 端串接的 30mΩ 电阻，已有 2Ω 的阻值，说明 IGBT 损坏时，因其冲击电流造成了其阻值变大，电压降上升，使检测电路中的光耦合器 PC12 导通，向 CPU 送出过电流保护信号。

30mΩ30W 采样电阻不易购得，根据铜导线的电阻率：截面积为 $1mm^2$、长 1m 的导线，电阻为 $0.0175Ω$，用 4 段 17cm（阻值 30mΩ）长，截面积为 $1mm^2$ 的铜导线，两两串联后，再两根并联，然后绕制一下，造出一只 30mΩ 的"电流采样电阻（形状像是一只空心电感线圈）"来，更换后故障排除。

2. 在直流母线中串接熔断器的检测与保护电路

在供电电源中串接熔断器、熔丝，实施对负载电路的过电流和短路保护，是最原始、最直接和最为有效的保护方式之一，因而在各种电子保护电路和功能已经非常完备的情况下，大多变频器产品还是在直流供电回路中串入熔断器，以实现对 IGBT 逆变电路的过电流和短路保护。这是因为，其一，熔断器的保护快速和直接；其二，能在危急情况下，断开故障电路的供电电源，避免故障的进一步扩大。

图 6-2 中的上图主电路的直流回路用简化示意图画出，C 为直流回路储能电容器，R 为直流回路的等效电阻。FU1 串接于直流母线的负端回路中，担任着对 IGBT 逆变输出电路和储能电容器 C 的短路保护任务。检测电路的供电取自驱动电路的负 10V 电源。正常状态下，FU1 两端电位差为 0V，检测电路中的 VT7 的射极与基极等电位，无偏流形成，

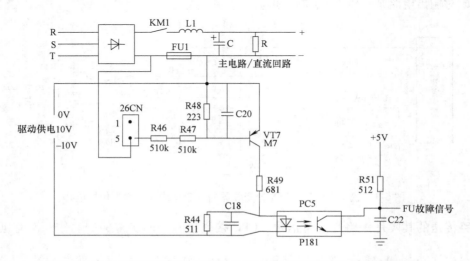

图 6-2　东元 INTPBGBA0100AZ 110kVA 变频器的熔断器状态检测电路

PC5 无驱动电流输入，输出端为 5V 高电平——FU 正常信号。当逆变回路或储能电容发生短路故障时，FU1 熔断，FU1 两端出现 500V 以上高电位，电压极性为左负右正（右端经 R 引回正电压），形成由 VT7 的发射结、R47、R46、整流输出负端的 VT7 的 I_b 偏流回路，VT7 的导通提供了 PC5 的驱动电流，PC5 输出脚变为 0 电平，将 FU 故障信号送入 CPU，实施停机保护动作。

富士 5000G11/P11 160kVA 变频器的熔断器检测电路如图 6-3 所示，FU1 的串接位置则移在直流回路的储能电容之后，大多变频器的 FU1 都是在这个位置上，与图 6-2 相比，本电路能起到对 IGBT 更好的保护作用。因过电流或短路故障导致 FU1 熔断后，FU1 两端形成左正右负的 500V 以上的电位差，PC2 导通，输出低电平的 FU 故障信号，送入 CPU，变频器保护停机。

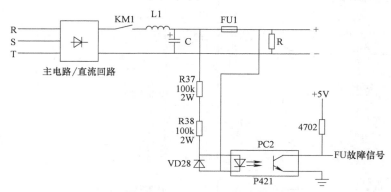

图 6-3　富士 5000G11/P11 160kVA 变频器熔断器检测电路

616G3-55kW 安川变频器熔断器检测电路如图 6-4 所示，在三相逆变模块中分别串入了 FU1、FU2、FU3 3 只熔断器，当逆变功率模块遭受过电流和短路故障时，能起到较好的保护作用。3 路 FU 故障检测电路的供电，取自 3 路驱动电路的 −9.5V 电源。其控制原理同上。3 路检测信号由 Q5、Q20、Q29 3 只光耦合器并联输出至 CPU。

FU 检测电路的本身故障率并不高。当电源/驱动板与变频器主电路脱离单独检修时，对 FU 检测电路来说，即相当于 FU 熔断了，因而在电路板上电后，即报出 FU 故障，电路处于故障锁定状态，使我们无法展开对其他故障电路的检修。解决方法如下：

在 FU 熔断、光耦合器有了输入电流通路后，才报出 FU 故障。那么将光耦合器的输入电流通路截断，即阻断了 FU 故障的报出。将图 6-2 ~ 图 6-4 电路中的光耦合器的输入侧短接，即避免了电源/驱动板脱离主电路时报 FU 故障。这是在检修工作过程中经常要实施的一个人为措施。

对变频器熔断器故障的检修有如下几种情况：

1）送修变频器，在上电后报出 FU 故障，往往熔断器已经熔断。其熔断原因多是因负载产生过电流或过电压冲击，致使 IGBT 损坏，使流过直流母线的电流剧增，造成熔断器熔断。熔断器为快速熔断器，具有过电流时快速熔断的特性，与一般电工电器中常用的熔断器的特性（具有反时限保护特性，能避过载电动机的起动电流，熔断速度与过电流倍数有关系）不太一样。最好能用原型号熔断器更换，如代用，应选用工作参数一致的快速熔断型熔断器。

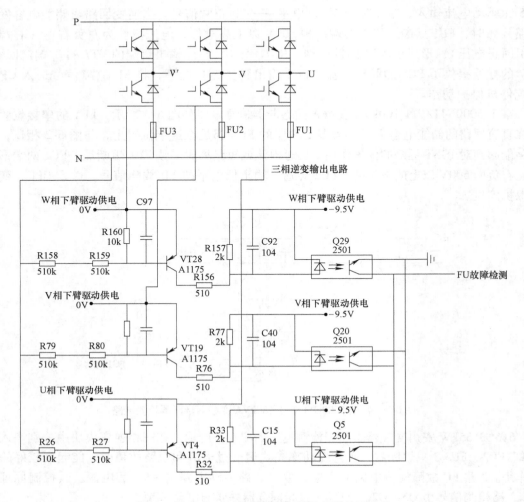

图 6-4　616G3-55kW 安川变频器熔断器检测电路

2）FU 检测电路的信号端子及连线接触不良时，会误报 FU 故障，不能开机运行。

3）FU 检测电路本身故障，变频器上电后，会误报 FU 故障，变频器进入故障锁定状态。

故障实例 2

一台东元 INTPBGBA0100AZ 110kVA 变频器，上电跳 FU 故障，查说明书中 FU 故障代码及相关说明。拆机查看主电路中串有 FU1 熔断器，检查 FU1 良好（见图 6-2），短接 FU 故障检测电路中的光耦合器 PC5 的输入侧时，上电后不跳 FU 故障，能开机运行。查出为晶体管 VT7 击穿短路，更换后故障排除。

故障实例 3

一台 616G3-55kW 安川变频器，因雷击造成整流和逆变功率模块损坏，将电路板与主电路脱开，检修驱动电路时，上电后，操作面板 FU 字符闪烁，不能进行相关操作。从电源/驱动板上找到 FU 故障检测电路（与驱动电路一起），分别将 Q5、Q20、Q29 3 只光耦合器的输入侧短接后，上电不跳 FU 故障。查出驱动电路的故障排除和更换损坏模块后，将 Q5、

Q20、Q29 3 只光耦合器的输入侧的短接线解除,变频器投入正常运行。

6.2　电流互感器电路

变频器电路上应用的电流互感器,除早期极个别产品采用穿心式电感线圈绕制而成的传统互感器外,在成熟电路中,常采用霍尔元件与前置电流检测电路做成的一体化密封式电流互感器(姑且称之为电子型电流互感器吧),其中又分为标准型和非标准型,标准型采用市场上的专用成型产品。如 10A/1V 型电流互感器,回路中的每 10A 电流产生 1V 的信号电压输出。非标准型是变频器厂家自行设计与制作的,不能通用,损坏时一般是更换原厂家提供的同型号产品。

电子型电流互感器,其实就是一个电流/电压转换器的电路。图 6-5 中两种电流互感器的电路比较具有代表性。台安 3.7kW 变频器电流互感器电路中,电流互感器的主体也为一圆形空心磁环,变频器的 U、V、W 输出线作为一次绕组穿过铁心磁环(小功率机型一般是穿过多匝),磁环中即产生随变频器输出电流大小而疏密变化的磁力线。此磁环有一个缺口,在这个缺口里嵌入了四引线端的霍尔元件。霍尔元件为片状封装,磁环的磁力线穿过霍尔元件的封装端面,此端面又称为磁力线收集区(或磁感应面)。霍尔元件将磁力线的变化转变为感应电压输出。电路由霍尔元件和一只精密双运放电路 4570 组成。霍尔元件工作时须加入一个 mA (3 ~ 5mA) 级的恒定电流,4570a 接成恒流源输出电路,提供霍尔元件正常工作所需的 mA 级恒定电流(本电路霍尔元件的工作电流为 5.77mA),加至霍尔元件的 4 脚和 2 脚;霍尔元件 1 脚和 3 脚输出随输出电流变化而变化的感应电压,加到 4570b 的 2 脚和 3 脚两个输入端,经放大后由 1 脚输出(电流检测信号)交流电压信号。电子型电流互感器往往为四端元件,其中两个端子为 ±15V 的内部放大器的供电,另两个端子为信号输出端,一个端子接地,一个端子为信号 OUT 端。± 15V 除提供双运放 IC4570 的供电外,又经进一步的 ±6V 稳压,形成一个零电位点引入 4570 的 3 脚。变频器在停机状态时,对地测 OUT 点,应为 0V,在运行中,则随输出电流大小比例输出 3V 以下的交流信号电压。

东元 3.7kW 变频器电流互感器电路采用的是一片可编程运放芯片,此芯片的型号至今没有查到,但通过改装试验,摸出了电路的一些特点。据试验,2 脚为恒流供电端,3 脚和 4 脚为差分放大器输入端,13 脚为信号输出端。将 11、12、13 脚焊锡缺口逐级短接时,放大倍数呈减小趋势;逐级开路时,放大倍数增大。以此可以调节芯片的放大倍数,便于匹配不同功率输出的变频器。

变频器的电压检测和电流检测信号都有可能被程序运用到输出三相电压和电流的控制——检测信号发生变化时,输出三相电压和电流也相应变化。其损坏时,最好采用原厂配件进行修复,以避免引起保护和控制性能的变化。

电流互感器损坏后,典型的故障现象是:上电即显示过电流、短路、接地(OC、SC、GF)故障,有的变频器可能会显示一个故障代码表中所没有的一个代码,拒绝任何操作。遇有此类状况,首先应检查故障与检测保护电路,是否有起控现象。电流互感器的检测方法如下:

1)变频器上电,测量电流互感器的供电脚,±15V 是否正常,若其中一路供电偏低或

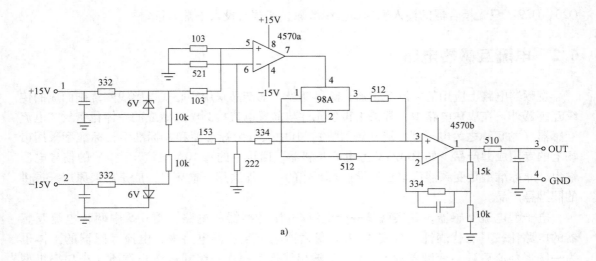

a)

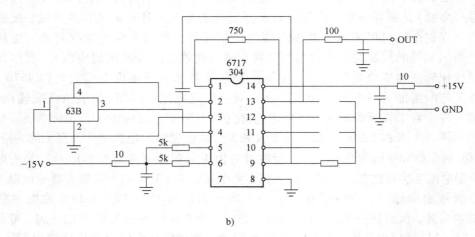

b)

图 6-5 台安 N2、东元 7200MA 变频器电流互感器电路

a) 台安 N2-405-1013/3.7kW 电流互感器　b) 东元 7200MA 3.7kW 电流互感器电路

为 0V，电路即误输出过电流信号，使 CPU 实施保护动作。如供电异常，先修复供电。

2）测量信号输出脚 OUT 与 GND 之间，静态时应为 0V，若有正或负的输出电压值，应检查。

① 将电流互感器 OUT 信号与后级电路连接的铜箔线切断，测量电流互感器的 OUT 端子电压，为 0V。说明电流互感器正常，故障为后级电流检测电路损坏。

② 将 OUT 信号铜箔条切断，测量电流互感器的 OUT 端子电压，仍为正或负的较高幅度的电压输出，说明电流互感器本身损坏。

电子型电流互感器损坏后，在静态时（变频器停机）即输出一个正或负的较高的直流电压，其电压值接近供电电压，故障多为内部运算放大器损坏。电子型电流互感器往往采用某种密封胶进行固化，修复难度较大。

电流互感器损坏后的修复：

1）从厂家或供应商处购得原配件更换。

2）用微型螺钉旋具，小心拆开外壳，逐一清除固化物，使电路板显露出来，检查损坏元器件并更换。

3）应急调试修复法。若机器采用 3 只电流互感器，已经坏掉一只，上电即报 OC 故障。将坏掉电流互感器拆除后，变频器能投入运行。调出运行电流显示值（小于实际电流值），用嵌形电流表检测输出电流值，对比其误差，计算其误差系数，将变频器保护动作电流值的参数值按误差系数调小。变频器仍能实施正常的保护动作。有的变频器只采集两相运行电流的模拟信号输入 CPU，可以调整电流互感器的安装位置，满足其采样要求。部分变频器机型可用此方法应急修复运行。

4）用其他型号的电流互感器应急换修复，原则是：供电及引脚功能相同；输出电压信号幅度输较原电流互感器为大；将输出端串接半可变电位器，为变频器接入额定负载，调整 OUT 端电压，与另两路电流互感器输出信号幅度一致。

故障实例 1

一台 N2 型 220V1.5kW 的台安牌变频器，因故障送修。先是修好了开关电源，上电即跳 UL 故障，操作面板拒绝操作。根据修理其他机型的经验，可能模块或相关故障检测电路异常，变频器拒绝运行操作。但查逆变模块正常，应在故障检测电路方面下功夫了。

怀疑是跳电压低故障，变频器上电后，检测主回路电压低，也会拒绝起动操作。但查说明书中的故障代码表，欠电压故障代码应为 LU，不应是 UL，说明书上不该有此失误。但也不敢掉以轻心，先查主回路直流电压检测电路，与东元和大连普传变频器一样，也是从开关变压器的二次绕组间接采样的，采集的是正向尖脉冲整流的正电压信号。取自 −15V 电源的同一绕组，经 D207 整流，R254 和 C40 平滑滤波后，为 60V 直流正电压，再由 R256（180kΩ）隔离和分压成 3.6V 左右的采样电压，送入 CPU 主板。试将 R256 并联一只 220kΩ 电位器，调整试之。在调整过程中，听到充电继电器随 3.6V 的高低发出接通和断开的"喀啦"声，证明此电路确为电压检测电路，此采样电压也应在正常范围内，没有问题。

这个 UL 代码是故障代码中所没有的，但也是提示维修人员故障原因的。这倒勾起了编者的好奇心，想下点功夫解透 UL 这个密码到底是什么意思。观察逆变模块的所有引脚，没有报热故障或 OC 故障的引出脚，接着查三相输出电流互感器输出的三相电流采样信号。互感器供电为 ±15V，据经验，在静态时信号输出脚应为 0V。三相电流互感器 3 个输出脚的电压值分别为：U 相 2.6V，V 相 4.7V，而 W 相竟然为 12V！原因在此吗？将此 3 个信号切断，将信号输入脚与 GND 地连接后，上电跳 UU 了，停电时跳 220V，然后跳 LU（真正的欠电压代码），有了变化，说明跳 UL 故障的起因仍在三相电流检测环节。UL 和 UU 都是故障代码表中所没有的，但和电流检测信号有关系。检查 3 只电流互感器都已损坏，又查出后级电路检测电路中的一只 IC 损坏，将 3 只电流互感器和后级损坏 IC 换新后，故障排除。

故障实例 2

一台 P9 型 22kW 英威腾变频器，上电后跳 H：00，所有操作均被拒绝。一开始以为 CPU 电路损坏，导致程序不能运行，遍查无果。后考虑到可能为某路故障检测电路报出故障信号的原因，使 CPU 进入故障锁定状态。检查驱动电路无异常，将驱动电路的 SC 报警功能解除掉后，故障依旧。后查出 V 相电流传感器在静态时输出 −12V，将信号输出铜箔条切断后，能进行运行操作。更换同型号电流互感器后，故障排除。

从以上两例故障可以看出：变频器在上电后，程序自检结束后，检测到相关故障状态——电流互感器损坏后误报过电流信号，但并不一定直接报出 OC 或 OL 故障。变频器有时候所报故障代码，甚至是说明书中故障代码表中所没有的，如故障实例 1。遇有此类情况，先要冷静下来，排除故障检测电路的错误报警状态后，再去检修 CPU 电路。

6.3 东元 7200MA 3.7kW 变频器的电流检测电路

1. 电流检测电路之一——模拟信号/开关量信号处理电路（见图 6-6）

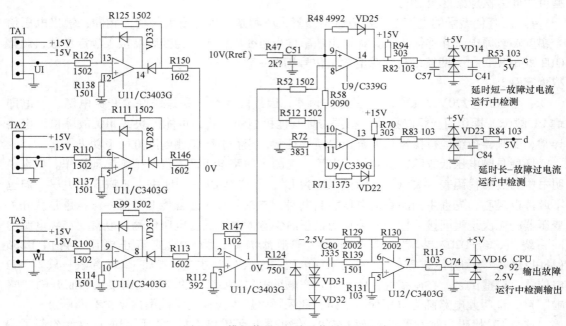

图 6-6 模拟信号/开关量信号处理电路

TA1、TA2、TA3 是 3 只电流互感器，电流互感器的内电路如图 6-5 所示。3 只电流互感器串接于三相输出电流回路，输出 UI、VI、WI 三路代表输出电流大小的交流电压信号。U11（四运算放大器 C3403G）内部的 3 组放大器与外围元件构成了三路精密半波整流器，将输入 3 相交流电压信号的负半波倒相整流成正电压信号，输入到由 U11 内部第四组运算放大器构成的反相放大器的输入端，输出负的 IUVW（全电流信号）信号，IUVW 又分为两路，送入后级开关量信号处理电路。

U11 实际构成了三相半波整流电路，整流信号 IUVW 实质上为 3 个电压波头的脉动直流信号，含有 U、V、W 三相输出电流的信息。IUVW 信号经 R124、VD31、VD32 的正、负向钳位与 C80 隔离直流成分后，输入 U12 的 6 脚，U12 构成了一个电压整形电路，输出正的 3 个波头的频率信号由 R115、C74 滤除干扰和 VD16 钳位保护后，送入 CPU 的 92 脚。CPU 内部计数电路（程序）据单位时间内输入脉冲个数的多少，判断是否有输出断相现象，当波头数目少时，报出"输出断相"故障，停机保护。该级电路输出的是脉冲信号，信号被 VD31、VD32、VD16 输入、输出钳位电路所嵌位，已失去"模拟放大"的特征，说电路传输的是开关量信号也无不可。本电路实际相当于对输出频率/电压的间接检测，但是通过电流信号来间接采样的。

IUVW 信号还同时送入由 U9（C339G 四组开路集电极输出运算放大器）构成的两级迟滞电压比较器的反相输入端，见图 6-6 右上部电路。两级迟滞电压比较器的同相端是由 10V（Rref）基准电压经 R47、R58、R72 分压形成的两个基准电压，其中 9 脚的基准电压高于 11 脚的基准电压，因而两者构成了一个梯级电压比较器。经 R512 输入到 10 脚的 IUVW 压信号大于 11 脚基准电压时，迟滞电压比较器输出状态反转，由 +5V 钳位高电平，转变为 0V 钳位低电平，此路输出信号为 OL1 过电流信号。CPU 接受此"轻度过电流信号"后，一边发出过电流警告，一边进行"长"延时处理，若属于偶然性过电流，在延时时间内运行电流又回得到正常值，则报警提示结束，变频器继续运行；若延时时间已到，过电流现象依旧存在，则实施保护停机控制。运行中当过电流幅度进一步上升时，电流检测信号经 R52 输入到 U9 的 8 脚，其电压值超过 9 脚的基准电压值时，14 脚输出状态反转，输出 -15V 的负电压信号，经 VD14 钳位为 0V 地电平信号，此路输出故障信号为 OL2 过电流信号。CPU 接受此"较严重过电流信号"后，一边发出过电流警示，一边进行"短"延时处理。在短延时处理过程中，若过电流现象消失，则变频器继续运行。若过电流信号依旧存在，则停机保护。

上述"轻度过电流"信号，（试分析）本机说明书中定义为变频器过负载，意为运行电流超过额定电流的 115%，一般变频器说明书定义为"OL1"过电流信号；而"较重过电流"信号，本机说明书定义为故障为"过转矩"，意为运行电流超过额定电流的 150%（或 130%），一般说明书中定义为"OL2"过电流信号。这两路输出信号，都是系将电流模拟采样信号处理为开关量信号，再经后级电路——末级故障信号处理电压送入 CPU 的。并且都是运行中检测有效的。上电期间或待机期间，CPU 将忽略掉对 OL1、OL2 过电流信号的检测。若因电路元器件损坏造成误报故障，也是在起动运行后，才报出 OL1、OL2 故障。两路过电流信号是经 c、d 点输入后级数字电路的。OL1、OL2 信号的生效或无效，取决于 CPU 的控制。只有在接受起动信号后，数字电路才受控工作（详见第 8 章 CPU 电路的检修内的相关内容）。

电路中的关键测试点为待机状态下的静态电压值。-2.5V 和 10V（Rref）两路基准电压来自于基准电压产生电路，见 6.6 节基准电压产生电路。

2. 电流检测电路之二——模拟信号处理电路（见图 6-7）

由电流互感器来的三路电流检测信号，有两路输入到图 6-7 的精密半波整流器——模拟信号处理电路。此两路信号有以下特点：

1）在上电期间和待机过程中不起作用；

2）重点用于在起动过程中对输出电流/频率的控制；

3）被用作运行电流的显示（采样）；

4）不被用作延时停机信号。

这是两路专门在起动（和运行）过程中应用的信号，用作对输出电流/频率的控制。UI、WI 两相电流检测信号，经 U12 两组运算放大器与外围元件构成的精密半波整流器，整流为正的模拟电压信号，直接经 R、C 抗干扰电路、VD18、VD17 二极管钳位保护电路，输入到 CPU 的 95 脚和 93 脚。说一下在起动过程中对该信号的应用：在变频器起动过程中，应用此信号的目的，是为了使负载电动机维持一定的转差率，从而将起动电流维持在一定的允许的范围内。在起动过程中，随输出频率的上升，电动机转速也应随之同步上升。因负载

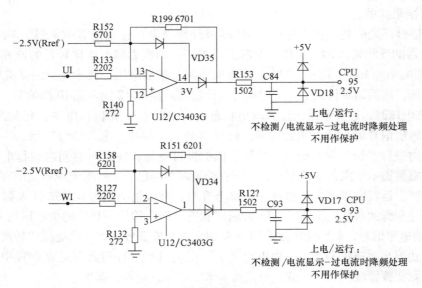

图 6-7　模拟信号处理电路

较重，电动机升速较慢而导致转差率上升，并形成过大的负载电流时。此异常增幅电流信号，由图 6-7 电路所检测，送入 CPU 的 93 脚和 95 脚，CPU 将暂停输出频率的上升（或使输出频率有所回落），等负载电动机的转差率下降，起动电流回落到允许值以内时，变频器输出频率才继续上升。此种控制过程一直持续到电动机正常运行为止。正常运行中，电流检测信号则由程序计算后，由操作显示面板，用于运行电流的显示。

3. 电流检测电路之三——快速停机保护信号（见图 6-8）

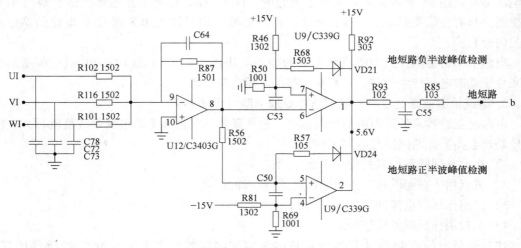

图 6-8　快速停机保护信号

电路原理：U9 为开路集电极输出方式的电压比较器，故两输出端可直接短接，并在静态时由 R92 上拉为高电平。两级放大器接成窗口电压比较器电路，当输入信号在正的和负的两个基准值之内时，电路无输出。信号超过任一基准值时，电路输出状态反转。

输入（由电流互感器来的）UI、VI、WI 三相电流信号，经 R102、R116、R101 3 只负载电阻连接成星点后，再输入到 U12 的反相输入端 9 脚。当变频器输出端无接地故障时，三相电流有较好的平衡度，UI、VI、WI 三电流信号之和接近于零，U12 的 8 脚只有很低的电压输出。而当接地故障造成某相输出电流变大到一定值时，三相平衡状态被打破，U12 的 9 脚产生信号电压输入，8 脚输出接地电流信号电压信号，同时输入到后级由 U9 构成的窗口电压比较器的 5 脚和 6 脚。输入到 U9 反相输入端 6 脚的交流正半波信号与 7 脚由 +15V 分压形成的正的基准电压相比较，在输入信号正半波的幅值超过基准电压值时，1 脚变为低电平，将正半波电流峰值检测信号（地短路信号）送入后级电路；输入到 U9 同相输入端 5 脚由 −15V 分压形成的负的基准电压值相比较，在输入信号负半波的幅值超过基准电压值时，2 脚变为低电平，将负半波电流峰值检测信号（地短路信号）送入后级电路。

电路处理的是象征着三相电流不平衡度的三相电流之和，电路并不区分为哪一相出现接地故障，只要因接地故障造成较大的不平衡电流信号产生，则输出地短路故障信号，变频器实施无延时停机保护。该信号的特点是：信号在起动和运行期间都是有效的（部分机型在运行后，该信号则被忽略）。本机说明书中，对该信号的定义是：变频器输出端接地（接地电流大于变频器 50% 额定电流），实质上是指三相不平衡电流超过了变频器额定电流的 50%！

上述电流检测电路的 OL1、OL2 和地短路信号均被输入后级数字信号处理电路，由 CPU 输出的相关控制指令配合，使信号随着变频器的工作进程，起到"输入有效"和"输入忽略"的作用。

6.4　英威腾 G9/P9 中、小功率机型输出电流检测电路

1. 在输出电路中串接电流采样电阻的电流信号检测电路（前置电路）（见图 6-9）

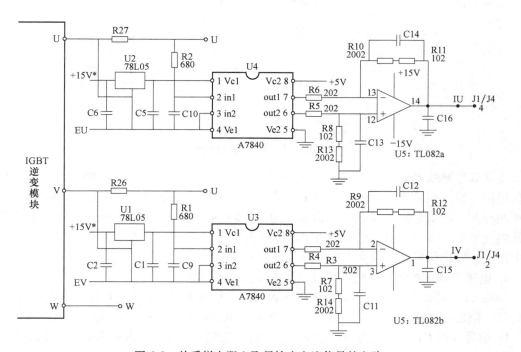

图 6-9　从采样电阻上取得输出电流信号的电路

部分小功率变频器机型，对输出电流的采样省掉了电流互感器。在 U、V 输出电路中直接串接了 mΩ 级的电流采样电阻，将此电阻上的压降信号经 U3、U4 进行光电隔离和线性传输，先经 U5（TL082）进行放大后，送后级电流检测与保护电路进一步处理，再送入 CPU。U3、U4（A7840）为集成线性光耦合器，与普通光耦合器略有不同，内含放大电路，故适于对 mV 级微弱电压信号的传输，既实现了强、弱电的隔离，又实现了对小信号的线性传输。U4 输入侧的供电是由驱动电路供电（隔离电源）再经 U1、U2（L7805 稳压器）稳压成 5V 来提供的，此电源必须是与控制电路相隔离的。此两路电流检测信号输出端，在电路板上标注有 IU、IV 字样，是为检测点。

对小功率变频器电路，电源/驱动板上往往也同时集成了三相输入整流电路与三相输出逆变电路，直流回路的储能电容也焊接于此，变频器的主电路也在电源/驱动板上。图 6-9 中电流检测电路即在电源/驱动板上，为了文字叙述的方便，也将图 6-9 电流检测电路称为"电流检测电路的前置电路"。

2. 模拟电流检测信号的处理电路（见图 6-10）

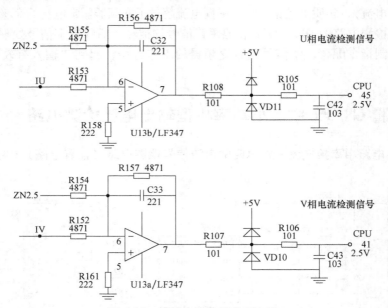

图 6-10 模拟电流信号处理电路

由前置电路或由电流互感器来的 IU、IV 信号，经 U13a、U13b 反相输出、VD10、VD11 钳位保护，输入到 CPU 的 41 脚和 45 脚，供运行电流显示及起动、运行过程中的输出电压/频率的控制。ZN2.5 为基准电压电路输出的 - 2.5V 基准电压，经 R154、R155 加到两级放大器的反相输入端，因而电路静态输出电压值为 2.5V。输入交流电压信号叠加在 - 2.5V 基准电压上，输出信号电压值在 2.5V 上下浮动。

3. 电流检测电路的保护信号处理电路一（见图 6-11）

这块 CPU 主板是小功率、中功率机型通用的。小功率机型在 U、V 相输出回路串入 mΩ 级电阻，以取出两路电流信号。在实际电路中将 R189 空置，焊入 R169，如此处理，是将 IU、IV 信号经由 U13c 合成为 IW 信号，然后这三路信号经 U12b 进一步放大处理成三相电流的合成信号 IUVW。对于稍大功率的机型，则由霍尔元件及前置电流信号检测电路构成的电流互感器，将三路 IU、IV、IW 信号直接传输到 CPU 主板上。此时 R189 接通，R169 空置，三路信号也经 U12b 进一步放大处理成三相电流的合成信号 IUVW。此合成的 IUVW 信号，其幅度反映了输出电流的大小，不必区别是哪一相电流，只要是有异常的大电流信号出现，后级电路便报出故障信号。这一路信号被处理为保护动作信号，用于停机保护等目的，不参与电流显示和输出计算控制的。IUVW 三相电流合成信号一路加到 U11a，U11a 接成具有滞后特性的电压比较器电路。同相端是 10V 基准电压经电阻分压而成的固定偏压，当反相端输入负的信号电压的峰值超过同相端偏压时，U11a 就输出一个 OCL 信号；IUVW 信号还送入了 U11b，与同相端偏压相比较，输出一个 OCH 信号。OCL 信号实为 OL1（故障代码）过电流信号，过电流幅度较小；OCH 为 OL2 过电流信号，过电流幅度较大。变频器在运行中，出现此种过电流状况时，会提供过电流故障警示，并不马上停机保护。经一定时间的延时，仍有持续过电流信号输出，才实施停机保护。OL1 延时时间长一些，OL2 因过电流幅度大，延时动作时间相对短一些。

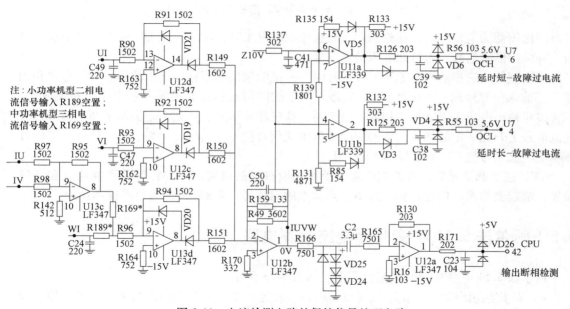

图 6-11　电流检测电路的保护信号处理电路一

U12、U13 内部的三组放大器构成了三相半波整流电路，三相电流的合成整流信号 IUVW，经 U12b 放大器倒相后，由 VD24、VD25 进行削波和钳位，经电容 C2 耦合，由 U12a 放大为三波头的矩形脉冲信号，送入 CPU 的 42 脚。因输入交流电源断相，储能电容严重失容造成直流回路电压的大幅度波动，因而使三相输出电流波动剧烈时，U12a 传输的三波头信号不规则或有缺失，变频器报出 "SP1——母线汇流排上波动过大" 或 "输出断相" 的故障信号而停机。这是利用输出电流信号对输出电压幅度/输出频率进行检测的电路。

4. 电流检测电路的保护信号处理电路二（见图 6-12）

图 6-12 为电流检测信号的开关量信号处理电路。由前置电路来的三相电流检测信号，输入由 U15c 构成的加法放大器，其放大输出为三者信号相加之和。R143*、R144* 为放大量调整电阻，因两相/三相输入信号的不同或前置电路来的信号幅度的不同，可通过调整两电阻值，达到与后级电路适配的目的。U11c、U11d 的电路形式同 U11a、U11b，也接成窗

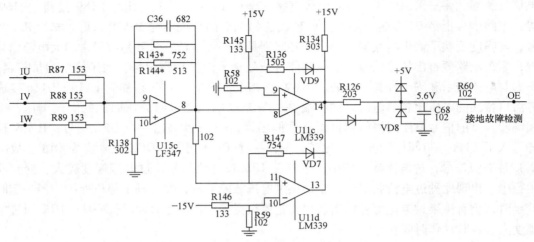

图 6-12　电流检测电路的保护信号处理电路二

口电压比较器的电路形式，在检测到三相接地故障发生时，输出一个 OE 信号。这个信号也为一种保护停机信号，为接地故障检测信号。

当变频器的三相输出电流平衡度较好时——说明输出端不存在接地故障，三信号之和为零（三输入信号形成一个中性点），电路无接地故障信号输出。当某一输出端有接地故障，引起该相输出电流大于其他两相输出电流时，即三相输出电流达到一定的不平衡度时，故障电流信号上升到一定的阈值，负的故障峰值电流信号使 U11c 的 14 脚输出 OE 信号，正的故障峰值电流信号使 U11d 的 13 脚输出 OE 信号。

CPU 接受此信号后，立即进行停机保护，没有延时过程。这种检测信号在起动和运行阶段，都起到作用。但在本机电路中，当其他故障信号作用时，OE 信号即被中止。

6.5　阿尔法 5.5kW 变频器电流检测电路

阿尔法 5.5kW 变频器的电流检测电路如图 6-13 所示。

V、W 相输出电流信号由电流互感器取得（注意：电流互感器内含霍尔元件电流检测及信号放大电路，输出信号已达一定的电压幅度），经 R、C 滤波网络滤除高频噪声干扰，送入 U11a 的 2 脚和 U11c 的 13 脚，由此前两级放大器输出的 V、W 电流检测信号，由两放大器的输出 1 脚和 14 脚直接输入到由 VD20、VD21、VD22 组成的三相桥式整流电路中。IV、IW 两相电流信号，又由 R102、RR101 输入到 U12a 的 2 脚，经放大后从 1 脚输出合成的 IU 信号，也输入到由 VD20、VD21、VD22 组成的三相桥式整流电路中，由三相整流电路得到的反映三相输出电流 IUVW 大小的 Iin + 、Iin – 信号，送入后级电压比较器电路（CPU 外围电路），与可控基准信号相比较，输出过电流故障信号，与过电压、模块 OC 信号一起合成"综合故障信号"，再送入 CPU。

送入 CPU 的"综合故障信号"为开关量信号，此信号一旦输入，CPU 马上就会无条件地执行变频器停机命令。Iin + 、Iin – 信号触发的是一个"故障阈值电压"，Iin + 、Iin – 信号到达一定幅度后，保护电路即被起动。CPU 还需输入另一路电流检测信号，这一路信号应该是模拟信号，在此信号作用期间，即使是某一程度的过电流信号，则保护电路不一定会

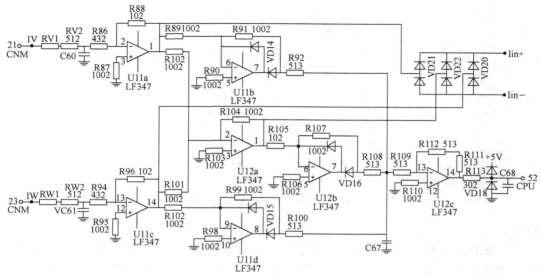

图 6-13　阿尔法 5.5kW 变频器电流检测电路

被马上起动，CPU 要采取一些迂回动作，要商量一下，比如降一下频率，看电流是否下降，如果商量成了（电流降下来了），便不再去起动保护电路了。变频器在起动或运行中，经常会有瞬时过载，变频器随之有一个动态频率调整动作，此动作就是根据电流检测电路送来的模拟号来判断的。

　　V、W 输入的 IV、IW 电流信号经 U11a、U11c 处理后，又经 U12a 合成出 IW 信号，IV、IW、IU 三路信号又经后级精密正半波整流电路（电路只对输入正的电压信号有放大作用，而输出为负向的电压信号），合成为负向的 IUVW 合成电流检测信号，U11b、U12b、U11d 三组运算放大器构成了精密半波整流电路，将输入信号进行了半波整流，处理成负的直流电压，再经 U12c 反相放大器处理成 5V 以下的正电压信号，经 VD18 组成的限幅电路送往 CPU 的 52 脚。在变频器的电流检测电路中，此信号的作用：

　　1）用作变频器的输出电流显示，用户可从操作显示面板上监视变频器的运行电流。

　　2）提供输出控制的参考，如过电流状态下，用降频方式使输出电流下降到允许值以内。

　　3）会以其他方式参与输出控制。总之，通常这路信号不是用于保护，而是用于显示和控制之用。参与保护的电流检测信号往往被处理成开关信号输入 CPU，而参与控制的电流检测信号则为纯模拟信号，也送入了 CPU。

6.6　电流与电压检测的共用电路——基准电压形成电路

　　图 6-14 为 7200MA 7.5kW 东元变频器基准电压形成电路。

　　在故障检测电路，尤其是电压和电流故障检测电路（特别是电路在采用运算放大器来处理信号的情况下），提供一个基准电压是必须的。输入电压信号总要与一个基准电压值相比较，从而判断出过电流、过电压和欠电压故障来。同时，CPU 采用也必须预先提供一个信号基准点——2.5V 的基准电压，供内部电路对输入模拟信号进行计算和程序应用。根据各个检测电路输入信号幅度的不同，所需的基准电压值也有所不同，该电路共有三路基准电

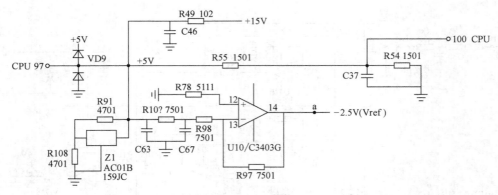

图 6-14 7200MA 7.5kW 东元变频器基准电压形成电路

压输出。

15V 供电先由 Z1（同 TL431）基准电压源电路提供出第一路 5V 基准电压，送 CPU 的 97 脚；此 5V 又经 R55、R54 分压成 2.5V，送入 CPU 的 100 脚，两者都供 CPU 内部相关电路所需的电压基准。此 5V 又由 R10?、C63、C67 滤波网络经 R98 输入到 U10 反相放大器的 13 脚，输出一路 −2.5V（Vref）基准电压，由 a 点引入到电流、电压检测电路、温度检测电路，作为故障检测电路——处理模拟信号所需的基准电压。

有的电路没有专用基准电压形成电路，所需基准电压，往往是由 **+5V**、**+15V**、**−15V 分压取得，分压所得，实际也为基准电压，与输入信号比较，输出相关的检测信号。**

G9/P9 英威腾中功率机型变频器的基准电压形成电路如图 6-15 所示，则输出三路基准电压信号供电流、电压、温度等故障检测电路。+15V 供电经 R148、R190 限流、C7、C40 滤波后，由基准电压源电路 U16（TL431）输出稳定度良好的第一路 5V 基准电压；5V 电压经 U14B 反相 2 倍衰减器处理第二路 −2.5V 的基准电压；5V 电路又经 U14 同相 2 倍放大器处理成第三路 10V 基准电压。

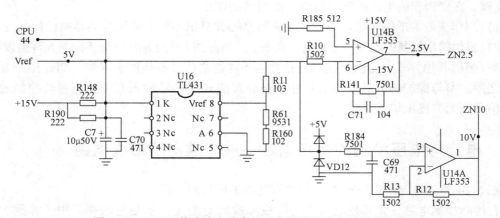

图 6-15 G9/P9 英威腾中功率机型变频器基准电压形成电路

第一路 5V 基准电压源，供模块温度检测电路和 CPU 电路；第二路和第三路基准电压源供电压、电流故障检测电路。

基准电压形成电路提供了各路故障检测电路所需的各种基准电压，是故障检测电路正常工作的前提条件之一。其状态的好坏影响到整个故障检测电路。电路出现故障时，基准电压严重偏离正常值，会使检测电路因比较电压的偏离，误输出故障信号。测量故障检测电路的静态电压偏离正常值时，应首先检测并确定基准电压形成电路是否正常。同时，当 CPU 检测到输入的基准电压异常时，可能会采取故障保护措施，报出如控制电压异常，或报出一个故障代码表中没有的一个故障"代码"，变频器拒绝操作和运行。

另外，基准电压形成电路故障，会使输入到 CPU 的模拟信号偏离正常值，操作显示面板显示的输出电流和直流回路电压值出同时出现较大偏差。同时也会导致多个故障检测电路误报警，但 CPU 根据各个故障的优先权，总是先报出其中一个故障，当我们将该故障屏蔽掉时，又会报出第二个故障，第三个故障。那么需要检查故障检测电路的共用电路——基准电压形成电路的故障了。

6.7　根据故障代码检修电流检测电路

6.3 ~ 6.5 节的内容为电流检测电路，6.6 节的内容为基准电压形成电路。本节的检修方法的叙述，是针对上述 6.3 ~ 6.6 节相关内容来进行的。

1. 电流检测电路的特点

1）从 U、V、W 三相输出端 3 只电流互感器来的 UI、VI、WI 三相电流信号，被后续电路处理成两大类信号。

模拟电压信号，直接送入 CPU 电路，处理后供运行电流显示和输出（电流）电压/频率的控制；

开关量信号，用于不同工作过程中的保护动作控制，如运行中过电流、加速中过电流、减速中过电流、输出过电流、接地等。

2）开关量信号被处理成"延时动作处理"和"直接动作"两类信号，前者为"轻故障"信号，信号输出时，变频器有一个延时动作过程。在延时过程中，变频器出现相应调整动作，只是给出故障示警，并不马上停机保护；后者为"重故障"信号，信号输出时，毫无商量余地马上停机保护。

3）根据待机（停机）、起动、运行三大工作阶段的不同。

① 某故障信号被"有效"采用，某故障信号被"无效"忽略。

② 同一故障信号来源，根据工作阶段的不同，被报出不同的故障代码。

变频器的驱动电路和输出电流检测电路，都有报 OC（过电流、短路）、GF（接地、地短路）的可能。有的机型 GF 故障是由驱动电路在起动初始阶段报出，有的机型是由三相输出电流检测电路，在起动初始阶段报出。在起动瞬间报出的 OC 信号，是由驱动电路 IGBT 管压降检测电路报出，而运行中报出的 OC 信号，则多为三相电流检测电路所报出，属于"重故障"信号，不经延时，即直接报出。

2. 检修思路和方法

1）上电即报 OC 故障。上电后处于待机状态，未接受起动信号，操作面板显示 OC 故障。有的变频器甚至显示一个说明书中没有的故障代码，变频器拒绝运行操作甚至拒绝所有操作（不能调看参数）。

故障实质：CPU 在上电自检中，检测故障报警端口有严重过载情况存在（或判断电流检测电路已经损坏，起不到正常保护作用），如贸然投入运行将危及 IGBT 模块的安全，故以 OC 或其他代码做出警示，并拒绝相关的运行操作。

分析：输出电流检测电路与驱动电路的 IGBT 保护电器（IGBT 管压降检测电路）都可能报出 OC 故障。起动瞬间报出 OC 故障，多为 IGBT 管压降检测电路，检测到异常高的管压降，由驱动电路返回 OC 信号。另外，当驱动电路的 IBGT 保护电路本身故障时，也会向 CPU 返回一个 OC 信号，使 CPU 在上电后报出 OC 故障。三相电流检测电路本身故障，如基准电压偏移或检测电路的元器件损坏，使电路输出一个固定的"故障电平"，也会使 CPU 报出 OC 故障。

检测方法：先确定 OC（或别的故障代码）故障是由驱动电路还是电流检测电路所引起。将驱动电路的 OC 信号报警功能解除掉（见驱动电路的检修一章），如不再报 OC 故障，说明故障为驱动电路误报故障；若将驱动电路的 OC 报警解除后，仍报 OC 故障，说明故障在三相输出电流检测电路。检查电流检测电路中的故障信号处理电路，如图 6-6、图 6-8 和图 6-12、图 6-13 所示，检测电压比较器电路的输出状态，是否为故障信号电平，依信号次序向前级电路检查，直到找出"故障信号"的根源。

2）上电报 GF（接地、地短路）。有两种情况：上电后，未接受起动信号，即报 GF 故障；一投入运行信号，即报出 GF 故障。

故障实质：变频器说明书对 GF 故障的定义是：接地电流大于变频器 50% 额定电流。变频器输出端的接线或负载电动机有接地现象，如电动机绕组与外壳绝缘变坏等。GF 故障检测电路本身故障造成。

分析：有的变频器是由驱动电路报出 GF 信号的，如 616G3 型安川变频器，起动瞬间报出 GF 故障，则说明逆变输出电路或驱动电路本身故障或存在严重接地故障；有的机型，如 7200MA 型东元变频器，上电后，报地短路故障，则为电流检测电路本身故障，误报地短路故障。变频器报 GF 故障的时机也有所不同，有的是上电后即可报出 GF 故障，有的则只在起动瞬间报 GF 故障。

检测方法：先将驱动电路的 OC（GF）报警功能解除（见驱动电路的检修一章），如不报 GF 故障，检修驱动电路。若仍报 GF 故障，检修三相输出电流检测电路。检查 GF 故障信号处理的相关电路，如图 6-8、图 6-12 所示，并依信号传输次序往前级电路查找信号来源，也有可能为电流互感器损坏，造成高电压幅度的"故障电压"输出，引起后级故障信号处理电路，报出 GF 故障。

3）运行中报 OL 或 OL1、OL2、OL2 或 OC 故障。

故障实质：

① 负载过重，超过变频器的保护设定阈值，变频器实施正常的保护动作，用户误认为是变频器故障。

② 变频器工作参数设置不当，如大惯性负荷，因加、减速时间设置太短，使负载转差率增大，变频器给出"加速中过电流"、"减速中过电流"、"运行中过电流"等故障警示。

③ 直流回路的储能电容容量严重下降，因起动或运行过程中电流/电压剧烈波动，造成"加速中过电流"、OC 等故障报警。

④ 电流检测电路本身故障，如基准电压严重偏离等，造成额定电流以下，误报过流故

障。电流检测电路本身损坏。

故障分析：

上所述①、②两种"故障"，属于负载方面及参数设置方面的原因，似乎是属于用户方面的原因，但往往产品销售商和维修者难脱干系，因而现场的调试也势必成为不可或缺的一个"维修内容"，变频器能正常转起来，维修任务才能宣告结束。

第 3 种过电流原因出在直流回路的储能电容容量下降的身上，有些风牛马不相及的意思，很难让人联想起来。不是维修经验相当丰富的师傅，可能考虑不到也检查不到这一环节。

第 4 种过电流原因是电流检测电路本身元器件不良造成的。首先要确定基准电压形成电路是否正常，故障时造成基准电压偏离，较小的运行电流，便能电路报出严重的"过电流"故障；放大环节和电压比较器电路有元器件损坏或变值，造成电流检测电路的静态工作点偏离正常值，也易使正常电流信号被传输成故障电流信号。

电流检测电路由电流互感来的电流信号，是分为多路送往后级信号处理器的，各自完成各自的任务，有的负责报出地短路故障信号，有的经长延时处理后报出 OL1 信号，有的经短延时报出 OL2 信号，有的不经延时报出 OE 和 OC 信号，可根据故障代码的不同，落实到具体电路，检查故障来源，提高检修效率。

检测方法：

① 属于用户方面的原因，要与用户进行很好的沟通，如负载过重，可建议用户将变频器功率级别增大一级等，或现场进行调试解决问题。

② 对于起动即跳"加速中过电流"和 OC 故障的机器，则轻载试机正常和检查负载方面也无异常，千万不可人为将变频器的过电流保护百分比调大，进行强制开机。应检测直流回路的储能电容有无容量减小和失容现象，如存在电容失容现象，则应全部更换储能电容后，再行试机。如不属储能电容问题，则应检查负载电动机是否存在绝缘老化等问题，可更换电动机试验。

③ 对运行中跳过载的机器，应用钳形电流表测量输出电流，操作变频器的操作显示面板，调出输出电流显示值，看是否和测量值偏差异过大。如存在偏差，应调出变频器容量设置参数，据变频器容量重新设定。如东元和英威腾变频器，当变频器容量设置有误时，内部程序对电流的计算比例也同时变更，造成显示误差和误过电流报警；若变频器的容量设置无误，但屏显电流值与实测值相差较大，应检查基准电压形成电路和模拟电流信号传输通路；若实测电流值与实测值相符，则基准电压形成电路基本正常，应检查故障信号处理电路——开关量信号处理电路。

为了不使我们的维修工作陷于被动，必须要讲明一个问题，也是应与用户交代清楚的一个问题：变频器的保护电路不是万能的，一些故障的发生，是再先进的保护电路也无能为力的。要善于发现有"病"的电动机，并给用户打好"预防针"。不妨啰嗦几句：

运行多年的电动机，因电动机的运行温升和受潮等原因，绕组的绝缘程度已大大降低，甚至有了明显的绝缘缺陷，处于电压击穿的临界点上。工频供电情况下，电动机绕组输入的是三相 50Hz 的正弦波电压，绕组产生的感生电压也较低，电路中的浪涌分量较小，电动机绝缘程度的降低，也许只是带来了并不起眼的"漏电流"，但绕组的匝间和相间，还未能产生电压击穿现象，电动机还在"正常运行"。

接入变频器后，电动机的供电条件由此变得"恶劣"了：变频器输出的 PWM 波形，实为数 kHz 乃至十几 kHz 的载波电压，在电动机绕组供电回路中，还会产生各种分量的谐波电压。由电感特性可知，流过电感电流的变化速度越快，电感的感生电压也越高。电动机绕组的感生电压比工频供电时升高了。在工频供电时暴露不出的绝缘缺陷，因不耐高频载波下感生电压的冲击，于是绕组匝间或相间的电压击穿现象就产生了。由相间、匝间短路造成了电动机绕组的突然短路，在运行中——模块炸掉了，电动机烧毁了。

在全速（或近于全速）运行情况下，三相输出电压与频率均达较高的幅值，此时电动机绕组若有绝缘击穿现象，会于瞬间形成极大的浪涌电流，则逆变模块在电流检测电路动作之前，已经无法承受而炸裂损坏了。

工频能"正常运行"，但接入变频器后，频跳 OL 或 OC 故障，可能电动机绕组已存在绝缘缺陷了，跳故障不是变频器的问题，一定要用户检测电动机的绝缘啊。

故障实例 1

英威腾 INVT-G9-004T4 小功率机一例"死机"故障。

用户反映：此台变频器当时并未开机，但三相电源侧的其他机器有所异常，出现短路跳闸，波及此台机器也出现电源开关跳闸，但重合闸后，发现操作面板已无显示，故此送修。

检测：R、S、T 与主直流回路 P、N 之间呈开路现象，拆机观察，模块电源引入铜箔条已被电弧烧断，测模块三相电源引入端子，短路。

故障原因：因电源侧其他负载支路的瞬时短路与跳闸的扰动，导致三相电源产生了异常的电压尖峰冲击，此危险电压导致了变频器模块内的整流电路击穿短路，短路产生的强电弧烧断了三相电源引入的铜箔条，同时引起了电源开关的保护跳闸。

测模块逆变部分尚正常，观察模块也无鼓出、变形现象，故采取切断模块整流部分、另外加装三相整流桥，仍利用原模块内三相逆变电路的低成本修复方案，进行修复试验。

检查：为防异常现象的发生，先切断模块逆变部分的供电；从外修理电源加一 500V 直流电压到变频器的直流回路，上电，操作面板显示 H.00，所有操作全无效。根据经验，此类故障并不一定是 CPU 电路损坏，程序进入"死循环"所致，而有可能是 CPU 检测到有故障信号存在，采取了故障锁定措施。

先解除掉驱动 IC 返回的 OC 信号，再上电，现象依旧。测量故障信号汇集处理电路 U7-HC4044 的 4 脚和 6 脚的电流检测信号，皆为负电压，而正常时静态应为 6V 正电压。顺电流检测电路往前查找，测电流信号输入放大器 U12d 的 8 脚和 14 脚为 0V，正常；U13d 的 14 脚为 -8V，有误过电流信号输出（见图 6-11）。将 R151 焊开，断开此路过电流故障信号，操作面板的所有参数设置均正常，但起/停操作无反应。

莫非还有哪路故障信号未排除，变频器仍处于保护状态中，因而拒绝起/停操作？测得模块热报警端子电压为 3V，从电路分析，此压正常时当为 5V 左右。是否模块内三相整流电路损坏后，此电路便输出热报警信号呢？或是整流电路的损坏，导致了该电路的同时损坏，而误输出热报警信号呢？试将热报警输出的铜箔条切断后，操作面板的起/停操作生效了！

英威腾 G9/P9 变频器的保护次序大概是这样的：上电检测功率逆变输出部分或驱动电路本身故障时，即使未接收起/停信号，显示 H.00，所有操作均被拒绝；上电检测到由电流检测电路来的严重过电流信号时，显示 H.00，此时所有操作仍被拒绝；上电检测有热报警信号时，其他大部分操作可进行，但起动操作被拒绝，或许 CPU 认为输出模块仍在高温升状态下，等待其恢复常温后，才允许起动运行。而对模块短路故障和过电流性故障，为保障运行安全，索性拒绝所有操作！**但此一保护性措施，常被人误认为是程序进入了死循环，或是 CPU 外围电路故障，如复位电路、晶振电路异常等。**

修复：更换 U13（LF347）和一体化整流、逆变模块后，故障排除。

故障实例 2

一台英威腾 INVT-G9 15kW 变频器，空载运行一段时间后，跳 OL1 故障，然后停机保护。

分析：变频器空载运行，没有输出电流，属于误过电流报警；运行后延时报警再停机，故障电路应在图 6-11 中的 U11b 故障信号处理电路。

打开变频器外壳，找到 CPU 主板上的该部分电路，测量 U11b（LF339）的输出脚 2 脚为 0V 低电平，OL1 故障信号正是由此脚报出。U11b 的 2 脚接有 R132 至 +15V 的上拉电阻，静态电压应为 15V。观察到该机器主板曾被人维修过，R132 有焊接痕迹，用万用表测量，R132 因一端焊接不良而开焊，使 U11b 的 2 脚为 0V 低电平，故变频器在运行后报出 OL1 故障。

将 R132 补焊后，测量 U11b 的 2 脚为高电平。故障排除。

故障实例 3

一台易能 EDS1000 型 11kW 变频器，运行中当加速到 40Hz 以上时，即跳恒速中过电流。但实际上运行电流远远小于额定电流，并且换用其他变频器后，电动机运行正常。检查驱动电路的六路逆变脉冲输出均正常，判断为电流互感器电路检测异常。测量电流检测电路的各静态电压，均正常。查看电流检测电路，电流互感器输出信号经一只 3Ω 电阻和 50Ω 电阻分压后，供 CPU 主板。怀疑电流互感器为非标产品，故外接分压网络以做调整。其分压值可能不够准确，使其电流采样值偏大，误跳过电流故障。或电流互感器内部电路的输出值有所漂移，同样造成误跳过电流故障。

最简单的方法，是调整电流互感器的外接分压电阻网络。将其下分压电阻值减小，使输出电压范围满足后续电路输入电压值的要求。有条件的话，可在运行中监测面板电流显示值，调整分压电阻值，使运行电流值与显示电流值相符。往往在维修部内，不能将变频器接上额定负载运行，故先将下分压电阻换为一只 100Ω 电位器，然后到现场安装运行时，再将其调整到适宜位置。

变频器到现场安装后，运行到 25Hz 时，从显示面板上调出运行电流值，与钳形电流表检测值相对照，调整 100Ω 电位器，使显示值与实测值相一致。停电后，测出电位器的阻值，用一只 30Ω 电阻代换后，故障排除。

第7章 电压及温度检测电路的检修

变频器在工作中，需要对主回路电压、控制电压进行检测，以完成输出控制和过电压、欠电压保护等功能，确保运行安全。电压检测电路的信号采集：取自直流回路的 P、N 端，530V 直流电压；由开关电源电路开关变压器的二次绕组的整流电压取得；检测交流三相输入电压输入状态；辅助检测，检测充电接触器的工作状态。对控制电压的检测，有的机型只采用其中一种方式，有的则兼用数种检测方式。

有关电压检测电路相关的故障代码：OU—过电压，LU—欠电压，输入电源断相，直流回路电压过低、充电接触器未闭合、控制回路电压故障等。

由以下几方面原因可引起电压检测电路报警：

1）三相电网电压过高或过低（表现为直流回路电压的过高或过低）。

2）充电接触器线圈烧毁或控制线断路，接触器主触点烧毁。

3）输入电源断相。

4）输出断相。

5）控制电压异常（故障较少）。

同理，当电压检测电路本身故障时，也会误报上述故障，使变频器采到保护停机动作。典型故障特征：

1）直流回路 530V 的电压检测电路本身故障时，变频器上电或运行过程中，报过电压、欠电压故障。

2）充电接触器辅助触点接触不良或后续控制电路故障，变频器上电后报"主回路接触器故障"。

3）输入电源检测电路故障时，上电后报"输入电源断相"故障。

4）输出电压/频率检测电路异常时，运行中报"输出断相"故障。

5）控制电压异常，上电时报"控制电压异常"。

需说明的是，**因变频器的智能化控制方式，在 CPU 接受电压检测电路信号的过程中，会做出各种各样有趣的控制动作，报出各种不同的故障代码。过电压、欠电压故障因电路元器件的变值、基准电压的飘移等，表现为状态不稳定的报警输出，往往在起动或运行过程中，出现随机性故障停机，需微调电路元器件参数，使电路趋于稳定。**

7.1 直流回路电压检测电路之一

阿尔法 ALPHA2000 18.5kW 变频器直流回路电压检测电路如图 7-1 所示，电压采样信号直接取自直流回路的 P、N 端的 530V 直流电压，经电阻降压、分压网络，加到小信号处理光耦合器 A7840（U14）的 2、3 输入脚上，经 U14 实施强、弱电隔离后，形成差分信号输入到 LF353 运算放大器的 2 脚和 3 脚，本级电路接成电压跟随器，输出信号由电位器中心头（线路板上厂家标注测试点 VPN）输出至 CPU 主板与电源/驱动板的排线端子 CNN1 的 8

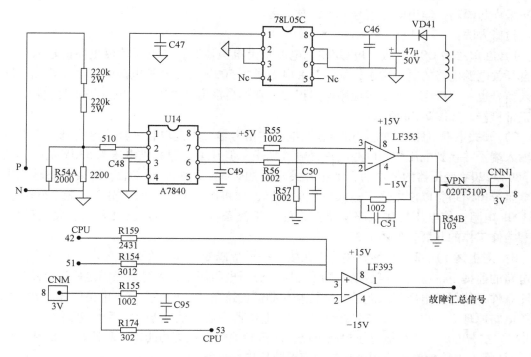

图 7-1　阿尔法 ALPHA2000 18.5kW 变频器直流回路电压检测电路

脚。在三相输入电压为 380V 时，8 脚采样直流电压为 3V。

　　直流回路电压检测信号由排线端子 CNN1、CNM 的 8 脚进入 CPU 主板，一路经 R174 直接输入 CPU 的 53 脚，此路信号为模拟电压信号，其作用有：供操作面板显示直流电压值，有的变频器机型经程序换算后显示输入交流电压值；有的机型用于对输出 U/f 比的控制，使输出电压值比例于输入电压值；少数机型用于过电压、欠电压保护的采样参考。另一路经 R155 送入 LF393 开路集电极输出运放构成的电压比较器的反相输入端，该路输出信号与过电流（OL）、OC、OH 等信号一起混合为一路"故障汇总信号"，经 CPU 外围电路进一步处理，送入 CPU 引脚，作停机保护和切断驱动脉冲的控制。LF393 的同相输入端可看作为"可编程基准电压端"，其基准电压的幅值由 CPU 的 42 脚和 51 脚输出电压控制，在起动和运行过程中分别给出不同的基准电压值，与输入电压检测信号相比较。变频器的不同工作过程，则保护动作阈值也有所不同。

　　富士、东元、安川等大量变频器，均采用了相类似的电压检测电路。

　　电压和电流检测电路中常会用到一个特殊光耦合器 A7840（HCPL-7840），如图 7-2 所示，其输入侧、输出侧的供电典型值为 5V，输入电阻 480kΩ，最大输入电压 320mV；差分信号输出方式。内部输入电路有放大作用，且为高阻抗输入，能不失真地传输 mV 级交、直流信号，输出信号作为后级运算放大器差分输入信号。在变频器电路中，常用于对直流回路的

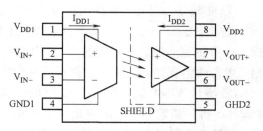

图 7-2　A7840（HCPL-7840）功能框图

电压采样与隔离、输出电流信号的采样与隔离。

检修方法：

1）在单独为 CPU 主板、电源/驱动电路板上电检修时，如电压检测电路的输入信号是取自开关电源电路的电源端子，则为开关电源送入 500V 直流维修电源时，电压检测电路的输入信号也一并产生，如电压检测电路正常，则不会报出过电压、欠电压等相关故障，不影响正常检修，如图 7-3a 所示。

2）开关电源电路的供电与电压检测电路的信号输入不是取自一处，可将开关电源的电源输入端子并接到电压检测电路的信号输入端子。但开关电源的供电压为 530V 的一半或是用 380V/220V 变压器的提供的，则将开关电源的 265V 端并入 m 点后，还要调整输入电路的电阻分压网络，以使之适应输入电压的范围，如将图 7-1 中的输入分压电阻 220kΩ 上并联 100k 电阻，使电压检测电路满足正常的"检测条件"，不再报出过电压、欠电压故障，以利检修工作的开展，如图 7-3b 所示。

3）对上述 1）、2）两种方法我们在接手一只待修变频器，在未查明电压检测电路的具体电路的前提下，应找出信号输入端子与降、分压电阻网络，先行人为满足检测电路的相关检测条件，使保护电路不致起控，为检修与测试创造条件。如手头有了电路图样，并掌握了相关电路原理后，也可从 a 点先行切断 VPN 电位器中心头的铜箔条，用两电阻对 5V 分压，取出 3V 左右电压，供后级电压检测电路，屏蔽相关故障报警功能，以利检修，如图 7-3c 所示；（注意：电路检修完毕后，记住一定要将原电路恢复！）。

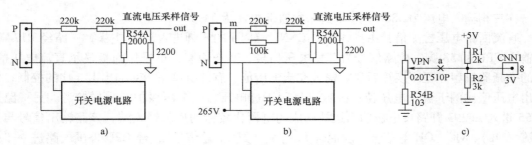

图 7-3　电压检测电路的维修接线图

4）上述 1）、2）、3）步骤，是在确定电压检测电路无故障情况下，为屏蔽变频器相关故障报警功能，方便检修其他电路而采取的"权宜之计"。当电压检测电路本身故障时，电压检测电路的检修方法如下：

① 变频器上电后，即报出过电压或欠电压故障，如图 7-1 电路。测量 CN1 的 8 端子电压，正常值应为 3V 左右。测量此点电压值偏高或偏低，说明电压检测电路有故障。首先检测 A7840 的输入侧、输出侧的 5V 供电是否正常，LF353 的供电是否正常，若不正常，修复相关电源供电支路。若正常，进行下一步检修。

② 测量 A7840 的 2 脚和 3 脚之间有 100mV 以上输入电压，用金属尖镊子短接 A7840 的 2 脚和 3 脚，测量 LF353 的输出脚 1 脚电压有明显下降，说明以上电压信号传输环节均正常，故障在 LF353 外接电位器不良或失调，更换并重新调整。调整变频器的相关参数，令操作显示面板显示直流回路的电压值，当输入三相电压为 380V 时，调整该电位器，使直流电压显示值为 530V，即可。

③ 用金属尖镊子短接 A7840 的 2 脚和 3 脚，测量 LF353 的 1 脚电压无变化，进一步检测 LF353 的输入脚电压（正常值为 3 左右，用镊子短接 A7840 输入脚时变为 0V）值无变化，A7840 或外电路元件损坏；LF353 输入脚电压值为正常值，LF353 损坏，更换 LF353。

④ 用镊子短接 A7840 的 2 脚和 3 脚时，LF353 电压值有变化，但其值偏低，如从 2V 变化为 0V，检查 A7840 外围元器件正常，故障为 A7840 低效，更换 A7840。

故障实例 1

接手一台阿尔法 11kW 变频器，上电即跳 OC 故障。检查了输出 OC 故障的驱动电路及输出电流检测电路，都无异常，根据经验分析，其他电路不是 OC 故障的来源呀。测量 CN1 端子上的各路故障检测信号，试图找出报 OC 故障的原因。

测量 CN1 的 8 脚电压为 4.2V，一下子引起了编者的注意。该脚为直流回路电压检测信号，经此脚馈入 CPU 引脚。该脚电压正常值应为 3V 左右。检查电压检测电路，该电路用贴片元件制作在一小块电路板上，通过几个引脚焊接电源/驱动电路板上。检查 LF353 输入电压正常，但输出电压偏低，更换 LF353 后，测量 CN1 端子 8 脚电压正常。变频器上电，不跳 OC 故障，运行正常。

该脚电压高，按说电变频器应该跳过电压故障，不应该跳 OC 故障呀。在 +5V 和控制地之间接入一只电位器，将电位器中心头引入 CN1 的 8 脚，调整电位器进行试验，当该脚电压低于 2.5V 时跳欠电压故障代码，电压高于 3.8V 时跳 OC 故障，由此揣测到电路软件开发者的用意了：当直流回路出现危险的高电压时，即将过电压故障"升级"为 OC，提醒用户，有威胁到逆变模块的故障存在，可不能开机啊！

直流回路电压过高或直流检测电路异常，是阿尔法变频器跳 OC 故障的又一个原因。

该例故障的特点说明变频器是一个硬件电路与软件电路密切结合的智能化设备，就是故障报警，也有可能"拐点弯"，OC 故障代码可看成 OU 故障代码的"伪装"。

故障实例 2

一台阿尔法 5.5kW 变频器，上电后跳欠电压故障。

开机后上电检测电压检测电路中的可调电位器的中心臂电压值为 2.2V，此点正常电压值为 3V 左右。检查为可调电位器有接触不良现象，更换，并与输入电压（380V）相对应，调整可调电位器活动臂电压值为 3V，故障排除。

7.2 直流回路电压检测电路之二

图 7-4 的直流回路电压的采样是取自开关电源电路的开关变压器的二次绕组，N3 绕组输出的交流电压的正半波，由 VD12、C14 整流滤波成直流 5V 电压，供 CPU 主板及操作显示面板的供电；N3 绕组输出的交流电压的负半波，则经 VD11 整流，和电阻、电容滤波成 -42V 电压，作为后续电压检测电路的输入电压信号。因 -42V 电压反映了开关变压器一次绕组供电电压的高低——直流回路

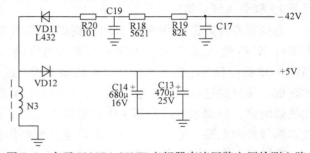

图 7-4 东元 7200PA 37kW 变频器直流回路电压检测电路

电压的高低（在开关电源电路一章中有详述），所以此电路也为直流回路电压检测电路。下面再看两例此类直流回路电压检测电路，如图7-5所示。

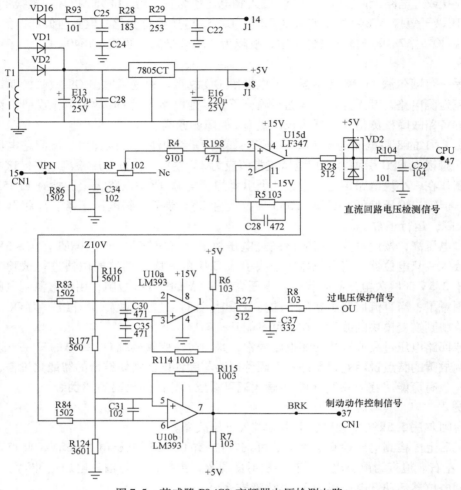

图7-5　英威腾 P9/G9 变频器电压检测电路

由开关变压器的二次绕组输出的交流电压，经 VD16 负向整流成随直流回路电压变化的负电压，经 R、C 构成的 π 形滤波电路，处理成平滑的直流电压，作为直流回路的电压采样信号，由电源/驱动电路板的排线端子 J1 经排线电缆连接至 CPU 主板的排线端子 CN1，并经其 15 脚引入到后续电压检测电路。

为克服器件离散性带来的影响，直流回路的电压采样信号——VPN，经 RP1 调整后，由 R4、R198 输入到 U15d 构成的反相放大器电路，输出信号分为三路，送入后级电路。一路由 VD2 钳位保护电路、R104、C29 滤除干扰，送入 CPU 的 47 脚，供显示直流回路的电压的高低，和提供过电压、欠电压报警；另两路信号送入由 U10a、U10b 构成的两级迟滞电压比较器电路，分别输出过电压 OU 停机保护信号，至后级 CPU 外围（末级故障检测电路）故障信号处理电路；输出 BRK——制动电路控制信号，供后级制动开关管的控制电路。

有的机型中，BRK 信号是由 CPU 输出的脉冲信号，本机中是由电压检测电路检测到直流回路的异常高电压（如 680V）信号后，由迟滞电压比较器输出控制信号，输入后级驱动电路，驱动制动开关管。

可以看出，因基准电压幅度的不同，U10a、U10b 构成了两级梯级电压比较器，其同相输入端输入的为基准电压信号。R116、R117、R124 3 只分压电阻将 Z10V（10V）基准电压分压成两个基准电压值，U10a 的同相输入端基准电压值要高于 U10b 的同相输入端的基准电压值，因而当直流回路电压升高时（如负载电动机超速向直流回路馈入再生能量时），反相端输入电压信号与同相端基准电压相比较，U10b 电压比较器先行输出，输出端由 +5V 上拉高电平变为低电平信号，制动开关管接受驱动信号而开通，将制动电阻并接于直流回路，对直流回路的电压增量进行消耗。若制动开关电路的动作能使直流回路电压达到有效的回落，则变频器继续正常运行；若投入制动电阻，直流回路电压仍在继续上升，U10a 的 6 脚输入的电压检测信号高于 5 脚基准电压信号，则 U10a 输出端由高电平变为低电平，将 OU 信号送入末级故障信号处理电路，变频器实施停机保护，同时在操作显示面板上显示 OU 故障代码。

应该说，送入 CPU 的 47 脚的电压检测信号，除作为模拟电压采样信号，供程序运算处理，在操作面板上显示直流回路的电压值（有的机型还作为对输出电压的参考）外，也用于过电压、欠电压报警提示。变频器在显示过电压、欠电压报警信号时，并不会马上停机，而是只给出警示，并配合时间上的延时处理，若在延时过程中，过电压、欠电压现象已经消失，则变频器继续运行。若延时时间到，仍处于过电压、欠电压状态，才实施保护停机措施。但此过电压、欠电压报警信号，与 U10a 输出的 OU 信号，在处理方式上有所不同。OU 信号与 BRK 信号，皆为开关量信号，是一个很干脆的（故障）动作信号，OU 信号输出时，说明过电压程度已经相当严重，变频器马上停机保护，没有控制动作上的延时处理。

电路对过电压的控制过程是：有过电压信号产生时，进行过电压预警，同时制动电路起控，直流回路接入制动电阻，对电压增量进行消耗；消耗无效时，报 OU 故障而停机。

由 CPU 对模拟信号和开关量信号的处理不同，可以形成我们的故障检测思路：

1）变频器一上电，即报出 OU 信号，则为 U10a 电路报的 OU 信号。其原因有二：

① 供电电压异常偏高；

② U10a 电路本身故障，误报 OU 信号。

2）在运行过程中报 OU 或 LU 故障，原因有四：

① 直流回路存在程度较轻的过电压、欠电压，为 U15d 所检测，CPU 进行延时处理后，报出过电压、欠电压故障；

② U15d 及外围电路参数变异，误报过电压、欠电压信号；

③ 直流回路出现异常上升电压，达到 U10a 的 5 脚基准电压值，U10a 输出 OU 信号；

④ U10a 及外围电路参数变异，误报 OU 信号，导致变频器保护停机。

检测方法：

一般制动电路起控点为 660~680V；OU 信号起控点为 700 或 720V 左右。机型不同，可能会有所差异。

1）变频器上电即报 OU 故障，检测直流回路电压不超过 600V，为 U10a 及末级电压检测电路本身故障，误报 OU 信号。

查说明书，找到相关参数，从操作显示面板调出直流电压显示值，若显示值与直流电压实际值相对应，则为 U10a 及外围和后续电路有元器件损坏或电路参数变异；若显示值大大高于实际直流回路电压值，则为 U15d 本身及输入电路故障引起，如 RP1 失调或接触不良等。

2）变频器在运行中，报过电压、欠电压故障。

监测输入供电、直流回路电压与运行电流。

① 若供电电源电压正常，运行电流在额定值以内，直流回路电压低于 450V 且比较平稳，则故障为直流回路的储能电容因电解液干涸等原因，造成容量减小。直流回路电压过低且波动剧烈，说明直流回路储电失容严重或充电接触器主触点因烧灼有接触不良现象，必须检查直流回路储能电容容量和充电接触器的触点状况。

② 变频器输入电压偏高，达到 460V 以上，使直流回路严重过电压。在工业区集中、而供电管理混乱的情况下，三相电源电压有时低至 300V 以下，有时高至 460V 以上。此为电源方面造成的过电压、欠电压报警及停机保护，应与用户方面协调解决此一问题，或换用供电变压器，增上交流稳压电源等。

③ 供电电压与运行电流均正常，随机性跳欠电压故障，故障为 U15d 输入电路不良，如 RP1 接触不良等。

④ 供电电压与运行电流均正常，随机性跳过电压故障，监测直流回路电压有异常上升现象，检查负载电动机有无再生发电现象，如属于电动机反发电的再生能量造成过电压报警，需与用户协调，加装制动单元和制动电阻，解决此一问题。

⑤ 监测直流回路电压无异常上升，但随机性报出过电压故障。调看直流回路电压显示值，接近实际值，为 U10a 及外围元器件损坏或电路参数变异等。

⑥ 负载电动机无再生发电能量产生，但制动电阻过热，有的冒烟等，检查 U10b 相关电路（注：小功率机型有内置制动开关管和制动电阻，大、中功率机型多为外加）。

变频器的过电压、欠电压"故障"有时候是比较麻烦的，变频器送到维修部，检测不出什么异常。故障的排除往往牵涉到现场供电及负载反发电等情况，所以有的维修，要到现场找出故障原因，有时候还要与用户一起，协商解决问题的办法。不光与机器打交道，还要与用户打交道。对电工电器的检修，往往牵扯到"现场"的问题。

图 7-6 为康沃 CVF-G 5.5kW 变频器电压检测电路，电路形式基本上同图 7-5，IC9（LF393）迟滞电压比较器两级运算放大器同相输入端的基准电压是由 +5V 分压形成的。在此读者可自行分析，得出相关的检修思路与检测方法。

故障实例 1

一台康沃 CVF-G 5.5kW 变频器，在运行过程中随机性跳欠电压故障，用户测量现场供电电压与运行电流均正常。送去维修，接入三相调压器为变频器供电，检测直流回路电压正常。直流回路电压低于 500V 时跳欠电压故障。调整操作显示面板，调出直流电压显示值，看到低于实际直流回路电压值，调整 RP1，使显示值与实际值相对应，故障排除（见图 7-6）。

故障实例 2

一台康沃 CVF-G 5.5kW 变频器，在运行过程中随机性跳 OU 过电压故障，用户测量现场供电电压与运行电流均正常。送去维修，接入三相调压器为变频器供电，检测直流回路电压正常。直流回路电压低于 500V 时跳欠电压故障。调整操作显示面板，调出直流电压显示

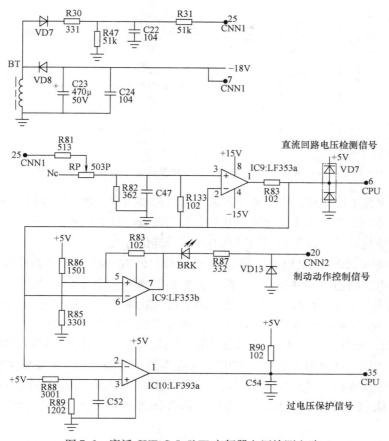

图 7-6　康沃 CVF-G 5.5kW 变频器电压检测电路

值，发现与实际直流回路电压值接近。

　　将 IC10 的 2 脚输入信号线切断，不再报 OU 故障。由此判断故障原因为 IC10 本身或外围元器件不良，或电路参数发生变异，导致误报 OU 故障。未检查出 IC10 电路有什么异常，后将 R89（12kΩ）串接 1kΩ 电阻后，变频器正常运行，不再跳 OU 故障。

故障实例 3

　　一台普传 PI-168 型 22kW 变频器（见图 7-7），一上电即跳 LU，意为欠电压：主回路直流电压低或输入电压低。

　　检查主回路直流电压检测电路，竟然找不到。电路板上除了开关电源电路、逆变驱动电路，还有一只 LM347F 四运放电路，应是处理故障小信号的。又花了一天的功夫画出这部分电路及 26 芯信号（与 CPU 主板连接）电缆的连接去向，想彻底搞明白该机器是如何进行电压采样的。

　　直流电压检测不是直接取自主直流回路，而是取自开关变压器的低压侧的 5V 电源绕组。绕组输出的幅值较低但面积较大的正脉冲经整流为 +5V 的主板供电，宽度较窄但幅值较高的负向脉冲经负向整流后，再经简单滤波和电阻分压，送 CPU 作为 LU 欠电压和 OU 过电压检测和故障报警，同时还可供输出电压值的显示用。开关电源只要起振，该采样电压就有输出，当断开输入电源电压后，直流回路的储能电容逐渐放电，使直流电压逐渐降低，至

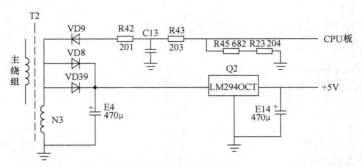

图 7-7　普传 PI-168 型 22kW 变频器直流回路电压检测电路

开关管的激励电流不能维持，开关电源停振。而在此过程中，该采样电压也线性跟着主回路直流电压的下降而下降。此负向脉冲与开关电源的负载轻重关系不大，而随高压侧直流电压高低的变化而变化，是可以作为主回路直流电压采样信号的。

　　将变频器接入 380V 供电源，将 R43（20kΩ）两端并联一只 100kΩ 电位器进行调节试验：当采样电路输出点为 4.6V 时，操作面板的屏显输入电压显示为 380V；采样输出为 5.6V 时，屏显输入电压为 460V，同时跳 OU 过电压故障；当采样输出为 3.6V 时，屏显为 300V，同时跳 LU 欠电压故障。调整电位器，使屏显输入电压为 380V。断开电位器后测其阻值约为 51kΩ，与 R43（20kΩ）并联值接近 15kΩ。将 R43 用一只 15kΩ 用一只固定电阻代换，上电起动后，屏显输入电压为 379V，可正常操作起动运行，故障修复！

　　采取这种电压检测方式的，还有东元、富士等变频器产品，其他大多在直流高压侧直接用几百千欧大阻值电阻分压，然后用线性光耦合器进行放大处理后，将电压采样信号送入 CPU。

　　原电压采样回路的电阻都完好，阻值也正常，但如何会跳欠电压故障呢？那么故障的症结在何处呢？

　　试分析之：无论是欠电压或是过电压，在电压检测电路的后级电路或 CPU 内部一定有一个基准电压与之比较，从而做出电压异常的判断。因供电电压的轻微漂移或基谁电压电路元器件值的微变导致电路参数的漂移，电压基谁点随之上浮或下降，虽然原电压采样电路是完好的，采样电压值也无变化，但因基准电压参考点的变化，使信号处理电路输出了欠电压或过电压信号。此时检修 CPU 外围电路，绝无异常，往往会使检修进入死胡同。只有将检测电压值跟随比较基准电压的漂移而做调整，才能解决这种误报故障！处理的方法是调节电压检测电路分压电阻的阻值改变分压值，使其检测值落入精确和合理的范围内——既能准确反映实际交流输入电压值，又避开了过电压和欠电压故障检测的阈值区。当然有一个三相调压器，配合变频器操作显示面板输入电压值的显示来调节分压电阻值，最为得当。

7.3　直流回路电压的辅助检测——充电接触器触点状态检测电路

　　在大、中功率变频机型中，对充电接触器的状态设置有检测电路，检测信号则直接经光耦合器隔离后送入 CPU 引脚。控制过程是这样的：变频器上电期间，先由充电电阻对直流回路的储能电容器进行限流充电，当电容上建立起一定幅值的电压后，开关电源电路起振工作, CPU 根据对直流回路电压检测电路输入的信号电压值的判断, 在储能电容上的电压幅度达到 530V 的 80% 以上时, CPU 输出一个充电接触器闭合指令, 充电接触器线圈得电, 接触器主触点闭合。正常状态下, 充电接触器的辅助触点也一同闭合, 提供了图 7-8 和图 7-9 中光耦合器 PC15、PC14 的输入电流通路, 由两只光耦合器将接触器 "正常工作" 信号, 送入 CPU。CPU 判断对储能电容器的充电过程已经完毕, 逆变电路的供电已经就绪, 故进入待机状态, 可以接受起动和运行信号了。

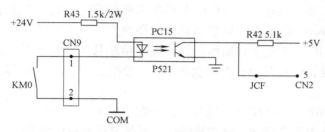

图 7-8　华伟 TD2000 型 15kW 变频器充电接触器检测电路

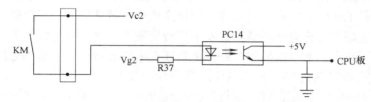

图 7-9　三垦 OM5 45kW 变频器充电接触器检测电路

如充电接触器控制回路出现故障, 在 CPU 发送闭合指令后, 充电接触器未能正常动作, 则由电路中 PC15、PC14 向 CPU 返回低电平 (高电平) 充电接触器故障信号, CPU 报出 "主回路接触器故障" 或 "主接触器未吸合"、"直流回路欠电压" 等故障信息, 变频器拒绝接受起动信号。

同样道理, 当充电接触器的辅助触点接触不良, 或充电接触器检测电路本身故障, 都会使电路误报 "充电接触器故障" 或欠电压故障, 变频器实施故障保护措施, 不能开机运行。

当 CPU 主板、电源/驱动板与主电路脱开检修时, 因图 7-8 的 CN9 端子的脱开, CPU 也会报出充电接触器故障, 出现故障锁定状态, 使我们无法展开对其他电路——尤其是驱动电路的检修。

可采取手段, 屏蔽此一故障检测功能。方法是:

1) 将图 7-8 中 CN9 端子用导线或焊锡短接。

2) 将 PC14、PC15 的输出脚用焊锡搭焊, 人为 "强制" 充电接触器检测电路在变频器上电期间, 向 CPU 输出 "充电接触器已正常闭合" 的信号, 避免 CPU 实施的故障锁定动作。

注意: 在检修工作完毕后, 务必要将电路恢复原状, 使电路的检测功能发挥正常作用。

故障实例 1

一位朋友, 在检修三垦 OM5 型 45kW 变频器时遇到了一个小麻烦: 变频器上电, 一接受起动信号, 即跳欠电压故障, 不能投入运行。把部分故障检测电路画了画, 画完电路, 发现短接 PC14 的输出侧时, 投入起动信号不再报欠电压故障, 顺藤摸瓜, 查出为充电接触器的辅助触点接触不良，致使 PC14 无输入电流通路，而报出欠电压故障。较大功率的变频器，除直流回路设有电压检测电路外，常加设由充电接触器的辅助触点状态作为输入信号的检测电路，以检测接触器触点的闭合状态，当闭合不良时，报出欠电压故障，避免充电电阻在运行中烧毁。如东元大功率变频器，即有此检测电路。

故障实例 2

一台华伟 TD2000 型 15kW 变频器，上电后跳充电接触器故障，不能投入运行。拆开变频器外壳检查，因工作环境恶劣，该台变频器电路板有霉变现象，观察光耦合器 PC15 的输出脚焊点有绿斑，检测 PC15 的 3 脚已经锈断。更换 PC15 后故障排除。PC15 输出脚断路后，在变频器上电期间，充电过程结束，CPU 发送接触器闭合指令后，PC15 不能返回充电接触器正常工作信号，CPU 认为充电接触器故障，故报出 E018（接触器未吸合）故障。

故障实例 3

一台 7300PA 300kW（460kVA）变频器，上电后报出"直流电压过低故障"，故障内容其中一项为：电源侧电磁接触器不良或故障。从操作显示面板调出监控制参数 Hn-01，显示值为 560V。显然直流回路电压检测电路是正常的，能输送正常的模拟电压检测信号。故障可能为充电接触器工作状态检测电路失常，误报直流电压过低故障。但拆机检查主电路，楞住了：变频器主电路没用充电接触器呀。发现该台变频器三相整流电路的上桥臂整流元件为晶闸管器件，因而省去了充电接触器，好像不存在充电接触器的触点检测电路呀。那么又是从什么检测电路向 CPU 馈送的"直流电压过低信号"呢？

原来，东元 7300PA 变频器 CPU 主板的代换性较好，该机为大功率变频器，虽然因为采用晶闸管器件而省去了充电接触器，但充电接触器触点的检测电路仍然存在，图 7-10 点画线框内电路为预充电电路，其中控制继电器 KA1 串接于预充电回路中，当充电过程结束时，其常闭触点断开，而常开触点闭合，经 CN 端子向 CPU 输送一个充电过程结束的信号（充电接触器工作正常的信号）。因 CPU 主板通用，KA1 常开触点的闭合信号便被当作充电接触器工作状态的检测信号来使用了。当常开触点因氧化而接触不良时，CPU 就要在上电后报出"直流电压过低"的故障，而拒绝开机操作了。更换 KA1 后，故障排除。

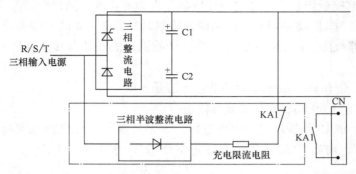

图 7-10　东元 7300PA 300kW 变频器接触器触点检测电路示意图

7.4　直流回路电压的辅助检测——三相输入电压检测电路

无论是充电接触器的触点检测电路还是图 7-11 三相输入电源检测电路，实质上都是对直流回路电压的辅助检测，其目的是为了保障直流回路能满足一定电压幅值，两者的故障都会导致直流回路电压严重低落，若强行投入运行，有可能造成逆变模块的损坏。因而，CPU 检测到两者处于故障状态时，会控制变频器处于故障锁定状态，拒绝起动操作。

图 7-11 为华伟 TD2000 型 15kW 变频器三相输入电源检测电路。（试分析）由 R、S、T 端输入的三相电压，经 R53 ~ R55、R13 ~ R18 电阻降压电路，接入由 VD17 ~ VD22 组成的三相整流桥，当三相电压输入正常时，R53 ~ R55 3 只压敏电阻呈击穿状态，由 R13 ~ R18 引入三相整流桥的输入电压。整流桥的输出电压值高于稳压管 VS23 的击穿电压值，光耦合器 PC13 有了输入电流通路，将低电平信号经 CN2 的 3 端子送 CPU 主板电路。当出现电源断相故障时，如 R 相断相时，压敏电阻 R53 呈开路状态，整流桥只有单相电压输入，整流电压大幅度跌落，远低于 VS23 的击穿值，PC13 无输入电流通路，输出一个高电平的电源断相信号给 CPU。变频器报出输入电源断相故障，同时实施停机保护。电路中采用了压敏电阻与稳压二极管，利用其两者的压敏特性，检测输入电源的断相，提高了检测的可靠性。

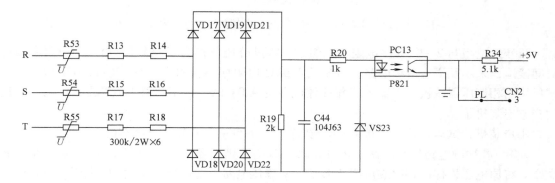

图 7-11　华伟 TD2000 型 15kW 变频器三相输入电源检测电路

当 CPU 主板、电源/驱动电路板与主电路脱开，单独上电检修时，三相电压检测电路也因无输入电压，光耦合器输出一个高电平的"输入电源断相"故障信号，给 CPU，CPU 实施停机保护动作。要解除 CPU 的故障锁定状态，用烙铁搭焊 PC13 的输出侧 3 脚和 4 脚就可以了。

当三相输入电源检测电路本身故障时，如输入电阻、光耦合器有断路故障时，变频器上电，即会报出 E008——输入侧断相故障。

故障实例

丹佛斯 VLT2800（2900）小功率变频器跳 Err-7 故障的检修。

丹麦丹佛斯公司产 VLT2800（2900）小功率（3kW）机型 2 台，工作中跳 Err-7，意为"过电压"，变频器停机。有时也跳 Err-5，高电压警告，实测三相交流供电为 400V，在额定范围以内。用操作面板上的 + 键调出 Ud（主回路直流电压）值，当高于 600V 时，出现跳闸停机。

按说明书上注明：该机型在直流回路的电压低于 370V 以下时欠电压报警动作，保护停机；低于 400V 时给出低电压警告，但尚可运行；不高于 665V 时，给出高电压报警，但尚可运行；高于 665 ~ 820V 时延时保护停机，电压保护范围可谓极宽！

图 7-12 为丹佛斯 VLT2800（2900）3kW 变频器直流回路电压采样电路。

上电检查，一台机器的 Ud 显示值不稳，可能为电路检测回路不良故障，判断为 Ud 检测电路异常。该机直流回路的电路采样取自 530V 直流回路的 P、N 端，检查 Ud 采样电路为

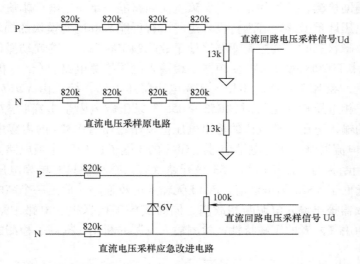

图 7-12　丹佛斯 VLT2800（2900）3kW 变频器直流回路电压采样电路

8 只 820kΩ 电阻与 2 只 13kΩ 电阻串联组成，将其分压值作为 Ud 信号。由于用户要求修复时间紧迫，来不及详查后续电路，将 8 只 820kΩ 电阻回路再串入一只 330kΩ 电阻后，上电试机用三相调压器试机，当输入三相交流电压为 420V 时，也不再跳 Err-7 故障代码，便让用户拿走装机了。

用户装机，试运行，一台跳 Err-8，欠电压；一台跳 Err-37，通信不良。

判断 Ud 检测电路仍有不良，本着先易后难的原则，还是在这 10 只检测电阻电路上做文章。将原电压采样电路改装成图 7-12 的 6V 稳压电路，把可变电阻的中心端作为 Ud 信号接入后续电路。计算 Ud 采样电压当输入为 380V 时，约为 2.2V，调整半可变电阻使中心端输出为 2.2V，将此电压定义为 $U_采$。

送电试调的过程很有趣：当 $U_采$＞＞2.2V 时，上电即跳 Err-37，意为控制卡与 BMC 之间通信故障，但此现象的实质是：不是控制卡与 BMC 通信中断才跳 Err-37，而是直流回路电压检测电路检测到 Ud 实在"高得吓人"，故强制中断了控制卡与 BMC 之间的通信，再跳 Err-37 予以警告！当 $U_采$ 接近 2.2V 时，按复位键可消除 Err-37 报警，屏显出现 FT-00，进入待机状态；当 $U_采$＜＜2.2V 时，上电即跳 Err-35，意为起动冲击故障：若变频器在一分钟内反复多次接通电源，就会产生报警。但此现象的实质是：因 CPU 检测到 Ud 实在"低得出奇"，故姑且将其作为变频器在短时间内反复起动，而形成的应有的"低 Ud"来处理，于是给出 Err-35 报警信号！当 $U_采$＜＜2.2V 时，电容充电短接接触器也处于释放状态。只有当 $U_采$ 接近 2.2V（即直流回路电压高于 400V）时，充电接触器才得电吸合，变频器被允许进入待机状态。

当屏显出现 FT-00 后，按 + 键调出 Ud 值，调可调电阻，使之稳定显示 500V。此时，输入 220V～460V，显示值一直稳定在 500V 上。装机后，一直正常运行。

需说明的是，以上处理只能作为应急修理手段之一，电路故障确为过电压误报警。假定是因主回路直流储能电容失容造成的欠电压报警，则必须查明故障原因，切实根除故障后，再修复 $U_采$ 电路！

另：有些机型其输出电压取决于直流回路的采样电压，即输出电压跟踪于三相输入电压。如此处理后，输出 U/f 会有变化。如安装现场电源电压比较稳定，便不会影响使用。此类机器，不宜采用上述应急修复方式。

本例故障中的变频器报警的内容很有趣。不同机型，由于软件设计者的思路不同，传递给我们的故障报警信息也会有所不同。在本节的故障实例中，我们已经有所体会。这种报警信息的变异现象，必须引起我们的注意。变频器的操作显示面板作为一个运行或故障监视器，能提供有效的故障指向，缩小了故障排查范围，但在软件设计者的周密思考和别具一格的定义下，故障代码已经越过了表面现象，传递给我们的是更为深层的东西（故障指向），充分利用故障代码的导向作用，但又不能被其表面意义所锁定，要领会软件设计者在故障代码背后所真正想表达的东西。

如阿尔法变频器，上电即检测到直流回路有危险高电压存在时，报出 OC——严重过电流和短路故障，以充分引起操作者的注意！本例故障，当电压检测电路检测到 Ud 实在"高得吓人"时，就强制中断了控制卡与 BMC 之间的通信，再跳 Err-37——控制卡与 BMC 之间通信故障予以警告！

"Err-37——控制卡与 BMC 之间通信故障"是"过电压"故障信号的变异和伪装啊。

检测变频器故障，应充分注意其智能化的特点。

7.5 输出电压/频率检测电路

输出电压/频率检测电路在部分进口和国产变频器，如富士 P9/G9 和华伟 TD2000 系列变频器中有应用，相当于其他变频器电流检测电路中的断相检测电路。其主要作用是检测逆变电路的输出状态，由此起到对 IGBT 的保护作用，如同驱动电路的 IGBT 管压降保护电路一样。富士 P9/G9 系列变频器的驱动电路没有 IGBT 管压降检测保护电路，对 IGBT 的保护，一定程度上依赖于三相输出电压检测电路——三相输出电压检测信号进一步经"模/数"转换后，再输入 CPU，一方面作为 IGBT 逆变电路的保护信号，一方面作为输出反馈电压采样，对输出电压有稳定控制作用。

图 7-13 是普传 8018F3 18.5kW 变频器输出电压/频率检测电路。这是一个典型仪用放大器的电路结构，N1、N2、N3 前三级电路构成了双端输入、单端输出的差动放大电路，第四级接成反相放大器，将信号放大到一定幅度后推动 U7 光耦合器。U、W 输出端电压信号经 R31、R34 降压，VD16、VD17 双向限幅，C17 滤掉了高频载波信号，将信号还原为两相电压信号，加入 N1、N2、N3 组成的差动放大电路，再经 N4 放大后推动 U7 输出。N1、N2、N3 电路又是 V 相电压信号的合成电路，输入的 U、W 两相信号中，包含了 V 相电压信号，经 N1、N2、N3 电路的合成作用，实际上 N3 输出的是表征着 V 相频率与时间基准的脉冲信号。耦合电容 E13 起到了隔直通交及对信号进行零电平"置位"的作用，以适应 N4 单电源供电电路的要求，N4 则相当于一个整形电路，将 N3 输出信号整形为矩形脉冲信号输出，以驱动光耦合器 U7。当 U7 输出的信号满足要求时，说明 U、V、W 三相输出都是正常的。U7 的输出信号反映了三相电压的输出状态，此信号输入到 CPU，与内部时间基准相比较，通对脉冲计数的时间比对，从面可判断出是否存在输出断相（d.f.）故障。故障时可实施停机保护。

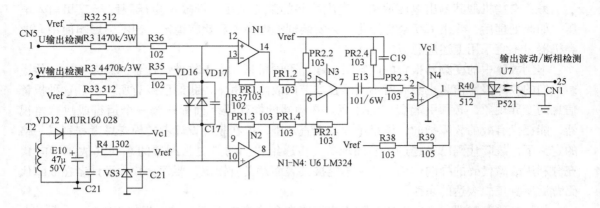

图 7-13　普传 8018F3 18.5kW 变频器输出电压/频率检测电路

因输入端 VD16、VD17 两只二极管的钳位作用，电路本身并不是用来对输入信号进行放大的，而是实现了对三相脉冲信号的合成作用。电路输出的脉冲信号，并不是表征着输出电压幅度的模拟电压信号，而是表征着输出频率的脉冲信号。电路是通过电压信号检测输出频率，电路相当于完成了个"模-数"转换的作用，将输入模拟电压信号，转变化"脉冲信号"输出。输出信号用于对逆变输出电路的检测，当逆变输出电路中某一臂 IGBT 在故障状态时，报出断相故障，并实施停机保护。

电路实质上是起到了对 IGBT 输出电路的保护作用。

图 7-14 为三垦 OM5 变频器三相输出电压检测电路。

U、V、W 三相输出电压，经电阻分压电路输入到 3 个电压比较器的反相输入端，而三个电压比较器的同相输入端，输入的是直流回路 P + 端的电压，将三相输出电路分别与 P + 端电压相比较，而比较输出的开关信号驱动光耦合器 A2261V，经 A2261V 隔离后，三路输出信号送入了 CPU 电路。

在一般变频器的驱动电路中，下三臂 IGBT 的驱动电路兼任模块故障检测的任务，如由 PC929 组成的驱动电路。而上三臂 IGBT 管压降的检测电路，大部分变频器电路未予设置。（试分析）从电路结构看，这三路电压比较器即是承担上三臂 IGBT 管压降检测任务的。在待机状态，因三路输入电压比较器的同相端电压约为 2.7V，反相输入端为 0V。三路电压比较器的输出端都为高电位。PC17、PC18、PC19 三路光耦合器的输入侧因形不成输入电流的通路，其输出端为上拉电阻引入的 +5V 高电平。当 3 只上桥臂 IGBT 模块工作正常时，在相应的激励脉冲到来期间，（以 U 相电压信号输入电路为例）管子的导通使 U 输出端的电压幅值瞬时高达 500V 以上，经 R57、R59 分得 6V 以上的电压信号，输入到三路电压比较器的反相输入端。电压比较器输出端变为低电位，形成了 A2261V 光耦合器的输入电流通路，PC17、PC18、PC19 3 只光耦合器将"逆变模块正常工作信号"送入 CPU 电路；而当某一臂逆变模块因故障未能正常开通时，电压比较器的反相输入端电位一直在零电平上，其输出端在逆变脉冲信号期间，一直维持高电位状态。后级光耦合器不能报出一个低电平的脉冲信号（IGBT 正常开通信号）给 CPU，CPU 便报出输出断相或 OC 故障，变频器实施停机保护。

三垦变频器的逆变输出电路的下三臂 IGBT 模块，均已有模块故障检测电路，此电路便专用于上三臂 IGBT 模块的检测与断相报警。

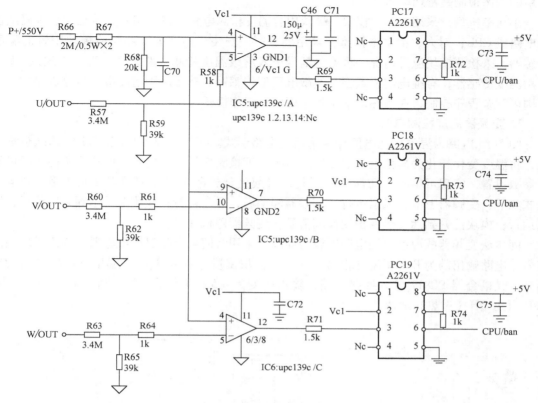

图 7-14 三垦 OM5 变频器三相输出电压（IGBT 管压降）检测电路

此类三相输出电压检测电路，在华伟 TD2000 和富士 P9/G9 系列变频器中也有应用。富士 P9/G9 系列变频器，驱动电路没有 IGBT 管压降检测保护电路。三相输出电压检测信号进一步经模/数转换后，再输入 CPU，一方面作为 IGBT 逆变电路的保护信号，一方面作为对输出电压的反馈采样，对三相输出电压有稳压控制作用。

检修要点：

三相输出电压检测电路是在起动和运行过程中检测三相输出电压/频率的，除富士 P9/G9 系列变频器也同时检测电压幅度外，其余的变频器其实是检测输出频率的脉冲个数和时间基准的，脉冲个数和时间基准的缺失和错位，表征着 IGBT 逆变输出电路出现了故障。普传变频器在运行过程中，会报出断相故障，而其他变频器，则会在起动过程中，报出 OC 或断相故障。

7.6 温度检测与保护电路

IGBT 器件与整流器件因存在导通内阻，故有一定的发热功率消耗在器件内阻上。器件本身安装于大面积散热铝板上，但运行过程中，尤其是环境温度过高时，也需要采取强制风冷等措施，以加强空气对流，提高散热效果。逆变模块和整流模块的温升与风扇的状态有直接的联系，当散热风扇损坏时，则模块将处于超温运行的危险中，因而温度检测常常与散热风扇的状态检测是密切联系在一起的。

小功率机型，采用一体化模块，模块内含温度检测电路，输出信号直接送与后级温度检测电路或 CPU；对大、中功率机型，常用外置——安装于逆变模块和整流模块附近的温度传感器，来检测模块温升情况，将检测信号送入后级温度检测电路，经处理后再送入 CPU。常用温度传感器，有继电器触点型和热敏电阻型传感器。前者用于温度报警与停机保护，后者则可配合程序控制，使散热风扇工作于可编程工作模式。

1. 变频器温度检测电路

图 7-15 电路为温度检测电路经常采用的电路形式。华伟 TD2000 机型采用 $10k\Omega$ 热敏电阻，将温度变化转化为模拟电压信号送入后级温度检测信号处理电路。散热风扇的运行可根据参数设置，实现可编程（智能化）运行，可起到延长散热风扇使用寿命的作用。其运行模式如下：变频器上电，风扇运行；变频器起动后，风扇运行；模块温升达到某阈值后，风扇运行；模块温升到达过热保护动作阈值后，变频器停机保护。

阿尔法变频器的温度检测电路则较为简单，采用常闭触点型温度继电器，检测模块温度信号，电路输出的为开关量温度报警信号。当模块温度达到 85℃ 时，温度继电器常闭触点断开，光耦合器 PC817 输入回路开路，输出脚变为 +5V 高电平信号，送入 CPU 的 14 脚，CPU 报出 OH（过热）故障。

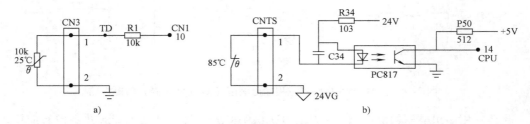

图 7-15　华伟 TD2000/11kW、阿尔法 7.5kW 变频器温度检测电路

a）华伟温度检测电路　b）阿尔法温度检测电路

对模块温度的检测，在上电或运行过程中均有效，温度继电器检测电路，当温度继电器动作时，变频器发出超温报警，同时停机保护。热敏电阻温度传感电路，则有一个智能化控制过程：当模块或环境温度上升为 45℃ 后，散热风扇运转，进行强制风冷散热；同时 CPU 进行延时检测与处理，若温升被限制于 60℃ 以下，则变频器继续运行，有的机型可能会发出过热警示，但不停机；若温升仍就上升，达 80℃ 以上，则发出过热报警，同时停机保护。

2. 富士 5000G11/P11 160kW 变频器散热风扇控制与检测电路（见图 7-16）

富士变频器的温度检测电路直接检测散热风扇的工作状态，电路设计者的思路是这样的：散热风扇运转正常，则模块就不会超温运行；散热风扇损坏，就会有过热故障出现。产品说明书中对 OH1 故障的说明是：如散热风扇故障，则"冷却整流二极管和 IGBT 功率模块的散热板的温度上升"，保护动作。可以说，由对散热风扇状态的检测，间接实现对功率模块温升的预警。

对散热风扇的控制和运转检测电路：CPU 在上电自检结束后，送出一个风扇运转的指令给风扇运转控制电路。当低电平的运转信号加到晶体管 VT4 基极时，VT4 承受正偏压而导通，光耦合器 PC6、PC7（两器件输入侧相串联）均形成输入电流通路。PC7 输出侧光敏

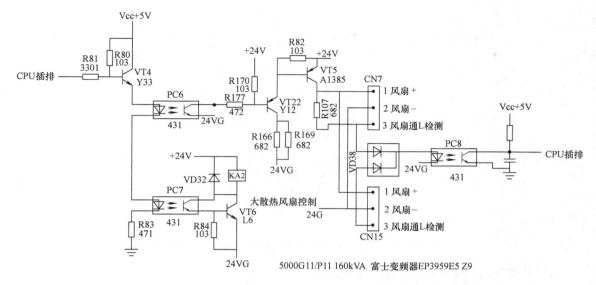

图 7-16 富士 5000G11/P11 160kW 变频器散热风扇控制与检测电路

晶体管导通，为晶体管 VT6 提供正偏压，使风扇控制继电器 KA2 得电工作，常开触点闭合，3 只安装于变频器顶部的主散热风扇获得 AC220V 电源而开始工作。PC7 输出侧光敏晶体管的导通，提供了复合放大器 VT22、VT5 的基极偏流通路，VT5 导通，将 24V 直流供电经端子 CN7 和 CN15 提供给两只辅助散热风扇。这两只小风扇安装于机器内部，是为直流回路的储能电容器和 CPU 主板提供强制风冷的（当 CPU 过热时，报出 OH3 故障）。小风扇是三引线式的，其中两线为 24V 电源供电端，另一线为风扇状态信号输出端。输出高电平为风扇停机信号，低电平时为风扇运转信号。CPU 输出风扇运转信号之后，风扇内部控制电路使信号输出端为低电平，VD38 截止，光耦合器 PC8 输出一个高电平信号给 CPU，使之确认风扇已正常运转；当 CPU 输出风扇运转信号之后，风扇因故障不能产生正常的运转电流，控制电路不工作，输出信号为 R167 提供的上拉高电平，使 VD38 导通，PC7 输出一个低电平信号给 CPU，CPU 便报出控制电路过热（OH2）故障信号，同时采取保护停机等措施。当安装模块散热板上的温度继电器动作时，则报出模块过热（OH1）故障信号，停机保护。

3. 英威腾 P9/G9 机型变频器的模块温度检测电路（见图 7-17）

5.1V 基准电压经 U15a（LF347）电压跟随器阻抗变换后，由 R64、R63 加至温度传感器上。25℃ 环境温度下，温度传感器的电阻值为 10kΩ，温度传感器两端的电压值约为 4V。温度传感器常采用热敏电阻，本机电路采用的是负温度系数热敏电阻，模块温度上升时，温度传感器的电阻值减小，输入到 U15b 的同相输入端的电压降低，传感器将随环境温度而变化的阻值变化转化为"变化的电压信号"，输入到 U15b 的同相输入端，经电压跟随器输出后，输入至 CPU 的 46 脚。

在散热风扇坏掉、模块固定螺钉松动、模块散热片涂敷的导热硅脂干涸时，都有可能导致运行中模块温度的异常上升，变频器报出 OH 过热信号。而出现上述情况时，即在正常电流输出情况下，模块也可能因温度剧增而导致热击穿（在异常温升状态下，模块的耐压值将呈下降趋势），因而是极有必要设置温度检测电路的。但设置的温度检测电路，本身工作异常时，也会误报出模块温度过热故障，使变频器采取故障保护措施而不能开机运行。这也

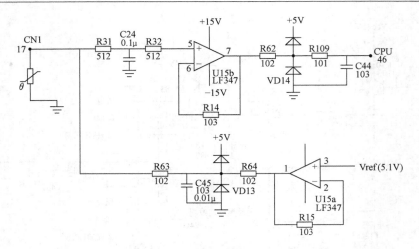

图 7-17 英威腾 P9/G9 机型变频器的模块温度检测电路

说明了凡事有其一长必有其一短的道理。

4. 台达 DVP-1 22kW 变频器温度检测与风扇控制电路（见图 7-18）

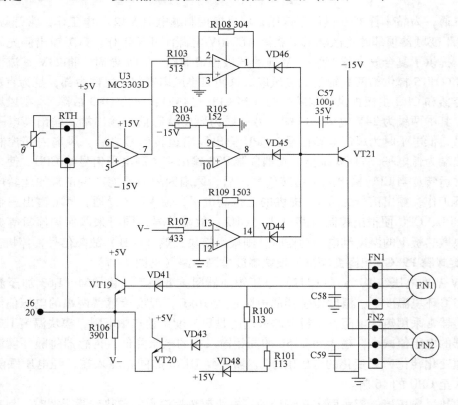

图 7-18 台达 DVP-1 22kW 变频器温度检测与风扇控制电路

该电路将温度检测信号与风扇检测信号两路并做了一路，无论是温度探头或是散热风扇损坏，都会报出 OH 过热故障，使变频器采取保护动作。而风扇又可根据模块的温升情况，有选择性地控制其运转或停机，避免了变频器上电后风扇一直运转而使风扇寿命缩短的弊端。控制过程如下（试分析）：三线式风扇经端子 FN1、FN2 接入电路，当 VT21 导通时，风扇被接通地和 –15V 的电源供电，开始运转。VT21 为风扇电源的开关管。风扇的中心线输出一个 +15V 电平的运转信号（此信号由风扇的内部电路输出），两只风扇的运转信号分别经 VD41、VT19、VD43、VT20，送入 DJ6 排线端子的 20 脚。同时，温度检测探头也将探头电阻与 R106 的分压信号送入 J6 排线端子的 20 脚。当温度传感器断路或风扇出现故障时，J6 端子的 20 脚电压信号输入到 CPU，CPU 报出 OH 故障，保护停机。

温度检测电路由四级运算放大器（U3）组成。第一级是电压跟随器，输入信号为 +5V 和 V – 经温度探头和 R106 的分压值，此分压值随模块散热板温度上升而上升，当分压点信号上升到地电平以上时，U3 的 1 脚变为低电平，VT21 导通，风扇运转，加速散热器的热量散发；随着散热器温度的下降，+5V 和 V – 经温度探头和 R106 的分压值回落到地电平以下，U3 的 1 脚输出状态反转，VT21 截止，风扇停转。

5. 温度（散热风扇）检测电路的检修

温度（散热风扇）检测电路的故障典型特征是：

1）变频器上电，即显示 OH 故障，变频器处于保护锁定状态，不能开机。

2）在运行状态下报 OH 故障，停机保护。

引起变频器跳 OH 故障，有以下几方面的原因：

1）外部原因引起：

① 散热通道脏污与堵塞，运行一段时间后跳 OH 故障，措施是清除散热通路粉尘等杂物。

② 环境温度过高加上负载过重，变频器运行一段时间后跳 OH 故障，停机保护；需采取措施，改善变频器的运行工况，避免其超温运行。

③ 散热风扇低效，风力减弱，达不到应有的散热效果，更换散热风扇。

2）温度（散热风扇）检测电路的本身故障引起：

① 触点型温度传感器的内部触点接触不良，传感器连接线或插座不良，误报超温信号，上电即报 OH 故障。

② 温度检测电路的基准电压值漂移，误输出超温信号。运行中或上电即报出 OH 故障。

③ 三线式散热风扇损坏或内部信号电路损坏，报出 OH 故障，在上电或运行中报出 OH 故障。

④ 温度检测电路的后级电路 IC 等元件损坏，在上电或运行期间，报出 OH 故障。

在变频器的检修工作中，无论是触点型温度传感器还是热敏电阻型温度传感器，当与后续温度检测电路脱离后，都有可能造成 CPU 报出 OH 故障，不能进行开机操作。在单独检修 CPU 主板和电源/驱动电路板时，对触点型温度传感器检测电路，则可短接传感器接线端子；对于热敏电阻式传感器，可在其接线端子上并接 10kΩ 电阻代替原传感器，或干脆将散热板上传感器拆下，插入到电路板的相应插座上，以避免 CPU 报出 OH 故障，不利于电路故障的检修。

故障实例 1

一台台达 CVP-1 22kW 变频器，运行中频跳 OH 故障。到用户现场观察，发现为一食品生产车间，因粉尘较多，变频器安装于一个近乎密闭的箱体内；环境温度较高，接近人体温度；负载较重，变频器运行于额定负载状态下。根据以上情况，先对变频器散热风道进行了彻底清理，又建议用户将变频器挪到车间外部，避开粉尘和高温环境。经过以上处理，变频器运行正常。

故障实例 2

一台阿尔法 18.5kW 变频器，上电即跳 OH 故障。打开变频器机壳，将温度传感器引线端子短接后，再上电开机，不跳过热故障。检查为触点型温度传感器内部触点接触不良，造成误报过热故障。从电子市场购得一只开水器上用的 75℃ 常闭触点型热传感器，更换后故障排除。

故障实例 3

一台富士 P5000/G9 160kW 变频器，上电后报 OH3 故障，不能开机运行。拆开变频器机壳，上电观察安装于机器顶部的 3 只大风扇运行正常。安装于机器内部的两只小型散热风扇也运转正常，判断为温度（风扇）检测电路误报故障或三线式小风扇内部信号电路损坏，使变频器误报过热故障。为区别是小风扇内部电路损坏还是后续温度检测电路异常，将小风扇引线端子 CN1 端子的 2 脚和 3 脚短接后，上电运行正常，说明故障为小风扇内部信号电路损坏。更换同型号三线式风扇后，变频器运行正常。

同一机型的另一例故障，检测也为小风扇损坏，导致报出 OH3 故障。小风扇为三线式散热风扇，不能用普通两线式风扇代换，否则因无运转信号报 CPU，会使变频器误报过热故障，而不能投入运行。因用户生产急需，将 CN7 端子的 2 脚和 3 脚短接后，换用 24V 二线式风扇，将故障应急修复。

7.7 故障检测电路常用到的模拟电路

在各种信号检测电路中，应用到 3 种类型的模拟电路，一是常规的反相放大器，对输入信号进行"不走样地"线性放大；二是普遍采用的"滞回比较器"——具有滞后输出特性的电压比较器，以避开对输入信号的"点"比较，进入"段"比较，在将模拟信号转换为开关信号期间，使输出状态更为稳定，电路实质上已经脱离了放大器的范畴，近乎于开关电路了；三为整流二极管与运算放大器组合的精密半波整流电路，将输入的交流电流信号转化为线性直流信号，供后级电压比较器。

故障检测电路的主体电路还是由运算放大器构成，通常运算放大器被接成上述 3 种类型的电路形式，完成着对信号模拟放大、比较输出和精密整流三种工作任务。

1. 反相放大器电路

运算放大器，具有输入阻抗高（不取用信号源电流）、输出阻抗低（负载特性好）、放大差模信号（两输入端信号之差）、抑制共模信号（两输入端极性与大小相同）和对交、直流信号都能提供线性放大的优良特性。

图 7-19 中的 3 个电路在电路形式上为反相放大器，输出信号与输入信号相位相反，又称为倒相放大器。电路对输入电压信号有电压和电流的双重放大作用，但在小信号电路中，只注重对电压信号的放大和处理。电路的电压放大倍数取决于 R2（反馈电阻）与 R1（输入电阻）两者的比值。R3 为偏置电阻，其选值为 R1、R2 的并联值。因 R2、R1 的选值（比值）不同，可完成 3 种信号传输作用，即构成反相放大器、反相器和衰减器 3 种信号处理电路；电路作为反相放大器电路，电路的电压放大倍数为 5；电路作为倒相器，对输入信号起

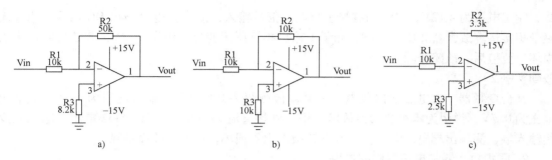

图 7-19　运算放大器反相放大电路

a）反相放大器　b）反相器或倒相器　c）衰减器

到倒相输出作用，无放大倍数，不宜称为放大器了，或输入 0～5V 信号，则输出 –5～0V 倒相信号；电路作为衰减器电路，若输入 0～10V 信号，输出 –3.3～0V 倒相信号，为一个比例衰减器。

图 7-19 所示电路有两个特征：输入、输出信号反相；无论是放大或衰减或倒相电路，输出信号对输入信号维持一个比例输出关系，可以笼统地称为反相放大器，因为倒相器的放大倍数为 1，而衰减器恰恰也是利用了电路的放大作用，对输入信号起到了比例衰减作用。

有趣的是，这 3 种反相放大器，在电流、电压检测电路中都有应用。以电流检测电路为例：这是因为，串于三相输出端的电流互感器内置放大器，输出信号已达伏特级的电压幅度，而 CPU 的输入信号幅度又需在 5V 以下的电压幅度内，故后续电流信号处理电路，有的采用了有一定放大倍数的反相放大器；有的采用了倒相器电路，只是根据 CPU 输入电压信号极性的要求，只对信号进入了倒相处理，并不需再进行放大；部分电路为适配后级电路的信号幅度范围，甚至采用了衰减器电路，对电流互感器来的电压信号衰减一下，再送入后级电路。运算放大器，并不只是单纯用于对输入信号进行放大，有时是为了对电压极性进行转换和对电压幅度进行衰减，由此也可看出采用模拟电路处理信号的灵活性。

检测电路中的模拟信号电路的供电，根据放大交流信号的要求，一般采用 ±15V 双电源供电。根据反相放大器的电路形式和运算放大器的电路特性，我们可找到相应的检测方法：

1）据反相放大器的特性，由于处于闭环控制的放大区域，两输入端之间的电压差在 0V 左右，而输入信号与输出电压呈线性比例关系。可根据电路形式和输入、输出脚的静态电压值判断电路是否处于正常状态。

2）查明该级电路为放大器或倒相器或衰减器，据输入电阻与反馈电阻的比值，可大致测算出输出电压值，由此可判断电路是否处于正常状态。

3）根据电路对差模信号有放大（或衰减）作用，而对共模信号放大作用为 0 的特性，当短接两输入端时，输出电压应接近 0 电位值；或者测量输出端已有正电压（或负电压输出），但一短接两个输入端，输出电压马上降（或升）为 0V 左右。说明电路是好的，能正常传输信号。

4）可以人为改变输入电压值，则输出电压必定有相应变化，可由此判断放大器是否处于正常状态。

故障实例 1

某台变频器上电后，即报出 OC 故障，故障复位无效，测电流检测电路，如图 7-19a 电路，输出电压为 + 12V，CPU 因有严重过电流信号输入，故在上电后报出 OC 信号。用金属镊子短接运算放大器 2 脚和 3 脚，测量 1 输出脚电压无变化，仍为 + 12V，判断运算放大器损坏，更换后，故障排除。

故障实例 2

某台变频器，上电后输出欠电压信号，检测图 7-19b 电路，输入电压为 – 3V，但输出电压为 0.7V，说明为本级放大器故障，用一外接直流 12V 电源串接 10kΩ 电阻，输入到反相输入端，测输出端电压无变化，判断该级放大器损坏，更换后故障排除。

2. 同相放大器和电压跟随器电路

图 7-20a 所示电路为同相放大器的典型电路形式。输入信号进入放大器的同相端，输出信号与输入信号同相位，电路的电压放大倍数 = 1 + R2/R1。也用于故障信号检测电路中对模拟信号的放大处理。该电路当 R2 短接或 R3 开路时，输出信号与输入信号的相位一致且大小相等，因而 7-20a 所示电路可进一步"进化"为图 7-20b、c 所示电路。

图 7-20b、c 为电压跟随器电路，输出电压完全跟踪于输入电路的幅度与相位，故电压放大倍数为 1，虽无电压放大效果，但有一定的电流输出能力。电路起到了阻抗变换作用，提升电路的带负载能力，将一个高阻抗信号源转换成为一个低阻抗信号源。减弱信号输入回路高阻抗和输出回路低阻抗的相互影响，又起到对输入、输入回路的隔离作用。作为电压跟随器应用时，有时候也采用单电源供电。

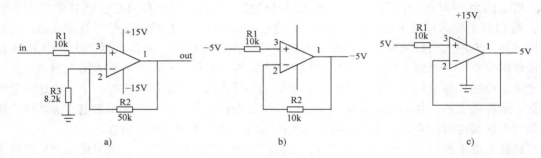

图 7-20　同相放大电路、电压跟随器电路
a）同相放大器电路　b）电压跟随器电路之一　c）电压跟随器电路之二

图 7-20 中的 3 种电路，也在故障检测电路中，被用于模拟信号的放大、基准电压信号的处理等。

根据电路的特性与作用，可得出检测方法如下：

1）图 7-20a 所示电路为同相放大器电路，输出电压幅度与极性比例跟踪于输入电压，该级电压放大倍数约为 6 倍。当输入电压值为 1V 时，输出电压约为 6V。可据输入、输出电压值的测算判断电路是否处于正常状态。

2）图 7-20b、c 所示电路均为电压跟随器电路，输出电压完全跟踪于输入电压，输出电压值应与输入电压值相等，据此可以判断电路是否处于正常状态。

3）可通过短接两输入端或人为改变输入端电压的方法，测量输出端电压的相应变化，来判断电路是否处于正常状态。

故障实例 3

某台变频器，上电即跳 OH 故障，测温度检测电路的基准电压电路如图 7-20b 所示，电路的输出电压为 1V，该机为电压比较器电路，测其输入端电压为 5V，正常状态下输出端电压也应为 5V。将输出端负载电路切除后，输出端电压为 1.2V，判断为该级放大器损坏，更换后故障排除。

3. 精密正、负半波整流器和全波整流器电路

由电流互感器来的交流电压信号，要经后续半波或全波整流电路整流成直流电压后，再送入 CPU，供电流显示和控制之用。精密半波或全波整流电路也用作模拟信号的处理和放大。由二极管组成的普通整流电路，存在整流输出非线性、有一定的"门槛电压"（整流死区电压）等缺点，对小于 0.5V 的输入电压是无能为力的。而采用运算放大器组成的半波或全波精密整流电路，则克服了以上缺点，构成了近于理想的整流电路，对于 μV 级输入交流信号，都能进行不失真地整流输出。利用运算放大器的放大作用和深度负反馈作用，在放大电路中加入二极管，利用二极管的单向导电特性，实现对输入正、负半波信号引入不同深度的负反馈，可以对输入 μV 级信号进行整密整流，电路本身还具有电压跟随或放大作用。

图 7-21a 为精密负半波整流电路，电路将输入负半波信号进行精密整流后，倒相输出。对正半波输入信号来说，VD1 的接入，为放大器引入了深度负反馈。在负半波输入信号的起始段，因信号输入幅度小，VD1、VD2 均截止，电路处于开环放大状态，微小的信号输入，便会使输出脚电压大于 -0.7V，VD1 导通，VD2 反偏截止。VD2 与 R125 串联引入了适度负反馈（由 R125 的阻值可决定本级电路是整流器还是整流放大器，本级电路为精密整流器，无放大作用），相当于一个反相放大器，输出与输入信号成倒相关系。

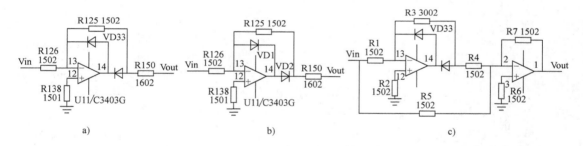

图 7-21　精密半波、全波整流器电路
a）精密正半波整流电路　b）精密负半波整流电路　c）精密全波整流电路

图 7-21a 电路与图 7-21b 电路的不同之处，在于电路中两只二极管的极性相反，成为对输入正半波信号的精密整流电路。整流原理是一样的。

由一个半波整流器电路再加上一个反相求和电路，如图 7-21c 所示，实现将正、负半波输入并反相后输出，可得到全波输出电压波形，即构成了一个全波高精度整流电路。

在故障检测电路中，往往采用整流器电路，对三相输出电流采样信号，进行整流与放大，作为模拟电压信号（电流检测信号）输入后级故障信号处理电路和 CPU 电路，用作过载报警和运行电流的采样处理。

电路输入为交流电压信号，而输出为直流电压信号，大部分电路为整流器，部分电路为整流放大器。

检测方法：

1）整流器电路：输入侧为交流电压，输出侧为直流电压，两测量值比较接近。

2）整流放大器，输入侧为交流电压，输出侧为直流电压，输出直流电压值高于输入交流电压值。

3）可通过短接两输入端或人为改变输入端电压的方法，测量输出端电压的相应变化，来判断电路是否处于正常状态。

故障实例4

某台变频器，上电即跳 OC 故障，检测电流检测电路如图 7-21b 所示的输出电压为13V，拔掉电流互感器引线端子，该级放大器仍为13V，判断精密整流放大器损坏，更换后故障排除。

4. 电压比较器、梯级电压比较器和窗口电压比较器电路

上述几种电路，都用于模拟信号的放大整流等，其输出信号仍为模拟信号，可称为模拟信号（放大）处理电路，而下文介绍的电压比较等电路，则输出为开关量信号，其电路已脱离了模拟放大的范畴，似乎进入了"数字电路"的领域，其实是拿模拟电路当作了数字电路来应用。

电压比较器的作用是比较两个输入电压信号的大小，将比较结果作为输出量输出。图 7-22a 所示电路，放大器的同相输入端的电压，为 R2、R3 两电阻对 +5V 的分压值2.5V，称为基准电压值，输入信号与此基准值比较，高于此值时，则输出为0V 低电平信号，低于低值时，则输出为 +15V 高电平信号。电路又称为单值比较器，电路的输出状态取决于输入信号电压的一个值（一个点）——2.5V。

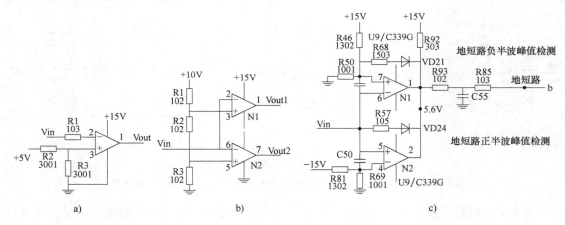

图 7-22　3 种电压比较器电路
a）电压比较器　b）梯级电压比较器　c）窗口电压比较器

将两级电压比较器接为图 7-22b 所示电路，则成为梯级电压比较器，电路有一路输入信号和两路输出信号。N1、N2 两级电压比较器输入的是同一路信号电压，但两级电路同相输入端的基准电压值不同，N1 基准电压为 6.6V，N2 基准电压值则为 3.3V。当输入信号由 0V 到逐渐上升时，当上升为 3.3V 以上时，N2 的输出状态先变为低电平；N1 在输入信号值大于 6.6V 时，才有低电平信号输出。图 7-22b 所示电路在用于直流回路电压检测电路时，当因负载电动机再生发电能量回馈至直流回路，使直流回路电压上升到一定值时，N2 先输出制动动作信号，将制动电阻接入直流回路，消耗电压增量；若电压继续上升，N1 则输出 OU 过电压信号，变频器保护停机。

若将两级电压比较器接为图 7-22c 所示电路，则构成窗口电压比较器电路。相对于单值电压比较器电路，窗口电压比较器可称为双值电压比较器了。电路有两个基准比较值，输出一路信号。当输入信号≥基准电压 1≤基准电压 2 时，电路输出状态转换。在输入信号的中间值的一个范围内，输出状态不变。图 7-22c 所示电路为接地故障信号处理电路。N1 放大器的同相端是 R46、R50 对 +15V 的分压值，N2 放大器的反相端是 R81、R69 对 −15V 的分压值。输入三相电流采样信号进入到 N1 的反相输入端和 N2 的同相输入端，分别与正分压值和负分压值相比较，无论是输入信号的正半波或负半波，只要大于两个基准值，便会报出地短路信号。

电压比较器应用模拟电路，可据信号幅度灵活设置基准电压，比采用数字电路更为方便。另外，图 7-22c 所示电路采用开路集电极输出的运算放大器电路，可以实现输出端的并联输出，使电路更为简洁。若采用普通放大器，则输出信号还要经两只二极管隔离，再并接在一起。

3 类电压比较器电路，常用于将检测的电流或电压的模拟信号，转化为开关量信号——故障信号输出，供停机保护和实施控制动作等。

检测方法：

1）放大器输出端只有两个电平状态，低电平，接近供电的地电平或负供电值；高电平，接近正供电值。

2）测反相输入端低于同相输入端电压值，则输出为低电平，反之，则输出为高电平。

3）可通过短接两输入端或人为改变输入端电压的方法，测量输出端高低电平的相应变化，来判断电路是否处于正常状态。

5. 滞回比较器电路

图 7-22c 所示电路，也即为滞回电压比较器电路。电压比较器电路只要再引入一正反馈电路，便可"升级"为滞回比较器电路。滞回比较器又被称为具有滞后特性的电压比较器电路。如果把普通的电压比较看作为"电压点比较"的话，滞回比较器则可看作为"电压段比较"的比较器电路。通常，我们希望电路的输出状态足够稳定，电压比较在一个"点"上比较输出，会因频繁输出造成输出状态的不稳定。将输入电路的"点"比较，改进为"段"比较，能较好地解决此一问题——在输入电压变化的一个"段值"内，输出状态不

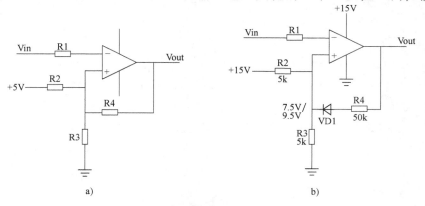

图 7-23　两种滞回比较器电路

a) 滞回比较器电路一　b) 滞回比较器电路二

变。图7-23b所示电路由R4、VD1构成一个正反馈支路，将电路的"点"比较特性转化为"段"比较特性。

控制原理简述如下：

先假定图7-23b所示电路被用于制动动作信号的处理，输入信号为直流回路的电压采样信号。当直流回路的电压因负载电动机再发电能量回馈造成异常上升，达680V时，Vin输入电压值达9.5V以上，高于放大器反相端基准电压值时，放大器输出低电平信号，后级制动电路动作，将制动电阻接入直流回路，对电压增量进行消耗。因制动电阻的消耗作用，Vin输入电压值很快下降到9.5V以下，可是制动信号仍在输出中，并不因直流回路电压稍为回落，制动信号即行消失，这就看出了滞后比较器的作用。制动电路继续工作，一直到直流回路电压回复为620V以下时，采样输入电压低于7.5V时，制动电路才停止工作。

电路上电时，放大器同相端电压（7.5V）高于反相端电压，输出电压为近15V的高电平电压，由R4、VD1反馈回同相端电路，将同相端电压"人为垫高"为9.5V。此即该电路同相输入端的静态电压值。当输入电压高于9.5V时，电路输出状态反转，输出端变为低电平。VD1反偏截止，反馈回路中断，同相端基准电压恢复为7.5V分压值。这样，当输入采样电压低于7.5V（直流回路电压回落为620V以下）时，制动信号才停止输出。

滞回比较器电路常用于电流检测电路的后级故障信号输出电路、直流回路的电压检测，输出制动信号和过电压、欠电压故障信号等的处理。

检测方法同电压比较器，从略。

第8章 变频器MCU主板（和操作显示面板）电路的检修

8.1 MCU器件特性、引脚功能特点、故障检修思路

1. MCU器件的结构与性能概述

MCU（或称微控制器、单片机、嵌入式控制器）器件是指将计算机的基本部件微型化地集成到一块芯片上，且具备独特功能的微型计算机。芯片内含中央处理器CPU、存储器ROM和RAM、并行和串行I/O、定时器和计数器、中断控制、系统时钟及系统总线等，在此硬件电路基础上，将要处理的数据、计算方法、步骤、操作命令编制成程序，存放于MCU内部或外部存储器中，MCU在运行时能自动地、连续地从存储器中取出并执行。

用于变频器控制系统中的MCU器件又称为高性能微控制器，内部集成了A-D转换器、PWM脉冲宽度调制输出接口，扩展了I/O高速接口，使之适应复杂的PWM控制、与下机位通信、相关运行数据显示、处理模拟和数字的输入/输出信号等控制要求。

一个基本MCU器件（见图8-1）由以下几部分组成：

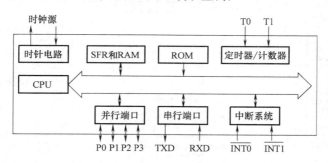

图8-1 典型MCU器件基本电路原理框图

（1）CPU（包括运算器、控制器和寄存器组）

它是MCU内部的核心部件，由运算部件和控制部件两大部分组成。前者能完成数据的算术逻辑运算、位变量处理和数据传送操作，后者是按一定时序协调工作，是分析和执行指令的部件。

（2）存储器（包括ROM和RAM）

ROM是程序存储器，MCU的工作是按事先编制好的程序一条条循序执行的，ROM即用来存放已编好的程序（系统程序由制造厂家编制和写入）。存储数据掉电后不消失。ROM又分为片内存储器和片外（扩展）存储器两种。

RAM是数据存储器，在程序运行过程中可以随时写入数据，又可以随时读出数据。存储数据在掉电后不能保持。RAM也分为片内数据存储器和片外（扩展）存储器两种。

（3）输入、输出I/O接口（与外部输入、输出（电路）设备相连接）

P0/P1/P2/P3 等数字 I/O 接口，内部电路含端口锁存器、输出驱动器和输入缓冲器等电路。其中 P0 为三态双向接口，P1/P2/P3 数字 I/O 端口，内部驱动器为"集电极开路"输出电路，应用时内部或外部电路接有上拉电阻。每个端口均可用作数字信号输入或输出口，并具有复用功能（指端口功能有第一功能、第二功能甚至数个功能，在应用中可灵活设置）。

MCU 器件除数字 I/O 端口外，还有 A-D 模拟量输入、输出端口，输入信号经内部 A-D 转换电路，变换为数字（频率）信号，再进行处理；对输出模拟量信号，则先经 D-A 转换后，再输出至外部电路。

更为详尽的有关 MCU 器件的知识，请读者参阅相关技术书籍。作为维修需要，重点是弄明白 MCU 各个引脚的功能，进、出该引脚的信号性质，及判断 MCU 的工作状态是否正常。

2. MCU 器件功能介绍

（1）EE87C196MH 芯片功能简述

EE87C196MH 芯片（见图 8-2）为 84 脚 MCU 器件（另有 64、68、80 引脚封装产品），

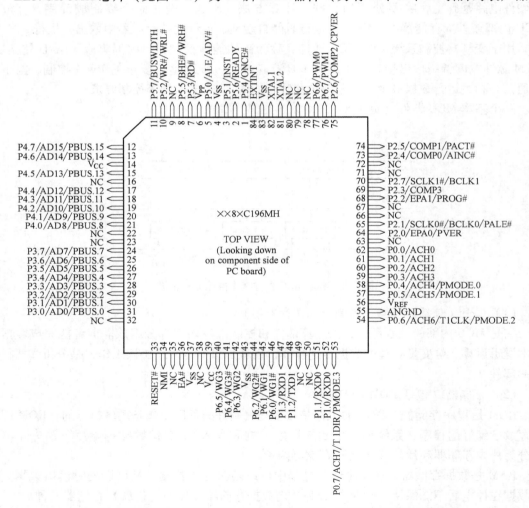

图 8-2 海利普 HLP-P 型 15kW 变频器 MCU 芯片（EE87C196MH）引脚图

是 Intel 公司出品的 16 位微控制器，因其功能强大，通用性强，在变频器产品中被得到广泛应用。

内部电路包括算术逻辑部件（RLU）、寄存器、内部 A-D 转换器、PWM 发生器、事件处理阵列（EPA）、三相互补 SPWM 输出发生器以及看门狗、时钟及中断控制电路等。内部结构原理如图 8-3 所示。

EE87C196MH（MC）微控制器采用 CHMOS 工艺，工作温度为 $-40 \sim 85℃$，支持 16KB 的 EPROM，当晶体振荡频率为 16MHz 时，完成 16 位乘 16 位的乘法只需要 $1.75\mu s$。适合控制系统的快速性要求。有 7 个 I/O 口（P0/P1/P2/P3/P4/P5/P6），每个 P 端口为 8 线，共形成 $7 \times 8 = 56$ 线的输入/输出端口布局。每个 P 端口都具有复用功能，如 P0 口内含 8 路（ACH0 ~ ACH7）A-D 转换器电路，可启用模拟信号输入功能，对控制端子输入的频率控制电压、电流/电压采样信号进行处理；P6 口可启用 PWM 脉冲输出功能，形成 6 路控制逆变电路工作的脉冲信号。

寄存器阵列有 512B，分为低 256B 和高 256B，低 256B 在 ALU 运算过程中可以当做 256 个累加器使用，高 256B 用作寄存器 RAM，也可以通过特有的窗口技术，将高 256B 切换成具有累加器功能的 256B。微控制器内部自带 13 路 10 位/8 位高速 A-D 转换器，转换时间可以设置在 $1.39 \sim 40.2\mu s$ 之间，A-D 也可以作为可编程比较器，在输入跨过一个门槛电平时产生中断。

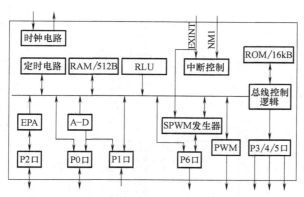

图 8-3　EE87C196MH 内部功能框图

事件处理阵列（EPA）主要执行输入、输出的功能。输入方式时，EPA 监视输入引脚信号的变化，在事件发生时记录其时间值，此过程称为捕捉。输出方式时，等于定时器符合一个存储的时间值，就设置、清除或触发输出引脚。捕捉和比较事件都能产生正常的服务流程或中断。共有 4 个捕捉/比较模块和 4 个比较模块。

EPA 还含有两个 16 位的双向定时/计数器 T1、T2。T1 可按照外部时钟源计时，在这种工作方式下，EPA 可以直接处理位置传感器（如光电编码器）输出的两路相位互差 90°的脉冲信号，从而监视电动机的速度和方向。

外部事件处理服务器（PTS）。该控制器的中断系统有两类：可编程中断控制器和 PTS。可编程中断可以被设置成 PTS 中断服务方式，PTS 拥有数种微指令码化的硬件中断服务流程，可以与 CPU 并行工作，能够完成数据块传递、处理多路 A-D 转换、控制串行通信等功能。

EE87C196MH（MC）微控制器内部设置了一个三相互补的 SPWM 发生器，通过 P6 口直接输出 6 路 SPWM 信号，驱动电流可以达到 20mA，驱动频率可以达到 8MHz，每路 SPWM 信号可以独立编程并设置死区互锁时间。

（2）M30800FCFP 芯片功能简介

M30800FCFP 芯片是瑞萨 M16C/60/80 系列 MCU 产品之一，100 引脚 QFP 塑封。有 11 个 P 端口（88 线 I/O 口），是 32/16 位混合微控制器，主时钟频率典型值为 20/24MHz，副时钟典型值为 5kHz，具有主时钟停振检测功能；供电电压为 4～5.5V，输入电源电流为 45mA，有电源电压检测功能；有多个 A-D、D-A 转换通道，和 6 路 PWM 脉冲输出端口。M30800FCFP 引脚功能图如图 8-4 所示。

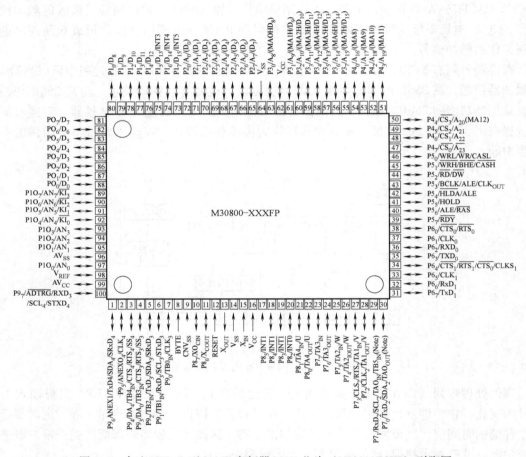

图 8-4　中达 VFD-B 型 22kW 变频器 MCU 芯片（M30800FCFP）引脚图

3. DSP 器件

DSP 称为（高性能）数字信号处理器，相对 MCU 器件而言，DSP 器件具有较高的集成度，具有高性能的 CPU 和更大容量的存储器，内置有波特率发生器和 FIFO 缓冲器，提供高速、同步串口和标准异步串口。片内集成了 A-D 和采样/保持电路，可提供 PWM 输出。其运算能力更强，运行速度更快（时钟频率更高），内部资源更为丰富，功能更为强大，是一个"超级微控制器系统"，有取代 MCU 器件的趋势。

TMS320F2810PBKA 芯片采用 128 引脚 LQER 封装，是 32 位数字信号处理器。采用 1.8V 内核供电（振荡频率 138MHz），内部存储器和 I/O 电路供电 3.3V，12 位 A-D 转换器/16 个通道，12 路 PWM 脉冲输出端口。TMS320F2810PBKA 引脚图和内部功能图如图 8-5 和图 8-6 所示。

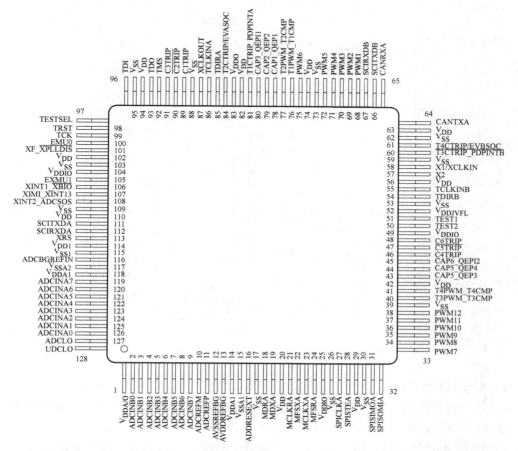

图 8-5　正弦 LINE300 型 7.5kW 变频器 DSP 芯片（TMS320F2810PBKA）引脚图

TMS320F2810PBKA 芯片的特点：

1）低功耗设计。芯片功耗与时钟频率与电源电压的高低与成正比，芯片内核采用 1.8V（135MHz）、1.9V（150MHz）；I/O 引脚内部电路和 Flash（内存/闪存，可读写存储器）存储器采用 3.3V 供电电源；支持 IDLE、STANDBY、HALT 模式；可以关断单个外围时钟。

2）高性能 32 位 CPU。哈佛总线结构，16×16 位和 32×32 位乘加操作，统一的存储器规划，4MB 的线性程序地址和 4MB 的线性数据地址。

3）片内存储器。Flash 闪存，可达 128KB×16 的 Flash（4 个 8KB×6 和 6 个 16KB×16 的区间）；ROM 只读存储器，可达 128KB×16 的 ROM。

4）时钟和系统控制。支持动态改变锁相环（PLL）的参数值；片内振荡器；看门狗定时器模块。

5）32 位 CPU 定时器。

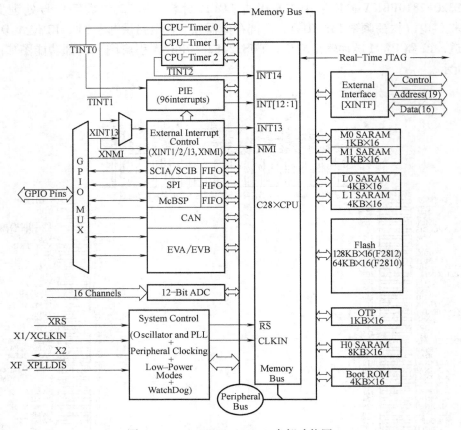

图 8-6　TMS320F2810PBKA 内部功能图

6）电动机控制外围。两个事件管理器（EVA 和 EVB）；和 240xA 兼容。

7）串行接口外围。串行外围接口（SPI）；两个串行通信接口（SCL），标准 UART 接口；增强型 CAN 总线（eCAN）；SPI 模式的多通道缓冲串口（MeBSP）。

8）12 位 A-D 转换器，16 个通道。2×8 通道的输入多路选择；两个采样保持器；单/同时转换模式；快速转换时间。

9）可达 56 个独立可编程的多路输入/输出（GPIO）管脚。

10）本例电路采用 128 脚 PBK LQFP 塑封，温度范围为 -40 ~ 85℃。

实际上，要想对 MCU 或 DSP 的工作原理与应用方法，甚至内部硬件电路的构成与编程方法等，理解得比较透彻的话，是一件要为此投入大量精力（MCU 与 DSP 应用本身就是一项专业技能）和时间的事情。

作为维修需要：

1）要大致对 MCU 或 DSP 的工作模式有所了解；

2）重点是了解其基本工作条件（如工作三要素）和掌握相应的检测方法；

3）对部分关键引脚的工作状态（动、静态工作电平）心中有数，并掌握检测方法。

下面讨论微控制器（含 MCU 和 DSP 器件，通称为微控制器）的基本工作条件，和关键引脚的功能、电平状态及检测方法。

　　MCU 或 DSP 芯片损坏时，因其内含程序软件，不能用空白芯片一换了之。一般必须更换 MCU（DSP）主板，或从制造厂家购配件替换。因而首先排除芯片外围电路的故障原因，确定芯片是否损坏。

4. 微控制器的工作三要素

　　微控制器系统的各部分是在 CPU 的统一指挥下协调工作的，芯片内部庞大的运算器、计数器、存储单元等数字单元电路是按一定的时钟节拍同步工作的。而上电时，需从程序首端开始执行，需要一个复位控制动作（如执行计数器、寄存器清零等），因而电源、时钟、复位三者是微控制器正常工作必需的三要素。

　　（1）电源

　　1）MCU 器件一般采用 5V 单电源供电，但对 MCU 内部电路而言，是分为数字电路电源和模拟电路电源两个系列供电的，如 M30800FCFP 芯片，即分为 Vcc、Vss 数字电路供电和 AVcc、AVss 模拟电路供电两部分。模拟电路的 5V 供电由 99、96 脚（模拟电源输入引脚）引入，用于 A-D 转换器等模拟信号处理电路的供电；Vcc、Vss 数字电路的 5V 供电分别由 16/62、14/64 脚（数字电路电源输入引脚）引入，用于其他数字信号处理电路。

　　模拟信号处理电路的电压幅度较小，工作频率较低，抗干扰能力较弱；数字电路的门限电平和工作频率较高，抗干扰性能较强。将模拟电路的供电与数字电路的供电分开，可以减轻两种信号之间所产生的串扰，所以微控制器的电源引脚一般有模拟和数字两种，并且可能多 4 个以上的引脚数量，这是微控制器供电的特点之一。

　　2）MCU 或 DSP 器件，出于微功耗考虑，采用两个级别的供电电压，这是微控制器供电的特点之二。如上述 TMS320F2810PBKA 芯片，采用 1.8V 和 3.3V 两种供电电源（见图 8-7），其中 1.8V 的 V_{DD}/V_{DD1}、V_{ss}/V_{ss1} 的供电引脚多达 20 个；3.3V 的 $V_{DDA1}/V_{DDA2}/V_{DDAIO}/V_{DDIO}/V_{DD3VFL}$、$V_{ssAIO}/VDCLO$ 等供电引脚达 8 个；如果再算上接高电平和接地平的未用引脚，TMS320F2810PBKA 芯片接供电电源的引脚数计 36 个（参见后文实际电路）。当然从 ADD-ADDA 和 Ass/AssA 标注的不同，也可进一步分出数字和模拟电路的供电引脚。

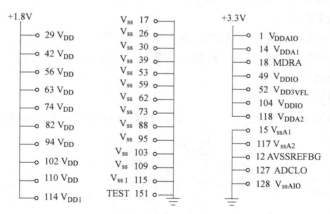

图 8-7　TMS320F2810PBKA 的供电电压和供电引脚图

　　因而对微控制器供电电源和供电引脚电压状态的检测，成为一个重要检修内容。微控制器对供电电源的稳定性有一定要求，检测供电电压值一般应在额定值的 ±5% 以内，过高或过低均会引起微控制器工作失常，另外，微控制器通路有电源电压监测功能，在供电异常时会自动进入系统复位状态。

（2）时钟

微控制器的有序工作需要按一定固定的时间节拍进行，产生相应的定时信号和控制信号，而且各部分和各控制信号之间要满足一定的时间顺序。通常由微控制器内部振荡器和外接晶振元件产生一个振荡信号，又称为振荡时钟或时钟信号，内部各电路所需的时间基准不一的频率信号则由该时钟信号分频取得。

1）时钟发生电路有四种电路形式。

① 主时钟振荡电路。

由时钟信号输入、输出引脚（内为高增益放大器）XTAL1（X1）、XTAL2（X2）与外接晶振元件构成振荡器，向内部时钟电路提供时钟信号，一般 MCU 的时钟信号频率为 4 ~ 24MHz 以内，DSP 的时钟频率要高一些。

由外部振荡源（振荡电路）直接向 XTLA1 端输入时钟信号，微控制器本身不产生主时钟信号。实际电路中，一般采用①电路形式。

② 副时钟振荡电路。

副时钟振荡电路，部分微控制器电路有应用，振荡频率较低（如 50kHz）。如 M30800FCFP 芯片电路，即采用主、副时钟两种振荡电路。采用副时钟振荡电路，一般是出于：

a. 降低功耗的考虑。通常，系统运行频率越高，电源功耗也就越大。若在不需要高速运行的情况下（如待机状态）停掉主时钟，只运行副时钟，可降低功耗，减小芯片发热延长使用寿命。

b. 主、副时钟各完成不同的工作任务，如副时钟用于为定时器、计数器的时间基准信号。

c. 因某种原因导致主时钟工作不正常（如受强干扰而停振），因副时钟仍正常工作的监控作用，可以检测主时钟的工作状态，并重新启动主时钟电路运行。

d. 可以由程序切换主、副时钟的运行。

③ 微控制器内部振荡器。

一些微控制器具有内部副时钟电路，如 1MHz 的时钟信号发生器，一般在主时钟停止振荡时，暂时起到取代主时钟的作用，系统复位后（主时钟已经工作后）停止振荡。

2）实际的时钟电路。

① 典型晶振电路。

图 8-8a 所示电路为典型的时钟电路，外接晶振元件与 EE87C196MH（MCU）芯片内部

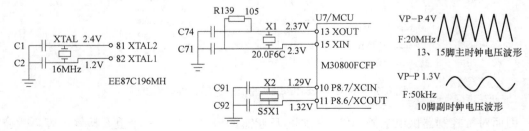

a) 典型时钟电路　　　　　　　　　　　b) 主、副时钟电路

图 8-8　MCU 时钟电路

放大器，组成振荡时钟电路。MCU 的 82 脚为时钟信号输入端，81 脚时钟信号输出端。当 81 脚空置时，可由 82 脚输入外供时钟信号。MCU 内、外部元件构成的振荡器等效电路原理如图 8-9 所示。

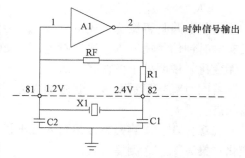

图 8-9 中，反相放大器 A1、晶振 X1 与负载电容 C1、C2 构成三点式并联谐振电路，晶振 X1 在并联谐振状态下可等效为电感元件。R1、C1、C2 构成正反馈回路，使电路形成振荡条件；RF 提供适度负反馈，将反相器设定在中间补偿区附近，使电路工作于高增益区域。

图 8-9　微控制器的时钟振荡等效电路

对晶振 X1 来说，C1、C2 组成负载电容，一般取值范围为 12～30pF，两只电容取相等的数值。C1、C2 的选值影响振荡频率的稳定和准确，依据晶振元件厂家提供的参数进行选择。C1、C2 对反馈信号有分压作用，当两电容的容量值相等时，分压系数为 0.5。

② E30800FCFP（MCU）芯片的主、副时钟电路

主时钟振荡频率为 20MHz，副时钟电路的振荡频率为 50kHz，图 8-8b 电路中，给出了 MCU 晶振引脚的信号电压和测试波形图，供读者参考。

3）晶振电路的测量方法（以图 8-9 电路为例）。

时钟电路的振荡频率为晶振元件的标称频率值。测量 MCU 晶振引脚的电压值也可判断是否处于振荡或停振状态。

① 用示波器测量振荡波形。

MCU 晶振引脚的振荡波形为标准正弦波电压波形。但因示波器带宽的限制，一般测量 10MHz 左右振荡频率的波形时，显示为正弦波，测量较高频率的振荡波形时，显示为三角形尖波。采用宽带（如 100MHz）示波器，测量的波形更接近正弦波。

低带宽示波器探头有一定的等效电容值，测量 MCU 的时钟信号输入端，探头电容会造成对反馈信号电压的分压（衰减），引起电路停振。但测量时钟信号输出端，因信号幅度较高和等效阻抗较低，不会对振荡产生太大影响，可以测到振荡波形。时钟信号输出端的信号电压幅度（峰值电压以 VP-P 标示），一般应达到供电电压的 70% 以上，5V 供电时，测输出端电压幅度应为 4V 以上。

② 用数字频率计，由时钟引脚测量信号频率。

③ 对晶振电压的检测

用数字万用表的直流电档，可以测量晶振引脚的信号电压值，测量晶振信号输入脚时，也容量造成电路停振，使信号电压消失。

处于正常振荡状态时，时钟输出脚电压值约为（稍低于）供电电压的一半，一般为 2.3V 左右；时钟信号输入端，因 C1、C2 电容分压的缘故，信号电压值低于输出端，如 1.2V 左右。注意：所测电压并非为固定值，因 C1、C2 电容的取值不同，和 MCU 内部电路的差异，时钟信号输入、输出脚的电压值有的相差大，有的相差小，如图 8-8b 所示电路，两引脚的电压值就非常接近。

时钟信号输入、输出脚的电压值，若为 0V 或 +5V，或两脚电压都为 0V 或 5V，说明电路已处于停振状态。

④ 人为停振法（慎用）。

判断电路是否振荡，还可以施加人为信号干扰，如测量输出脚电压时，用小金属螺钉旋具碰触时钟信号输入脚，输出脚电压值如有跳变（如电压升高变化），则说明电路振荡的；若无变化，说明处于停振状态。

若同时观察显示面板，若施加人为干扰信号时，显示内容有同步变化，说明电路处于振荡状态。

注意！③、④测量方法易引入强干扰（或人体静电），使 MCU 外挂存储器的控制参数变化！推荐①、②测量方法。

4）时钟电路的故障表现。

时钟是 MCU 系统的"心跳"发生器，停振时，系统无法满足正常工作条件，程序运行处于停滞状态。操作显示面板显示"-----"、"88888"或无显示，操作面板按键无反应。如果进一步细致检查，会发现 MCU 的自检动作无法完成，如主板的系统（故障）状态指示灯一直点亮，充电继电器无动作信号等。

5）晶振元件的电气参数、损坏现象和检测方法。

晶振元件的全称为石英晶体谐振器，材料是一种压电晶体。石英晶片之所以能做振荡电路（谐振）是基于它的压电效应，若在晶片的两个极板间加一电场，会使晶体产生机械变形；反之，若在极板间施加机械力，又会在相应的方向上产生电场，这种现象称为压电效应。如在极板间所加的是交变电压，就会产生机械变形振动，同时机械变形振动又会产生交变电场。一般来说，这种机械振动的振幅是比较小的，其振动频率则是很稳定的。但当外加交变电压的频率与晶片的固有频率（取决于晶片的尺寸）相等时，机械振动的幅度将急剧增加，这种现象称为压电谐振，因此石英晶体又称为石英晶体谐振器，其特点是频率稳定度很高。

在应用中晶振等效为一个电感，在晶振的两端并联上合适的电容它就会组成 LC 并联谐振电路。这个并联谐振电路加到一个负反馈电路中就可以构成正弦波振荡电路，由于晶振等效为电感的频率范围很窄，所以即使其他元件的参数变化很大，这个振荡器的频率也不会有很大的变化。晶振有一个重要的参数，那就是负载电容值，选择与负载电容值相等的并联电容，就可以得到晶振标称的谐振频率。

晶振元件的主要电气参数：

① 晶振的频率值，与晶体盒尺寸和振动模式有关。尺寸越小，所获得的最低频率越高。4 ~ 40MHz 频率以内的应用最多。

② 频差，规定工作范围与频率允许偏差。在一定温度范围内的频差一般为 $\pm 20 \times 10^{-6}$。

③ 负载电容量。一般由说明书给出参考值（如 15pF）。

④ 适用温度范围。如 $-40 \sim +80℃$。

晶振元件的损坏原因：

① 受强烈振动损坏。石英晶体谐振器由芯片、支架、外壳、电极组成。晶体片较脆弱，易受振动而损坏。时钟电路处于停振状态。

② 受潮后产生漏电阻，或振荡阻力增强。时钟电路处于停振或不易起振、易停振状态。有时用电烙铁加热引脚时起振，或在引脚施加干扰信号时起振，但出现随机性停振现象。

③ 因老化原因，造成频率漂移，或不容易起振，和易于停振；频率偏移较大时，变频

器易报"Err"错误故障。

晶振元件的检测方法：

① 用指针式万用表的 ×10k 档，测两引脚之间的电阻值，应为无穷大。如测出一定的电阻值，说明已产生漏电损坏。

② 用电容表测两引脚之间的电容值，一般为几皮法至几十皮法之间。元件的标称频率值高，所测电容值就小。若测量电容量为数百皮法以上或电容值为 0，则元件损坏。

③ 摇动法。手拿晶振，放耳边摇动，细听有无细微的"哗啦"声，若有，说明内部晶片受振动碎裂。

④ 用简易振荡电路测试晶振的好坏。

所测晶振与电路构成振荡器，晶振元件是好的，则电路能起振工作。如配合频率计或示波器，则可以进一步测试振荡频率与波形。

晶振元件的代换：晶振在电路中的符号是以"X"、"G"、"Z"等字母标注的，元件本体上一般直接用印字标注出频率值，如标注为 20.0F6C 或 20.000，说明频率标称值为 20MHz。封装形式有直插和贴片封装两种，MCU 主板电路中以后者应用为多。代换时做到封装形式、标称频率值两者的严格一致。

（3）复位电路

MCU 在上电或在工作中因干扰而使程序失控，或工作中程序处于死循环"卡死"状态时，都需要进行复位操作，才能使 MCU 的中央处理器（CPU）及其他功能部件都恢复到一个确定的初始状态，并从程序的初始执行点重新开始工作。强制复位时，是使 MCU 现在的工作全部停止后，又从零起步，开始新的工作阶段。

1）MCU 的复位控制方式。

有硬件复位 1、低电压检测复位（硬件复位 2）、软件复位、看门狗定时器复位和振荡停止检测复位等几种复位控制方式。

① 硬件复位 1。

是通过 RST 或 $\overline{\text{RST}}$ 引脚高/低电平的变化产生的复位动作。在接通电源时，电源电压有一个由 0V 上升至满足工作条件电压值的过程，在电源稳定后，由复位电路向 RST 或 $\overline{\text{RST}}$ 引脚输入一个"暂态"的复位电平信号，主时钟电路开始工作，初始化引脚（使相关 I/O 口为无输出状态）；复位信号消失后，CPU 和 SFR 开始初始化，并由复位向量指定的地址开始执行程序。电源稳定状态（待机或运行中），RST 或 $\overline{\text{RST}}$ 引脚输入复位信号时，可即时对系统产生强制复位动作。硬件复位电路如图 8-10 中的 a、b 电路，只在接通电源时产生复位信号。

② 低电压检测复位（硬件复位 2）。

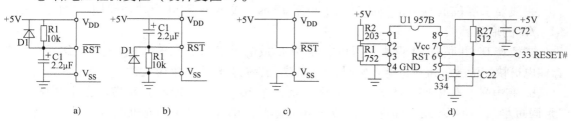

图 8-10 4 种形式的复位电路

　　a. 通过内置在 MCU 内部的电压检测电路产生复位信号。内部电压检测电路检测 V_{DD}、V_{SS} 引脚的电压值低于设定阈值时，产生复位信号，直至电源电压正常后，重新运行程序；

　　b. 通过外置电路，对 MCU 供电电源电压进行检测，低于设定阈值时，向 RST 或 $\overline{RST}$ 引脚输送复位信号。图 8-10d 电路兼具上电复位和低电压检测复位两种功能。请参见后文电路实例。

　　③ 软件复位。

　　由程序向专用寄存器写入特定数据的方法，实现上电后的软件复位，或运行中的软件复位控制。图 8-10c 电路即采用软件复位的电路实例。MCU 的 $\overline{RST}$ 复位端直接和 V_{DD} 供电端短接，省去了硬件复位电路。

　　④ 看门狗定时器复位。

　　由专用定时器对程序运行时间进行监控，当程序"跑飞"或处于死循环状态时，看门狗定时器失去清零信号，定时时间到时会发送系统复位信号，这也是软件复位方法之一。

　　用外部定时器电路，取用 MCU 输出的清零信号，当 MCU 程序运行异常，不能正常向外部发送清零信号（喂狗信号）时，定时器（定时时间到后）向 MCU 输入复位控制信号，是硬件看门狗复位电路之一。有此机型采用将硬件看门狗、复位电路及 MCU 外挂 E^2PROM 存储器组成的集成器件，完成对 MCU 的复位、程序运行监控和存储用户程序等多种控制功能。

　　⑤ 振荡停止检测复位。

　　如果检测到主时钟振荡电路停止工作，开始初始化引脚、CPU 和 SFR，停止运行。也是由 MCU 内部电路所实施的检测和复位控制。

　　综上所述，几乎每种形式的复位控制方式都有软、硬件电路之分，对于软件复位电路的问题，检修者几乎是无从着手进行检测和修复的。实际的硬件电路，只涉及硬件复位 1 和低电压检测复位（硬件复位 2）两种形式的复位控制方式。

　　2）复位电路的 4 种电路形式。

　　① 常见、简单复位电路。

　　图 8-10 中 a、b 电路是典型的硬件复位电路，在上电时输出复位信号。复位控制引脚有 RST（有时标注为 TRST，或 RESET）低电平复位和高电平复位两种控制方式，RST 标注字母上方加横线的，表示为低电平复位方式。

　　a. 低电平复位电路。图 8-10 中 a 电路是一个 RC 积分（定时）电路。在上电瞬间，因电容 C1 两端的电位不通突变，$\overline{RST}$ 引脚为（瞬态）低电平，MCU 开始复位动作；随后 R1 提供 C1 的充电电流，逐渐在 C1 上建立起充电电压，当 C1 电压上升 5V（常态）高电平后，复位过程结束，程序执行开始。

　　一般要求复位低电平出现的时刻不小于 10ms，或不小于 20 个时钟周期。由此可确定 R1、C1 的取值。

　　二极管 D1 并联在 R1 两端，提供电容 C1 的放电通路。当系统瞬时掉电时，D1 可对 C1 存储电荷快速泄放，避免电源正常时，C1 两端仍保持高电平，复位失效。

　　b. 高电平复位电路。图 8-10b 电路也是一个 RC 积分（定时）电路。上电瞬间，C1 "形同短路"，向 RST 此脚输送一个 5V 高电平信号。R1 提供 C1 的充电电流，当 C1 充电结束（充电电流为零）后，R1 两端电位差为 0V，RST 引脚变为常态低电平，复位过程结束。

② 上电复位和电源电压检测电路。

图 8-10d 电路是采用专用芯片（电源电压监视与复位 IC）U1，可在上电、掉电时，输出一个低电平的复位脉冲信号，使系统执行复位操作。正常工作中，监视 MCU 供电电源电压的变化，电压偏离正常范围达一定值时，自动输出复位控制信号。选取 R1、R2 的比值，可确定欠电压动作阈值。

3）复位电路的故障判断和检修要点。

复位信号是 MCU 上电后接受的第一个"系统起动"信号，该信号异常时，系统即处于不能唤醒的"休眠"状态，其故障表现，同晶振损坏时钟停振后有些相似，故障的细节表现更为突出，如操作面板显示器处于"全黑"状态，无显示，上电过程中的"系统状态指示灯"也无闪烁点亮过程。

检修要点：

① 检测 MCU 的复位端的静态电压，低电平复位有效端的静态电压应为高电平。若检测为低电平时，先排除外部复位电路的故障原因，若属 MCU 内部电路故障，需更换 MCU 芯片。

② 可用强制复位法判断 MCU 外部复位电路是否正常。对低电平复位有效端（标注为 $\overline{RST}$，测量静态电位应为高电平），可以人为将 MCU 的复位端与电源地短接一下（瞬时短接再断开），相当于向 MCU 送入一个低电平的复位信号，此时 MCU 系统若恢复正常（操作显示面板上的显示内容变化、系统状态指示灯产生闪烁、端子电路继电器产生吸合声、面板可进行相关操作等），说明系统异常是由 MCU 外部复位电路损坏所致；高电平复位有效端（标注为 RST，测量静态电位为高电平），可以用导线或金属镊子瞬时将 MCU 的复位端与供电正端（如 +5V 端）短接一下，如 MCU 系统能正常运行，说明 MCU 外部复位电路异常。

③ 采用复合功能（如低电压检测、硬件看门狗、复位功能）芯片的复位电路，损坏后，如原配件购买困难，可用简易 RC 复位电路取代，应急修复。如图 8-10d 电路中的芯片损坏，可用图 8-10b 电路取代。

5. 微控制器工作的其他重要工作条件

微控制器的电源、时钟、复位等 3 个基本工作条件（或称三要素）成立，微控制器有了"活动能力"，即可以开始执行内部程序，完成开机自检动作：

1）与外部存储器进行读/写操作，确定存储器内部用户程序正常，并可正常读/写。

检测外部存储器的工作状态，异常时报"存储器"故障，系统运行处于报警、停机保护状态。

2）检测 I/O 端口有无异常故障报警信号存在，如 OC、OU 等开关量故障信号的存在。若无，操作显示面板显示正常，变频器处于待机工作状态。若检测到异常故障信号存在，系统运行处于报警、停机保护状态。

3）与操作显示面板进行通信应答，正常时，面板由显示开机字符至待机字符（如 H000），说明 MCU 主板与操作显示面板通信正常，具备运行条件。

检测操作显示面板的工作状态（操作显示面板电路有独立的微控制器时，同时检测与 MCU 主板的通信情况），异常时显示相关故障代码（或显示异常，如----8888 等），系统运行处于报警、停机保护状态。

以上存储器、操作显示面板电路和故障检测电路（无报警信号输出）的正常，形成系统正常工作的另外 3 个保障条件。在上电期间，微控制器工作条件具备后，检测外围部件（相应 I/O 口）都正常，整机电路才进入待机工作状态，这是微控制器所特有的智能化工作模式。

因而，存储器、操作面板和故障检测电路正常，可进一步构成控制器（控制系统）正常工作的四、五、六要素。

这里重点讨论一下 MCU 外部存储器电路的原理及检修。

（1）存储器原理概述

存储器电路，存储着变频器的控制参数等用户程序，早期产品甚至内部存储了系统程序，故可称为 MCU 系统中除 MCU 之外的第二核心电路——软件系统数据库。在 MCU 系统中，硬件电路相当于人和身体，而运行其中的软件则相当于人的思想，两者的独立存在是无意义的。当存储器电路发生故障时，会出现整机的运行即行中止、用户修改参数值掉电后不保存、变频器上电后处于"死机"状态等故障现象。

对新型变频器产品，系统程序存放于内部 ROM，运算过程的中间结果存放于内部 RAM，其外部存储器一般用于存放用户（控制参数）程序——变频器说明书中的参数代码表中的内容，大部或全部存储于外部存储器中。外部存储器一般采 EEPROM（串行电可擦除存储器），可进行读/写操作，并对用户程序（修改的参数值）进行存储，掉电后数据不丢失。部分机型采用铁电存储器 FRAM（快存），应用性能得到进一步提高。

半导体存储器的类型很多，但基本结构相差不大，都是由存储器阵列、地址译码器、数据寄存器、模式译码逻辑电路、时钟发生器和输出缓冲区等电路构成。存储器阵列是存储器的主体，是用来存储信息的部分；其他部分用来实现对存储器阵列的访问，如常用 AT93C46/56/57/66/86（贴片器件表面印字：93C86A、93C66）系列存储器芯片，本书中的海利普、中达机型都采用该系列芯片，具有占用资源少和较少的 I/O 线、体积小和工作电压范围宽、功耗低、支持在线编程等特点。其内部原理如图 8-11 所示。

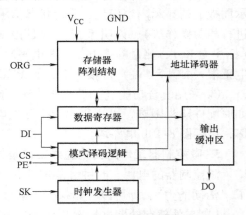

图 8-11　AT93C46 存储器内部原理框图

存储器阵列由若干存储单元构成，每个存储单元保存若干二进制位信息，每个二进制位对应一个基本存储电路。地址译码器由地址寄存器和地址译码器两部分组成，用来存放 CPU 送来的地址码和对地址码进行译码。在时钟同步信号作用下，模式译码逻辑电路将 MCU 送来的串行数据（和片选、读/写指令）进行译码后输出，控制数据寄存器读取已存储信息送往输出缓冲区，经缓冲后由串行数据输出 DO 端送入 MCU；或将串行数据输入 DI 端来的 MCU 发送的串行数据，经数据寄存器，向存储器阵列写入存储信息。

（2）AT93C46/56/57/66/86 存储器的电气参数和特性

1）低功耗 CMOS 工艺，电源电压为 1.8~6V；写操作时最大电源电流为 3mA。

2）AT93C/5657/66 系列芯片的最大时钟频率为 1MHz；AT46/86 的最大时钟频率为 3MHz。

3）AT93C46/56/57/66/86 的存储容量为分别为 1KB/2KB/2KB/4KB/16KB。

4）存储器可选择 ×8 位或 ×16 位的存储结构。

5）具有硬件、软件写保护；上电误写保护；100 年数据保护寿命；1000000 个编程/擦除周期。

（3）AT93C46/56/57/66/86 存储器的引脚功能（见图 8-12）

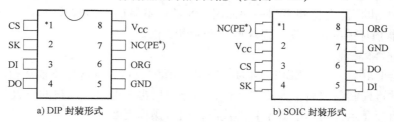

a) DIP 封装形式　　　　　　　　b) SOIC 封装形式

图 8-12　AT93C46/56/57/66/86 存储器的引脚排除和封装形式

存储器有 DIP 和 SOIC 两种封装形式，8 引脚双列塑封器件。

存储器的引脚功能（以 DIP 封装的芯片为例）：

5、8 脚为供电电源引脚。SK 端为串行时钟信号输入脚，用于 MCU 和存储器之间的信号同步。CS 端为片选引脚，为高电平时，说明该存储器被选中，可以对其执行读/写操作，低电平时处于等待模式。ORG 端为存储器阵列组织控制引脚，决定存储单元的位数。当 ORG =1 时，存储器阵列组织为 64 ×16（16 位的存储单元）。当 ORG =0 时，存储器阵列组织为 128 ×8（8 位的存储单元）。PE 端为写保护（编程使能）引脚，PE 端为 0V 电压时禁止写入和擦除。DI 为串行数据信号输入脚，MCU 输出的指令、地址及写入数据，在 SK 时钟信号的上升沿时由 DI 脚输入存储器。DO 端为串行数据输出脚，输出串行数据信号（为时钟所同步），输入至 MCU 引脚。静态（准备）时为高阻态。在数据写入或擦除操作时，向 MCU 提供闲/忙信息。

（4）AT93C46/56/57/66/86 存储器的故障表现与检修要点

1）存储器与 MCU 的连接。

图 8-13 中，MCU 与存储器的连接线共 4 条，即片选、时钟、数据输入、数据输出 4 总线连接方式，4 条线均接有 +5V 上拉电阻。U9 的 1、2 脚上电后的静态电压为 0V；3、4 脚的静态电压为 5V；6 脚接高电平，选择存储器阵列组织为 64 ×16；7 脚接 +5V，存储器处于允许写操作状态。

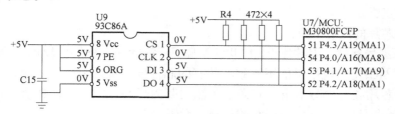

图 8-13　MCU 外部存储器电路实例

2）存储器 U9 的工作过程和检测特点。

图 8-13 中，存储器 U9 的各脚电压值是静态电压值，变频器上电以后及运行中，测量各脚电压值是变化的。U9 的 1、2 脚电压变化，仅在变频器上电瞬间——MCU 系统自检、读

出用户程序时，和停电瞬间（有可能写入相关数据），有 1~2V 的瞬间电压跳变。MCU 与 U9 进行读/写操作时，1 脚的片选信号（高、低电平变化）的频率较低，存在时刻较长；2 脚时钟脉冲平均电压值约为 2.5V，出现时刻也较长，易于检测。而 3、4 脚数据信号出现时刻太短（数据读/写速度极快），用万用表很难检测到电压变化。

如果用示波器，容易检测到 1、2 脚的信号波形。3、4 脚可能会检测到一个暗淡亮点状态的脉冲信号，也可能会检测不到——即用示波器也不易捕捉到信号的有无和变化。

3）存储器损坏的故障表现、损坏原因和判断方法。

存储器的故障表现：

① 变频器上电后，报"EEPROM 坏"故障，无法复位，变频器不能运行。

② 用户设置控制参数后，能正常运行，但停电后再上电时，用户的设置参数未被保存。

③ 操作面板显示说明书中查不到的代码，运行操作无效。

存储器的损坏原因和处理办法：

① 受强电场信号冲击或干扰（如功率模块短路或带静电物体触及引脚），强制"改写或擦除"了内部存储数据，但存储器尚未损坏。若发生在上电状态中，按复位键或执行参数初始化操作，有可能由 MCU 向其写入"出厂值"而恢复正常。这是"软件复位"、向内部"赋初始值"的解决方法。一些机型，则必须更换芯片，或重新用编程器写入控制数据。

② 受强电场信号冲击或干扰或电源电压异常导致内部电路损坏，则必须更换芯片。

判断方法：

① 测量存储器各引脚静态电压值（或在线电阻值），与正常值相比较，偏差大时，有可能存储器损坏。

② 上电瞬间检测 1、2 脚电压有无跳变。若变化正常，说明是存储器的问题。若无变化，说明是 MCU 的问题。

③ 怀疑存储器损坏时，用原型号（写有正常数据的）芯片代换试验。

④ 用专用编程器对存储器内部数据进行读取与对比，加以判断。

4）存储器的代换注意事项。

① 代换空白芯片

部分机型的变频器因为有"软件复位"、向内部"赋初始值"的功能，换用空白芯片（从电子市场购得的内部无数据的存储器）即可修复。更换后，变频器上电，按操作显示面板上的复位按键（可以调看参数代码并修改参代码值时）或执行代码"初始化"操作，变频器即能恢复正常。

代换空白芯片的注意事项：

a. 换用原型号器件。因贴片 IC 上印字省略了厂家标注，不同厂家的产品，其 PE（写保护端）的"写禁止"电平可能不一致，若有的芯片该脚接低电平，才允许数据写入，则直接换用，因芯片进入"写禁止"状态，无法向其内部写入数据，而造成代换失败。此时再改变 PE 端的电平状态，比如将 PE 端接地，看还能否正常工作。

b. 非原型号芯片代换。芯片型号中的后续数字如 86，代表着存储器的存储容量 12KB。一般而言，数字值大的可代换数字值小的，如容量为 4KB 的可直接代换 2KB 的存储器，反之则无法代换。

注意：若有一些数据为厂家调整数据（如保护参数），用户无权改写。需咨询厂商技术人员，获取密码后，才有改写权利，达到修复目的。

②"数据芯片"的代换。

部分机型的变频器无"软件复位"、向内部"赋初始值"的功能，如果用空白芯片一换了之，则故障依旧，只有更换内部装有"控制数据"的存储器芯片，才能解决问题。方法是：

a. 直接从变频器生产厂家购买已复制好数据的存储器芯片，进行代换。

b. 从同型号机型的（废旧）MCU 主板上拆下存储器芯片（要确定存储器芯片是好的），对损坏芯片进行代换。

c. 自制"数据芯片"的方法。

如果专修一种或几种机型的变频器，自制"数据芯片"，使手头有内部"装好数据"的常备存储器芯片，维修中可就方便多了。该类专用编程器，网络上销售的不少，价格在几十元至二、三百元不等，可用于读出存储器的内部数据，并向空白芯片复制（或称烧写）数据。

从好的 MCU 主板上拆下存储器，读出内部数据（程序），向空白芯片写入程序。修复故障变频器，并将读出数据（写明适用变频器机型）存储后备用。

Tv160 高速编程器的使用方法：

选购编程器。如选购 Tv160 型高速编程器。图 8-14 为随机标配件，含编程器、软件光盘、USB 连接线及说明书。

　　Tv60编程器　　　　　　　随机软件光盘　　　　　USB连接线　　　　随机说明书

图 8-14　Tv160 高速编程器随机标配件

直接复制芯片（脱机复制）按说明书提示进行操作。在芯片插座内放好（含数据的芯片和空白芯片）芯片，为编程器接入电源，可直接将数据写入空白芯片。

脱机复制（见图 8-15）操作比较简单，原编程器的芯片插座不能直接用贴片元件，可以购选配件，用于贴片芯片的复制。图 8-16 即为适应贴片 IC 的转换插座。

另外，可脱机复制的存储器型号是有限的，如 93C 系列芯片的复制，芯片型号需由软件进行手动设置；为适应编程器支持更多存储器品种的要求，需从网络下载升级包对其进行升级。

编程器软件应用。在个人电脑运行软件光盘，安装软件。图 8-17 为软件安装后打开的界面。

依照编程器说明书的使用操作步骤，进行联机复制，并可以方便地将读出程序，存储在电脑硬盘中，随时应维修需要，对空白芯片进行复制。

下文结合实际电路，讲述以微控制器为核心的 MCU 主板的电路原理与故障检修方法，

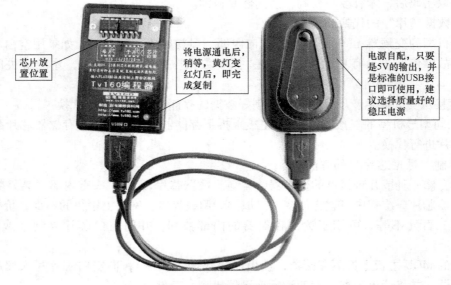

芯片放置位置

将电源通电后，稍等，黄灯变红灯后，即完成复制

电源自配，只要是5V的输出，并是标准的USB接口即可使用，建议选择质量好的稳压电源

图 8-15　脱机复制示意图

图 8-16　适应贴片 IC 的 3 种转换插座

进而加深对微控制器引脚功能和外围电路的理解和掌握。

6. 微控制器芯片及 MCU 是否工作检修要点

（1）MCU 芯片的检修要点

1）MCU 的关键引脚。

① 供电端。因 MCU 芯片引脚（内部功能电路多）多，因此一般有多只供电电源引脚。分为数字电路供电引脚和模拟电路供电引脚；有些芯片采用不同级别的供电电压，如 +5V、+3.3V 或 +3.3V、+1.8V。电源引脚的外接元件一般为贴片滤波电感和滤波电容元件。

② 时钟端。时钟信号为 MCU 系统工作提供节拍。一般采用 MCU 内部振荡器 + 外接晶振 + 负载电容组成的自激振荡器电路。晶振多为两引线端元件，负载电路为贴片电容，其电容量一般为 22pF 以下。晶振电路一般紧靠 MCU 的时钟信号引脚。

可用示波器测量晶振引脚的电压波形判断时钟电路是否正常工作。

③ 复位端。复位控制对系统运行起到"从头再来"的作用。有高、低电平两种复位控制方式，低电平复位引脚的静态电压为高电平。复位电路一般有 RC 积分电路组成的简单复位电路、专用低电压检测和复位控制电路、专用硬件看门狗电路和复位控制电路、低电压检

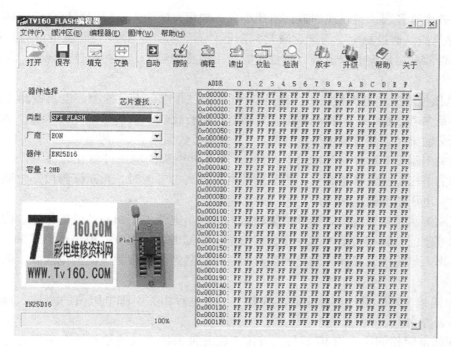

图 8-17　编程器软件应用界面

测和硬件看门狗功能及复位控制的专用电路等几种形式的电路。

怀疑复位电路不良时，可用强制复位方法进行检查。

④ 其他关键引脚。重点是故障报警信号引脚、控制端子引脚等，如检测电路的原因造成故障信号输入，则有可能使系统处于程序运行的停滞状态，表现出如工作三要素条件不具备一样的故障现象。

2）MCU 引脚功能特点。

① MCU 引脚分布有一定的规律。供电电源的正、负引脚在一起；P0 端子的 P0.1 ~ P0.7 等 8 引脚端子一般也是按引脚次序排列的，等等。

② 检测关键引脚，如电源端、时钟端、复位端、控制信号输入端、故障保护信号输入端等引脚的电压、电平状态，首先排除由输入（故障报警）信号异常引起的系统不工作（处于停机保护状态）。

③ 抓住关键的信号流。开关量（或模拟信号）信号从 MCU 的相应引脚输入、相应引脚输出，如从控制端子输入运行信号，则在脉冲输出端子应能测到脉冲输出信号；从面板给出复位信号，从 A316J 驱动 IC 的复位信号输入端，应能测到 MCU 输出的跳变的复位信号电压。MCU 内部电路对信号是如何处理的，可以不予考虑，重点检测信号的流入、流出是否正确，其大小和有无的表现是否正常。

④ 当 MCU 的"工作表现不佳"时，以检测工作三要素、有无故障信号存在、MCU 外围电路有无故障、MCU 引脚是否存在接触不良等检修步骤，最后确定是 MCU 的问题时，再考虑更换 MCU 器件。

3）MCU 器件的检测方法（也适用于其他多引脚贴片 IC 器件的检修）。

① 目测法。观察器件表面（外观）有无异常。正常元件印字清晰，表面光滑，引脚无

锈等。若表面有开裂，裂纹或划痕，出现小孔、缺角、缺块等，说明器件已经损坏。

② 感觉法。通过触觉、听觉、嗅觉判断器件是否异常。器件表面温度过高、焊接是否松动、是否散发出烧焦的味道等，触觉主要靠手摸感知温度，若存在过热现象，器件可能已经损坏。

③ 电压检测法和电流检测法。都是指 MCU 器件带电状态的检测。电压检测法需要两种数据，一是参考数据，一是检测数据，将两数据进行比较，从而得出检测结果。如脉冲输出引脚，正常输出状态的直流电压值约为 2.5V（参考数据），实际测量值为 5V（检测数据），则说明相关引脚没有脉冲信号输出。此外，6 个脉冲引脚的电压可以互为参考，如将几个正常输出脚的电压值作为参考数据，则某脚的电压偏离参考值时，判断该脚内部电路损坏。实际检修中，电压检测法应用最广。

电流检测法是指通过测量器件引脚的流入或流出电流值来判断器件的好坏。通过测量供电引脚的电流值，将测量值与器件参数表中给出的标准值相比较，得出检测结果。需焊开相关引脚，串入电流表，操作不够简便。有时，可以通过测量串联电阻的电压降，间接计算出电流值。

④ 电阻检测法。是指器件非通电状态下，通过对相关引脚电阻值的测量，判断器件相关电路是否异常。

a. 在线电阻检测法。指 IC 器件与外围电路元件保持电气连接的情况下所进行的直流电阻检测方法。需要检修者对相关引脚的电阻值事先心中有数，或用所测某引脚电阻值数据与正常电路板的测量数据相比较，得出检测结论。对断路、短路性故障尤为得力。

b. 非在线检测法。对新购进器件，或离线元件，测量各功能引脚与公共端（电源正端或负端）的电阻值，采用指针式万用表的 ×1k 档，所测量引脚的电阻值比较准确。

⑤ 信号注入法。给器件引脚注入测试信号（或人为扰动信号），通过对相关输出脚信号的变化、操作显示面板的显示变化、指示灯的相应变化等，来判断信号传输通道是否正常。如可人为改变某引脚的高、低电平状态，同时监测相关信号输出脚的电平变化。

⑥ 加热或冷却法。

a. 加热法是怀疑器件由于热稳定性差，在工作中因异常温升而导致工作异常。这时采取用电烙铁烤、电热风吹等对怀疑器件进行加热试验的方法，来确定元件的好坏。若加热过程中故障快速出现，说明器件已经性能变差，应该更换。若加热到一定温度（如 80℃左右）仍无故障出现，说明不是该器件的问题。注意加热时间和加热温度，避免损坏器件。

b. 冷却法是对工作怀疑有异常温升的器件，用棉球蘸酒精或用冷吹风机进行降温，若降温后器件工作正常（如原故障报警状态解除），则说明该器件已经损坏。

⑦ 降压法。怀疑器件不良，如温升过大，可以对器件的供电电压进行降压，如串入二极管（在电源正端串入两只二极管，可降压 1.4V），若器件温升正常，或工作正常，则说明该器件已经不良。

⑧ 短路电流法（或称人为温升法）。一块电路板中和同一路电源的供电电路，往往有数片集成 IC 器件甚至十几片 IC 电路，其中一片电源引脚内部电路短路时都会形成供电端短路。如 MCU 主板采用 +5V 电源供电，电路板上的 IC 器件较多。常规检测方法一般是依次挑开 IC 器件的供电引脚，测量电源电阻或 IC 供电脚的电阻值，来找出短路元件。贴片 IC 的引脚较细和印刷铜箔易断，大面积实施"挑脚手术"容易损伤电路板或 IC 器件。可用短

路电流法，对短路故障元件施加短路电流，导致其异常温升，从而使故障元件自行暴露出来。

方法是：另外为电路板提供 5V 或 5V 以下的电源供电，该电源有较大的电流/功率输出能力，施加该电源电压后，对好的 IC 器件不构成威胁，但短路 IC 因流入电流大，时间稍长，便会温度剧增。用手指触摸器件表面，就能找出故障元件。

实际检修中，往往采用综合方法，来确定器件故障，如同时采用引脚电压和引脚在线电阻测量法快速确定器件好坏。

（2）MCU 系统是否工作的特征

MCU 芯片内部存储有系统程序，这是各制造厂家的"技术核心"所在，各制造厂家都从技术保密上下足了功夫，想破解其内部程序是非常困难的。MCU 芯片损坏后，只有购买制造厂家提供的芯片，或代换 MCU 主板，后者需付出较高的维修代价。对具备一定检修能力的维修人员来讲，只要确定 MCU 芯片是好的，则 MCU 主板故障的修复就有了相当的把握，基维修成本就则可以控制在一个较小数值内了。

因而确定 MCU 芯片是否正常，除检修其工作三要素外，还可通过对系统上电、掉电瞬间的反映、MCU 关键引脚的电平变化等综合因素进行判断，确定 MCU 芯片及三要素电路是否正常，后者对系统动态的观测和检测能力，对确定 MCU 系统是否正常尤其重要，并且可以大大提高检修效率。

在操作显示面板不能正常显示的状态下，MCU 系统已经正常工作的几大征兆如下：

1）由系统工作状态指示灯的状态，确定 MCU 系统已正常工作。

通常，MCU 主板上安装有两只指示灯，如图 8-18 所示，发光二极管 DSP1 为 +5V 工作电源指示灯；发光二极管 DSP2 为系统工作状态指示灯，偏重于故障（异常状态）的指示。通过观察变频器上电、掉电瞬间 DSP2 的点亮和熄灭状态，可以判断 MCU 系统是否已经正常工作。

图 8-18　MCU 主板的工作状态指示

① 当 MCU 三要素工作条件满足，MCU 系统能正常工作时，在上电系统自检期间，DSP2 瞬间（约 0.5s）点亮，随自检过程结束而熄灭；在切断变频器电源后，因主电路储能电容的作用，开关电源在数秒以内还能维持工作电源的输出，但电压检测电路检测到直流电压的"急剧下降"，向变频器报出欠电压故障，DSP2 此时点亮，直至开关电源停振为止。DSP2 有一个上电时瞬时点亮或失电后一直点亮直到供电电源消失的过程。

② 从控制端子或操作面板向 MCU 送入复位信号的瞬间，DPS2 瞬时点亮，说明 MCU 系统处于正常工作状态中。

③ 在上电、掉电瞬间，或送入复位信号时，DSP2 一直处于熄灭状态，没有点亮显示，说明 MCU 系统因故障（如三要素条件不满足）原因，处于非正常运行状态。

④ 若在上电后，DSP2 一直处于点亮状态，说明 MCU 系统已经工作，但有故障信号存在，变频器处于停机保护状态。

由此得出一个结论：DSP2 只要在上电后能够点亮（瞬时亮或常亮），即基本上可以说明 MCU 芯片是好的，以及三要素条件已经具备。

2）由 MCU 外部存储器的 CS、CLK 引脚电压变化，判断 MCU 系统是否正常工作。

在变频器上电期间，MCU 对存储器有一个读取数据的操作过程，表现为在两引脚产生一个电压跳变信号（或用示波器测出脉冲波形）。能测得跳变电压信号，说明 MCU 系统已处于正常工作状态。

3）由相关控制信号输出引脚的电平变化，判断 MCU 系统是否正常工作。

变频器上电后，MCU 会输出一个充电接触器的闭合控制信号，检修者能听到继电器动作发出的"啪哒"声，或者测出 MCU 相关输出脚的电平变化（如从 0V 变为 5V），则说明 MCU 不但具备三要素条件，而且也未检测到故障信号的存在，满足系统正常运行条件。

另外，当从端子送入故障复位或停机信号时，在驱动 IC 的复位信号脚能测到 MCU 输出脚输出的跳变信号电压。

4）由操作显示板的显示及按键操作反应，判断 MCU 系统是否正常工作。

操作显示面板的异常显示：如 88888、-----、面板指示灯全亮，或数码管及指示灯全不亮，及操作按键无反应等，均在一定程度上表征了 MCU 系统的工作状态。注意：检查故障时，可用代换法或相关检查，确定操作显示面板是好的。

① 上电时数码管及面板指示灯全亮（数码管显示 88888），说明 MCU 工作的三要素条件不满足，如时钟电路不工作。

② 上电时显示-----，故障原因同上。

③ 上电时数码管及指示全不亮，可能为复位电路异常或 MCU 芯片损坏。

④ 上电过程中，数码管显示内容有两次或两次以上的内容变化，稳定显示为一故障代码（或说明书查不到，但疑似故障代码），操作按键有反应，说明 MCU 的三要素条件具备，MCU 检测到外部硬件电路有故障信号输入。

8.2　正弦 SINE303 型 7.5kW 变频器 MCU 主板电路

变频器 MCU 主板电路一般包含以下电路内容：

1）MCU 基本电路。包括 MCU 芯片及外围三要素电路、存储器电路等。

2）控制端子电路。对变频器起、停、调速、故障复位等控制信号的输入，及工作状态信号（如运行、故障指示）等输入、输出信号的处理电路。

3）电压、电流、温度等故障检测电路的末级信号处理电路。将前级检测电路送来的信号，处理为模拟量和开关量信号，送入 MCU 的相关引脚。

考虑到这一块（前、后级）电路信号传输的完整性，和电路的相对独立性，已在第 7 章，辟专文论述。

4）操作显示面板电路。操作显示面板电路一般作为独立器件安装于变频器正面机壳面板上，但由于与 MCU 主板有密切关系（构成系统正常运行的要素之一），考虑到故障检测的"连带性"，本章将其"人为纳入" MCU 主板电路的内容之内。

1. 操作显示面板电路

变频器的操作显示面板作为一个独立器件，与 MCU 主板之间，由通信电缆相连接，必要时还可由加长型通信电缆将操作显示面板安装于易操作与监控的位置，器件表面由按键和显示器组成。操作显示面板，是个双向通信器件，既可将用户意图（如参数设置与修改）

通过键盘指令输入主板 MCU，也可以将变频器的工作参数（如输出电压、电流、故障信号代码等）上传，做出显示，是控制与显示的双功能器件。操作显示面板，有时又称为人机（交互）界面，一般显示器由数码发光管组成（称为 LED），个别机型也采用液晶显示屏（称为 LCD），采用液晶屏时，用汉字显示相关内容，又称为"友好的人机界面"。

操作显示面板电路一般包括：通信模块电路，承担与主板 MCU 器件双向通信的任务；独立 MCU 电路（简称面板 MCU），用于处理与主板 MCU 的通信数据和键盘操作指令，及输出显示器驱动信号；驱动电路，用于将独立 MCU 器件输出的驱动信号进行放大，驱动数码显示器，有些机型是由译码器电路对面板 MCU 的输出信号进行译码和扩展处理，以驱动显示器。面板采用独立 MCU 电路，能检测主板 MCU 的工作状态和通信状态，主板 MCU 电路异常时，提供相应的故障代码显示。有些机型操作显示面板不含独立 MCU 器件，而是由主板 MCU 直接驱动显示器。

（1）LED 数码显示器的构成

本书所涉及的 3 种机型的操作显示面板电路，其显示器均由 LED（发光二极管）器件组成，显示屏一般由 4 位以上的数码管显示器构成，每位显示器的结构和接线方式如图 8-19 所示。

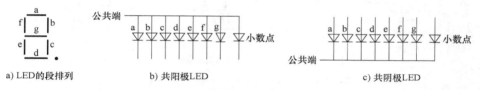

图 8-19　LED 数码显示器的结构和接线图

每位 LED 数码显示器由 7 个条状的发光二极管芯片按一定规则排列而成，可以进行 0、1、2、3、4、5、6、7、8、9、A、B、C、D、E、F 等 16 位数制的显示，显示器的 7 个显示段标注为 a、b、c、d、e、f、g，另外，显示器还带 1 个小数点（发光二极管），用于确定显示位的"权"，与数值显示二极管一起构成 8 段显示器。

数码显示器分为共阳极和共阴极两种接法。共阳极接法是指各发光二极管的正极连接在一起引出作为公共端，在公共端接供电电源的正端。发光二极管的负端输入负向驱动脉冲（低电平）时数码管点亮。共阴极接法是指各发光二极管的负极连接在一起引出作为公共端，在公共端接供电电源的负端，发光二极管的正端输入正向驱动脉冲（高电平）时数码管点亮。控制每位显示器公共端电源的通断，满足 8 个显示段的电源供给，称为位驱动；控制每位中的某只发光二极管电源的通断，即控制非公共端某段引线电平的高低，使一只或数只发光二极管点亮，称为段驱动。

对 LED 的驱动方式一般为动态驱动方式，即由一定的频率按位轮流点亮各位显示器，由于人眼的视觉暂留效应，看到的却是稳定的数值显示。

（2）操作显示面板电路

本例电路采用 MCU 器件和铁电存储器 U6、RS422-RS485 通信模块，处理用户参数设置、与主板 MCU 通信及键盘输入信号，由 MCU 直接驱动 5 位数码显示器，SINE300 系列变频器的所有功能代码参数可通过操作显示面板进行复制。电路简洁而功能强大，实际电路如图 8-21 所示。

[通信电路] 本例电路采用两片通信芯片，完成面板 MCU 与主板 MCU 的通信任务，将两芯片的差分信号脚 A、B 端相连，构成传输线路（总线）。MCU 主板通信电路与操作显示面板通信电路（见图 8-20）由 9 针串口端子 J2、J1 和排线相连接。另外，操作显示面板上设有 2.5kΩ 调速电位器，0~5V 的频率调整信号经端子 J1/J2 引入 MCU 主板，先经 R47、R185、R192 分压形成 0~3V 变化范围以内（以适应 DSP 输入信号电压范围的要求），再经电压跟随器 U17 电路缓冲后，输入到 U1 的 119 脚，由内部 A-D 转换器处理，决定变频器的输出频率。

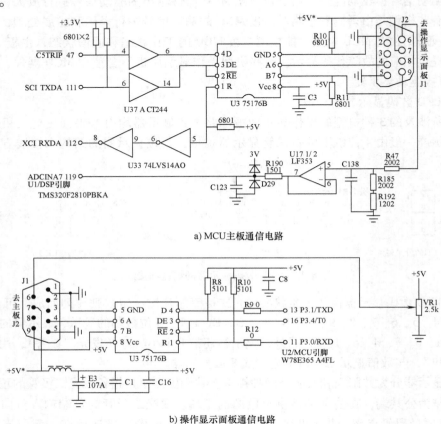

a) MCU主板通信电路

b) 操作显示面板通信电路

图 8-20　MCU 主板和操作显示面板通信电路

通信器件采用 75176B（SN75176B），其电路功能和引脚同通信模块 MAX485 相似，采用单一电源 +5V 工作，半双工通信方式。它完成将 TTL 电平转换为 RS485 差分电平的功能。器件内部含有一个驱动器和接收器。RO 和 DI 端分别为接收器的输出和驱动器的输入端，分别与 DSP/MCU 的 RXD 和 TXD 串行数据端相连接；$\overline{RE}$ 和 DE 端为接收和发送的使能端，引入 DSP/MCU 的控制信号，以完成接收或发送操作；A、B 端为总线差分信号传输端，当 A 引脚的电平高于 B 时，代表发送的数据为 1；当 A 的电平低于 B 端时，代表发送的数据为 0。

主板 U1（DSP）的 TXD 串行数据输出端 111 脚输出串行数据，经 U37 受控同相驱动器缓冲后，输入 U3 的 D 端子，经电路转换成差分脉冲信号送入操作显示面板；由操作显示面板的差分信号，经 U3 转换处理为 TTL 电平信号，由 R 端输出，经 U33 内部两级反相器缓冲

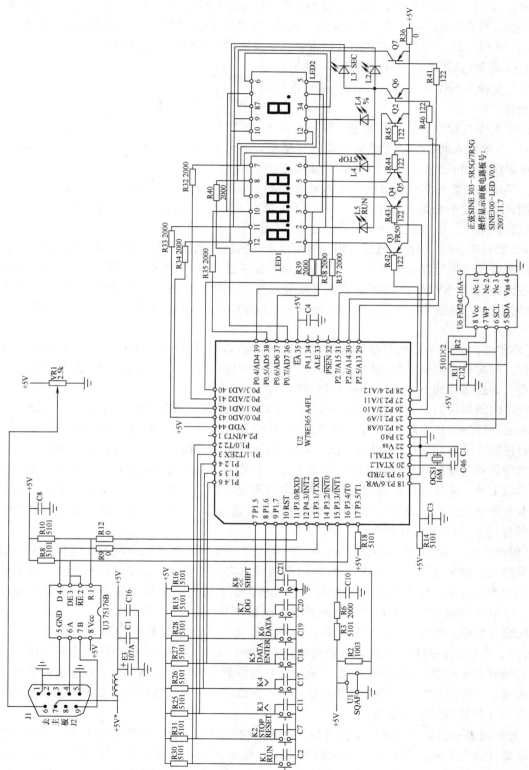

图 8-21 正弦 SINE303 型 7.5kW 变频器的操作显示面板电路

后，输入至 U1 的 RXD 串行数据输入端 112 脚；U1 的 47 脚输出的控制信号，输入至通信模块 U3 的 $\overline{RE}$ 和 DE 端，进行串行数据接收、发送的控制；操作显示面板的通信控制，则由 U2（MCU）的 11、13、16 脚，完成串行数据接收、发送和对接收、发送实施切换控制。

通信模块 75176B（75176 是贴片 IC 的表面印字，型号全称为 SN75176B）的内部电路框图如图 8-22 所示。

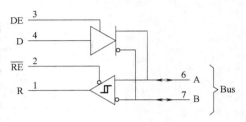

图 8-22   75176B（SN75176B）
通信模块内部功能框图

正常工作过程中，在通信模块 75176B 的 A、B 和 D、R 端出入的是"数据流或信息流"信号，是一连串的时间长度极小的"0 和 1"高低电平信号，其脉冲个数的多少由数据传送速率所决定，如果测试电压波形是毫无规则的脉冲串波形；如果测试直流电压，则表现大于 0V 而低于 5V（或大于 0V 而低于 3V）的直流电压，很难将测量电压数值或电压波形进行"量化分析"，只能根据信号电压或信号波形的有无，判断电路是否能正常传输"数据流"信号；DE、$\overline{RE}$ 引脚电压也因出现 0、5V/3.3V 的时间比例呈现随机性，所测值也为高于 0V 而低于 5V（或大于 0V 而低于 3V）的脉冲电压值。这是 DSP/MCU 和通信模块引脚，信号电压或波形检测的一个特点。

[存储电路] 本电路的存储器器件为铁电存储器（FRAM FM24C16A-G），由铁电晶体材料制作，同时具有随机存取记忆体和非易失性存储体的特性；具有无写延时，超低功耗、无限次写入等超级特性。是 EEPROM 存储器的替代型产品。

FM24C16A-G 的引脚功能。SDA：I/O，为双向数据线，用来传送串行数据和地址，为开漏输出，需加上拉电阻；SCL：串行时钟信号输入，可通过加/不加上拉电阻的方式，使数据时钟脉冲的下降沿/上升沿时输出；WP：写保护端，该脚为高电平时，禁止数据写入。

本变频器有参数代码复制功能：参数上传，将变频器存储的功能参数上传至操作显示面板；参数下载，将操作面板存储的功能参数下载至变频器。可方便、快捷地进行多台变频器功能参数的复制。用户设置的有关变频器的控制参数（如起、停方式，加、减速时间等数据）即存储于 U6（FM24C16A-G）中。

[键盘电路] MCU 的 2～9 脚（P1.0～P1.7 共 8 个 I/O）形成的 8 线 I/O 端口，用作键盘信号输入，每个输入脚接 +5V 上拉电阻和消噪电容（接地），当按键被按下时，该脚输入电压变为低电平，MCU 以此判断是哪个按键被按下。按键扫描信号被存入一个 8 位寄存器中，读取其内部数据，MCU 即可判断是哪个按键按下。

检修过程中，经常要配合按键操作，对变频器进行功能试验和改变其工作状态（停止或运行），以便更好地判断故障。一般检修中，用操作面板进行起、停操作，比较方便。检修者必须掌握变频器的基本操作方法，能通过修改参数，确定变频器的运行指令来源和频率指令来源。当失控或处于某种参数锁定状态时，检修者应掌握参数初始化操作，破解密码等技术能力（如从网络搜寻密码）。

[显示及显示器驱动电路] 本例机型采用 5 位的 LED 显示器，用于运行电流、电压值显示、故障（代码）报警显示及设置时的工作参数显示，另外，还有指示灯电路，用于显示变频器的工作状态，如停机、运行状态的指示。对 5 只 LED 指示灯的驱动方式，相当于驱

动 1 位 LED 显示器。U2（MCU W78E365A4FL）的 26～30 脚（P2 I/O 口）输出的"位驱动"信号，控制 Q2、Q3、Q4、Q5、Q7 等 5 只 PNP 型晶体管的导通与截止，完成对共阳极接法 5 位显示器公共端电源的通断控制；5 位显示器的"段驱动"信号则由 U2 的 36～43 脚（P0 I/O 口）的 8 线式输出，经 R32 等限流电阻接 5 位显示器的非公共端引脚。在两种驱动信号的共同作用下，完成各种显示任务。

（3）操作显示面板电路的故障检修

操作显示面板电路本身的故障率较低，厂家一般也有备件供应。

1）上电后显示异常（如显示----），操作按键反应。

故障原因：①MCU 的 +5V 供电电源偏低，主板及面板 MCU 不能正常工作。检查开关电源的或负载电路的原因，排除故障。②主板 MCU 或面板 MCU 没有正常工作（如不具备工作三要素）。面板电路有 MCU 器件时，能对主板 MCU 的工作状态进行检测（或报 MCU 故障）。③通信电路损坏，使主板 MCU 与面板 MCU 的通信中断（有些机型或报 MCU 故障）。

对②、③故障，先要排除是操作显示面板本身损坏，还是由主板 MCU 工作异常所致的显示异常。手头若有同类机型，可用面板代换法，确定面板电路或主板 MCU 的故障。顺便说明一下，专业维修者，对维修量较大的机型，手头应备用一些操作面板，以便维修时的参数设置和代换试验。

确定为操作显示面板的故障后，拆开面板外壳，若有脏污，清理烘干后，再检查故障，有些面板清理后，即恢复正常；检查 J1、J2 端子及排线，有无接触不良；检查面板 MCU 的工作三要素电路；检查和代换 RS485 通信模块；向相关供应商购买操作面板，进行代换。

2）显示器及驱动器电路的故障。

① 某位显示器不亮。

故障原因为"位驱动"信号消失，即共阳极供电端供电消失。检测某位 LED 显示器相应驱动晶体管的工作状态和相应 MCU 输出端的驱动信号是否正常。当 MCU 的"位驱动"输出脚输出信号正常时，输入信号电压应为 2.5V 左右，驱动晶体管正常时，集电极输出（脉冲电压）电压值也应为 2.5V 左右。故障原因一般为驱动晶体管损坏，用 8550 或 9014 系列晶体管代换即可。

② 5 位显示器中的某段（如 g 段）都不亮，显示"8"变为"0"。

每位显示器的"g 段"引脚是并接在一起的，检查该段的限流电阻有无虚焊或断路现象以及 MCU 相应的"段驱动"信号是否输出。

③ 某位中的某段显示暗淡。

显示器内部发光二极管的损坏极为少见，当"段驱动"信号正常，某显示段发光暗淡，或不发光，有可能是内部发光二极管不良，应更换显示器修复。

3）面板调速控制失灵。

变频器的操作显示面板还增设一只频率调整电位器，用于调整（或设定）变频器的输出频率值，本例电路采用 VR1 电位器，产生 0～5V 的模拟电压调整信号，送往 MCU 主板。当频率调整电位器因严重磨损造成接触不良时，会造成输出频率不稳定，时转时停，甚至出现频率调节无效，输出频率为 0 的现象，此时应检查电位器的 VR 的好坏，确定其不良时，予以更换。

2. MCU 基本电路、供电电源、脉冲输出电路和控制信号输出电路（见图 8-24）

[DSP 供电电源] 从开关电源的 Vcc（+8V）电源，经 DC-DC 转换器 U5（BM2576）得到 5V 稳压供电，又经隔离滤波电感 L4、L5、L6 分配为 +5V（MCU 板总电源）、+5V *（操作显示面板的供电电源）和 +5V * *（驱动板 U8 电源）等 3 路电源，其中 +5V 电源，又经三端稳压芯片 BM117，得到 +3.3V 和 +1.8V 的两路 DSP 的供电电源。

U5 是 DC-DC 转换器/电源模块（见图 8-23），片内包含 1.23V 的温度补偿带隙基准源、一个占空比周期控制振荡器、驱动器和大电流输出开关电路，最大电流输出能力 3A，最大输入/输出电压差 40V。与线性电源相比，DC-DC 电源模块工作于高频开关状态，体积小，电能转换效率高，适应输入/输出电压差范围广，输出功率大，一般不需另加散热片。

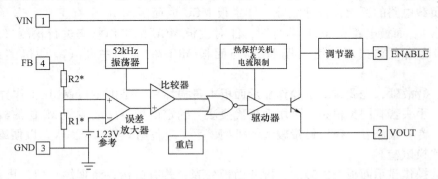

图 8-23　DC-DC 转换器 BM2576 内部原理框图及引脚图

BM2576 电源模块的引脚功能：1、3 脚电源输入端；2 脚为稳压输出端；4 脚为电压反馈信号输入端；5 脚为工作/停止控制端，连续工作时 5 脚接地。

电路工作原理简述如下：

从 U5 的 1、3 脚引入的开关电源电路输出的 +8V 电压，输入内部开关管的集电极，内部开关管在 PMW 调宽脉冲控制下，发射极输出的 PWM 脉冲电压经 2 脚输出，由后级 LC 滤波电路滤除高频成分后，变为稳定的 +5V 直流电压，送后级负载电路。由 R279、R280、R281 分压电路取出的输出电压反馈信号，进入 U5 的 4 脚后，与内部 1.23V 基准电压相比较，当采样电压高于基准电压时，驱动内部开关管的 PMW 脉冲的占空比减小，使输出电压回落至 +5V 上。反之，使 PWM 脉冲的占空比加大，控制的结果，使 U5 的 4 脚反馈电压信号与 1.23V 相等为止。

开关电源模块 U5 输出的 +5V 稳压电源，经 L4、L5、L6 分别隔离和电容滤波后，取得 +5V * *、+5V *、+5V 三路供电，其中 +5V *、+5V * * 分别提供操作显示面板的 5V 供电和（6 路逆变脉冲通道）U8 等的供电电源。+5V，则进一步经两片三端线性稳压 IC（U26 BM1117 1.8 和 U24 BM1117 3.3）处理成 1.8V 和 3.3V 的两路稳压电源，作为 DSP 芯片的供电。

[基准电源电路] U1（DPS 芯片）内部 A-D 转换器电路，对输入模拟信号电压进行 A-D 转换，或内部数字信号需经 D-A 转换变为模拟信号输出时，均需要 V_{REF} 基准参考电压的参与。

DSP 芯片所需的 2 路基准参考电压是由 U45（431AC）对 +5V 调整后输出的 3V（V_{REF}）基准电压，经运算放大器 U39 跟随和缓冲，输入至 DSP 的 10、11 脚。

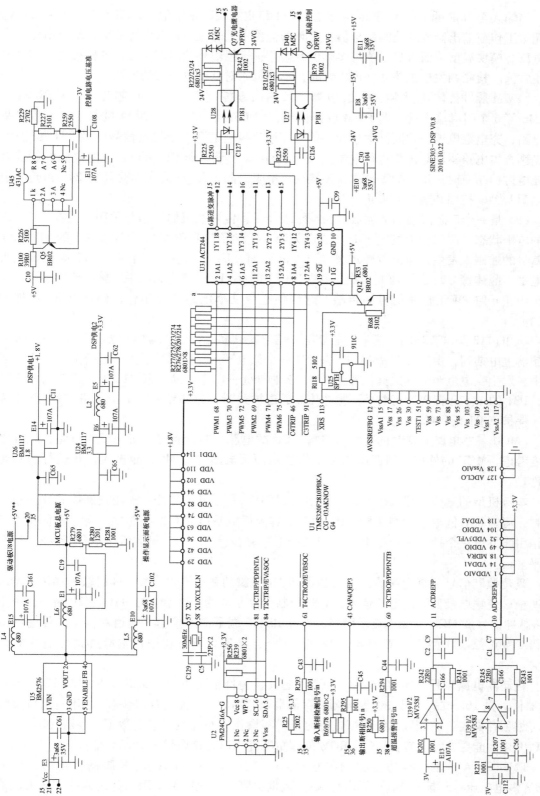

图 8-24　MCU 基本电路、供电电源、脉冲输出电路和控制信号输出电路

当输入至 DSP 的 10、11 脚的基准电压值不稳定或偏离正常值，内部 A-D、D-A 转换电路无法工作或输出错误的检测信号值：变频器会误报过电流或过电压等故障；运行电流、直流电压、模块温度等面板显示值与实际值有偏差；模拟信号输出端子输出的模拟电压信号偏离正常值。检测相关模拟信号处理电路时，不应忽略对基准电压值的检测。

[PWM 脉冲传输电路和充电继电器、散热风扇控制电路] DSP 芯片 U1 从 PWM1 ~ PWM6 等 6 个引脚输出的 6 路 PWM 脉冲信号，经 U31（ACT244）缓冲/受控后，至后级驱动电路；充电继电器的控制开关量控制信号和散热风扇的开关量控制信号也经 U31 传输后，由光耦合器电路驱动晶体管进行电流放大，由 Q7 驱动继电器 REYAY1，在主电路的储能电容充电过程结束时，REYAY1 动作，短接充电电阻；晶体管 Q9 则作为两只 DC24V 散热风扇的电源开关，控制其运转与停止。

U31 是一个三态门的八驱动器/接收器/缓冲器，传输通道的传输与关闭，受控于 1、19 脚的电平状态，两引脚为高电平时，通道关闭（Y 端子为高阻态），U31 受 U1 的 113 脚复位信号的控制，发生过电流故障或其他异常状态时，U1 进行复位动作时，113 脚电压变为低电平，晶体管 Q12 由导通变为截止状态，U31 的 1、19 脚变为高电平，脉冲传输通道被关断，中止 6 路 PWM 脉冲信号的传输，起到使逆变功率电路停止工作，保护 IGBT 器件的目的。

U1 的 113 脚（$\overline{XRS}$ 端）为"上电复位"信号输入和运行中"看门狗复位"信号输出端，变频器上电期间，由复位芯片向 113 脚发送一个低电平的复位脉冲，实施系统复位动作。运行中，发生供电电源低落或其他异常时，113 脚变为低电平，晶体管 Q12 由导通变为截止状态，U31 的 1、19 脚变为高电平，脉冲传输通道被关断，起到异常时中止 6 路 PWM 脉冲传输，保护 IGBT 的目的。

[MCU 基本电路] DSP 的基本电路指 MCU 的电源、时钟和复位等三要素电路，从维修角度考虑，MCU 的外挂存储器电路和操作显示面板电路也是 MCU 能投入正常运行的必要条件。

本例机型的复位电路采用 U25（印字为 SPTH）专用复位芯片，未能查到该芯片的相关资料，可能具有低电压检测功能。U1 的 113 脚为低电平脉冲复位控制端，上电期间由 U25 向该引脚发送一个持续一定低电平时间的低电平复位信号，113 脚的常态电压为 + 3.3V 高电平。

复位控制信号（低电平脉冲）发送期间，113 脚的复位控制信号，同时输入晶体管 Q12 的基极，使集电极变为高电平信号，同时控制受控驱动器 U31 和 U37 的 $\overline{1G}$、$\overline{2G}$ 端子，中止 6 路脉冲信号及 MCU 与操作显示面板、外部 RS485 端子的通信信号通道对信号的传输（参见第 1 章正弦 300 型 7.5kW 变频器整机电路），避免故障过程中传输脉冲信号造成意外损失。

存储器电路采用 FM24C16A-G（U2）芯片，为低供电电压（3.3V）8 引脚 SOIC 塑封 IC 器件。是 16k 位的非易失性铁电随机存储器（FRAM，简称闪存或快存），串行电可擦除及可编程存储器。它能以总线速度进行无延时写操作，在掉电状态下数据可保存 10 年。比 E^2PROM 性能更佳，具有 RAM 的 ROM 的双重特性可以直接取代 E^2PROM 器件。

FM24C16A-G 的引脚功能和工作原理：1、2、3 脚为空脚；4、8 脚的供电脚，接入 3.3V 供电电压；5 脚（SDA）为串行地址/数据引脚，此双向引脚用来传送地址和输入、输出数据，与 DSP 的串行数据输入/输出端相连接；6 脚（SCL）为串行时钟信号输入端，数据在时钟的下降沿移出，在时钟的上升沿移入。从通信的主从关系看，U2 作为从机，U1 作为主机。SDA、SCL 两个引脚的电平状态决定着开始、停止、传送数据/地址、应答等与主机通信的控制 4 个通信状态。停止状态，SDA 和 SCL 端子均为高电平，而在通信（地址/数据的读/写）状态，从两个端子可测到脉冲串信号。

存储器坏掉的故障表现：

1）对用户修改后的参数值不记忆。第一次上电，对某些参数修改后，变频器运行正常。但掉电再上电后，上次的修改数据未被记忆，仍按未修改前的模式运行。

2）上电，显板显示"存储器坏"的故障代码，变频器处于停机保护状态，无法运行。

3. 控制端子电路

变频器的操作和控制信号来源于面板和控制端子，尤以控制端子的应用更为广泛。控制端子的电路一般有 4 种类型：数字信号输入端子承担变频器起动、停止、故障复位、多段速指令输入等任务；数字信号输出端子又可分无源触点（继电器触点信号）输出电路和晶体管开路集电极输出（光耦合器）电路，可输出变频器工作的状态信号，如变频器运行、停机、故障、输出频率（脉冲）信号等；模拟信号输入端子又分为模拟电压信号输入端子和模拟电流信号输入端子，一般作为变频器的频率指令（或闭环控制时引入反馈信号），用于对输出频率的调整；可编程模拟量输出信号端子，输出为电压或电流信号，其内容可由参数设定，如输出频率、输出电流信号等。

（1）数字信号输入端子

1）数字信号输入端子的电路构成和工作原理。

数字信号输入端子又称为开关量信号输入端子或多功能可编程数字输入端子，通过功能代码 F5-02 ～ F5-08 对相应的端子功能进行编程，设定其控制功能，如 X1 端子，可设置为运行、停止、多段速运行、点动、升速、降速控制等 0 ～ 29 计 30 个功能控制之一中的任一功能。下面以 X7 端子电路为例，简述一下电路构成和工作原理，如图 8-25 所示。

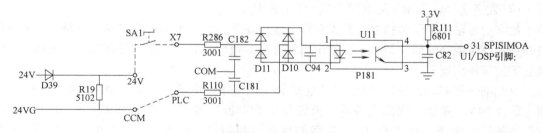

图 8-25　开关量输入端子的电路构成

本例机型的数字信号输入端子采用了输入信号经电阻限流、由 D10、D11 组成的整流桥电路进行信号极性转换后，输入至光耦合器 U11 的输入信号回路，经光、电隔离后，引入 MCU 的 31 脚。PLC 端子是 X1 ～ X7 开关量信号输入回路的公共端子。

当 PLC 端子与本机辅助电源 24V 的负极 COM 端相连接时，外接控制开关 SA1 可连接于 24V 与 X7 端子之间，X7 端输入正极性电压信号，产生"流入信号电流"，经 R286、R110 限流、D10、D11 整流，使光耦合器 U11 得到 1 脚为正、2 脚为负的输入信号电压，产生流入内部 LED 的工作电流；当 PLC 端与 24V 辅助电源端子相连接时，外接控制开关 SA1 应连接于 COM 和 X7 端子之间，由 X7 端子输入负极性电压信号，产生"流出信号电流"，经 R110、R286 限流，D10、D11 整流，使光耦合器 U11 仍能得到 1 脚为正、2 脚为负的输入信号电压，产生流入内部 LED 的工作电流。采用整流桥输入电路的好处，是使端子的输入电流方向可正或负——当输入端子采用外部电源时，可以不计外供电源的极性，提高输入端子与外部控制线路连接的灵活性。

端子外部开关电路产生开关量控制信号输入时，光耦合器的输入侧产生输入电流回路，U11 的输出侧光敏晶体管由受光电流触发而导通，将 0V 的低电平信号输入至 U1 的 31 脚，MCU 根据输入指令的有、无（和参数所设置的控制内容），产生相应的控制信号输出。

2）数字输入端子电路的故障表现和检修要点（见图 8-26）：

外部控制线路（SA1 开关）动作时，变频器未产生输出动作。

① 首先检查 F5-02 ~ F5-08 相应代码的设置，与 X7 端子所实施的控制功能是否对应。若不对应时，重新设置参数值。这是维修中经常涉及的一个方面——设备的"故障"不一定产生在硬件电路，可能是软件方面设置的问题。这是检修该类智能化电气设备的一个特点。要考虑参数的不对应，可能有人为调乱的因素。

② 控制端子的外部连接线路是否正常。若 PLC 端子或 X7 端子松动，未压实，或将控制线头的塑料层压入端子时，因无法形成输入电流通路，虽然 SA1 开关已经动作，但变频器仍未接到输入信号。

③ 24V 辅助电源的电压过低，如低于 5V 或为 0V，使流入 U11 光耦合器输入侧 LED 的电流太小，输出侧光敏三极管处于截止状态，无法正常传输控制信号。检查 24 辅助电源的故障，并排除。

④ U11 输入侧元件有断路，如 R286、R110 有断路故障，或电阻值变大；D10、D11 有断路故障；U11 输入侧或输出侧内部元件断路，U11 内部 LED 低效（发光效率严重变低），都不能完成控制信号的正常传输。

（2）数字信号输出端子

1）数字信号输出端子的电路构成和工作原理。

数字信号输出端子包括继电器无源触点输出端子、开路集电极输出端子电路，后者可传输开关量信号或高速频率信号。当输出内容可由参数设定时，数字信号输出端子又称为可编程数字信号输出端子。

由光耦合器 U20、晶体管 Q8 和继电器 RE1 组成了继电器触点信号输出电路，RE1 的线圈电源为 24V，并联在线圈两端的二极管 D23 为续流二极管，抑制 Q8 截止时 RE1 线圈两端产生的感应电压，提供 Q8 截止期间的反向电流通路，保护 Q8 的安全。MCU 的 27 脚输出的控制信号，经光耦合器传输，由晶体管驱动继电器，动作信号经端子 EA、EB、EC 输出。

继电器端子可外接指示灯，指示变频器的工作状态（如运行、停机、故障状态等，其内容可由参数设置），也可作为控制信号，输入 PLC 控制器的输入电路。

由光耦合器 U19、U22、晶体管 Q6、Q11 等元件组成的另两路数字输出端子电路，系开路集电极输出端子，又称为高速信号输出端子。可用外部电源或本机 24V 电源外接继电器、指示灯或频率计等负载。因为信号是由晶体管的集电极输出，可由参数设置，输出对应输出频率（或其他内容）的脉冲信号。

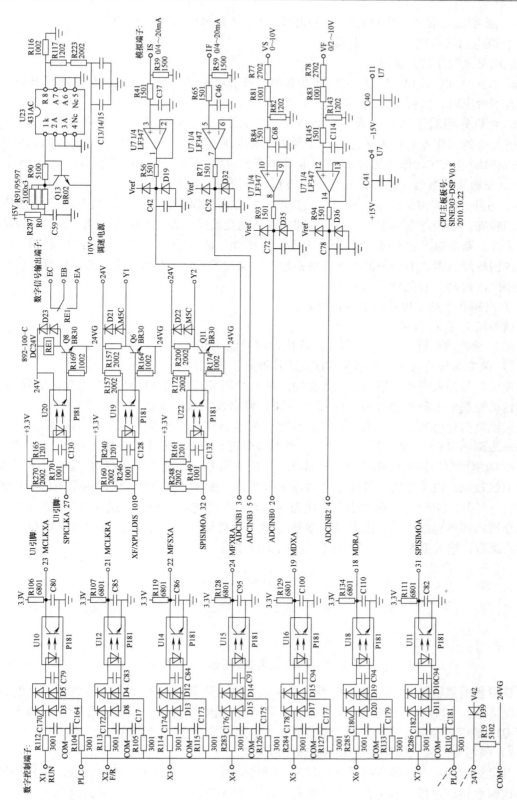

图 8-26　控制端子电路

2）数字输出端子电路的故障表现和检修要点（见图 8-26 相关电路）。

① 继电器触点输出电路的故障。

故障是无动作信号输出。

a. 首先从面板调出 F3.22、F3.23 参数值，查看对输出端子的设置，与控制要求是否对应。若不对应时，重新设置。

b. 可以先将端子功设置为"运行中接通"，通过起、停操作，观察或检测 U20、Q8、RE1 等元件的工作点是否正常。如 RE1 线圈两端电压是动作状态为 24V，非动作状态为 0V；Q8 的发射结电压在动作状态为 0.7V，非动作状态为 0V；MCU 的 27 脚电平状态，输出状态为 0V，非输出状态为 +3.3V，通过以上检测，可快速确定故障点。

c. 另外，外部控制线路（或外接控制设备）方面的原因，造成继电器 RE1 触点烧毁的故障率较高。如用户直接用 EA、EB 内部触点控制交流接触器线圈电源的通、断，因线圈为电感元件，断电时产生电弧，使 RE1 内部触点烧蚀，造成接触不良。更换继电器后，需对用户说明故障原因，因变频器内部继电器触点容量的关系，控制大容量交流接触器时，最好加装中间继电器，避免故障的再次发生。

② 高速数字端子电路的故障检修。

请参阅上述 a、b 项。

（3）模拟信号输入端子（见图 8-26 模拟信号输入电路）

1）模拟信号输入端子的电路构成及工作原理。

模拟信号输入端子一般用于变频器输出频率的调节，或闭环应用时作为反馈信号输入，达到自动控制输出频率的目的，VS 为 0～10V 频率设定模拟量输入端子，VF 为 0/2～10V 模拟量反馈信号引入端子，输入模拟量信号，先经分压电阻变为 0～2.5V 的电压信号，再由电压跟随器（U7 运算电路）缓冲后，经二极管正、负向电压钳位，输入至 MCU 引脚。

IF 为模拟量反馈信号端子（见图 8-27），控制信号采用 0/4～20mA 电流信号，因为电路的阻抗较低，抗干扰能力要优于模拟量电压信号。输入电流信号，先经一个简易 I/V 转换电路——150Ω（R59）负载电阻上转化为 0/0.6～3V 的电压信号，再送入运算电路 U7 构成的电压跟随器电路缓冲后，由 D32（双器件贴片二极管）二极管正、负向电压钳位、电容 C52 滤波后，输入至 MCU 的模拟量信号输入端 5 脚。

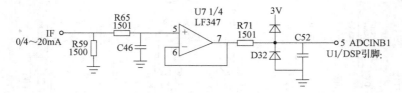

图 8-27　0/4～20mA 电流信号输入端子电路

模拟量调整所需的 10V 辅助电源，是 +15V 供电经保险电阻（电阻值为零，过电流时会发生熔断）R287、降压电阻 R91/R95/R97，由基准电压源（431AC）器件 U23 调压，晶体管 Q13 扩流调整后输出的。采用晶体管扩流，可提高电源的带负载能力。

2）模拟信号输入端子的故障表现和检修要点。

常见故障为：变频器不接受调速信号；运行时为一定固定频率，调节无效。控制端子与外部控制电路相连接，容易误引入危险高电压（如 AC220V）而损坏，多为内部运算放大器损坏，输出一个固定电压信号。

① 从面板调出参数代码，查一下调速控制方式与参数设置是否对应。

② 向相应端子送入 0～10V 或 0～20mA 控制信号，检测 U7 电压跟随器的各脚电压是否正常。

（4）模拟信号输出端子

1）模拟信号输出端子的电路构成和工作原理。

本例机型的模拟信号输出端子共有 2 路。输出内容可由相关功能代码设置，输出 0～10V 模拟电压或 4～20mA 模拟电流，则由切换插片 JP1/JP2 的连接位置所决定。DSP 的 36、37 脚所输出的模拟电压信号，其实是 PWM 调宽脉冲，经后级 RC 滤波后，转换为直流电压信号，如图 8-28 所示。

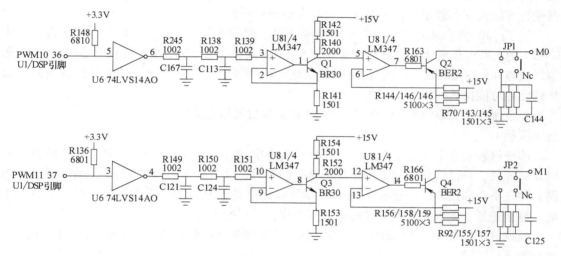

图 8-28　模拟信号输出端子电路

由 DSP 的 PWM 脉冲 37 脚输出的 PWM 脉冲信号，经 U6 反相器缓冲后输出，再经 R、C、R 电路滤波，得到直流电压信号，输入至 U8（LF347 内含 4 路运算放大器）电压跟随器电路，由 Q2 进行电流放大后，由 M0 端子输出。控制端子模拟量输出电路，可简化为图 8-29 所示的 V/I 转换（恒流源）电路形式。

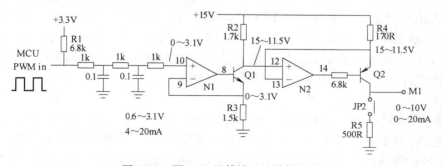

图 8-29　图 8-28 的等效 V/I 转换电路

PWM 脉冲经滤波后获得的 0～3.1V 直流电压信号，转变为 R2、R3 上的电压降信号。由电压跟随器的特性可知，R3 上的信号电压值为 0～3.1V，流经晶体管 Q1 的 $I_c \approx I_e$，则 Q1

的 V_c 电压变化范围为 15 ~ 11.5V（R2 两端的电压降为 0 ~ 3.5V）；因 R2 与 R4 两端的电压降相等，Q2 的 V_c 电压变化范围为 15 ~ 11.5V，流经电阻 R4 的电流为 0 ~ 20mA。当 N2 的 12 脚电压为稳定值，电路输出电流值也是近乎恒定的，与 M1 端子外接电路的电阻大小无关，电路本身有恒流源特性。

当 JP2 插片处于连接状态时，则 0 ~ 20mA 的电流信号，可在 R5（500Ω）上转化为 0 ~ 10V 的电压信号输出。

2）模拟信号输出端子的故障表现和检修要点。

故障现象多为无信号输出，或输出为一个错误的固定电压值。

① 模拟信号输出端子电路的正常工作和 F3.09、F3.10 代码参数的设置、JP1、JP2 选择插片连接的位置及外接控制线路是否正常，这三者都有关系。现场检修中，对这三方面的情况进行详细检测和确定后，再对相关硬件电路进行检修。

② 若 M0 端子输出信号对应于输出频率值。起动变频器，测 U6 的 5 脚电压值应产生 0 ~ 3V 的上升电压变化；检测集成运算放大器 U8 及晶体管 Q1、Q2（或 Q3、Q4）各脚电压值，应随 0 ~ 3V 输入信号的变化而同步变化。检测某点电压无变化，该部分运放电路或晶体管元件可能损坏。

4. 正弦 SINE300 型 7.5kW 变频器 DSP 主板故障检修实例

故障实例 1

检查送修变频器的控制端子，X1 端子电路中的元件，R112、D3、D5、U10 的输入侧 LED 等元件，均已烧毁断路。用户反映接控制线时，误引入 AC220V 电压，致使该端子内电路元件几乎全部毁坏。检查数字端子的 24V 辅助电源还是好的。拆除损坏元件，变频器上电，显示正常，改由其他端子进行起、停操作，运行也正常。

换掉 R112、D3、D5、U10 等损坏元件，恢复原控制参数，从 X1 输入起、停控制信号，变频器运行正常。

故障实例 2

送修变频器的操作面板无显示，对变频器的起、停是操作面板按键进行的。正好手头有同机型的操作显示面板，更换试验后，属于面板故障。

拆开操作显示面板的外壳，检查 9 芯排线端子及通信电缆没有问题，测 U2（MCU）（见图 8-21）的 44 脚 +5V 供电，正常，手摸 U2 无正常温升；检查 U1 的复位信号输入端 10 脚的静态电压为 0V，将该脚与 +5V 电源短接一下，实施人工强制复位，观察显示屏无显示；测 U2 的 20、21 引脚电压，为 +5V 和 0V，判断时钟振荡器处于停振状态，观察 OCS1 晶振元件，外形有点凹入，似乎遭受过尖锐物体的击打。怀疑晶振元件损坏，更换 16MHz 晶振元件，上电，显示屏显示正常，故障排除。

故障实例 3

变频器上电显示正常，但运行后，报 OLP（意为输出缺相故障）故障，保护停机。

分析电路，本例机型有输出断相检测电路，驱动电路无 IGBT 故障检测功能。故障的来源有 3：脉冲传输通道不良（重点为驱动电路），导致某路脉冲信号的缺失；IGBT 器件不良，某桥臂 IGBT 断路或因故障原因未导通；断相检测电路误报警。

安全起见，先切断了 IGBT 逆变电路的 DC530V 供电，再上电检修驱动电路。因本电路无 IGBT 管压降检测电路，所以无需屏蔽 OC 报警信号。在面板送入运行信号后，显示屏显示上升的运行频率，表现正常。在驱动 IC（U2，请参考本机驱动电路）的输入端，测量信号电压值与另 5 路脉冲信号有较大差异。顺该路脉冲传输电路向前查，测 U8（八反相缓冲器/驱动器）的 13 脚电压一直为 +5V，说明前级电路来的脉冲信号，未能正常加至该脚。

由排线端子 J2/J5 的 13 脚继续前查，故障电路到了 DSP 主板，测量 U31（八缓冲器/驱动器）的 3 脚输入脉冲电压正常，约为 2.5V，但相对应的脉冲信号输出端 7 脚电压一直为 +5V，判断 U31 内部电路损坏，更换同型号贴片 IC 后，测驱动电路的 6 路输出脉冲都恢复正常。装机带载试验，运行正常。

故障实例 4

变频器上电后，操作显示面板不亮。换面板后故障依旧，判断不是面板的问题。故障 DSP 主板。上电检测 DSP 器件的 +3.3V 和 1.8V 电源电压均为 0V，测操作面板的供电 +5V * 也为 0V。检查 DC-DC 变换器件 U5 的电源输入端 1 脚电压为 8V，2 脚输出电压为 0V。停电，检测 U5 的 2 脚对地电阻值正常，判断 U5 损坏，更换同型号电源模块后，上电，变频器显示与试运行均正常，故障排除。

8.3　海利普 HLP-P 型 15kW 变频器 MCU 主板电路

1. 操作显示面板电路（见图 8-32）

（1）操作显示面板电路的工作原理

1）操作显示面板电路。

它包含面板 MCU 电路、显示器及位驱动电路（段驱动信号直接由 MCU 输出）和通信电路。采用 5 位显示器电路，8 线"段驱动"信号直接由 MCU 的 12～19 脚输出，而"位驱动"信号，则由 MCU 的 6、7、8 脚输出的二进制逻辑信号，经 4 线/10 线译码器/驱动器电路 U2（LS145）对输入 BCD 信号译码后输出，形成 5 位显示器的位驱动信号。显示部分除了用 5 位数码显示器，显示相关变频器的工作参数及进行参数设置外，还设有多只指示灯，以指示数码管显示内容，及变频器的工作状态，如运行或停机状态。

LS145 为 74 系列数字电路，是单芯片 BCD——十进制译码器，具有 80mA 电流的吸入能力，内部电路由 8 个反相器和 10 个 4 输入与非门电路组成，反相器成对连接，以接受 4 位 BCD 编码的输入数据，经与非门译码后输出。LS145 的内部功能框图如图 8-30 所示。

2）主板 MCU 与面板 MCU 的通信电路。

MCU 的 12～19 脚为信号双向传输引脚，键盘操作信号也经这些引脚输入 MCU 电路，由串行信号输入/输出脚（TXD、RXD）经通信电路，送往主板 MCU。面板 MCU 与主板 MCU 之间一般采用专用通信模块来实现两者之间的通信，本例机型采用晶体管分立式反相器电路（两级反相器

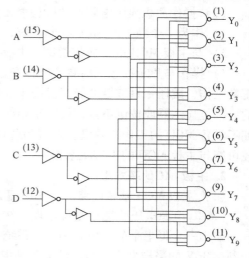

图 8-30　BCD——十进制译码器 LS145 内部功能框图

电路的反相之反相工作方式，实际构成同相放大模式，当然器件是工作于开关状态的）来完成的，起到对脉冲整形、补偿引线损耗，增加传输可靠性等作用，如图 8-31 所示。

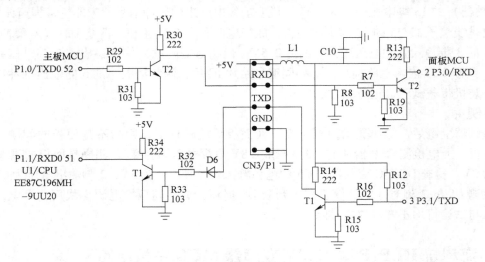

图 8-31 主板 MCU 与面板 MCU 的通信电路

3）面板 MCU 基本电路。

面板 MCU 芯片及外围电路构成一个独立微控制器系统（见图 8-32），接受主板 MCU 输送的串行数据信号，转换为显示数据驱动 5 位显示器，同时将键盘操作信号传输给主板 MCU，20、10 脚为 +5V 供电电源引入脚；4、5 脚外接晶振元件和负载电容 C4、C5；（试分析）复位信号引入端 1 脚，外接专用复位和硬件看门狗芯片 U3（印字 958B），上电期间，由 6 脚输出 20ms 时间宽度的高电平复位信号。运行期间，U1 的 6 脚输出的脉冲信号，经 C8 耦合驱动晶体管 T4、T3，将"喂狗信号"输入至 U3 的 2 脚。若一定时间内无"喂狗信号"输入，说明程序运行失常，U3 则自动输出复位控制信号，使 MCU 系统重新纳入正常运行。

（2）操作面板显示电路的故障检修要点

1）作为一个独立的 MCU 控制系统，首先应检查 MCU 的工作三要素条件。

2）与主板 MCU 进行通信联系，主板 MCU 的工作异常会影响到面板的显示状态。

3）操作与显示面板同时具有操作和显示功能，但作为一个控制系统，任一位显示器的正常工作，或任一只按键的能正常操作（有同步显示反应），均说明控制系统大致上是正常的。某位显示器或按键不良，仅限于局部电路（某位显示器或按键）的故障。系统异常时，如不具备 MCU 的工作三要素，表现为各位显示器和全部按键的"全体失控"，而且这种失控可能与主板 MCU 的工作状态相关。

2. 主板 MCU 基本电路

（1）主板 MCU 基本电路的工作原理

[MCU 电源电压监视与复位电路] 专用芯片 U1 为电源电压监视与复位 IC，在上电期间，输出一个低电平的复位脉冲，使系统执行复位操作；正常工作中，R2、R1 对 +5V 分压得到 1.36V 的采样电压，与内部 1.25V 基准电压进行比较，当 +5V 低于 4.5V 时，采样电压值低于内部基准电压，U1 输入复位控制信号，MCU 系统进入复位（工作停止）状态，直至供电电压时，复位过程结束。U1 起到上电输出复位信号和监测 MCU 供电的双重作用。

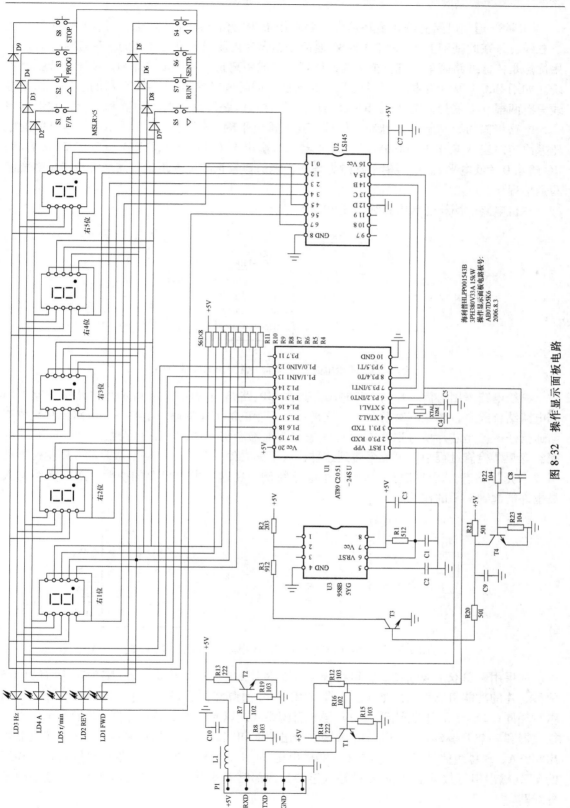

图 8-32　操作显示面板电路

［RS485 通信电路］在工业环境中，要求用最少的信号线完成通信任务，RS485 串行接口总线正是在此基础上形成的。RS485 通信是迄今为止接线上最为经济的一种控制方式。应用优点是传输线路简单经济，抗干扰性能好，传输距离长，具有多站能力，易于构成控制系统。如用 PLC 作为上位机，可通过 RS485 通信，同时最多控制 32 台变频器的起停，而信号线只有两根（总线控制方式）。RS485 的电气特性：电路采用平衡驱动器和差分接收器的组合，电路传输的为（差分）脉冲串信号，其逻辑电平的"0"和"1"由 A、B 两线间的电压差决定。当 A 高于 B 200mV 时，接收器 RO 输出 1（高电平），当 A 低于 B 200mV 时，RO 输出 0（低电平）。抗共模干扰能力增强，能适应较长的传输距离。其最大缺点是需要编写通信程序。

本机电路的测绘通信电路如图 8-33 所示。

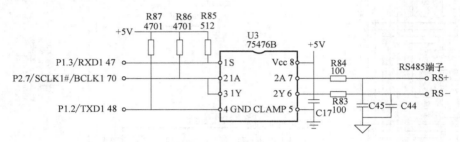

图 8-33 测绘电路——不能正常工作的通信电路

测绘电路采用通信芯片为 SN75476，其内部电路结构如图 8-34 所示。将外围电路与内部电路结合起来，感觉不对劲儿——这是一个不能正常工作的通信电路——电路无法完成双向通信任务。是芯片型号选择有误？还是有前维修者将 MAX485 芯片误换为 SN75476 芯片呢？变频器检修过程中，可能会碰到这种让人不解之处，若对原电路不做改动，则检修即处于"卡壳"状态，无法实施。作为一个电路特例，在这里做出简要的说明，对广大维修人员也许能起到警示的作用。

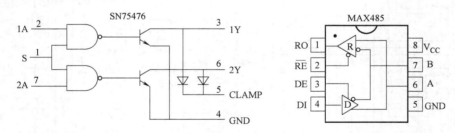

图 8-34 SN75476 芯片和 MAX485 通信芯片的引脚功能图

如果用于单双工通信模式，可将 MAX485 芯片的 2、3 脚短接，则 SN75476 和 MAX485 两种芯片的功能引脚可对应如下：S 脚与 $\overline{RE}$、DE 引脚相同；1Y 与 RO 引脚相同；1A 与 DI 引脚相同；2Y 与 A 引功能相同；2Y 与 B 引脚相同。以 MAX485 芯片为例：器件内含一个 R 接收器和一个 D 驱动器，$\overline{RE}$、DE 为接收输出使能和驱动输出使能控制端；RO 为接收器输出端，A、B 总线信号经转换由该 RO 端输出至 MCU 的 RXD 端；DI 为驱动器输入端，MCU 的 TXD 输出串行数据信号经 DI 端输入至芯片内部驱动器电路，转换后由 A、B 总线输出至外线路。

将图 8-33 电路更正为图 8-35 的电路，通信电路即能正常工作：

1）将 SN75476 芯片更换为 MAX485 芯片，无需改动外围电路；

2）如仍采用 SN75476 芯片，应改变 1、2、3 脚的接线，使之能正常完成通信任务。

［V_{REF} 基准电压电路］ MCU 内部 A-D、D-A 转换电路所需的 V_{REF} 基准电压，由 +5V 经 R28 限流、C23 滤波后，输入 56 脚。该电压的稳定与否，影响到 MCU 对输入各路（故障检测）模拟电压信号的处理精度，该脚电压异常时，可能导致 MCU 输出错误的故障报警信号。

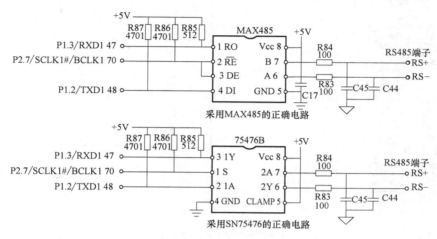

图 8-35　能正常工作的通信电路

（2）存储器电路

对新型变频器产品，系统程序存放于内部 ROM，运算过程的中间结果存放于内部 RAM，其外部存储器一般用于存放用户（控制参数）程序——变频器说明书中的参数代码表中的内容，大部或全部存储于外部存储器中。外部存储器一般采用 E^2PROM（串行电可擦除存储器），可进行读/写操作，并对用户程序（修改的参数值）进行存储，使掉电后数据不丢失。部分机型采用铁电存储器 FRAM（快存），应用性能得到进一步提高。

（3）MCU 基本电路的故障检修要点

1）判断 MCU 工作不良时，首先要排除 MCU 外围电路的故障。

2）第一步先要检测如图 8-36 所示的基本条件电路。可采取人工强制复位、用示波器检测时钟波形等方法，确定 MCU 的工作条件电路是否正常。

3）检测 MCU 的基本条件电路正常，如果手头有同类机型的 MCU 主板，可以代换主板进行试验，最后确定是否为 MCU 芯片的故障。

3. MCU 主板的控制端子电路

（1）数字信号输入、输出端子电路（见图 8-37）

变频器的控制端子完成对变频器的起动、停止、复位、多段速运行等操作，可称为运行操作；使用给定电压或电流信号完成输出频率调节，可称为调速操作；此外，还输出表征着变频器工作状态的开关量信号和模拟量信号（如转速信号），称为输出控制信号。

图 8-37 所示电路是数字信号输入、输出电路。数字端子控制电源为 12V（EV 端子）、12VG（DCM 数字公共端子），光耦输入侧的工作电源即由 12V/12VG 供给，形成光耦合器 PC3～PC8 内部 LED 的工作电流，产生控制信号，由光耦合器的输出端，送往 MCU 引脚。

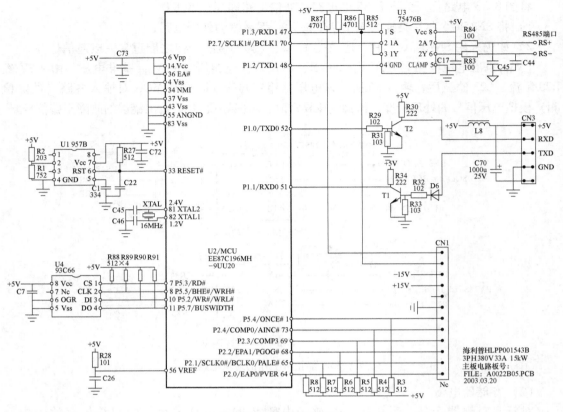

图 8-36 MCU 基本电路

MCU 的 17、18 脚输出的两路开关量信号，控制晶体管 T3、T4 的导通与截止，由此驱动 EDQ1、EDQ2 两只继电器，触点动作信号由端子输出；MCU 的 20、21 脚为可编程开路集电极输出端子，可据控制需要，输出开关量控制信号，或脉冲信号。

（2）模拟信号输入、输出端子电路（见图 8-38）

模拟信号输入、输出端子电路，由 +10V 辅助电源电路、频率调节（和闭环调节反馈信号）信号电路和模拟电压输出电路组成。

［+10V 调速电源］这是一个由同相运算放大器电路 U14（内部一组放大器）构成的 2 倍压电压放大电路，输出电压形成于对同相输入端 2 倍 +5V 电压的跟踪，因而 R123 的左端电压总是"试图保持" 2 倍的 +5V 电压，电路本身有稳压效果，或者说是电压伺服功能，在放大器的负载能力（40mA）之内，能适宜外接负载的变化而保持 +10V 输出电压不变。

模拟信号输入电路由 U14 内部 2 组放大器与外围电路组成的电压跟随器构成，输入 0~10V 的调整电压信号，先经 L1 滤除干扰信号，再由电阻 R115、R114 分压衰减为 0~5V 调速信号，适应 MCU 的信号输入范围后，再输入电压跟随器的同相端，经电压跟随后由输出端输出，再经 CRC 滤波和二极管正向钳位后，送入 MCU 的 58 脚（模拟信号输入端）。0~10mA 电流调速信号由 A1 端子进入，先经 L3 滤除干扰，再在负载电阻 R104、R105（串联电阻值为 250Ω）上，转化为 0~5V 的电压信号，送入后级电压跟随器电路，经"隔离缓冲"处理后，送入 MCU 的 59 脚（模拟信号输入端），在 MCU 内部进行 A-D 转换后，用于

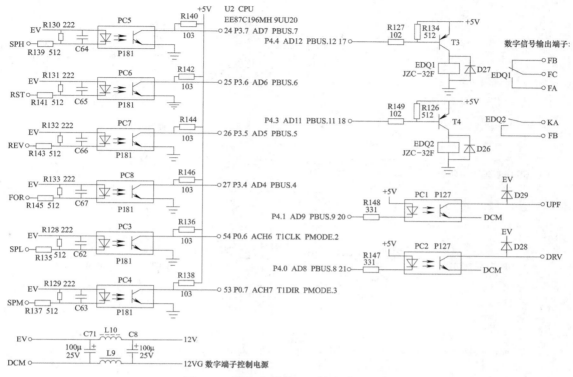

图 8-37　数字信号输入、输出端子电路

控制 PWM 脉冲信号频率，以实现输出频率控制。A-D 转换所需的基准参考电压是由 R28 引入（C26 滤波）到 MCU56 脚的 5V 电压（请参见图 8-36）。

（3）变频器的控制端子所表现的故障现象（不接受操作指令或操作失控）

1）首先确定控制端子的相关功能设定与控制要求是否对应。变频器说明书中，通常都有"输入端子功能"和"输出端子功能"的设定参数，可对端子功能进行可编程设定。当端子的原设定参数被修改或执行"初始化操作"后，相关端子功能也被改变，在端子功能与"控制预期"不相对应以后，致使控制失效。变频器检修工作中，检修内容不应仅局限于硬件电路，也要对软件设置进行检查。

2）控制端子的接线有可能为"远程连接"，现场检修时，要确定外部控制接线线路的正常，才能保障正常操作的实现。可以利用短接某端子（如 SPH 和 DCM）来验证端子操作功能是否正常的方法，确定失控故障是出在外部控制线路还是端子内部。

3）在雷雨季节，很容易从端子外部引线引入雷击电压，致使相关电路被损坏，严重时有击毁 MCU 器件的可能。

4. MCU 主板的脉冲输出电路

（1）MCU 接口电路的类型和作用

在 MCU 和后续电路之间通常加入接口电路，起到对前、后级电路的"桥接"作用。增加接口电路，通常是出于以下几种考虑：

1）增强电流驱动能力。MCU 的 I/O 端子输出电流能力是有限的，增加接口电路，以提升电流驱动能力，如用于驱动后级电路的 LED 或继电器。

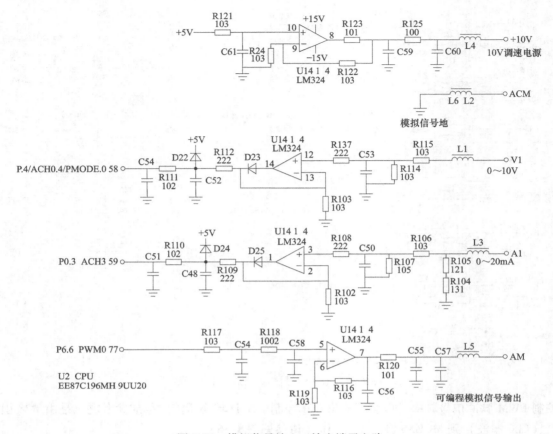

图 8-38　模拟信号输入、输出端子电路

2）实现两个供电系统之间的电气隔离。如控制端子电路，用光耦合器实现控制回路与 MCU 电路的电气隔离。

3）I/O 扩展功能。如显示器和键盘接口，接入译码器电路，用于对 MCU 输出编码信号的解码输出，可省 MCU 的硬件资源。

4）用于抑制干扰，信号极性转换、实现信号缓冲。如 I/O 口外接反相器/同相器/驱动器等电路，用于信号反相、提高噪声容限水平等。

5）用于电平转换。接口电路采用开路集电极输出时，输入侧为 +5V 供电，输出侧则可经上拉电阻接 +12V、+15V、+24V 等任意级别的电压，完成信号电平转换功能。

本例机型的脉冲输出电压用三态六缓冲器/同相驱动器 HC365（可代换型号：74LS365、74F365、74HC365、HCD365 等）组成脉冲传输的受控通道——故障信号生效时，切断对脉冲信号的传输。HC365 的引脚功能如图 8-39 所示。

$\overline{OE1}$、$\overline{OE2}$ 为控制端，当两控制端为低电平状态时，正常传输脉冲信号；任一控制端为高电平时，输出为高阻态

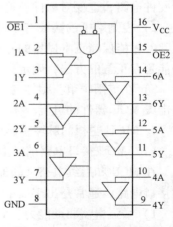

图 8-39　HC365 引脚功能图

（信号电压取决于输出端外接电路的结构，如连接下拉电阻时，变为低电平；连接上拉电阻时，变为高电平）。

（2）MCU 主板的脉冲传输通道（见图 8-40）

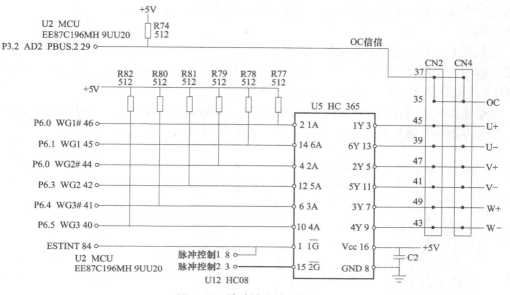

图 8-40　脉冲输出接口电路

MCU 的 40～42 脚、44～46 脚输出的 6 路脉冲信号，输入至 U5 内部的 6 路同相驱动器电路。6 个输入端接 +5V 上拉电阻，输入负向脉冲（0V 电平）信号有效；1、15 脚为信号传输/停止控制端，接受来自 MCU 的 84 脚的控制信号，和来自电流检测电路输出的过流报警信号控制。当控制信号为高电平时，U5 停止对脉冲信号的传输。

（3）脉冲传输通路的故障表现与检修要点

MCU 输出引脚不良，或 U5 器件损坏，或内部 6 驱动器有任一路不良时，会造成 6 路脉冲的传输异常，引起驱动电路向 MCU 回馈 OC 故障；或造成变频器输出断相、输出电压不平衡、电动机剧烈振动，不能正常运行等故障。

U5 的检测方法：

1）输入端。停机状态，U5 的 6 个输入端电压值应为 +5V；起动与运行状态，U5 的信号输入端直流电压应为 2.5V 左右。

2）输出端。（请参阅相关驱动电路）停机状态，输出端电压值就为 +5V；起动与运行状态，输出端信号电压约为 2V 左右。

（4）MCU 主板故障检修实例（请参考图 8-31～8-40 相关电路）

故障实例 1

客户反映送修变频器出现速度不可调的故障，上电试机，起动后，变频器即运行于 40Hz 的输出频率下，从端子送入 0～10V 频率调节信号无效，断开外接电位器，输出频率不变。

修改控制参数，改为面板起、停与调速，控制正常。判断故障出在控制端子电路。

检修 V1 端子内部电路，测量 U14 的 12 脚输入电压为 0V 时，在 14 脚仍能测量到 10V 以上的输出电压值，确定 U14 损坏。更换 U14 后，测量 14 脚的输出电压跟随 12 脚输入电压变化，故障修复。

但观察最大输出频率仍为 40Hz，不能达到 50Hz 客户所要求的输出频率范围。调出 CD007（最高操作频率）的参数值，已经被修改为 40，当修改为 50 后，试机，变频器的 V1 控制端子在输入 10V 调速电压时，输出频率能达到 50Hz，故障修复。

故障实例 2

变频器上电后，显示开机字符，系统结束后，面板显示 E. ou. S（意为停车中过电压），按复位键后，故障代码闪烁一下，还是报过电压故障，测量主电路 P、N 端的直流电压为 DC535V，是正常值，判断电压检测电路误报警。

请参见图 8-41 所示的电压检测的实际电路。检测 U2 的 60 脚信号电压值为 2.2V 正常值，说明电压检测电路是好的，但为何 MCU 会报出过电压故障呢？

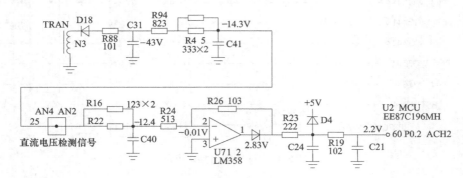

图 8-41　电压检测电路

为了判断 U2 能否对 60 脚输入电压检测信号做出反应，用金属尖镊子短接 C24，使电压检测信号降为 0V，观察面板显示故障代码，果然变为 E. Lu. s（意为欠电压），说明 MCU 器件能"正常"对检测信号电压的高低做出反应（同理，当短接 D4 时，是向 U2 的 60 脚输入过电压信号）。

分析：外部电压检测电路是正常的，MCU 芯片能对输入信号变化做出反应，说明 MCU 的内、外部硬件电路应该没有问题，好像是程序运算错误，那么软件程序又不会是错的。MCU 对输入模拟电压检测信号，其计算所得的结果是取决于什么因素呢？由此想起了 MCU 引脚的这样一个电路——V_{REF} 基准电压电路！MCU 对输入模拟电压检测信号的处理（数-模转换），正是依据 56 脚输入的基准参考电压来进行的，其输出结果（表征着电压幅度），决定于 V_{REF} 基准电压的大小，如图 8-42 所示。

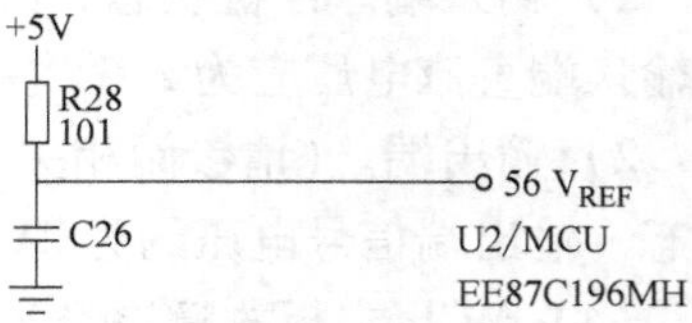

如果 V_{REF} 基准电压因故障原因降低，那么运算输出结果就会变大。测量 U2 的 56 脚电压，正常时应为 5V，现在实测值变为 3.6V，怀疑 C26 漏电损坏，摘掉 C26 后，再为变频器上电，面板不再显示过电压故障代码，起、停操作都正常了。此处的 C26 是个高频滤波电容，可由 0.01 ~ 0.1μF 以内的无极性涤纶或瓷片电容代换，均可。

图 8-42　电压检测电路

总结：MCU 芯片输入 V_{REF} 基准电压变低后，正常的电压检测信号经内部处理后的结果（数值）变大，导致错误的过电压报警。有些机型的变频器，该路基准电压为 2.5V，该基准电压有升高的可能，则会造成 MCU 内部运算处理（数值）结果变小，同样会导致错误的检测或误报警。

这是一例因 MCU 的 V_{REF} 基准电压电路异常所导致的误报警故障，故障来源由电压检测电路"转移"至 MCU 的外围相关电路，是故障的比较"拐弯之处"，也是检修者易于疏漏的地方。

8.4　中达 VFD-B 型 15kW 变频器 MCU 主板电路

1. 操作显示面板电路

本机型的操作显示面板（见图 8-43）电路由 5 片数字 IC 电路和 5 位的数码显示器构成。在 MCU 主板输出的 5 线二进制数字信号控制下，上传 MCU 内部变频器运行的各种数据用于显示，并将键输入指令下传至 MCU。

由 6 反相器大电流驱动电路 BU2（ULN2003A）承担 5 位数码显示器的驱动任务之一——提供位驱动电流信号；BU3、BU1（HC595AG）是 8 位输出锁存器、移位器（三态，串入并出），分别在 MCU 输出的串行信号（SER 引脚）和时钟信号控制下，将串行输入数据，转变为并行数据输出，BU3 的 8 个 Q 端输出信号作为 BU2 的输入控制信号，输出显示器的段驱动信号；BU1 的 8 个 Q 端输出信号，再经晶体管 BQ1~BQ8 进行电流放大，作为数码显示器的段驱动信号，两者共同作用，使 5 位数码显示器按控制信号要求，显示相关内容。

BU4（HC165AG）为 8 位移位寄存器（并行输入，互补串行输出）电路，由 3~6 脚、11~14 脚（并行）输入的键位指令，由串行输出端 7 脚输出。2、15 脚输入来自 MCU 的时钟（同步）信号，在其控制下 BU4 有序工作。

来自 MCU 主板的显示数据和送往 MCU 主板的键控指令，由 10 线端子 BJ1（与 MCU 主板的 J4 端子相连接）出入，经 BU5（HC14AG）6 反相器电路倒相和缓冲，完成 MCU 主板和操作显示面板的信号传输任务。

图 8-44 是 MCU 主板与操作显示面板的信号（端子）电路，MCU 的 76~80 共 5 个引脚输出的二进制信号，经 J4、DJ1 两个端子，进入操作显示面板，J4/DJ1 端子的 3 脚，在静态（停机）/动态（运行）时的信号电压有明显变化。图中对 J4/BJ1 端子各脚的信号电压做了标注，可作为故障检修时的参考。

2. MCU 基本电路

（1）MCU 基本电路的工作原理

图 8-46 是微控制器 MCU（U7，又称单片机）的基本工作条件电路，包括供电电源、复位电路和晶振电路，与操作显示面板的信号端子电路，与上位机（如 PLC 或其他变频器）的 RS485 通信电路，MCU 外挂存储器电路等。J4、J5、J6 端子为厂用插口，用于监控 MCU 的运行状态，或写入/读出 MCU 的内部程序，用于设备出厂前的调试等用途。

本例机型的 MCU 器件采用 100 引脚 M30800FCFP 芯片，其中部分引脚未被利用，处于空置状态，在图 8-46 中以 Nc（空）标注。MCU 芯片采用 5V 供电电源，有主、副时钟两套时钟电路，主时钟振荡频率为 20MHz，副时钟振荡频率为 50kHz。

[MCU 的复位电路] 对 MCU（单片机）信号处理和控制系统来说，电源电压的实时监视和系统复位控制是一个非常关键的问题。有些电路是电压监视和复位控制功能分开，也有的是两者合一。U13（3771/MB3771）是一款集成了电压监视/复位控制/基准电压输出三者功能于一体的 IC 芯片（见图 8-45）。主要功能如下：可对两路电源电压进行监视；可监视过电压和欠电压；电源电压的瞬断、瞬低时发出 RST（复位）信号，电源电压恢复时产生POWER ON RESET 信号输出；与外接晶体管配合，能产生基准电压输出。

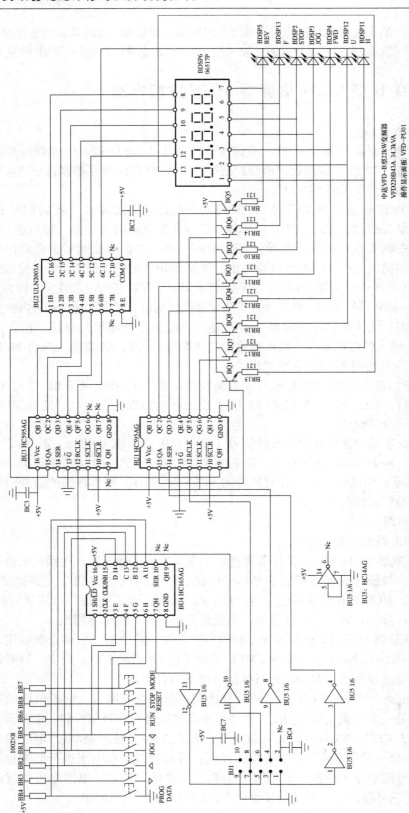

图 8-43 操作显示面板电路

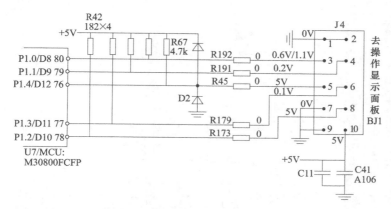

图 8-44　MCU 主板与操作显示面板的信号（端子）电路

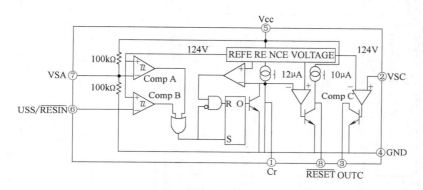

图 8-45　3771（MB3771）芯片功能框图

3771 芯片的引脚功能：4、5 脚为供电电源引脚；2、6 脚为电压检测信号输入脚，利用外接电阻分压，形成对监视电压的过、欠电压检测输入信号，并确定检测动作电平；7 脚为补偿调节端；8 脚为复位信号输出端；3 脚为基准电压源控制端。

　　MCU 器件内部 A-D 转换电路对输入模拟电压信号进行处理时，需一路基准电压 V_{REF} 作参考。98 脚为 4.9V ∗ 基准电压输入端，4.9V ∗ 的精度决定了 MCU 内部 A-D 转换的精度。U13 芯片在这里用于对 V_{REF} 的监视，电阻 R11 ~ R14 对 V_{REF} 进行采样，输入 U13 的 2、6 脚，当检测到 V_{REF} 异常时，8 脚输出 RST 信号，使 MCU 系统复位，同时 3 脚内部晶体管饱和导通，使外部晶体管 Q3 失去偏压而截止，4.9V ∗ 基准电压变为 0V。

　　[RS485 通信电路] RS485 通信电路由 MCU 相关引脚、晶体管 Q6、通信模块 U8（DS751，功能同 MAX485）组成，信号由 6 线电话插头输出。

　　DS751 是通过两个引脚 $\overline{RE}$（2 脚）和 DE（3 脚）来控制数据的输入和输出。当 $\overline{RE}$ 为低电平时，U8 数据输入有效；当 DE 为高电平时，U8 数据输出有效。在半双工使用中，通常可以将这两个脚直接相连，然后由 MCU 引脚输出的高低电平就可以让 U8 在接收和发送状态之间转换了。本电路用 Q6 来控制 U8 工作状态的切换，与 MCU 进行两线式通信。当 U7 的 37 脚输出高电平，经 Q6 倒相后，使 U8 的 2、3 脚为低电平而处于数据接收状态。从 J2 端子输入上位机（或下位机）的数据经 U8 的数据输出脚 1 脚，向 U7 的串口数据接收端（RXD）36 引脚，使 U7 进行数据接收；当 MCU 发送数据时，U7 的 37 脚输出低电平，经 Q6

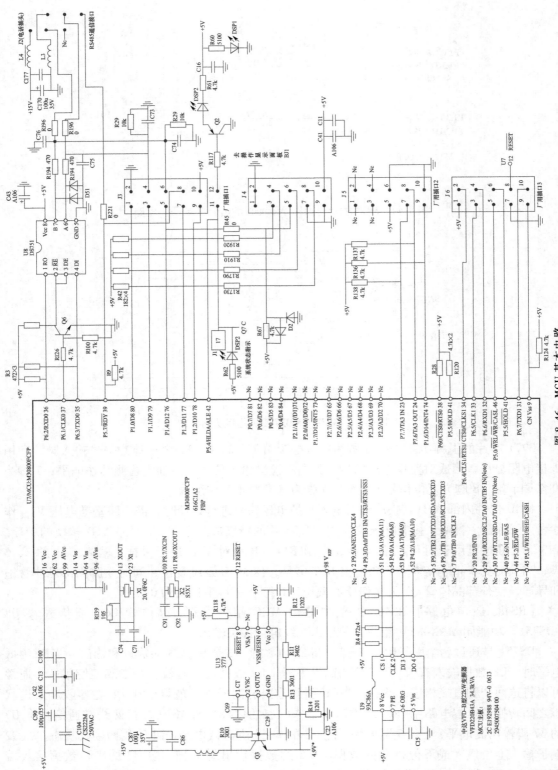

图 8-46 MCU 基本电路

倒相后，使 U8 的 2、3 脚为高电平而处于数据发送状态。U7 输出的串口数据，经串口发送（TXD）端 35 脚输出，进入 U7 的串口数据接收端，经 J2 端子输送至后级设备。

由 U8 的 1、4 脚输入/输出的串口数据，在 6、7 脚转化为差分信号输出，有极强的抗共模信号干扰能力，能实现远距离传输。RS485 通信能上传外部设备的控制信号，也能下传变频器的工作状态信息。

[系统工作状态指示电路] 发光二极管 DSP2 为系统状态指示灯，在变频器上电系统自检期间，有瞬间点亮现象；过电流、过电压、欠电压故障信号存在，及 MCU 系统运行异常时，DSP2 处于点亮状态。通过观察 DSP2 的亮、灭状态，可判断 MCU 系统是否满足正常运行条件。注意：图 8-46 中出现两个 DSP2 的标注，实际为一个器件，内含双单元 LED（并非出现重复标注）。

时钟和存储器电路，在上文已有详细分析，从略。

（2）MCU 基本电路的故障检修

MCU 芯片本身的故障率极低，远远小于 1%；MCU 基本工作电路的故障率相比较开关电源电路、驱动电路也很低，故障率低于 3%，一般情况下均能修复。确定 MCU 芯片损坏后，因其内部含有程序软件，只能从厂家购得芯片，或从同型号旧板上拆芯片代换，或干脆换用 MCU 主板。除 MCU 芯片损坏以外的 MCU 主板故障，只要具备一定的电路检修能力，积累自己的相关检修经验，或手头能有 MCU 主板电路图纸的话，故障修复率还是比较高的（当然修复率的高低因检修者的技术能力而有差异）。

在操作面板本身正常的前提下，利用操作显示面板的监视功能，和相关系统状态指示灯、MCU 相关 I/O 输出端的电平状态，或综合利用以上检查手段，可以判断 MCU 的工作三要素条件是否满足，及最后判断 MCU 芯片是否损坏。以图 8-46MCU 主板电路为例，说明一下 MCU 主板基本电路的检修要点。

1）首先确定操作显示面板是好的。如果经常维修某一机型的变频器，手头最好常备该型变频器的操作显示面板（可从厂家购买），这会给检修和调试带来方便。怀疑面板损坏时，可代换验证。

2）操作操作面板显示异常，如显示 88888、-----或无显示时，故障表现与 MCU 芯片本身和基本工作条件有关。

3）第一步可通过变频器的上电、失电期间，观察系统状态指示灯的亮、灭情况和相关输出 I/O 的电平变化等，判断 MCU 系统是否正常工作，进而确定 MCU 工作三要素是否具备。

4）第二步，若判断 MCU 三要素条件没有具备：

① 检测 MCU 的数字和模拟供电引脚，确定电源电压已正常供入 MCU；

② 检测 MCU 复位电路，若测得复位控制脚静态电压正常，实施人工复位，若 MCU 系统恢复正常运行，检测 MCU 外部复位电路；

③ 检测时钟引脚的静态工作点和测试时钟波形，异常时更换晶振和负载电容；

④ 检测 MCU 外部存储器的各脚静态电压是否为正常值，并在上电瞬间检测相关引脚有无信号电压的跳变；

⑤ 检测电流、电压、温度等检测电路的末级信号处理电路，有无故障信号（输出）存在，若有，则先行排除故障，或屏蔽掉故障信号，同时观测 MCU 系统是否能正常运行。

通过以上检查，最后确定 MCU 芯片本身是否正常。

3. 控制端子电路

（1）控制端子电路原理（见图 8-47）

变频器的数字信号输入端子是由光耦合器电路构成，起到抑制干扰信号和隔离危险电压进入 MCU 的目的。本例电路在光耦合器的输入侧电路中，串入了 D36 等整流桥器件，与 SW1 拨动开关相配合，用于转换端子辅助电源的电压极性，使光耦器件的输入侧总是能得到正向控制电压。当变频器与外部设备（如 PLC）构成控制系统时，可灵活改变 SW1 的位置，以适应外部设备的信号电压极性（形成所谓共源输入或共漏输入）。无论控制端子输入的信号极性如何，变频器总是能对输入信号做出正确的反应。

变频器的数字信号输出端子共 5 路，其中无源触点输出电路，是 MCU 从 62 脚输出的开关量信号，经 U10（LVC07A）6 同相缓冲器电路，驱动晶体管 Q8、Q9，进而完成对继电器 RLY1 的驱动控制，触点动作信号由 TB1 端子 RA、RB、RC 输出。

开路集电极输出信号有 4 路，末级电路采用光耦合器，起到电压隔离作用。MCU 输出的开关量信号经 U10 缓冲，驱动光耦合器 PH1、PH2、PH3 进行输出，为可编程输出端子。由 Q5、PH4 组成的数字信号输出电路可以实现脉冲信号的输出，输出内容可由参数设定。

AFM 为模块电压信号输出端子，系由 MCU 的 3 脚输出的可调占空比脉冲电压，经 U13 电压放大后输出，再由 R、C 滤波电路，得到直流输出电压信号，也为可编程输出端子。

［+10V 辅助电源电路］模拟信号输入端子外接电位器所需的 +10V 辅助电源，由 U13（5、6、7 脚内部运算放大器）、晶体管 Q1、电容 C168 等元件构成的同相（2 倍）电压放大器电路来生成。晶体管 Q1 起到输出扩流作用，提高电路的带负载能力。U13 的同相输入端 5 脚引入 4.9V 基准电压（由 U13 复位/电源监视芯片及 Q1 电路输出），电路控制的结果，使反相输入端 6 脚的电压值跟踪（等于）5 脚输入的基准电压，即输出约 2 倍的基准电压值。+10V 输出电压有很好的稳压效果，不受外接电位器电阻值大小的影响。

［模拟信号输入电路］控制端子的模拟输入信号，又称频率指令，决定变频器的输出频率。一般有模拟电压输入信号和模拟电流输入信号两种，其中电流信号又常用作 PID 闭环控制时的反馈输入信号。本机电路的 AVI 为主速指令输入端子，输入为 0～10V 可调电压信号，经 U5 电压跟随器缓冲后输出，由 R75、R76 分压变为 0～5V 的信号电压范围，再经二极管 D3 双向钳位，R、C 滤波后，输入 MCU 的 97 脚。

AUI 端子为辅助频率指令信号输入。输入信号范围为 −10～10V（对应输出频率 0～最高频率），输入信号经 U5 内部两级放大器倒相处理后，再由 R55、R56 分压后，得到 0～5V 的信号电压，输入 MCU 的 94 脚。MCU 对输入信号进行 A-D 转换和运算处理，控制输出频率的高低。

ACI 端子为 4～20mA 电流信号输入端子，输入电流信号，流经负载电阻 R70、R41（两者的串联电阻值为 250Ω），先转化为 1～5V 的电压信号，再经钳位和滤波电路，输入 MCU 的 95 脚模拟信号输入端。

（2）控制端子电路的故障检修

控制端子电路的常见故障原因有：

1）控制端子的 +24V、+10V 辅助电源丢失，如保险电阻 R159 熔断，U13、Q1 损坏等，多是由外接控制线路引入危险高电压所导致的损坏。

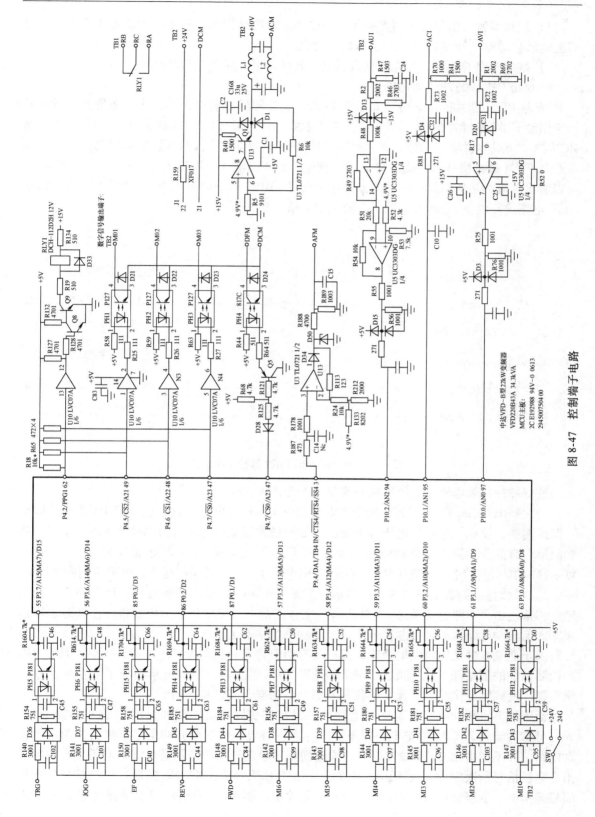

图 8-47　控制端子电路

2）模拟量输入信号端子内部损坏。一般为运放电路损坏，输出一个固定电压值，变频器上电后，即有"频率指令"产生，且不受控。

3）数字电路的故障，为光耦输入侧电路元件，引入异常电压而损坏。

4. 6 路 PWM 脉冲传输电路

[6 路 PWM 脉冲传输电路] 如图 8-48 所示，变频器控制电路的终极任务即是生成 6 路用于驱动 IGBT 的脉冲信号。脉冲信号传输通道，在 MCU（U7）和驱动 IC 之间，还有一级MCU 接口（或称缓冲）电路，本机电路采用 U14（LVC07A）同相缓冲器/驱动器电路来实现 6 路 PWM 脉冲信号的中间"接力式"传输。U14 的输入、输出侧都接有 +5V 上接电阻，可以看出传输的是负向脉冲信号。输出信号经 J、BJP1 端子的进入电源/驱动板，由后续驱动 IC 电路进行电流/功率放大后，驱动逆变电路的 IGBT。

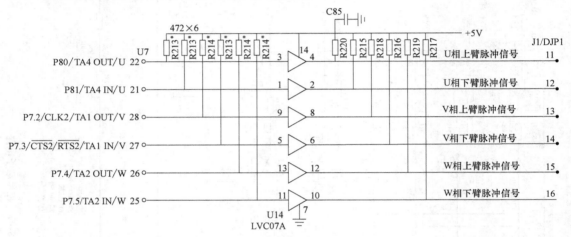

图 8-48　MCU 的 6 路 PWM 脉冲输出电路

逆变脉冲前级电路的故障特征和实质（参考图 8-48）：

1）三相输出断相，因 MCU 与驱动电路的中间缓冲级电路不良，使 6 路 PWM 脉冲缺少一路或两路，造成三相输出电压不平衡。有的变频器机型设有输出频率检测电路，会报出断相故障，有的变频器因无此功能（驱动 IC 仅检测下三桥臂 IGBT 的导通状态，U +、V +、W + 脉冲信号缺失时，驱动 IC 并不能报出 OC 信号），会造成断相运行，电动机剧烈振动。

2）操作显示面板上有频率输出显示，但无三相输出电压，可能为 U14 已经损坏。MCU已经正常输出了 6 路逆变脉冲，"自认为"工作正常，与操作显示面板通信，使其显示输出频率。但驱动电路因无逆变脉冲输入，逆变功率电路不工作。

由于逆变脉冲前级电路的故障，显然具有两个特点：驱动电路不报 OC 故障，无输出断相检测功能的变频器，也不报出"输出断相"等其他故障；操作显示面板还能正常显示输出频率，变频器好像状态不错，不像是不愿干活的样子。这是为何？

原因如下，驱动电路有这样一个脾气：只在逆变脉冲输入期间，IGBT 保护电路起控，无信号脉冲输入，IGBT 保护电路并不动作，当一路或两路逆变脉冲信号消失时，相应的驱动电路，并不能报出 OC 等故障信号；操作面板对给定频率的显示是由端子或面板来的频率指令电压信号所决定的，而输出频率信号则由 MCU 采样内部 PWM6 路脉冲输出信号供操作面板显示的。变频器的 U、V、W 三个端子无输出，而 MCU 的输出频率采样电路，在 MCU

内部如常工作，故照常输出运行频率指示。

　　而（带 IGBT 的管压降检测功能的）驱动电路本身故障造成输出断相时，驱动电路往往能报出 OC 故障。

5. 中达 VFD-B 型 15kW 变频器 MCU 主板故障检修实例

故障实例 1

　　送修客户反映：变频器运行中，RB \ RC \ RA 触点信号无动作信号输出，现场系统控制恰恰需要常开、常闭两组控制信号，要求快速修复。

　　上电试机，变频器起、停操作及运行正常，调看 03-00 参数值，已设置为 20，设定频率到达。测变频器起动过程结束后，RLY1 继电器线圈两端的电压值仍为 0V，说明继电器控制信号电路异常。继电器 RLY1 控制电路如图 8-49 所示。

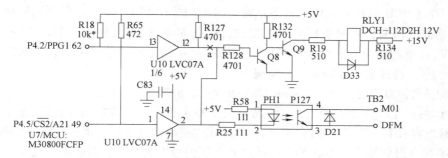

图 8-49　RLY1 控制电路的应急修复示意图

　　测量 Q8、Q9 驱动电路均正常，测量 U7 的控制信号输出端 62 脚一直为高电平，不随变频器的起、停状态而变化。判断故障是 MCU 的引脚内部电路异常。此时可采用两种修复方法：

　　1）甩开 RLY1 不用，修改 03-01 参数值为 02，利用 MO1、DFM 的开路集电极（开关量）输出信号，外接电源和继电器，用外接继电器触点代替原 RLY1 触点的功能。送修客户说：外接继电器控制引线杂乱，单位里对控制线的要求很高，不允许私自整改和乱拉线，最好还是修复。但因为这点小故障，就换主板或 MCU 芯片，有点不值得，况且邮购配件，时间上也来不及。客户要求，想方设法，尽快修复。

　　2）采有"功能移置"法进行修复。引入 MCU 的 49 脚输出的正常控制信号控制 RLY1 继电器的动作。将原电路中的 R25 焊离电路，将线路 a 点铜箔条切断，用导线（如上图中所示）将 U10 的 2 脚与 R128 的左端相连接。修改 03-01 参数值为 02，使 RLY1 继电器在输出频率到达时，触点动作，产生控制信号输出。

　　上电试机，电路改进的结果，完全符合客户的要求。

故障实例 2

　　送修客户反映：从 FWD 控制端子送入运行信号，变频器无反应。从面板进行起停控制，正常。但工作现场需要从端子输入运行信号，要求修复这一控制功能（参见图 8-47 端子电路）。

　　检查：当短接 FWD 端子与 +24V 端子时，测量 PH13 的 1、2 脚之间的电压值为 1.2V，说明光耦合器 PH13 的输入侧电路是好的，检测 PH13 的信号输出端 3、4 脚之间的电位在 5V 和 4.7V 之间变化，不能达到 5V/0V 和信号电平变化要求，判断 PH13 的输出侧光敏晶体管失效。

　　光耦合器的故障率极低（除引入危险电压导致的烧毁），但这种失效故障，对信号电压的测量较为明显，若从器件输入、输出侧电阻测量上，就不易判断好坏了。手头有型号为 PC817 的光耦合器，体积大小和引脚功能相同，代换 PH13 后，上电试机，起、停控制的操作正常。

故障实例 3

变频器上电后，面板显示 88888，面板上的 RNU、Hz 等指示灯也全部点亮，操作所有按键均无反应，观察 MCU 主板上的系统状态指示灯 DSP2 不亮（在变频器上电、掉电期间也无闪烁现象）。

本例机型的操作显示面板电路无独立的 MCU 芯片，显示器的驱动信号来自主板 MCU，从显示异常现象来看，可能为主板 MCU 芯片未能正常工作（或损坏）所致。手头正好有同机型的操作显示面板，代换一试，显示状态依旧，排除了操作面板的问题。先检测 MCU 的工作三要素条件是否满足。

测量 U7（MCU 芯片）的供电电源正常；将 U7 的 12 脚与 +5V 的电源地短接一下，人为送入强制复位信号，观察面板显示无变化；检测 MCU 的主时钟信号端，（脉冲输入端）13 脚为 0V，（脉冲输出端）15 脚为 5V，判断因 MCU 的主时钟信号消失，使系统不能正常进入运行状态，造成显示 88888 的故障现象。

主时钟信号没有形成，取决于时钟引脚外部晶振、负载电容等元件的好坏，以及内部反相器电路的正常与否。以先易后难原则，先将晶振元件 X1 换掉，上电观察面板显示依旧，将 13、15 引脚的负载电容 C71、C7 焊离电路，测 C71 有 10kΩ 左右的漏电电阻，证实 C71 已经损坏。

C71 的漏电损坏使振荡电路的正反馈脉冲电压信号大大衰减，引起电路停振。手头正好有 18pF 瓷片电容，将 C71、C74 同时换掉，上电试机，面板显示正常，试运行，故障排除。

故障实例 4

变频器上电后，5 位数码显示屏及指示灯全不亮，面板无显示，如同变频器没有上电一样，观察主板系统指示灯 DSP2，也处于熄灭状态。测量控制端子的 +24V、+10V 辅助电压正常，说明开关电源工作正常，测量操作面板的 +5V 供电也正常，判断这可能又是一例主板 MCU 没有正常工作的故障。

检测 U7 的复位控制信号输入端 12 脚，静态电压为 0V。该引脚为低电平脉冲复位信号有效，正常静态电压应该为 5V，判断 U13（复位、低电压检测、基准电压输出三合一芯片）损坏，更换后故障排除。

故障实例 5

变频器上电后，5 位数码显示屏及指示灯全亮。系统状态指示灯 DSP2 处于点亮状态。代换面板后故障依旧，判断为 MCU 主板故障，从 DSP2 的显示来看，可能 MCU 系统的相关引脚有故障信号输入，系统程序处于停止运行、故障保护的状态。

先检查电压、电流、温度、OC 报警等故障检测电路的末级电路，有无故障信号输出。经检查未有异常。想到 MCU 的复位过程中，DSP2 是点亮的，莫非 MCU 一直有复位信号输入？测量 MCU 的 12 脚电压为 0V，真的是处于复位状态。

MCU 的复位控制及 4.9V 基准电压电路，如图 8-50 所示。测量电阻 R118 是好的，复位电压为 0V，有可能是 U13 芯片内部电路坏掉了，更换 U13，故障依旧。考虑到 U13 为多功能芯片，是否是其内部或外围引脚电路损坏，造成 0V 复位信号输出呢？

测量 4.9V 基准电压为 0V，该电路中 U13 对测量 4.9V 基准电压进行测量和监控，异常时向 MCU 输出复位信号。U13 的 6、2 脚输入电压也变为 0V，U13 内部欠电压检测电路动

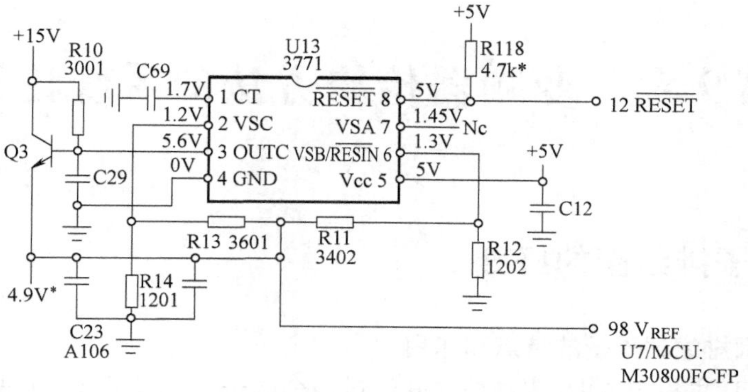

图 8-50　MCU 的复位控制及 4.9V 基准电压电路

作，向 MCU 输出强制复位信号，导致 MCU 处于复位状态，不能正常工作，面板显示异常。

测量晶体管 Q3 是好的，集电极有正常的 +15V 电压输入，但发射极的输出电压为 0V。停电测量基极偏置电阻 R10（电阻值为 3kΩ），电阻值偏大，拆焊测量，已经断路损坏。

用一只 1/4W3kΩ 的普通电阻代换 R10，上电后，面板显示正常，试机运行也正常了。

第9章 变频器检修方法的系统论述

9.1 掌握端子排线图的好处

1. MCU 主板排线端子图的特点和作用

变频器的 MCU 主板与电源/驱动板之间经过两个端子及信号排线相连接,端子引脚上集中了供电电源、整机电路所传输的各种输入、输出信号和 6 路脉冲信号,各电路的工作状态在排线端子都有所反映,且便于检测。如果是经常维修某一种或几种品牌的变频器,身边应该备有 MCU 主板与电源/驱动板连接排线的端子图,有了它,检修效率会大为提高,对相关信号检测,是走了一条捷径。

检修速度快,有个妙招,画出一份主板排线端子图。将端子序列号、端子信号的来龙去脉都标注清楚,如能将各端子的动、静态电压值再标注出,当然就更理想了。端子引脚上的信号类型以开关量信号为多,是易于检测和判断的。少数的模拟量信号,动、静态电压值也有明显的差异。

利用排线端子图:

1) 对输入、输出信号的检查。其中的开关量信号,其高、低电平值非常明显。如充电接触器控制信号输出,和充电接触器工作状态的检测返回信号(异常时可能报欠电压故障)为 0V 或 5V 电平;6 路脉冲信号端子静动态(起动/停止)电压值明显,为 0V/5V、2.5V;输出电流检测信号虽为模拟量,但静态和空载时,一般为 0V。工作状态输出值在 0~4V 以内。

2) 可以在某些端子上"施展拳脚",如欠电压故障,可试将充电接触器状态信号返回端子暂时短接,人为形成充电接触器"正常工作"的信号;如怀疑直流电压检测信号不良,可从信号输入端子加入可调电压,观察操作显示面板的显示状态,判断故障出在前级或后级电路。

3) 测量相关端子上的动/静态电压变化及电压值,可以大致判断出故障出在电源/驱动板(前级电路),或 MCU 主板(后级电路),可以缩小故障检查范围。

2. SINE300 型 7.5kW 变频器主板排线端子电路(见图 9-1)

图 9-1 中电源/驱动板端子标注为 J2,DSP 主板端子标注为 J5,两者之间的信号去向以箭头指向标出。

该机型变频器端子排上的信号(包含电源供应)可以分为以下几个部分:

1) 供电电源端子。

由电源/驱动板去往 MCU 主板,一般包含 24V(控制端子辅助电源及继电器供电)电源;+5V(本机为 Vcc +8V. MCU 器件、MCU 包围接口电路、操作显示面板等)电源;+15V、-15V(电压、电流、温度等检测电路中运放 IC 的正、负电源,用于处理模拟信号)电源等,各路电源的正常是控制电路正常工作的首要条件。工作异常时,先检测供电电源电压是否正常，往往起到事半功倍的效果。端子 3、7、20、21、22、23、24 分别为 24V、Vcc、+15V、−15V 电源端子，由电源/驱动板去往 DSP 主板。

2）由 DSP 主板去往电源/驱动板的信号。

DSP 主板的输出信号，包括 6 路 PWM 逆变脉冲信号、制动脉冲信号，散热风扇、充电接触器控制信号等，从 DSP 主板去往电源/驱动板。6 路脉冲信号经端子 11～16 引脚；制动脉冲信号，从端子 18 脚进入电源/驱动板；散热风扇的运转/停机信号，经端子 8 脚输出；充电接触器的控制信号，经端子 5 脚输出，控制主电路接触器的通/断。其中，充电接触器（继电器）和散热风扇的控制信号，是变频器上电期间输出的信号，表征着 DSP 系统是否已经投入正常工作。

3）从电源/驱动板去往 DSP 主板的各种检测信号。

各路电流、电压、温度等检测信号一般是经电源/驱动板的前级电路，预加放大处理后，再经排线端子输入 DSP 主板。包括直流电压检测信号、输入断相检测信号、充电接触器（继电器）状态信号和三相输出电流检测信号、从驱动 IC 返回的 IGBT 保护（OC、SC 等）信号，及逆变功率模块温度检测信号等，这些信号的异常，牵扯到变频器的故障报警，和对逆变输出的强制关断控制等，严重的故障信号也可能会使操作显示面板拒绝操作，出现类似于程序"卡住"的现象。

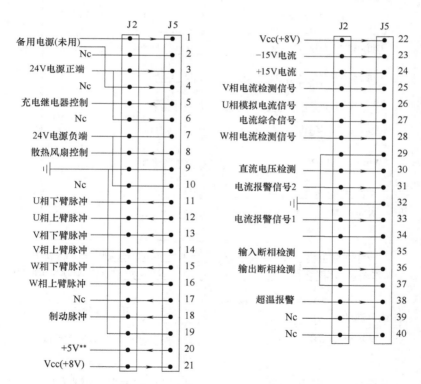

图 9-1　SINE300 型 7.5kW 变频器主板排线端子图

本例机型中 U、V、W 三相电流检测信号和由此信号处理所得的综合电流信号，分别由端子的 25～28 脚，输入 DSP 主板电路；直流电压检测信号由端子的 30 脚输入至 DSP 主板电路。以上 5 路信号为模拟电压信号,静态时的信号电压一般为 0V,直流电压检测信号依机型不同电压范围有所差异。

经模拟电流信号处理所得的电流报警信号 1、电流报警信号 2,和输入、输出断相检测信号、超温报警信号,分别经端子的 33、31、35、36、38 脚,送入 DSP 主板电路。以上 5 路信号为开关量信号,表现为 5V 或 0V 的高、低电平状态,故障信号存在时,将导致保护起控,变频器处于停机保护状态。

3. 中达 VFD-B 型 15kW 变频器主板排线端子电路(见图 9-2)

MCU 主板与电源/驱动板的电气联系,由 J1 和 DJP1 两个 26 线排线端子和通信电缆来

图 9-2　中达 VFD-B 型 15kW 变频器主板排线端子图

完成的。两个端子之间的通信电缆，套有磁环，以抑制可能形成的共模干扰（电路图中未画出）。故障检修当中，端子信号去向图至关重要——端子是各种信号的集散地——便于检测和故障判断。

（1）排线端子上的信号内容

该机型变频器端子排上的信号（包含电源供应）可以分为以下几部分：

1）供电电源端子。

MCU 主板电路，MCU 芯片及接口电路、操作显示面板电路所需的 +5V 供电，由端子的 8、18、5/7 脚（电源地）引入 MCU 主板；+24V、24G 控制端子辅助电源、继电器线圈供电，经 21、22 端子引入 MCU 主板；主板故障检测电路的后级运算电流所需的 +15V、-15V 电源，经端子的 9、10 脚引入 MCU 主板。

2）MCU 主板电路和电源/驱动板之间的其他信号引脚。

[MCU 主板去往电源/驱动板的信号]：

[主电路晶闸管导通控制信号] 本机电路的三相交流电源整流电路，采用 3 块晶闸管半控桥电路，将常用的充电接触器更换为无触点开关器件，提高了工作可靠性（请参见第 1 章主电路）。MCU 的输出的开关量信号经 J1、BJP1 端子的 23 脚，传输至电源/驱动板。变频器上电期间，MCU 检测由端子的 6 脚输入的直流电压检测信号，判断储能电容两端的直流电压上升至额定值的 85% 以上时，向电源/驱动板送出一个低电平的"晶闸管导通控制信号"，使主电路晶闸管无冲击导通，变频器进入待机状态。

[主电路晶闸管导通控制信号] MCU 主板输出的 6 路脉冲信号，经端子的 11～16 脚送入电源/驱动板的驱动电路，控制变频器逆变功率电路中 6 只 IGBT 按一定次序导通与截止，将 DC530V 逆变为三相电源输出。

[散热风扇的控制信号] MCU 主板输出的风扇运转/停止控制信号，经端子的 25 脚送往电源/驱动板，控制散热风扇的运行与停止。

[电源/驱动板去往 MCU 主板的信号]：

① 1、3、4 端子的 U、V、W 电流检测信号一般为 0～3V 范围以内的交流电压信号。电流互感器为四线端元件，引入 +15V、-15V 供电，从 GND 接地（+5V 电源地）端和 I1（或 I2、I3）端子输出电流检测信号，停机状态，信号输出端子电压信号为 0V；在停机状态，信号输出端有 0V 以上或以下的正、负电压输出，即会误报过载故障，不接受操作运行信号；上电期间，MCU 在自检过程中，发现故障信号的存在，操作显示面板显示硬件电路故障，不能开机运行。

② 开关电源二次绕组来（端子 6）的直流电压检测信号，为 -13.5V 直流电压，经后续电路分压衰减后，分别取出模拟电压检测信号和开关量（过、欠电压）故障报警信号送 MCU。

③ 从端子 20 脚进入的从驱动电路返回的 OC 报警信号，停机或运行（正常状态）时，该信号为 +5V 高电平，故障发生时变为 0V 地电平，送入 MCU。当驱动电路本身损坏时，上电后 MCU 即接收到 OC 信号，会实施故障保护，拒绝开机操作。遇有此类现象，需检测有无 OC 故障信号存在。

④ 从端子 19 脚进入的温度检测信号，这是一个在负温度热敏电阻两端取出的模拟电压信号，信号电压一般为 2.5V 左右，其值与环境温度有关。因检测电路的故障原因，使此值

严重偏低时，变频器上电或运行中，即会报出模块过热故障，设备处于停机保护状态。

4. 东元7300PA型变频器主板排线端子电路（见图9-3）

图9-3为东元7300PA型变频器主板排线端子7CN功能/去向图，该机型变频器，MCU主板的通用性极佳，从22～300kW的，可互为代换，只需调整"变频器容量"这一个参数就可以了。就是说，该品牌变频器，因功率级别不同，除电源/驱动板有差别外，其实用的是同一块MCU主板，故此张端子图在检修中可以"大小通吃"了。

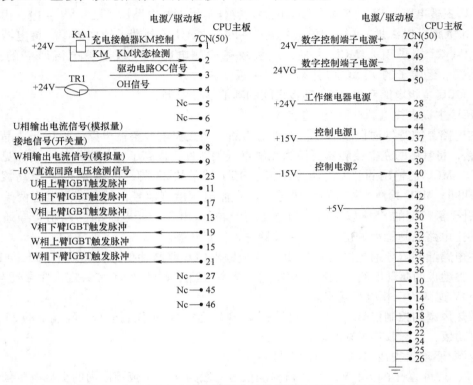

图9-3 东元7300PA型变频器主板排线端子7CN功能/去向图

5. 故障检修实例

故障实例1

一台中达VFD-B型22kW变频器，上电后报GFF故障，故障信号不能复位，判断为电流检测电路的硬件故障，检测DJP1的1端V相电流检测信号，正常时应为0V，现在测量值为10V以上，判断V相电流互感器或前级电压跟随器电路异常，相关故障元件在电源/驱动板上。检测V相电流互感器的信号输出引脚电压值为12V，判断V相电流互感器损坏，更换后很快排除故障。

故障实例2

一台中达VFD-B型22kW变频器，运行后报欠电压故障，充电电阻R1/R4有过热现象，判断三相半控整流桥中的晶闸管没得到正常的触发信号。检测DJP1的23端，变频器上电数秒后变为0V，说明MCU主板上输出的晶闸管导通信号已经正常输入电源/驱动板，故障在电源/驱动板的触发电路上。很快查到振荡芯片DU2损坏，更换后故障排除。

通过以上故障检修实例可以看出，根据故障现象，检测相关排线端子引脚的电压值，可

"锁定"故障范围，达到快速排除故障的目的。

故障实例 3

一台东元 7300PA 型 300kW 变频器，操作显示面板有输出频率显示，但 U、V、W 端子无三相电压输出。将逆变电路的供电端脱开后，上电测量 7CN 端子的 11、13、15、17、19、21 脚 6 路脉冲信号都正常，判断故障出在电源/驱动板的脉冲后级信号电路上，从此 6 个端子往下检查，很快查到为 U12（MC14069）不良，更换后故障排除。

故障实例 4

一台东元 7300PA 型 300kW 变频器，上电后，报"直流回路欠电压"故障，不能起动运行。测量排线端子 7CN 的 23 端子直流回路电压检测信号正常。测量 2 端子在上电后，一直为低电平，说明充电接触器辅助触点没有闭合，MCU 检测到充电接触器未闭合，故报出欠电压故障。

试将 2 端子与 28 端子短接，运行正常。

顺 2 端子往电源/驱动板检查，查出继电器 KA1 常开触点串接于 2 端子回路中，系 KA1 触点接触不良引发故障报警，更换继电器 KA1，故障排除。

故障实例 5

一台东元 7300PA 型 37kW 变频器，上电即报 OC 故障，从端子检测电流检测电路的供电——端子 40、41、42 的 –15V 为 0V。因供电失常，造成电流检测电路输出偏移，报出 OC 故障。检查开关电源 –15V 整流二极管开路，更换后故障排除。

上述 3 例故障，因有 7CN 端子图引导，在很短的时间内就迅速准确在查找到故障所在，高效率地排除了故障。

9.2　变频器的电源系统

变频器的控制电路要正常工作，需要一个完备的动力源提供能源，开关电源电路即是一个能量供应的"总仓库"。开关电源要为驱动电路提供电源，控制 IGBT 的导通和截止；提供常规电流、电压、温度检测（集成运算放大器）电路的 +15V、–15V 电源，MCU 主板和操作显示面板所需的 +5V 工作电源；控制端子所需的 24V 电源（包含控制继电器线圈供电）。这几路电源，可称为电源系统的"主干"（或称主电源）。但仅有其上几路电源还是不够的，实际电路中，还据以上几路电源，"衍生"出更多的电源，从电源主干分出的"枝节"供电（或称衍生电源），有的可以称之为基准电压源，用于提供运算放大器电路的直流偏置，或提供 MCU 内部 A-D、D-A 转换的参考电压；将复位与电源功能合一的复位电源，用于 MCU 上电或故障时的复位操作等；由 24V 或 +15V，经运算电路或降/稳压电路，生成 +10V 控制端子的辅助电源等。

所谓"衍生电源"，指从主电源——开关电源二次侧输出的各路低压直流，"分化"而成的具有"电源性质"的、MCU 或检测电路正常工作中所需的基准电压、复位电压等。

作为一名维修者，只看到主电源，检修主电源是不够的，还会学会检修"衍生电源"，才能使自己的修理能力上到一个新的层次，才会发现，甚至一些疑难故障的形成，只是部分"衍生电源"失常而已，掌握这些"衍生电源"的检测方法，处理某些故障，便有了事半功倍的效果。

1. 海利普 HLP-P 型 22kW 变频器的电源系统

（1）开关电源电路（见图9-4）

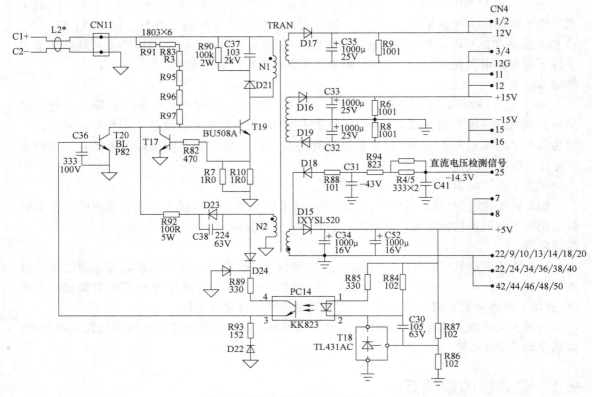

图 9-4 开关电源电路（主电源之一）

开关电源的供电取自 DC550V 直流回路，经噪声滤波器引入至开关电源电路。由功率开关管振荡逆变、脉冲变压器进行电压/电流/功率转换，完成直-交-直转换，取得多路低压直流电，供控制电路。本机电源电路是一个单端反激式电路，开关变压器一次侧电路由开关管、分流管等元件组成，T19 为开关管，这是一个电压闭环控制自激振荡电路，T20 为 T19 的基极电流分流管，完成电压闭环控制，用于稳定输出电压，晶体管 T17 用于限制 T19 的流通电流，起到限流和过载保护作用。

开关（或脉冲）变压器二次侧的整流滤波电路提供 MCU 主板和驱动板控制电路的 +5V、+15V、−15V 和 12V 控制端子供电，图 9-4 只画出二次侧电源电路的一部分，另一部分则用于专门对驱动电路的电源供应，一般是分为 6 路，或合并于 4 路，如图 9-5 所示。

（2）驱动电路的 6 路供电电源和 +5V∗电源

1）IGBT 驱动电路的 6 路供电电源。

驱动电路的供电一般也是由开关电源提供，本机电路由开关变压器 6 个独立的二次绕组电压经整流滤波，取得约 25V 的直流电压，供驱动 IC 的电源端子，25V 电压再经 R、Z 稳压电路，分为 +16V 和 −9V 两路正、负电源，提供 IGBT 的正向激励/反向截止的控制电流通路。+16V 电源用于驱动 IGBT 使之导通，−9V 电源控制 IGBT 的截止。驱动 IC 实质上为光耦合器电路，输出侧由 25V 电源供给。输入侧发光二极管的工作电流，则由 +5V∗恒流

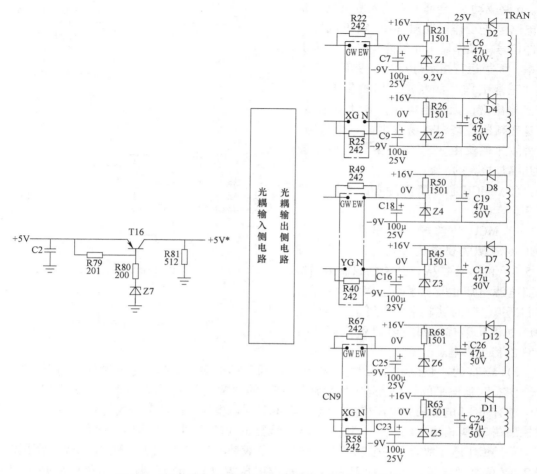

图 9-5　驱动电路的输入、输出侧供电电路（主电源之二）

源电路所提供。

2）驱动电路输入侧的 +5V * 电源。

+5V * 电源取自主板的 +5V 供电，变频器上电后的停机状态，测 T16 的集电极输出电压基本上接近 +5V（管压降仅为 0.1V 左右，忽略不计），因而输入、输出电压值近似相等。严格说来，这不是稳压电源电路，电路具有恒流源特性。R79、R80 和稳压二极管 Z7 提供了 T16 的稳定 I_b 电流，电路的负载电压取决于负载大小的变化，但输出电流值近似恒定，保障驱动 IC 的输入侧内部发光二极管产生稳定的光电流，提高传输信号的陡峭度。变频器起动后，当驱动电路处于工作状态时，测输出电压一般为 4.8V 左右。

图 9-5 电路的软故障表现：

① 当 6 路驱动电源的滤波电容如 C6、C7 电容的容量下降或失容时，对 IGBT 的驱动能力不足，造成空载或轻载时变频器运行正常，带一定负载后，IGBT 导通内阻变大，管压降上升，电动机振动剧烈，输出偏相、使保护电路频报 OC 故障等。此时检测驱动输出的触发信号和逆变功率电路，往往表现正常。

② 当 +5V * 电源异常——通常由于 T16 断路或 R79 开路等故障，造成 +5V * 电压为

零。6 路驱动 IC 全部失去输入侧供电，驱动电路停止工作。此时 MCU 能正常发送脉冲信号，操作显示面板能正常显示输出频率，面板运行指示灯点亮，变频器表现出"正常工作"的状态，但测量 U、V、W 三输出端，无输出电压，电动机不转。这是变频器检修中较易发生的一个故障，此种故障现象由 +5V* 电源异常所引起的几率是较大的。

（3）MCU 芯片所需的各路电源（见图 9-6）

1）MCU 的常规工作电源为 +5V，MCU 对电源的要求比较苛刻，要求不高于 5.3V 和低于 4.7V，开关电源输出的这一路电源电压也比较稳定。MCU 内部数字和模拟电路的供电往往是独立的，以避免产生相互串扰。相关电源引入脚应有 +5V 的稳定供电。

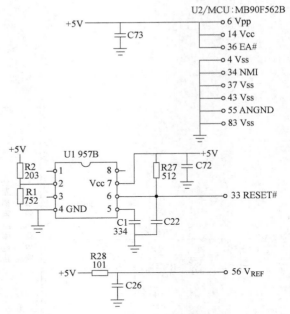

图 9-6　MCU 外围电源电路

2）MCU 的"复位电源"，这是有点"特殊"的电源。变频器上电瞬间，由 U1 产生一个"瞬态"低电平的脉冲信号，然后恢复 +5V 的"常规"电压值。U1 为专用 MCU 复位芯片，兼有 MCU 电源的欠电压检测功能，当 MCU 供电电压下降至某一阈值时，U1 向 U2 的复位控制端 33 脚输出复位信号，强制 MCU 系统复位（MCU 处于工作停止状态）。

3）MCU 还常常需要一个基准电压信号，一般是由基准电压源 T431 对 +5V"调压"输出 2.5V 的基准电压，送入 MCU 的 V_{REF} 基准电压端（U2 的 56 脚），本机电路是由 R28、C26 简单滤波后引入 +5V 作为 MCU 的基准电压。

送入 MCU 的模拟信号有电压检测信号、模块温度检测信号和输出电流检测信号等，MCU 内部在进行模-数转换时，均需要一个基准参考电压，以确定输入/输出信号的大小和幅度。MCU 的 56 脚所输入的基准电压即起到这个作用。

MCU 外围电源电路异常时的软故障表现：

1）当 +5V 偏低或复位芯片 U1 不良时，出现操作面板数码管显示 5 个 8（闪烁），MCU 进入强制复位状态，操作按键等无反应，程序"卡住"的故障现象。

2）当基准电压异常时，如 C26 的漏电，使 56 脚基准电压降低时，MCU 内部模-数转换数值增大，检测电路所送入的正常信号会被 MUC 误判为异常信号，上电即报出 OU 或 OH 信号，拒绝起动运行。此时检测各路故障检测电路，输出信号电压往往是正常的。但通过操作显示面板调看直流电压值等参数，却被吓一跳：直流电压达到了 700V！检修人员对 MCU 芯片本身产生怀疑，但更换 MCU 芯片也无济于事，当然更换主板能解决问题。怀疑 MCU 芯片或故障检测电路不良时，不要漏掉对 MCU 的 V_{REF} 脚的基准电压进行检查。

（4）其他电源电路

1）像 MCU 芯片需要一路基准电源一样，电压、电流、温度检测电路多由运算放大器组成，为了满足检测电路输出的信号电压范围，适应 MCU 的引脚输入信号电压范围要求，运算放大器需要一个直流偏置电压（如 + 2.5V 或 – 2.5V），这个产生 + 2.5V 或 – 2.5V 的电路称为基准电压源电路，如图 9-7 所示。

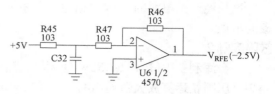

图 9-7　检测电路共用的 V_{REF}（ – 2.5V）基准电压

有的变频器的电压、电流和温度检测电路需要 + 5V、 – 2.5V、 + 10V 等多路基准电压信号，本机电路电压、电流、温度检测电路共用一路 – 2.5V 基准信号，该路基准电压信号由 + 5V 电源电压，经 2 倍反相衰减电路（运算放大器 U6）产生 – 2.5V 的稳定电压，供各种检测电路（运算电路）作为静态直流偏置，以处理模拟量的检测信号。

2）变频器的控制端子常常需要一路 + 10V 电源，作为频率调节外部电位器的供电。而开关电源本身无此路电源输出，往往由稳压或运放电路对开关电源输出的 + 15V 进行处理，得到 + 10V 调速电源。本机 + 10V 电源电路（见图 9-8）如下：

由 2 倍压放大电路 U14 对输入 + 5V 电压信号进行放大，R123 的左端电压总是"试图保持"2 倍的 5V 电压，电路本身有"稳压效果"，能在一定范围内适宜外接负载的变化而保障 + 10V 输出不变。

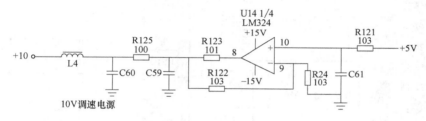

图 9-8　控制端子的 + 10V 电源电路

图 9-7 和图 9-8 电路不良时，会造成的软故障现象：

1）当 – 2.5V 基准电压偏高或偏低时，会造成如 MCU 的 V_{REF} 引脚电压变化一样的后果。出现电压、电流、温度显示值全都偏高或偏低时，说明不可能是各路检测电路都同时坏掉了，而是一个共同的原因在起作用——往往是具有电源性质的电路产生了故障！需检查 MCU 引脚的基准电压和检测电路的基准电压有无失常。基准电压的偏离可能会使保护动作失效，也可能会导致故障检测电路，误报故障，使电路进入停机保护状态。

2）端子控制电压 + 10V 失常或消失后，产生端子频率调整失效或调不到最高转速等故障现象。

（5）故障检修实例

故障实例 1

一台海利普 HLP-P 型 15kW 变频器，送入起动信号后，面板显示输出频率正常，RUN 运行指示灯也正常点亮，但在 U、V、W 输出端测不到输出电压。由此分析，6 片驱动 IC 的输入侧 + 5V * 供电丢失的可能性最大。测量恒流输出电路的晶体管 T16 的集电极输出电压，果然变为 0V，检查为 R80 电阻断路，代换故障元件后，排除故障。

这是经开关电源的 +5V "衍生出" 的 +5V * 供电电源异常时所导致的 "异常故障" 现象的出现。

故障实例 2

一台海利普 HLP-P 型 15kW 变频器，测量控制端子的 +10V 调速电源为 0V。这是一路经 2 倍压同相运算放大器输出的，由 +15V 电源 "转换而成" 的 +10V 电源。检测判断 U14 集成运算放大器损坏，更换 U14 后，测输出 +10V 正常。

2. 正弦 SINE300 型 7.5kW 变频器的电源系统

（1）开关电源电路（见图 9-9）

本例机型主板电路采用 DSP 芯片，需 2 路 1.8V 和 3.3V 供电电源，和 A-D、D-A 转换所用的 2 个基准电压电源供电支路，供电支路比一般变频器产品更多。

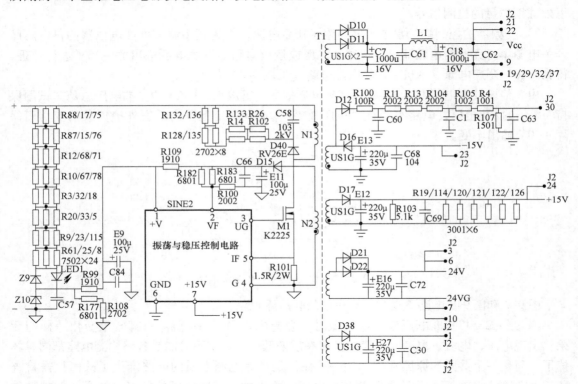

图 9-9 主电源电路：开关电源电路

开关电源电路提供 DSP 主板电路所需的 Vcc（+8V）电源；变频器控制端子、工作继电器所需的 24V 辅助电源、信号检测电路所需的 +15V、-15V 电源；电压检测回路所需的反映 DC530V 电压高低，并呈线性比例变化的 "可变电压信号" ——直流电压检测信号；同时提供 6 路驱动电路所需的隔离供电电源，参见本机型驱动电路。

主电源故障表现：上电后变频器无反应，在控制端子上测 24V、10V 辅助电源电压均为 0V。

（2）DSP 正常工作所需的各路电源（见图 9-10）

1）DSP 芯片供电电源。

由开关电源送来的 Vcc 电源，经 DC-DC 变换器 U5 转换为 +5V 电源电压，再经 U24、U26 稳压 IC 处理得到 +3.3V、+1.8V 的两路电源，送入 DSP 的电源引脚。

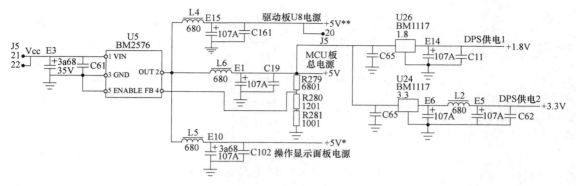

图 9-10 DSP 芯片的供电电源电路

2）复位电源（见图 9-11）。

3）基准电压电路（见图 9-12）。

U5 输出的 +5V 电源再经 U45 基准电压源电路处理，生成 3V 基准电压，除送入检测电路用作直流偏置以外，又由 U39（两路）电压跟随器输出 3V 基准电压，输入 DSP 的 10、11 脚，用作内部 A-D、D-A 转换电路的参考基准。

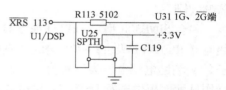

图 9-11 DSP 芯片的复位电源

以上几路电源如同时钟信号一样，形成了 DSP 芯片正常工作的基本条件，任一电路的电压异常，都会使 DSP 不能正常工作，表现出系统不能运行、误报故障等现象。

采用集成复位兼低电检测 IC 芯片，复位信号输出时，U1 的 113 脚为低电平信号，静态时为 3.3V 稳定电压。同时复位信号，经 R118 引入脉冲传输通道 U31 的 $\overline{1G}$、$\overline{2G}$ 端，复位动作时同时关闭 6 路脉冲信号的传输。

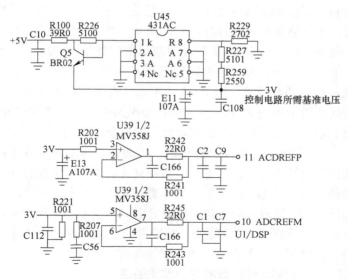

图 9-12 3V 基源电压电路、DSP 基准电压电路

（3）10V 辅助电源电路（见图 9-13）

由 +15V 电源，经 U23（基准电压源）调压、晶体管 Q13 功率放大，输出的 10V 调速

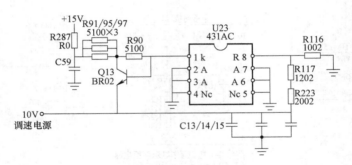

图 9-13　控制端子 10V 辅助电源电路

电源，从控制端子引出，供外接调速电位器取用。

（4）故障实例

故障实例 1

一台 SINE300 型 7.5kW 正弦变频器，上电操作面板无显示，上电过程中也听不到充电继电器 REYAY1 吸合动作发出的"啪哒"声，证明 DSP 主板也未能正常工作。测量控制端子 24V 辅助电源电压为正常值。判断开关电源电路已经正常工作。分析电路，本例机型的操作显示面板供电及 DSP 芯片供电均由开关电源输出的 Vcc（＋8V）经 DC-DC 变换器 U5 "变换"而来，如果 U5 损坏，则操作显示面板的供电电源与 DSP 芯片的供电同时丢失，造成变频器上电无反应的故障现象。

检查 U5 的输出电压值，为 0V。更换 U5 后，变频器工作正常。

9.3　脉冲传输通道的"全电路"

驱动电路因为和逆变功率电路在电气上存在直接的联系，所以故障率较高，但对驱动电路进行故障检查时，如 6 路脉冲信号的有、无，缺少一路或几路脉冲信号，故障检查范围就因而延伸至脉冲传输通道的"全电路"。驱动电路以前的脉冲传输电路发生故障时，其故障表现又是较为复杂甚至奇怪的，对"全电路"把握不足的检修者，往往在检修中"卡壳"，如对变频器（面板显示）表现正常，但 U、V、W 端子却无输出电压的故障检修，必须更多地着眼于对脉冲传输通道中驱动 IC 的输入侧及前级电路着手，才能快速和有效地排除故障。

变频器无输出的故障，从面板的数码显示器、状态指示灯的显示来看，变频器已经进入"正常的工作状态"，主板 MCU 也做出如此判断，因而并不报出相关故障代码或做出异常指示。变频器此智能化程度较高的设备，怎么会对这种无输出故障不能做出正常反应呢？再就是，对此故障的检修，涉及主板 MCU 芯片的 6 路 PWM 输出脉冲引脚、中间接口/缓冲电路、驱动 IC 电路、驱动 IC 的输入侧、输出侧电源电路和逆变功率模块等多个环节，而检修的结果如果是多个电路环节都"表现正常"，故障由此令人困惑：电路正常，但无输出，不易查找出故障环节！检修者与此种故障的遭遇率又非常之高。

1. 海利普 HLP-P 型 22kW 变频器的脉冲传输通道

本例机型的脉冲传输通道电路包括 MCU 芯片引脚、MCU 接口/缓冲（驱动器）U5、排线端子 CN2 和 CN4、驱动 IC 电路、驱动 IC 的输入/输出侧供电电源电路、驱动 IC 后级脉冲功率放大电路等环节。具体电路如图 9-14 所示。

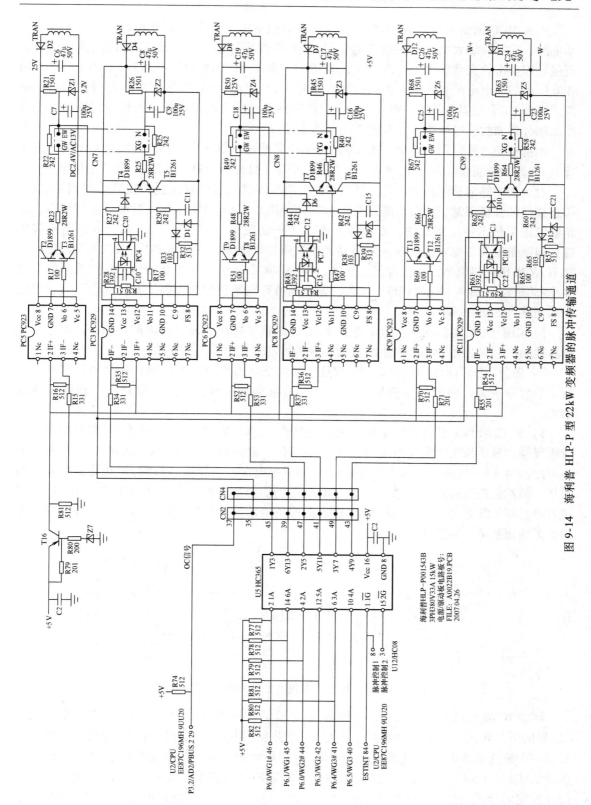

图 9-14　海利普 HLP-P 型 22kW 变频器的脉冲传输通道

主板 MCU 输出的 6 路 PWM 脉冲信号往往要经中间一级缓冲/驱动电路，再输入末级驱动电路，若需驱动大功率（一般指 100A 以上功率模块）模块，驱动 IC 输出的脉冲信号还要经后级功率放大器放大后，再直接驱动 IGBT。驱动 IC 的输出侧供电通常采用 4 路或 6 路相互隔离的供电电源；而输入侧供电往往采用 +5V 或由 +5V 经稳流电路处理所供给的电源，驱动 IC 为光耦合器件，输入、输出侧各有独立的供电电源和独立的供电回路，这是电路原理分析和故障检修中，尤其需要注意的地方。

本例驱动电路采用 PC923、PC929 的经典电路结构，由 PC929 将下逆变电路中的下三桥臂 IGBT 的故障检测信号，经 PC4、PC7、PC10 等 3 只光耦合器，反馈回 MCU 主板电路。

对驱动电路的故障检修，有一例极普遍又有代表性的故障现象是：**变频器的相关起动、停止操作控制都正常，面板也能正常显示工作状态，RUN 指示灯能正常指示运行状态，显示器能正常显示输出频率值，变频器的表现"一切正常"，不报 OC、SC、输出断相等故障，但就是没有三相输出电压，变频器其实又明显地处于"罢工状态"。检测驱动 IC 和驱动 IC 的输出侧供电电源往往都是正常的，检测 MCU 输出的 6 路脉冲，正常。检测前级缓冲/驱动电路（图 9-14 中的 U5）输入、输出侧信号也是正常工作的**，有的检修人员就困惑了：问题到底出在哪里呢？

1）由驱动 IC 的输出侧供电电源和驱动 IC 的损坏造成无输出故障的原因，基本上是可以排除的，6 路驱动电源或驱动 IC 同时损坏的可能性几乎是不存在的。

2）芯片 U5 坏掉或控制端 1、15 脚处于高电平状态都会切断脉冲传输通道，表现出无输出的故障现象，但通过测量输入、输出脚的脉冲电压值，便能方便判断出该级电路的故障。

3）驱动 IC 输入侧的供电电源异常，是造成 U、V、W 输出端电压为零的故障原因，是变频器操作显示均正常但无输出的"第一肇事者"。晶体管 T16、稳压二极管 Z7 构成稳流输出电路，对 +5V 处理后，作为 6 路驱动 IC 的供电电源，当稳压二极管 Z7 短路或 T16 短路损坏，虽然电路的稳流作用消失，但驱动电路仍能得到工作电源而正常工作。当 T16、Z7 或 R79、R80 断路或虚焊时，驱动 IC 输入侧的供电消失，驱动电路全部停止工作，变频器产生无输出故障，如图 9-15 所示。

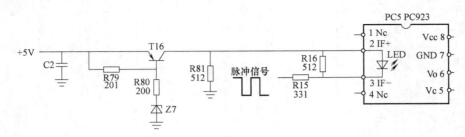

图 9-15　驱动 IC 输入侧供电电路（LED 电流回路）

驱动 IC 输入侧电源丢失后，但测量驱动 IC 的输入端（如 PC5 的 2、3 脚）似乎仍有"信号电压"输入，这是一个较易迷惑人、易产生错误判断的地方！由前级电路来的脉冲信号是一个最低电平为 0V，最高电压为 +5V 的矩形脉冲信号，其直流平均值约为 2.5V。当驱动 IC 输入侧的供电正常时，逆变脉冲的负向脉冲电压到来，提供了驱动 IC 输入侧内部 LED 的正向导通电流，由此完成了脉冲信号的传输。而当 T16 电路损坏后，当正向脉冲信号到来时，经 R15、R16、R81 到地，形成驱动 IC 输入侧内部发光二极管的反向截止偏压，并在 R16 上形成较大压降（也即是在驱动 IC 两输入引脚上形成电压降），此时检测驱动 IC 两引脚之间的脉冲电压，会使检修者误认为前级电路的脉冲信号已经正常加到驱动 IC 的输入端，而忽略对 T16 供电电路的检查，致使检修工作进入了"死胡同"！

如果用交流电压档，则 PC5 输入端 2、3 脚之间的信号，则随起动、停止操作，变化明显，好像脉冲信号已经"正常到来"；换用直流档测量，如果注意一下 PC5 输入端 2、3 脚之间的电压极性，故障原因即暴露无遗：T16 供电正常时，脉冲信号电压极性为 2 脚为正，3 脚为负。T16 供电消失后，测得脉冲电压极性为 3 脚为正，2 脚为负，PC5 内部发光二极管处于反向偏置，驱动 IC 就无法向后级电路传输脉冲信号了。

2. 中达 VFD-B 型 22kW 变频器的脉冲传输通道

图 9-16 中省略了上三桥臂驱动 IC 电路，仅画出下三桥臂 IGBT 的驱动脉冲传输电路。其中 a、b、c 连接本驱动电路所驱动 IGBT 的 C 极，以形成管压降检测回路。

电路特点：

（1）驱动 IC 的输入侧电路共用 Vcc 电源

本例机型的脉冲传输通道，MCU 输出的 6 路脉冲信号经 6 同相缓冲/驱动器 U14 缓冲和提升电流驱动能力以后，输入驱动 IC 的输入侧电路。驱动 IC 的输入侧 LED 的发光电流由 Vcc 电源提供。DQ1、DD13 等元件构成恒流源电路，将 +5V 供电电源处理为具有恒流特性的 Vcc 电源。

（2）驱动 IC 的输出侧共用一路 24V 驱动电源

逆变电路的下三桥臂驱动电路，因脉冲输出端子共 N 端，故可采用一路驱动电路。本例机型的 DPH4、DPH5、DPH6 驱动 IC 共同取用由 DD44、DC29 滤波形成的 24V 驱动电源。

当 Vcc 供电或 24V 供电异常时，会造成面板显示"工作状态正常"，而 U、V、W 端子输出电压为 0V 的故障表现：

1）Vcc 电源故障，使 Vcc 电源丢失时。

测 MCU 的脉冲输出引脚的信号电压、U14 的信号输入/输出脚的信号电压均正常。因为 Vcc 电源电路中电阻 DR3 接地的原因，在 DPH4、DPH5、DPH6 的脉冲输入端 2、3 脚之间，仍能测量到"脉冲信号的到来"，但因 Vcc 电源为 0V，驱动 IC 内部 LED 无工作电流产生，驱动电路不工作，也无 OC 故障信号返回，变频器无输出电压。

2）驱动 IC 输出侧的共用供电 24V 电源丢失。

当 24V 电源电路故障，即 DPH4、DPH5、DPH6 同时失掉供电电源，虽然此时 IGBT 三相桥式逆变功率电路中，上三桥臂 IGBT 能获得正常的触发信号，而下三桥臂 IGBT 则同时失掉触发信号，因而不能形成输出电流回路，在 U、V、W 输出端，也不能测得输出电压。

因而故障变频器表现出操作、显示正常，但无逆变电压输出的故障现象。

3）同相驱动器 U14 损坏（内部 6 路同相驱动器电路都坏）时，驱动 IC 电路无脉冲信号输入，也造成面板显示正常，变频器无输出电压的故障。

这里藏着一个问号，变频器无输出时，驱动电路为何不能向主板 MCU 返回 OC 信号呢？

1）当驱动 IC 输入侧 Vcc 供电丢失后，或者输出侧的 24V 供电丢失时，其内部 IGBT 故障检测电路当然也同步"罢工"，下三桥臂的 3 只 IGBT 不能正常导通的故障信号，也就无法传输至 MCU 电路。

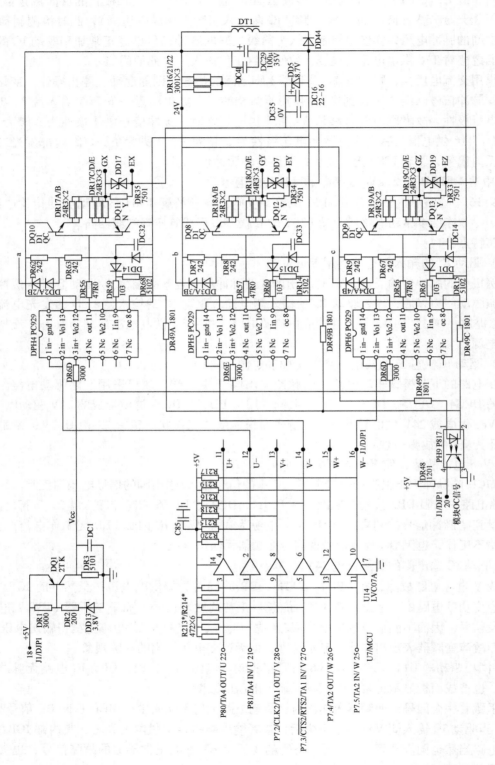

图 9-16 中达 VFD-B 型 22kW 变频器的脉冲传输通道

2）PC929 是由内部 IGBT 故障检测电路——实质上是检测 IGBT 导通时的管压降信号来完成 IGBT 关断保护控制的。**检测动作或检测时机是在接受正向激励脉冲信号期间实施的，当驱动 IC 输入侧的供电电源消失，PC929 内部检测电路认为一直处于停机状态，无脉冲信号来到，也就不会向 MCU 回馈 OC 信号。**

这也就是，虽然变频器的 U、V、W 端子无电压输出，但并不产生报警信号，变频器的操作显示面板，仍旧显示"运行正常"的原因。

变频器故障中，这几乎是唯一的一例操作与显示状态正常，而无输出的故障。

相关故障实例，请参阅本书中相关内容（实例已经不少），这里仅给出检修思路。

9.4　对变频器特殊故障的处理

1. 对故障原因的鉴别

维修中会碰到一些异常现象，有的似故障而非故障，有的似非故障而实为故障。其故障成因，教科书中很难查到，由于变频器电路构成的特点和现象的特殊性，对一些老师傅来讲也属于"新领域"，咨询老师傅也说不出所以然。

一台 WIN—G9 型 75kW 变频器试运行中的奇怪现象——空载电流竟大于额定电流，变频器究竟是好的还是坏的，该台维修后的变频器能投入运行吗？

起因：一水泥厂用户送修一台 WIN—G9 型 75kW 变频器，故障原因是运行中，变频器机壳内突然跳火冒烟，变频器停机。检查，该机器的电源输入电路为三相半控桥，利用其可控整流原理，对直流主回路储能电容进行"软充电"，省去了小功率变频器常用的充电接触器。实际上半控桥在这里相当于无触点软充电开关。检查发现，其中一只晶闸管的端子有明显电弧闪络烧灼的迹象，但测量并不短路。在拆卸中发现很轻易便将固定螺母卸下，闪络原因似乎是连接螺钉过松，引起接触不良所致。该模块为一只二极管和一只单向晶闸管的组合体。进而检查控制板和逆变主回路，无异常。将该模块拆除后，余二相半控桥作为电源输入，上电后，带一只 2.2kW 小功率三相电动机试运行，感觉没有什么问题，换用了一只同型号新模块后，便到现场进行安装了。

慎重起见，先将运行频率调至 5Hz，变频器负载为一台风机，先将电动机的轴连接器脱开，使电动机空载运行。这一试运行，吓了一跳！频率在 5Hz 以下时，空载运行电流为45A，虽感觉稍大，但考虑为可能为电动机绕组进行过修复、或变频器的参数如起动曲线或转矩补偿等进行过调整等原因所造成，未加理会。当升速到 10Hz 时，变频器面板显示电流和用钳形表测量输出电流，均达到了 100A！且输出电流的摆动幅度极大，很不稳定。但测三相输出电压，为 70V 左右，平衡而稳定。将电动机连接线脱开，上电测变频器输出，输出频率 10Hz 时，输出电压为 70V，20Hz 时为 150V，35Hz 时为 250V，以后随运行频率上升，到 50Hz 时，达到 400V。在此过程中，测量三相输出电压的平衡度很好。变频器输出的 U/f 曲线符合二次方负载转矩特性没有问题，输出电压平衡和稳定，而输出电流过大和电流剧烈波动，显然为负载异常所致。这是常规判断引出的结论。

与厂方的相关技术人员一起探讨，试图找出电动机方面和机械方面的原因。比如电动机是否新修好，是否绕组绕制不良；轴承有无磨损，运行不稳；连接轴是否有松动及不同心现象；风叶有无变形等。恢复原工频起动柜的接线，工频起动电动机进行对比，逐一排除了上述怀疑，且据现场观测，该电动机及连接负载状态优良，几乎听不到运行中的电气和机械噪声。工频全速运行下的空载电流仅不足 35A，三相平衡，无波动！电动机及负载无问题，**问题还在变频器。**

那么变频器的故障部位在哪里呢？有点让人困惑。是电流检测不准造成误输出吗？观察变频器的操作面板，显示的电流值与钳形电流表所测的接近，应该是没有问题的。还是 MCU 主板有问题，输出的驱动波形不对呀？没有道理呀。全数字电路怎么会波形不对了呢？

还好，现场离此不远有另一台同型号同功率的变频器，带的负载也是一样的，这给对比试验带来了极大的方便。厂方急着将机器开起来，也给予了积极的配合，将两台变频器的电流互感器互换，无效；将两机的 MCU 主板互换，无效。调出主回路直流电压显示，为 550V，电压采样电路也无问题。再也琢磨不出故障在哪块电路。对此机在带载情况下，10Hz 时运行电流为 75A，到达 35Hz 以上时，运行电流才到达 100A，比这台带空载电动机的电流还小呀。空载电流竟然远远大过了负载电流，**变频器肯定是有问题。**

在试机过程中，偶尔用钳形电流表测了一下该变频器的三相输入电流，更发现了一个不可思议的现象！该台变频器的输入、输出电流完全不成比例，有 10 倍以上的差距！

在输出 40A 电流时，输入电流为几个安培，几乎测不出来；在输出 100A 电流时，测输入电流仅为 8A 以下！这就不符合能量守恒定律了。100A 输出电流从哪里变出来的呢？仿佛一根不漏的水管，进了 1 立方水，而流出来 10 立方水，水管子里面不能变出水来呀。

我们都知道，在一般情况下，变频器的输入电流总是要小于输出电流的。其原因为直流回路的储能电容产生作用，仿佛在电动机端安装了一台无功功率补偿柜一样。在变频器空载或轻载时，由储能电容提供一部分电流给负载，使变频器从电网吸取的无功电流减小。而随着负载的加大，其输入电流按比例增加，当投入额定负载后，变频器输入电流与输出电流应近于相等了。如输出 40A 时，输入才几个安培；输出 100A 时，输入电流已达 70A；输出电流达 140A 时，输入电流也差不多到达此值了。正常情况下，输入、输出电流有差异，在输出电流幅度较小时，其差异较大，输出电流较大时，其差异较小。但如上述的极其悬殊的差异，还是第一次碰到。怀疑是不是测量仪表坏掉了。换了表，再测一遍，也还是同上结果。

咨询厂家，变频器厂家技术人员给予答复：该型号变频器为最早生产的变频器，存在空载电流稍大、电流波动的问题，但属正常现象不影响使用。带载后电流会稳定下来。最好接入一台同功率电动机试验一下，是不是电动机的问题，或负载的问题。如电动机轴承的问题。如电动机及负载问题全都排除，只要变频器输出三相电压平衡，输出电流不超过变频器额定电流，可以空载或带载试机。至于输入、输出电流的比例问题，因负载情况不一样，是很难有固定比例的。

想想也是，只要是输出三相电压平衡，只要是在不超过额定电流的情况下，可以带载试验。变频器坏不掉。也许是带载以后，输出电流便不会有大的波动了，也许就正常了呢。

只好带载试验，出现奇迹（让人大跌眼镜）：10Hz 运行时，在输出 40A 电流时，输入电流仅 7 个 8 个安培。30Hz 运行时，输出电流 60A，输入电流 25A；40Hz 运行时，在输出 100A 电流时，输入电流 70A。运行电流小了，波动小了，基本上是稳定的。三相电压和三相电流都是平衡和比较稳定的。问题莫名其妙地消失了。

感谢厂家技术人员的指导，但由于初次碰到这种情况，空载即出现异常电流，不敢升至全速运行，带载试运行就更不敢了，**总以为这是变频器异常。**

变频器投入运行后，从现场回来，仍在琢磨这个问题。

联想起检修一个发电站零线电流大的问题，为线路中的谐波分量造成，是谐波电流呀。在空载或轻载运行时，该台变频器的输出线路中，是否也存在着极大的谐波分量呢？测量得出的结果是不是真的呢？

分析原因为空载时输出电流中有较大谐波分量造成。谐波电流大可能有以下两个原因：

1）该变频器输出 PWM 波不够理想，调制方式未达到最佳，即在软件控制思路上未达到优化（新型机器肯定已经改进了）。

2）当空载时，相当于电源容量与负载容量严重不匹配，电源容量远远大于变频器容量，这也是产生谐波电流的一大原因。而带载运行时，容量匹配情况好转，谐波分量反而被大大削减了。

此两种原因的合成，导致变频器的空载电流大过了带载电流。

2. 故障字符的含义

故障检修中，曾遇到安邦信变频器的面板，所报出的在使用说明书中查不到的故障代码，因不明故障所指，在检修中费了很大的周折。

（1）奇怪的"故障字符"

用户送修一台国产变频器，是安邦信 AMB-G9/P9 型 22kW 的变频器，依照常规，先将损坏模块拆掉，上电检查驱动电路是否正常；上电，操作面板显示 OC 故障代码；短接故障信号返回光耦合器后，不再跳 OC 故障。按操作控制面板 RUN 键时，充电继电器瞬时断开（听到"啪哒"一声），面板指示灯也同时熄灭，显示屏在闪烁后，显示一串在故障代码表中查不到的"故障字符"。怀疑仍有别的故障信号存在，检测三相输出电流检测的信号输出端，皆为 0V，正常。对其他信号，不测绘电路，一时很难找出其来龙去脉。

偶尔断电再起动时，发现上述所谓的"故障字符"竟为开机字符（初次检修该型机器，未引起注意）！其故障实质是：可能开关电源的负载侧有短路性故障，尤其是驱动电路，当起动信号投入时，将电源电压拉至极低，甚而开关电源会因此而停振，除充电继电器因吸合电压不足而释放外，MCU 判断为重新上电，而显示开机字符！实际上起动信号的投入造成了一个相当于重新上电开机的过程。

查驱动回路，驱动 IC 后面加有两只接成推挽形式的功率放大管，用于将驱动 IC 输出的脉冲放大后，再驱动逆变模块。其中 U 相的上、下臂驱动功放电路，都有一只晶体管因模块损坏和冲击而损坏，在无触发脉冲到来时，单管击穿短路尚无法形成对驱动供电电源的短路。而脉冲信号的到来，好管的"导通"与坏管的"直通"造成了对驱动电源的瞬时短路，导致开关电源瞬时停振而断电，起动信号也因断电而中断，驱动 IC 后功放对管的短路状态，同时因断电而解除。然后开关电源重新起振，MCU 判断变频器为重新上电，故操作面板显示上电字符。

拆除模块后，便急着上电检查驱动电路的好坏，未将电路进行细致的测量与判断，故在此开机字符上浪费了一定的时间。拆除模块后应先彻底检查一下，再将驱动板上电。

这个故障并不怪，但把开机字符误当做故障字符就怪了。

（2）报警代码表中也无的故障字符

安装新模块后，先不接直流回路的 530V 直流电压，对功率逆变电路先加入 24V 直流电源进行试验。起动后，又显示 Br Tr FeiLuRe 字符，但可以按复位键进行复位；若断开 24V

电源，仍报此故障，但不能复位。查说明书故障代码无此项，一时不明白故障的起因了。不得已咨询厂家，回答说是制动回路故障，感觉不对呀。端子外电路未接入制动电阻，测量端子内部的制动元件也无短路。可能逆变部分电源停掉后，由控制电源（开关电源的供电）串入，造成检测电路返回故障信号。

停掉 24V 电源后，逆变模块的 P 供电端子仍有 6V 左右的电压，也许此电压再经某些环节进入故障检测电路，恰达到 Br Tr FeiLuRe 的报警电平，或是充当了 Br Tr FeiLuRe 故障信号。是不是呢？

测 6 路驱动电路的负压和脉冲正压均正常，因有截止负压的保障，可以送入直流回路的 530V 直流供电。保险起见，先将原 75A 快熔熔断器换为 2A 的，直接上电试之，一切正常。

可见：若 75A 快熔熔断器断掉，或模块内部的制动控制的 IGBT 短路（有可能引起直流回路的电压跌落）时，均有可能产生 Br Tr FeiLuRe 的报警信号。此信号的来源可能为故障检测电路检测到 IGBT 模块供电电压异常低落后，报与 MCU 的。但将其定义制动回路的故障，一时让检修者无法"对号入座"了。

因该"故障"的产生，使采用直流低压供电检测逆变电路的这一手段不能实施了，也使维修费了点周折。

遇有此种情况，可在 530V 供电回路中串灯泡或加接 2A 熔断器进行上电试验。千万不能直接供 530V 直流电压，以免因驱动电路不良造成模块的损坏。

3. 整流模块的特殊故障

通常逆变模块的故障率要比整流模块的故障率高得多。由负载短路和驱动电路的负压丢失造成的逆变模块的损坏是不可避免的，尤其是全速（全压）输出下的负载瞬间短路，没有哪种保护电路能打"包票"，可以保证逆变模块不被损坏。而整流模块的损坏几率就要小得多，直流回路的储能电容突然彻底击穿短路的情况极为少见，电容的短路有喷液、鼓顶、爆裂等，似乎有一个渐变过程，而整流电路的过电流能力往往要大于逆变模块。整流模块的损坏除了抗不住雷击的入侵，由输出过电流引起的损坏较少，因为逆变电路（负载路）还串有快熔熔断器，变频器内部的保护电路也会提供及时的停机保护。当然也存在器件本身质量缺陷引起损坏，保护电路对此无能为力的极少情况。

变频器的直流回路和逆变回路无故障，负载电流又在额定电流以下，三相输入电压又在额定值以内，整流模块似乎就没有损坏的理由。

简单的三相整流电路，在维修上却碰到难题了。下面以故障实例来进一步说明问题。

故障实例 1

在某地安装了一台小功率变频器，先后出现了三次烧毁三相整流桥的故障。变频器功率为 2.2kW，所配电动机为 1.1kW，且负载较轻，运行电流约为 2A，电源电压在 380V 左右，很稳定，三相电压平衡度较好。因而现场看不出什么异常。但先后更换了 3 台变频器，运行时间均不足 2 个月，检查都是三相整流桥烧毁，原因何在呢？现场观测，输入、输出电压、电流情况都正常，属于轻载运行。到用户生产现场去找故障原因，彻底解决此事。几次到现场的安装人员都反映：这事情有点奇怪。

赶赴现场全面检查，发现在同一车间、同一供电线路上还安装了另两台大功率（其中一台为 45kW）变频器，3 台变频器既有同时运行、也有不同时起/停的可能。我隐约感到：大功率变频器的运行与起停，也许就是小功率变频器损坏的元凶！

原因何在？因变频器的三相整流电路为非线性元件，而直流回路又接有容量较大的储能电容，流入两台大功率变频器的整流电流，是为直流回路电容器充电的非线性浪涌电流，使得电源侧电压（电流）波形的畸变分量大大增加（相当于在现场安装了两台电容补偿柜，因而形成了波荡的电容投切电流），但对于大功率变频器而言，由于其内部空间较大，输入电路的绝缘处理易于加强，所以不易造成过电压击穿，但小功率变频器，因内部空间较小，绝缘耐压是个薄弱环节，电源侧的浪涌电压冲击，便使其在劫难逃了。

另外，相对于电源容量而言，小功率变频器的功率显然太不匹配。尤其是当两台大功率变频器停机，只有小功率变频器运行时，当供电变压器容量数倍于变频器功率容量时，变频器输入侧的谐波分量则大为增强，这种能量会使小功率变频器形成过大的浪涌整流电流，也是危及变频器内三相整流桥的一个不容忽视的因素。

该例故障如果单从变频器本身做文章，换新整流模块后，结局仍然是可以预料的：在变频器运行中还会出现随机性损坏。问题的关键是：三相整流桥的损坏，应为外在因素引起，不在变频器电路本身。单纯的更换损坏整流模块，解决不了根本问题。

故障实例 2

无独有偶。某化工厂安装了数台进口变频器，工作电流和运行状态都正常，但也屡次出现炸毁三相整流桥的故障，往往在运行中毫无征兆地就爆裂了。变频器在跳闸后，再合闸却合不上，一合就跳，肯定就是变频器内部整流桥击穿了，电工师傅都摸出了这一规律。电工师傅曾将电动机换新试验，也无效果。将变频器进行了多次维修和品牌更换，都没有彻底解决问题。几年来这种故障一直让人困惑。据本人现场勘测和分析：该厂为补偿无功功耗，在电控室安装了数台电容补偿柜，变频器距离电控室距离很近，大容量电容器的投、切动作在电网中形成了幅值极高的浪涌电压和浪涌电流。观察电容补偿柜中的电容进线，并未按常规要求加装浪涌抑制电抗器，此电抗器的作用实质上不但抑制了进入电容器的浪涌电流，也同时改善了整个电网内的电压波形畸变，对减缓浪涌电流的冲击有一定作用。

另外，车间电动机安装量比较多，因生产工艺要求，电动机起停频繁，负载变动较大。由切换负载引起电网中的浪涌电流，对小功率变频器内的整流模块也造成了一定冲击。

当生产线进行了变频改造后，补偿电容的投、切（充、放电）电流、电动机起停造成的浪涌冲击，与变频器整流造成的谐波电流互相放大，在电网系统中形成了瞬时的动荡的电压尖峰与浪涌电流，击穿变频器中的整流模块也就顺理成章了。

必须解决整流模块屡次坏掉的问题了。

上述两个故障实例其实只是一个问题，即电网电压波形的畸变形成了电压尖峰和浪涌电流，使变频器中的整流模块不堪其冲击而损坏，因而处理的措施也很简单。

如图 9-17 所示，在小功率变频器的电源输入侧串入了由 XD1 电容浪涌抑制线圈（扼流圈）改成的三只"电抗器"；为现场无功功率补偿柜中的电容器加装了 XD1 电容浪涌电流抑制器。经上述处理后，整流模块不明不白损坏的现象未再出现过。使用效果还是可以的，改造成本是低廉的。且免去了外地加工购料的麻烦，缩短了改造工期。如果处理得再理想一点，为变频器加装正宗的输入电抗器当然是一

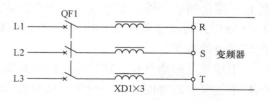

图 9-17　为易坏整流模块的
变频器加装三相"电抗器"

个更好的举措，但需要用户承担改造费用了。而 XD1 浪涌电流抑制器，10 元左右一只，在变频器维修完毕后，可顺便为用户备好，以杜绝后患。在实际安装应用中，变频器产品供应商及用户往往出于降低成本的考虑，省掉了输入电抗器。但输入电抗器的配置，确是很有必要的。

检修变频器也要配合对现场情况的分析，有时候应在变频器以外下点功夫，否则看似简单故障有可能会把一个"修理高手"搞得要"缴械投降"了。

4. 对输出频率不稳（无规则停机）故障的处理

科姆龙变频器操作面板频率值波动及误停机原因与解决措施。

将 4 台小功率科姆龙 KV2000 型变频器安装于 1 个控制柜中，采用比例同步调速控制方式，用于石膏板生产线下料、供水、走带的同步调速控制。为了操作与监控方便，将变频器的控制面板安装在柜体正面，用厂家配套的信号电缆连接起来。

现场调试中，在运转中发现，各台变频器的转速显示值的波动达 ±30 转以上！用户怀疑转速不稳，变频器不能正常工作，要求处理。

首先将主电路 G 端子进行了独立接地处理，将调速信号线进行了屏蔽单边接地处理，转速值波动现象有所改善，但仍未根除。询问厂家，回答是干扰造成的，建议进行接地处理。无效后，厂家也提不出另外的解决方案。在试转中，发现单台运转，仍旧有波动。运行的台数多，波动就大一些。4 台机器有的波动大一些，有的波动小一些，但毕竟转速值不能稳定下来。此一问题终究未能得以彻底解决，但对运转看起来影响不大，也就不了了之了。

后来在另一家石膏板厂安装了一台同类设备，运行几个月后，用户反映其中一台 3.7kW 供水的变频器屡有停机现象，发展到一天内停机次数达十几次，用户要求必须现场维修解决。

现场观察：运行中该变频器的操作面板上转速显示值波动较大，三位数码都有闪烁现象，FWD 指示灯也跟随闪动；运行中转速值突然降到零值，也可能随即转速上升，继续运转，也可能必须重新起动才能运转。有时候停机后显示 F000，无缘无故地进入了参数设置状态，仿佛有人进行了停机操作和参数调整操作，但这个"人"肯定是干扰信号，使变频器的 MCU 接收了停机指令或其他操作指令。测 3kW 电动机运行电流仅 2.6A，停机时变频器过电压、欠电压、过载等故障代码均不出现，显然电动机与变频器都非故障保护停机。将变频器单机运转，现象依旧；将起/停端子连线、调速端子连线全部拆除，现象依旧；改用操作面板控制起/停与调速，现象依旧；换用一台 5.5kW 变频器运转，现象依旧！

判断为信号干扰造成上述现象：首先也进行了常规的接地处理；无效后又调整了变频器的载波频率，将其调整为最低载波频率 2kHz 后，略有改善；将操作面板至变频器的连接电缆包一层锡箔后，停机次数减少，似有改善；购得直径适度的磁环，在连接线的两端各穿绕 2~3 匝后，转速显示值及 FWD 指示灯的闪烁现象没有了，转速值不可思议地稳定，连 1 转的波动也没有了！

干扰是变频器自身运转后输出端的载波，经由操作面板的连接电缆窜入 MCU 的 I/O 口的！干扰程度较轻的，输入频率及显示值有波动现象；干扰程度重的，则出现随机性停机现象。实践证明，在信号线上套绕磁环抑制干扰的效果是最好的。

本例故障出在抗干扰性能不佳上（或是 PMW 波不够优化），但从变频器电路本身，无从下手，必须从外部采取措施来解决问题。有时候一个貌似小小的问题，处理起来却大费周折。变频器的现场安装，很少有严格按标准来进行的。如在变频器的输入端、输出端均串有电抗器或噪声滤波器，因而现场运行中产生的种种干扰对维修和使用者提出了更高的要求。维修的内容也从维修门头延伸到了工作现场，或者说，有时候安装调试也成为了维修的一个重要内容。

9.5　变频器元器件的性能变劣现象

元器件的损坏，如功率模块的炸裂、短路或开路，电容器的喷液、鼓顶，IC 电路的击穿性损坏，电阻元件的断路等，不但用万用表从元件的电阻值或在线电压值能方便地检测出来，而且有些损坏，是仅凭肉眼观察其外形的色变与形变，即能得出明确的判断。而元器件的性能劣变，并非为短路或断路的"明显损坏"的状态，不但从器件外形上看不出明显异常，而且有时候，甚至用万用表及其他测试仪器，对其好坏进行测量判断都显得有些无能为力。此类损坏，如大容量电解电容的引线电阻变大，小容量电容的介质损耗加大，高频特性变坏，以及晶体管放大能力变差，二极管的整流特性变坏等，我们用万用表和电容表检测都是好的，但故障元件在实际工作中"表现不佳"，好像一个人带着不良情绪在勉强地工作，因而工作中必然漏洞百出，很难圆满地完成工作任务。

元器件的性能变劣，不是一个质变现象，而是一个量变现象。经过多年使用的机器，像电容器的电解液干涸，晶体管的放大能力降低，元器件引脚的氧化等，是随着时间的推移而逐渐变化的，因而检修使用年限较长的"老机器"更需要注意这方面的问题。

对这类元器件损坏的定义，用老化、低效、失效、性能变劣等字眼比较适宜，用击穿、断路等就不合适了。元器件的性能劣变，其劣变的程度往往差异甚大，表现出的故障现象和检测难度也千变万化，不易掌握，而往往表现为疑难故障，或称"软故障"，让人困惑——查不出坏件，但电路显然又不是正常状态！检修这类故障，需要检修者电子电路基本功的扎实、多年实践经验的积累，甚至对检修者的心理素质，有时也是一种考验。

好在这类故障毕竟是少数，一般还是元件"硬性损坏"的为多。如果维修者乐于接受这种挑战，对这种软故障的检修也会转化为一种乐趣，检修的过程甚至也可以成为一种享受的过程，让人非常有成就感。

有些元件器，厂家已给出使用年限，如变频器中的散热风扇，厂家给出的更换年限为 3 年；电解电容，厂家给出的更换年限为 8 ~ 10 年。风扇是个旋转部件，其旋转部件如轴承，长期使用总有磨损的；电解电容内部注有电解液，因而有反向漏电流产生，安装使用时应注意其极性。同时，随使用年限增多，电解液必然逐渐干涸，使电容量下降。到达使用年限后，即使变频器未坏，从原则上讲，也应将风扇和电解电容换掉，以防患于未然。

风扇损坏，比较直观，这里以故障实例谈一下直流回路储能电容的损坏。

1. 大容量电解电容老化所表现出的故障现象及检修思路

故障实例

一台富士 5000 G9 型 90kW 变频器，运行中跳欠电压故障。该变频器连续工作已近 10 年，接手后，先用电容表测试直流回路储能电容的容量，储能电容共 6 只，每只电容量为 8200μF，检测其容量为 8000 ~ 8300μF，感觉电容都没有问题。从调压器送入可调三相电源，检查电压检测电路并监测面板显示直流电压值，说明直流电压检测电路也没有问题。测直流回路电压，在输入电压为 380V 时，直流电压为 540V 左右（轻载），检查不出问题所在。

将变频器拖动 37kW 电动机，满载运行，机器未报欠电压故障。还是感觉不放心，后来又一个工厂的生产车间，用变频器拖动 75kW 电动机，满载运行，跳欠电压故障停机，运行中检测直流回路电压，已跌至 430V。变频器确实存在故障！

带载情况下直流回路电压低，只有 3 个可怀疑元件：一是三相整流电路，本机由 6 块 100A 整流模块构成三相整流电路，每两块相并联使用。用数字万用表的二极管档测整流桥的正向压降，在 430（0.43V）左右，用指针式万用表测其正反向电阻，都没有问题。该款变频器有个特点，整流模块与逆变模块的使用，在功率上有相当大的余量，整流模块的稳定性也优于电解电容；二是充电接触器的主触头接触不良，本机型采用两只接触器并联，检修中已拆开灭弧罩对主触头的接触情况进行检查和修复，不会存在问题；三是直流回路电解电容的容量下降问题。经过以上检查，基本上可以排除整流模块和充电接触器的问题，还是感觉电容的嫌疑最大，但手头一时又不具备电容备件可以代换试验。

显然，电容器的损坏并不是因使用年限过长、电解液干涸造成的容量下降，用电容表测试容量也是满足要求的。但本机故障表现，又确实表现为储能电容的容量下降，起不到应有的储能作用，而使直流回路的电压下降，导致电压检测电路报出欠电压故障。

电容的容量减小，轻者表现为带负载能力差，负载加重时往往跳直流回路欠电压故障，电容的进一步损坏，还有可能使直流回路电压波荡，形成对逆变模块的致命打击。此类故障往往又较为隐蔽，不像元件短路容易引人重视，检查起来有时也颇费周折，尤其是大功率变频器中的电容，运行多年后，其引出电极常年累月经受数百赫兹的大电流充、放电冲击，出现不同程度的氧化现象，用电容表测量，容量正常；用万用表测量，也有明显的充、放电现象，反向漏电流阻值也在允许范围内，但接在电路中，则因充、放电内阻增大，相当于电容充、放电回路串接了一定阻值的电阻！电容的瞬态充、放电电流值大大降低，实质上导致电容的储电能力下降，使"动态电容量"严重减小，致使直流回路电压跌落，变频器不能正常工作，检修人员可能会做出误判！若非负载状态下，同时监测直流回路的电压值，在维修部的轻载条件下，很难判定和分析到是储能电容的问题。

电容电极引线电阻的出现，是常规测量手段所无法测出的，进行深入分析，才出了这种结论。

经过以上分析，邮购 6 只 8200μF 400V 优质电解电容，将该机储能电容全部代换后，再行拖动 75kW 电动机处于满载运行状态下，不再跳欠电压故障，测直流回路电压，带载情况下，已高达 520V 以上。变频器修复。

2. 充电接触器主触头接触不良所表现出的故障现象及检修方法

当充电接触器的触点接触不良时，同样跳欠电压（或直流回路电压低）的故障。见下述实例。

故障实例

一台东元 7300MA 型 37kW 变频器，运行中随机性跳"直流回路电压低"故障，有时一天数次跳此故障，有时能连续运行好几天。故障出现时，为变频器重新上电，则又能正常运行一段时间。用户工作现场电压的电源电压很稳定，没有什么问题，同时使用的其他数台变频器和同型号变频器，都没有这种问题。

送维修部后，变频器上电后，听得"哐当"一声响，充电接触器闭合了，空载或轻载时，连续运行 3 天，未跳直流回路电压低故障。用三相调压器调节输入电压，同时监控操作显示面板显示的直流回路电压值，与输入电压成比例变化，并且在较大范围内，变频器都不报出故障，说明检测电路没有问题。

重点又检查了直流回路的储能电容，其容量与标称值没有大的出入，该机器使用年限不长，储能电容又是选用优质元件，应该是没有问题的。

反复上电几次，都能听到充电接触器的吸合声，说明充电接触器的控制电路也是好的。是什么原因导致了直流回路电压低呢？

进一步联想到：充电接触器虽然吸合，但主触头闭合情况，却只有将接触器拆卸后，才能观察到。拆开接触器后，发现 3 对主触头烧灼严重，同时发现三相逆变模块大多换新，该机器已经维修过。也许是模块炸毁时，使充电接触器的主触头同时受损。

接触器为电磁开关，其闭合与释放是电磁作用与机械部件相配合所完成的。当接触器主触头烧灼变形，或由于使用年限过长，产生机械形变或机械老化时，会产生机械动作受阻从而产生吸合不到位，造成主触头接触不良的现象。

该例故障，因触点烧灼，产生接触电阻，运行中产生打火现象，触点的接触情况产生随机性恶化，则直流回路电压有随机性跌落现象，导致欠电压报警。而停电后再闭合，则改善了接触器触点接触状况，变频器又能运行一段时间。接触器产生机械形变后，也有此种现象，以至有的电工得出了这种一种经验，跳欠电压故障时，或为变频器反复上电几次，或振动变频器几次后，变频器又莫名其妙地"正常"了。

换用优质接触器后，故障排除。

该例故障，有"耳听为虚，眼见为实"的检修特点，听声音接触器是闭合了，但主触头的闭合状态，只有眼见才能更好地确定。

3. 晶体管老化失效所表现的故障现象及检修思路

晶体管器件的老化和失效故障更为隐蔽，其表现出的故障现象也更加难以琢磨，比之检修电容器、接触器等元件，又上升了一个难度上的等级。下面以检修开关电源的两个故障实例来说明对晶体管老化故障的检修。这两例故障，一例为输出电压偏高，一例为输出电压偏低，但故障元件都是隐蔽得很。

故障实例 1

该机器为东元 7200PA 型 37kW 变频器，故障现象为：运行当中出现随机停机现象，可能几天停机一次，也可能几个小时停机一次；起动困难，起动过程中电容充电接触器"哒哒"跳动，起动失败，但操作面板不显示故障代码。费些力气起动（反复起动几次）成功后又能运转一段时间。将控制板从现场拆回，将热继电器的端子短接，以防进入热保护状态不能试机；将充电接触器的触点检测端子短接以防进入低电压保护状态不能试机，进行全面检修，检查不出什么异常。

又将控制板装回机器，上电试机，起动时充电接触器"哒哒"跳动，不能起动。拔掉 12CN 插头散热风扇的连线，为开关电源减轻负载后，情况大为好转，起动成功率上升。仔细观察，起动过程中显示面板的显示亮度有所降低，判断故障为开关电源带负载能力差。

拆下电源/驱动板，从机外送入直流 500V 维修电源，单独检修开关电源电路。

本机开关电源电路为单端正激式隔离型开关稳压电源。电路由分立元件组成，故障率较低。由开关管和分流控制管构成振荡和稳压电路的主干，外围电路极其简洁。本机型的开关电源电路如图 9-18 所示。

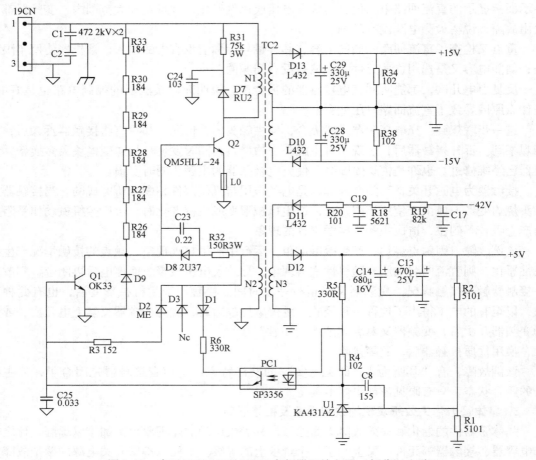

图 9-18   东元 7200PA 型 37kW 变频器开关电源（部分）电路

开关电源的二次绕组及后续整流滤波电路，各路电源输出空载时，输出电压为正常值。将各路电源输出加接电阻性负载（如 50Ω 5W 电阻），电压值略有降低；+24V 接入散热风扇和继电器负载后，+5V 降为 +4.7V，此时屏显及其他操作均正常。但若使变频器进入起动状态，则出现继电器"哒哒"跳动，间或出现"直流电压低"、"CPU 与操作面板通信中断"等故障代码，使操作失败。测量中，当 +5V 降为 +4.5V 以下时，则变频器马上会从起动状态变为待机状态。详查各电源负载电路，均无异常。

分析：控制电源带负载能力差的判断是正确的。由于 MCU 对电源的要求比较苛刻，不低于 4.7V 时，尚能勉强工作；但当低于 4.5V 时，则被强制进入"待机状态"；在 4.7～4.5V 之间时，则检测电路工作，MCU 发出故障报警。

意想不到的是此故障的检修竟然相当棘手，遍查开关电源的相关元器件（如滤波电容）竟"无一损坏"！无奈之下，试将 U1（KA431AZ）的基准电压分压电阻之一的 R1（5101）并联电阻试验，其目的是改变分压值而使输出电压上升。测输出电压略有上升，但带载能力仍差。该机的开关管 Q2 为高反压和高放大倍数的双极型晶体管（NPN 功率管），型号为 QM5HLL-24；Q1 为分流控制管，电路对这两只管子的参数有较严格的要求，市场上较难购到。再结合故障现象分析，可能为开关管 Q2 低效，如 β 值降低，使 TC2 储能下降，电路带载能力变差；也可能为 Q1 的工作偏移，对 Q2 基极电流分流能力过强，使电源带载能力变差。但手头无原型号开关管，用户催修甚急。试调整电路，将分流调整管的工作点下调，使之降低对 Q2 基极电流的分流作用，进而提升开关管 Q2 的导通能力，使 TC2 储能增加。

　　试将与电压反馈光耦合器串接的电阻 R6（330Ω）串联 47Ω 电阻，以减小 Q1 的基极电流，进而降低其对 Q2 的分流能力，使电源的带载能力有所增强。上电试机，无论加载或起动操作，+5V 均稳定输出 5V，故障排除（此故障排除是采取了权宜之计，应急修复的措施，并未查出和更换故障元件，对故障进行根治）！

　　故障推断：开关管 Q2 有老化现象，放大能力下降，I_c 值偏低，开关变压器储能变小，而使电源带载能力变差；分流支路有特性偏移现象，使分流过大，开关管得不到良好驱动，从而使电源带载能力差。第一种原因可能性大。

　　附记：以后该台变频器又因模块损坏故障送修，正好手头有 QM5HLL-24 管子，故换掉开关管 Q2，将串接 47Ω 电阻解除，恢复原电路后，开关电源工作正常。说明该机器开关电源电路带载能力差的故障原因，确系 Q2 开关管低效所致。

故障实例 2

　　一台变频器，已经使用多年，在逆变功率模块损坏并修复后，为变频器上电，测 MCU 主板 +5V 供电偏高，约为 6V，测控制回路的 +15V 供电，高达近 20V。测量各路输出电压都明显偏高，但输出电压值较为稳定。怀疑是万用表测量误差（如数字万用表内部 9V 电源能量不足造成的测量误差），换用另一块万用表检测，还是如此。

　　说明开关电源存在输出电压过高的故障，取出电源/驱动板单独检修，为保险起见，先切断了驱动 IC 的 4 路供电和 MCU 主板的供电，等输出电压值正常后再连接负载电路。

　　该例故障，输出电压尚能稳定，说明稳压电路还是起作用的。试将电压反馈电路中的 TL431 基准电路的 V_{REF} 端子的上分压电阻减小，或想办法加大反馈光耦合器的输入侧电流，人为使反馈电压信号加大，检测各路输出电压略有下降，也说明稳压环节还是能对输出电压做出反应和起了调节作用的。但感觉电压的下降量极小，电路能对输出电压做出反应，但反应的灵敏度降低。如果把稳压环节看成一个误差放大器的话，是这个放大器的放大倍数明显不够了。

　　该电路也是由两只分立晶体管构成的振荡和稳压电路（请参见图 9-18 的电路形式），稳压的所有控制最后都落实到开关管基极电流的控制上，一是开关管的驱动电流过大，二是分流管的 I_c 电流过小，对开关管 I_b 电流的分流能力不足。

　　挑选一只放大倍数高的分流管对原管进行代换，又检查了稳压电路的所有环节，未查出变值和不良元件，单独拆下 TL431，做了稳压性能试验，没有问题。检修陷入了僵局。

　　将电路板放置了几天，没有管它，但脑子里不时还在思考这个事。将疑点放在了反馈电路中光电耦合器 PC817 的身上！TL431 与 PC817 相配合，将输出电压的变化经隔离后反馈至一次振荡电路。PC817 内含发光二极管一只和光敏晶体管一只，长期工作后，发光二极管的发光效率变低，光敏晶体管受光量减小，导通内阻变大，相当于误差放大器的放大倍数变低了。另外，也不排除光敏晶体管老化、低效、放大倍数降低等等的可能，两者中的其一不良，便导致稳压控制能力减弱，输出电压升高。但光耦器件的在线测量，只能测出输入侧发光二极管的正反向电阻或电压降，对其他指标的判断则无能为力。

将光耦拆除，换用一只优质元件，开机，测各路输出电压，全部变为正常了！

可以总结一点：电解电容因工艺和材质的特点，性能容易渐变和低效，但这种电容的渐变和低效还是容易引起注意的。其他元器件，如电阻的性能一般是较为稳定的。那么还容易渐变和低效的元器件，应该首属晶体管了。早期的电子电路维修工作者针对分立元件的晶体管，维修工作中对管子放大倍数的检测，成为常规手段之一。以后，**随着 IC 电路的出现，和 IC 工作可靠性的提高，往往忽略了对 IC 内部晶体管的渐变和低效问题的注意和检查（实际上也不容易检测）**。PC817 也可以称为 IC 电路，内部集成了发光二极管和晶体管，其他被广泛应用的模拟 IC 和数字 IC，内部也是由晶体管所集成，总会有晶体管渐变和低效的可能。在长期的维修中，也碰到数例这种情况。这种情况，单纯测试 IC 的引脚电阻，很难察觉到什么异常。而上电进行动态电压检测，往往有效。

遇有疑难故障，多注意晶体管的渐变和低效，注意 IC 内部晶体管的渐变、低效、失效！

4. 渐变、低效元件难于检测的原因和检测方法的问题

此类渐变和低效元件的难于检测，主要由两个原因造成：

（1）检测工具的局限

最常用检测工具为数字万用表和指针式万用表，万用表仅能对外电路或测量元件提供低电压和小电流的检测条件，对有些器件，如直流回路的储能电容的电极引线电阻的出现，必须在高电压和大电流的状态下进行检测，才能得出结论。在线光耦器件内部晶体管的低效等，电容表和万用表确实对此无能为力。

（2）检测方法的问题

检测元器件，往往进行单一性的检测，如仅仅检测元器件引脚电阻，或仅仅检测在线电压；或习惯用一只表检测元器件的好坏。

应该拓展检测手段和检测方法。如对逆变模块和高耐压元件的检测，可利用耐压测试仪或借用 500V 绝缘电阻表，对元件进行电压击穿测试。

如检测光耦器件，可从电路板上拆下，用一只指针式万用表的 ×10k 档测试输入侧正向电阻（同时提供正向导通电流）值，用另一只万用表，同时测试输出侧晶体管的导通电阻值，将测试结果与好的同型号光耦器件相对照，则不难检测出低效元件。或者干脆用外加电源，在光耦输入侧送入 10mA 工作电流，对比测试其输出端引脚的电阻值，则更易得出正确的判断。

总之，**要采用灵活多样的测试手段和检测方法，强化自己的检测能力和提高检测的准确度，使"伪好元件"暴露出来**。

9.6 MCU（DSP）芯片坏了是否还能修复

MCU（单片机）芯片本身的故障率极低，在作者的数百台次变频器维修过程中，碰到 MCU 芯片本身损坏的，仅有两例。但 MCU 芯片一坏，更换整个 MCU 主板，造价不菲，从厂家邮购芯片也非易事，厂家不一定会单独出售 MCU 芯片。

那么 MCU 坏了，能否对其实施修复呢？答案是：在一定条件下，是可以修复的。MCU

局部功能的损坏，局部引脚内电路的损坏，是可以采取变通手段，进行修复的。

修复的前提条件：MCU 的大部分功能正常，出现局部功能失常，个别引脚内电路损坏。

修复方法：

1) 增设外电路，由外电路完成功能控制。脱开原功能引脚，另加设或改装控制电路，完成原有的控制功能；

2) 配合参数设置，将甲引脚功能"移置"到乙引脚上，由乙引脚"代行职责"；

3) 损坏引脚处于"半好不坏"状态，增设引脚外电路，对该引脚进行"修补式"修复。

下面由几个故障实例说明一下上述 3 种修复方法。

故障实例 1

一台海利普 HLP-P 型 15kW 变频器，上电后跳 E. bS. n 故障代码，意为"电磁接触器辅助线圈无反馈"。细听上电期间无接触器 KM0 吸合的声音。检测充电接触器的控制电路（见图 9-19），继电器 KA0 线圈两端的电压值为 0V，测量光耦合器 PC2 的 3、4 脚之间电压值为 12V，进一步测量 PC2 的输入侧 1、2 脚之间电压为 0V，说明 MCU 输出的继电器动作信号，没有到达 PC2 的输入侧。顺 CN2/CN4 排线端子的 33 脚检测，KA0 继电器控制信号由 MCU 的 30 脚直接输出，信号正常输出时，应为 0V 低电压，但实测值为 +5V。当短接 PC2 的 3、4 脚时，充电接触器能正常吸合，能对变频器进行起、停等正常操作，说明故障为 MCU 的 30 脚内部电路损坏，不能正常输出 KA0 的控制信号。

机器故障：为 MCU 的 30 脚内电路损坏，但其他功能都正常，若因此换用 MCU 主板，未免可惜。联想到其他变频器的充电接触器控制，是在直流回路的储能电容上建立起一定的电压后，开关电源起振后，由开关电源的 24V 直接为控制继电器 KA0 供电，控制充电接触器吸合的。

应急修理：将图 9-19 电路中光耦合器 PC2 的信号输出端 3、4 脚直接短接，由开关电源的 12V 直接为控制继电器 KA0 供电，完成对充电接触器的控制。上电试机，故障排除。

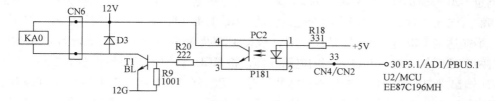

图 9-19　海利普 HLP-P 型 15kW 变频器的充电接触器控制电路

该例故障修复，是运用了第一种修复方法，甩开原引脚控制，将相关控制电路进行改装，以完成原有控制功能。如果想进一步提升控制性能，完全可以加装一个上电延时电路，控制接触器在上电后延时一个固定时间（如 5s）再动作。

故障实例 2

正弦 SINE300 型 7.5kW 变频器，用户用控制端子 X1 控制电动机正转/停止，用 X2 端子控制电动机反转/停止。后来在应用中发现正转/停止控制失效，故将变频器送修。

检查：

1) 先调看控制端子 X1 的设置参数，为出厂值，RUN 运行控制，参数设置是正确的。

2）检查 X1 端子内部光电耦合器等电路，未有异常。X1 端子信号经光耦隔离进入 DSP 的 23 脚（见图 9-20）。当人为短接光耦合器 U10 的输出端，使 U1 的 23 引脚产生相应的 0V、5V 电压变化时，变频器不能产生正转运行/停止动作，分析故障可能为 DSP 的 23 脚内电路损坏。

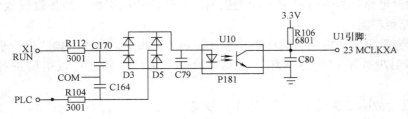

图 9-20　正弦 SINE300 型 7.5kW 变频器的 X1 端子内部电路

变通修复：

发现 S3-S7 端子皆空置，未被用户采用。输入端子功能设置代码为 F5.02 ~ F5.09，其中 X3 端子的功能代码对应 F5.04，将参数值修改为"1"：RUN 运行，将 X1 与 X3 端子短接，使 X1 端子输入信号由 X3 端子进入 DSP 的 22 脚。用户的原控制接线不变，X1 端子控制功能则由 X3 代为实施了。

该例故障修复，是运用了第二种修复方法，并配合控制端子的功能设置，将甲引脚功能"移置"到乙引脚上，由乙引脚"代行职责"。

这是调整控制参数和改变相应控制接线来修复变频器的又一例证。

故障实例 3

一台阿尔法变频器，用户反映运行中电动机有跳动现象。上电检测，三相输出电压严重不平衡。

检查驱动电路的静态电压都正常，MCU 接受起动信号后，驱动电路少了一路（V +）逆变脉冲。判断故障出在前级逆变脉冲电路（见图 9-21 前级脉冲电路）。

测量 U20（290LNLNKLS244）的 16 脚，一直为 0 电平，无逆变脉冲信号输出，继而测量其 4 脚输入电压，有 0V 和 1.2V 的变化，说明 MCU 的 49 脚已有了脉冲信号输出，但幅度严重不足，不能达到 U20 输入的"门限电平"，致使 U20 无逆变脉冲输出。此脉冲电压的幅度过低，有两个原因：一是 U20 输入脚内电路损坏，将 MCU 输出的逆变脉冲电压拉低；二是 MCU 的 PWM 输出脚内电路不良，导致输出脉冲过低。切断 MCU 的 49 脚与 U20 的 4 脚铜箔条，测量 MCU 的 49 脚输出电压略有上升，但仍低于 2V 以下，故障原因为 MCU 引脚内电路损坏。

原以为是逆变电路或脉冲前级电路的故障，已经与用户谈好了修理费并定好了修复时间，但 MCU 一坏，可就难办了。更换 MCU 主板，一是手头没有，时间上来不及，二是成本太高。

想到 MCU 的引脚内电路虽坏，但仍有信号电压的变化，只不过其电压幅度不能满足要求罢了。能否利用此 0 ~ 1.2V 的电压变化，外加放大电路，将此电压放大到一定幅度，从而将该故障修复呢？不妨试一下呀。

将铜箔条从 a 点切断，加装如图 9-22 中所示的点画线框内的晶体管两级倒相电路，在正的有效脉冲电压输出期间，晶体管 C9013 的导通，提供了 C9012 的正向基极偏流，C9012 的饱和导通，将 +5V 高电平加到 U20 的 4 脚。将 MCU 输出信号放大到 0 ~ 5V 的电压幅度，再输入 U20 的 4 脚。

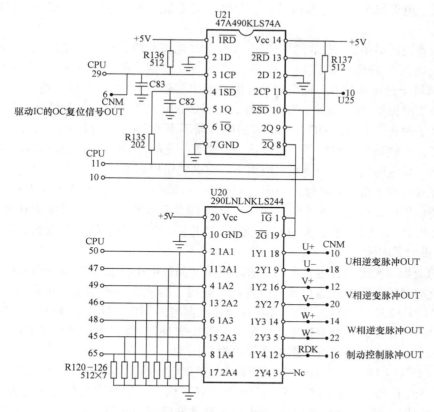

图 9-21　阿尔法 11kW 变频器的前级逆变脉冲电路

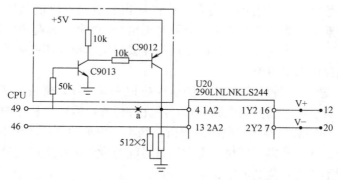

图 9-22　阿尔法 11kW 变频器 MCU 的 PWM 输出脚损坏应急修复电路

改装完毕，上电试机，我高兴得差点跳起来了——故障竟然彻底排除了！3 只电阻和两只晶体管，"抢救"了一块 MCU 主板啊。

9.7　OC 报警信号的来源和实质

这里深入探讨一下 OC 信号的来源和实质，进而拓展我们的检修思路。

OC 故障在变频器的所有故障中出现的频率是最高的。在起动过程中报警，在运行中报警，以至于上电即警示，还甚至以其他故障代码或现象间接地告知你：该台变频器存在 OC 类的故障！

在变频器说明书中对 OC 故障的说明，OC 为过电流故障，SC 为短路故障。英威腾变频器会区别报出两个故障，而其他变频器，并不加以区别，则只报出一个 OC 故障。OL1、OL2、OC 都属于过电流故障，前两者为轻度过电流信号，但 OC 为重度过电流信号，故障发生时需要最快的保护/停机速度。说明书中，对 OC 故障大致有以下几种解释：负载侧短路，运行电流大于两倍以上时跳 OC 故障。有的变频器不报 OC 故障，报出中文提示：变频器输出模块短路，变频器输出端短路，变频器过电流等。变频器 OC 故障的具体故障原因是：负载过重；加、减速时间太短；逆变模块损坏；驱动电路损坏等。

有的的变频器并不告知你故障的类别，当有 OC 故障存在，开机会造成更大的危险时，则索性造成类似程序死机的表面现象，如英威腾的 P9/G9 系列机，当开机检测到模块故障时，操作面板便出现 H：00 字符，所有按键操作均被拒绝。不明缘由的人会以为：程序死机了，是 MCU 主板出了问题。

还有的变频器则更为有趣，当别的故障原因（如过电压）会导致运行中的模块损坏时，或者说在此故障状态下模块运行具有潜在的危险时，即使在停机状态，也会警示 OC 故障。如阿尔法 ALPHA2000 型机器，当直流回路电压检测电路损坏，MCU 检测到危险的（高）电源电压信号时，好像来不及报过电压故障了，直接报 OC 故障，免得使用者对电源电压过高的提示不在意，或者运行即可导致逆变模块损坏！

一台台安 N2 型小功率机型，上电即跳 UL 或 UU 故障，拒绝操作。检查三相电流互感器的信号，3 路信号有严重偏差，起码是已经坏掉了两只。但查该说明书的故障代码表，无此两种故障代码，猜测这种代码是厂方维修人员才能破解的密码，不足为外人道的。是否也为间接地提示 OC 故障呢？

变频器电路（程序）设计者的初衷是这样的：当上电检测模块已坏掉，或运行中出现危及模块安全的因素甚至模块已损坏时，会及时报出 OC 故障。其起因大致是负载侧短路或过重负载导致了严重过电流，或变频器因驱动不良或模块本身损坏造成了过电流甚至短路现象，必须快速实施停机保护措施！

综上所述，OC 故障预警的实质是：快速停机以保护 IGBT 模块，或运行有短路危险，或模块已经坏掉，或输出电流检测电路异常，不允许再开机运行！从保护上讲，模块在变频器的"价值比重"如同液晶屏在彩电中的价值，是不言而喻的；就产生 OC 故障后强制运行的危险性而言，轻者有可能损坏模块，重者则有可能使设备爆炸造成人身伤害！所以设计人员对模块故障不能不做第一位的考虑！

撇开检测电路损坏误报的 OC 故障不说，还有的变频器无"故障"，仅仅是电源电压有稍许难以意料的偏差，或是某种干扰，也会频报 OC 故障，而这种故障检修起来，就更是不能从一般意义上 OC 故障成因着手来进行检修了。不"讲理"地报 OC 故障，也应该以"不讲理"的思维方式，来破解 OC 故障背后的秘密了。

大部分变频器是在起动信号投入时，报 OC 故障，此种情况往往是模块并没有损坏，而只是驱动电路存在异常使 IGBT 不能被良好驱动；有的是上电即报 OC 故障，则可能是模块或驱动电路本身故障，输出电路检测电路本身故障，或者是具有其他运行会危及模块安全的因素（如过电压），当具有这种因素存在时，有的变频器处理的措施是：操作显示面板能调看和修改参数，但不能进行运行操作；有的则是干脆拒绝所有操作。而在运行中报 OC 故障，则有以下 3 种可能：

1）属于负载方面的异常。起动、运行、过程中都有可能报 OC 故障，一般为负载过重，负载有堵转现象，变频器功率容量不足。

2）用户对变频器的运行参数调节不当，如对恒转矩负载错误设置为二次递减转矩负载，加、减速时间设置不当，尤其是对大惯性负载加、减速时间的设置。或者是对停机方式的处理不当。更有甚者，是对保护参数的误设，如对变频器或电动机额定电流参数的误设（保护动作值小于额定电流值），使设备在额定电流以下竟出现频繁的过电流报警停机，不能投入运行！

3）属于变频器本身的故障原因。往往为驱动电路的电源供电电容失效造成驱动不足，使 MCU 接收到由驱动电路内部 IGBT 管压降检测电路报出的 OC 故障。

但 3 方面的原因可归纳为一点：运行状态中有严重过电流的情况发生，因而报出 OC 故障！

一般来讲，OC 故障的来源有以下 4 个方面：

1）当逆变模块运行电流过大，达额定电流的 2 倍以上时，IGBT 的管压降上升到 7V 以上，由驱动 IC 向 MCU 返回 OC 过电流信号，通知 MCU，实施快速停机保护。OC 报警在起动和运行过程中报出。

2）从变频器输出端的 3 只电流互感器（小功率机型有的采用两只），采集到急剧上升的异常电流后，由电压比较器（或由 MCU 内部电路）输出一个 OC 信号，通知 MCU，实施快速停机保护。故障信号在停机、起动或运行状态都有可能报出。

停机状态下，显然没有输出电流信号，只能是电流检测电路本身故障，向 MCU 误报了一个"过电流信号"；

3）IGBT 已有或正在发生短路性和开路性损坏，或 IGBT 性能不良导通内阻增大。由驱动 IC 检测到"极其异常的"管压降信号，当然 IGBT 开路时，C、E 间会出现高达 500V 以上的管压降了。OC 故障在起动过程中报出。

4）驱动电路不良，使 IGBT 不能被良好驱动，形成异常的管压降，驱动电路报出 OC 故障，此故障空载、轻载运行中，往往不被报出。只在带载的起动或运行过程中报出。

上述第 4 种原因，其危害程度最大，可能导致逆变模块的炸裂。分析如下：

驱动 IC 虽未损坏，但驱动电路的异常导致了模块异常的工作状态，驱动电路在此时报出 OC 故障，不但不算误报，而且是非常及时的。驱动 IC 的供电常采用正负双电源的方式，其正电压提供 IGBT 导通的激励电流，其负电压为 IGTB 的截止提供助力，强制拉出 IGBT 结电容的电荷，使其更为可靠和快速地截止。当正电压滤波电容（往往采用 47μF 或 100μF 电容，大功率机型也有采用 330μF 的）的容量大为减小时，IGBT 因激励不足，即使运行在额定电流以下，也呈现较大的管压降，经检测电路处理，MCU 报出 OC 故障。此时的故障表现为：变频器空载或带有极轻负载时，运行正常，稍微加载即报 OC 故障。

如果说正电压滤波电容的失效会导致 IGBT 的激励不足，而促使驱动 IC 报出 OC 故障，IGBT 尚不存在较大危险的话，那么负电压滤波电容的失效，和 IGBT 的栅-射极间并联的"旁路电阻"的断路，则就危险得多了。在某一相上臂 IGBT 导通的同时，会将直流回路的正电压跳变到下管的 C 极上，如果负压钳位不足（或负压回路断路），IGBT 的结电容瞬时吸入电流有可能造成下臂 IGBT 的误导通，其后果是两只共通的 IGBT 对 530V 直流电源造成了短路！在此种情况下模块极易炸裂！当脉冲端子（或脉冲连线）开路时，危害则更为直接，变频器接受起动信号，即导致 IGBT 功率模拟的损坏！

上述都是报 OC 故障的"显现象"，还有报 OC 故障的"隐现象"和似是而非的报 OC 现象，往往不被人注意。如下介绍 3 例：

故障实例 1

检修一台阿尔法变频器，CNN1 端子的第 8 脚为主回路直流电压检测信号输出脚，正常时应为 3V 左右，当因电路损坏造成 4V 以上的"信号输出"（相当于三相交流输入电压达 700V 以上了）时，MCU 认为危及模块运行的安全了，于是不报过电压故障，而是上电即警示 OC，以引起用户的注意。

这个 OC 实质上是 OU 过电压故障，以 OU 代 OC，出于软件设计者的考虑（和硬件电路结构所限），只在上电瞬间报出。运行中报出的 OC 和 OU，则恢复本来面目。

故障实例 2

在对阿尔法小功率变频器维修的过程中，发现该变频器有一个通病——容易报 OC 故障。其表现为：多在起、停操作过程中报故障，但有时也在运行中报故障；有时候莫名其妙地又好了，能运行长短不一的一段时间。在以为已经没有问题的时候，又开始频繁报 OC 故障；空载时用表笔测量 U、V、W 输出电压时，易报故障，但接入电动机后起动运行，又不跳了，再过一阵子，接入电动机还是跳 OC 故障。

最后查出故障原因竟然为 5V 供电偏低！MCU 误报 OC 故障。OC 故障和 +5V 供电的高低扯了上关系，实在是不多见啊。

故障实例 3

修理一台 P9 型英威腾机器时，检查发现：上电，操作面板显示 H.00，所有操作全无效，MCU 拒绝所有操作。测量故障信号汇集处理电路 U7（HC4044）的 4、6 脚的过电流信号，皆为负电压，而正常时静态应为 6V 正电压。顺电流检测电路往前查找，测电流信号输入放大 U12D 的 8、14 为 0V，正常；U13D 的 14 脚为 −8V，有误过电流信号输出。将 R151 焊开，断开此路过电流故障信号，操作面板的所有参数设置均正常。故障原因为上电后检测到有过电流信号，于是拒绝所有操作，出现"程序卡住"现象。

该机型以"程序卡住"、拒绝操作的方式，提示变频器有 OC 故障存在！

从上文看来，许多电路和许多方面的原因都能使变频器报出 OC 故障，但哪个故障检测电路所报的 OC 信号更具有优先权呢？就故障检测电路来说，故障示警有没有预警层次呢？从保护角度而言，多个方面的因素只要是危及了模块的安全，都会报出 OC 故障，正如上文所言。但在"报警行为"实施过程中，也可以看出一些预警层次：

1）驱动 IC 返回的 OC 信号是第一位的，如从 J316 的 6 脚、PC929 的 11 脚、IPM 模块的 OC 信号检出脚报出的信号。因是直接检测模块状态的，所以只要 MCU 接收信号，即立即封锁三相触发脉冲的输出，并报出 OC 信号。

2）由三相输出电流互感器报出的 OC 信号。此信号的报出有一个梯级过程：当有过电流现象发生时，对轻度过电流，经长延时处理和降低频率等处理后，报过电流但不会报 OC。对中度过电流，经较短时间延时和其他处理无效后，报过电流，仍不报 OC。只有出现变化剧烈且幅值极大的电流检测信号，则不经延时，直接报出 OC 信号。

3）有些机型对过、欠电压的检测处理也按类似于电流检测一样的梯级报警层次：如先报过电压，并且伴有延时处理环节。当检测到极高电压值时，才直报 OC 或 OU。

4）英威腾 P9/G9 型机，间接显示 OC 的过程，也有梯级报警层次：上电检测到模块或电流信号异常，拒绝所有操作；只检测到温度异常，可设参数值，但不能进行起停操作。

由此看来，据危害程度的不同，报各类故障的时间也有所差异。MCU 对 OC 信号的检测是直接停机保护或拒绝操作，越快越好，无时间延时处理；对其他危害程度较轻的故障信号，则有检测、延时、预报警、报警停机保护和配合频率调节以使过电流现象消失等几个环节。此为 OC 信号与其他故障信号在处理上的不同之处。

因而对变频器的保护来说，OC 故障信号的预警级别当为红色级。为最高故障保护级别。具有对其无条件执行的最高优先权。

因变频器软件编写者的思路不同，而报警方式不一。当变频器"拐着弯儿"报警时，我们要静下心来，配合故障信号处理电路的状态检测，找到故障代码背后的"东西"，从而解决问题和排除故障。

9.8 检修过程中对故障报警信号的解除方法

变频器故障的检修工作进程中，经常会遇到因控制板脱离主电路，检测元件脱离控制板，或逆变电路损坏后的各类故障报警情况。报警动作后，变频器 MCU 主板输出的 6 路脉冲信号被封锁，变频器拒绝起动与运行操作。若不能暂时中止或人为解除报警状态，会使对某些电路的检修工作陷入停顿之中。

变频器检修的关键内容有以下两个方面：

1）MCU 主板有无损坏，尤其是 MCU 芯片是否损坏；

2）逆变脉冲传输电路，包括驱动电路、逆变脉冲传输的前级电路有无损坏。其驱动电路，应检查 IGBT 脉冲端子回路，有无开路现象及负电压供电异常等情况。

其中关键中的关键，只要 MCU 能有 6 路脉冲信号输出，对其他的故障修复起来就有了相当大的把握。而对驱动电路的修复，则是修复逆变主电路的前提。

下面将修复步骤及检修过程中对故障报警的解除方法，做一个简要的系统的论述。

1. 为开关电源上电或检修开关电源故障

将 MCU 主板、电源/驱动板两块电路板从变频器机壳拆下，放到维修工作台上。要先给电路板的开关电源供电，或者先将开关电源修复，解决变频器控制电路的电源供给问题，为检修其他电路的故障提供必要条件。测量一下开关电源的供电端子和开关变压器的二次整流电路滤波电容的两端，无短路现象后才可以为开关电源上电（顺一下开关电源的供电来源，是否直接取自 DC530V）。在电路上测量的话，开关管的漏极（或集电极）应与直流回路的 P 端相通，源极（或发射极）应与直流回路的 N 端相通。若是，则将 DC500V 直流维修电源接入开关电源电路的供电端（注意电压极性，接反会导致开关管等元件的损坏）。上电后，操作显示面板有了开机期间字符的相应变化，说明开关电源无故障。进一步操作显示面板，若能进行相关参数的设置操作，说明 MCU 芯片及外围电路基本工作正常，MCU 主板大致上没有问题。

若为开关电源接入 DC500V 维修电源后，测量开关变压器二次绕组及后续电路的各路输出电压均为 0V，说明开关电源有故障，应将其修复后，再进行其他电路故障的检查。

开关电源修复后，根据操作显示面板的显示及按键操作，判断主板 MCU 有无正常工作，进而检测 MCU 工作三要素，判断 MCU 芯片有无问题。将 MCU 主板故障排除后，再进行故障检测电路和驱动电路的检修。

若 MCU 主板大致无问题，在检修进程中，就需要依次解除各类故障报警，最终的检修任务是使驱动电路能正常输出 6 路电压和电流幅度均合格的驱动脉冲，由此意味着检修工作的圆满结束。

2. 解除 OH（模块过热）故障报警

操作显示面板上开机字符闪过后，报出一个 OH（模块过热）故障代码，按一下操作显示面板上的复位按键 RST，OH 代码消失一下，又显示出来了，无法复位。此时变频器处于故障锁定状态，拒不接受运行信号，也就无法检测逆变脉冲传输电路是否正常，必须将 OH 报警状态解除，才能实施下一步的检修工作。解决方法如下：

1）OH 报警信号的发生是因温度传感器接线端子开路所引起。观察主电路，散热片模块附近安装了两只常闭触点型热继电器，当电路板脱开主电路后，相当于温度传感器常闭触点开断，报出过热信号。找到电路板上的相应温度传感器的端子，用导线或焊锡短接，即将 OH 报警信号屏蔽掉了。

2）有的变频器是由热敏电阻检测模块温度的，端子开路时可能也会报出 OH 故障。因温度传感器为两线端元件，体积又较小，这时可将温度传感器卸下，插入到控制板的相应端子上。另外，也可以测量一下热敏电阻的电阻值，将一只同阻值电阻临时焊接于传感器端子，以取代热敏电阻。等机器修复完毕后，再将该替代电阻拆除，也是有效屏蔽 OH 报警的一个方法。

但某些机器，OH 报警与散热风扇的工作状态相关，在采取以上措施后，可能仍会报出 OH 故障。需采用下述方法，将 OH 故障报警状态解除掉。

3）由散热风扇状态检测电路报出 OH 故障。因散热风扇安装于机壳内部，检修中也与控制板相脱离，风扇失去运行条件，故可能引发 OH 报警信号的产生。

观察散热风扇的插座和引线，为三线式风扇，其中两线为 24V 供电的电源正、负极，一线为信号线，将运转/故障信号返回控制板，如果卸掉风扇再插到控制板上就太麻烦了。有一个简单办法，找到正、负线，将第三根线分别试与正供电端、负供电端连接试验，当此线与正供电端相接时，操作显示面板上的 OH 故障代码消失了。

3. 解除 Uu（欠电压）和输入断相报警

解除掉 OH 报警信号后，操作显示面板上又显示 Uu（欠电压）故障了，变频器还是处于故障锁定状态中。需说明的是，故障代码的出现，随机型的不同，出现的时机和先后次序也有所不同，有的故障代码是变频器上电后即报出，有的是在起动操作之后才出现的，有的出现较早，有的是将前几个故障报警解除后最后才出现的。但无论出现何种故障报警，都不要着急，找到相应电路，采取相应手段，将故障报警信号依次解除，分下面几种情况进行介绍：

1）直流回路的采样电压丢失，报出 Uu（或 Lu）故障。当开关电源采用 265V（或 300V）直流供电时，我们将控制板与主电路脱开，单独为开关电源送上 265V（或 300V）直流电源后，则操作面板大多会报出 Uu 故障（部分变频器，直流回路电压检测信号，是在开关变压器二次整流电路取得，则不会报出 Uu 故障），因直流回路检测电路的输入端呈开路状态，电路输出欠电压信号。从直流回路电压引入端子（P、N 端子），找到直流电路检测电路的输入电阻网络，一大片高阻值电路，七八只相串联，因此时开关电源为 300V 直流供电，直接引入到直流回路电压检测电路，还是报 Uu 故障啊。将输入电阻网络中的电阻短接几只（如数量为 8 只，可短接 3 只试验），至引入 300V 直流电压不报出 Lu 故障为止，修复后，要将短接线拆除。

为直流检测电路人为引入一个直流电压，并改动一下检测电路以适应电压输入范围的要求。

2）有的变频器不报 Uu 故障了，但接着可能还会报出"充电接触器未吸合故障"，有的则仍旧报 Uu 故障。别急，可能还有相关的电压检测信号送入控制板。

充电接触器在主电路当中，也不可能拆下来接入控制板。变频器往往还设有对充电接触器辅助触点的状态检测电路，因控制板与主电路脱离，控制板在上电后，MCU 检测到充电接触器辅助触点一直处于开路状态，也会报 Uu 或"充电接触器未吸合"故障。从主电路上找到充电接触器辅助触点的引线端子，确定控制板的相应插座端子，将引线端子用导线短接或焊接，"告诉"MCU：充电接触器已经闭合了。

短接充电接触器辅助触点的引线端子后，操作显示面板终于不跳 Uu 和"充电接触器未吸合"故障了。

3）有的变频器可能还会报出"输入断相故障"，还是不能对变频器进行起/停操作。检查变频器的三相输入电源检测电路，有 3 只光耦合器（或电阻降压、光耦合器进行信号传输），承担着对输入电压有否断相的检测任务，也因控制板与主电路相脱离的原因，使光耦合器输入电流的通路被中断，而报出"输入断相故障"，将 3 只光耦合器的输出侧暂时短接，人为向 MCU 输送一个"三相输入电压正常"的信号，则此项故障报警，又被解除了。

4. 解除 OC（模块过电流或输出端短路）**故障报警**

OH、Uu 等故障报警都已经成功解除，从操作显示面板上的显示看来，变频器已经进入待机状态，可以进行起/停操作以及检修逆变脉冲传输通道了。

1）按操作显示面板的起动/停止按键，变频器无反应，用户可能已经设置为端子操作了。询问送修者，果然。为操作方便，可对控制参数进行修改的话（手头有变频器说明书），或改为用控制面板进行起/停和频率调整的操作；不方便修改参数的话，可试从控制端子输入运转和频率信号。测频率调整供电 10V 有正常输出，将其与 0～10V 频率信号输入端（VI）短接，为变频器输入最高运行频率指令（也可外接电位器调节）。将正转运行端子与数字公共端短接，进行起动试验，操作显示面板又跳出 OC 故障代码，变频器当然还是处于故障锁定状态，仍旧不能接受运行操作。

功率模块没有各种完善的保护不行，可是不解决掉故障报警，就不能对逆变脉冲传输电路进行检修。慢慢来，出一个报警信号，便跟踪解除一个报警信号，一般情况下，当控制电路板与主电路脱离后，也就跳出三四个故障报警，到 OC 故障报警时，往往差不多是最后一个故障报警信号了。注意从各个插线端子找到各个信号的来源，或从插线端子或从传输信号的光电耦合器的输入、输出侧，用导线短接法，使 MCU 被强制输入一个"正常"信号，令其解除故障锁定状态。

OC 信号多由驱动电路的 IGBT 管压降检测电路（IGBT 保护电路）送回 MCU 的。当输出电流检测电路有故障时，也可能会报出 OC 故障，但此种情况较为少见。依着先易后难的原则，可先行解除驱动电路返回的 OC 信号，再检测输出电流检测电路。

驱动电路常用 IC 为 PC923、PC929 和 A316J，前者由 PC929 内部 IGBT 保护电路输出的 OC 信号再经外接的光耦合器，将信号送入 MCU。找到受 PC929 的 8 脚信号驱动的光耦合器，将其输入侧用烙铁搪锡短接，即将 OC 报警解除（是快方法但不是好方法）；后者，驱动芯片 A316J 的 5 脚为 OC 信号输出脚，将其与铜箔条挑开，能隔断了 OC 信号的传输；但这个方法不太方便，虽然隔断了 OC 信号的传输，可以检查 CPU 和前级逆变脉冲传输电路有否逆变脉冲信号输出，但驱动 IC 本身还处于故障锁定状态，不利于对驱动电路进行检修。

好办法是为 IBGT 检测电路"人为输入"一个 IGBT"正常导通"的信号，使驱动 IC 本身在输入逆变脉冲期间不再报出 OC 故障。一般驱动电路，是由下三臂驱动电路实施对 IGBT 管压降的检测，直接将 PC929 的 9、10 脚短接，起到暂时屏蔽 OC 故障信号的作用。

5. 对驱动电路进行检修

变频器可以接收起动信号了，看到操作面板上显示的逐渐上升的输出频率指示，说明 MCU 电路、控制端子电路都是好的，该台变频器的修复，基本上没有悬念了。

测量驱动 IC 的 6 个逆变脉冲输入端，起动和停止状态有明显的电压变化，由 MCU 主板来的 6 路逆变脉冲信号，已完好无损地输入到驱动电路，MCU 主板是好的！从电源/驱动板的脉冲输出端子，测 6 路逆变脉冲的输出状态，检测负截止电压是否正常，和有无正常脉冲输出；检查脉冲输出的电压幅度，电流幅度是否满足正常要求。若驱动电路本身有故障，不能正常传输逆变脉冲，进一步检查并排除，使之能正常输出 6 路合格的逆变驱动脉冲。

6. 整机装配与试机

将驱动电路修复，并采取手段验证驱动电路的电压、电流输出能力（详见驱动电路的检修一章相关内容）正常后，可进行整机装配与试机了。

最后的上电过程是维修中的最后一道"坎儿"，是需要小心和细致的地方，要注意驱动电路输出脉冲的引线确定接在了 IGBT 模块的脉冲端子上！驱动电路负的截止电压和逆变模块脉冲端子引线的断路与空置，都有可能在上电过程中导致 IGBT 模块的损坏！

上电试机过程中，要在 IGBT 模块的供电回路中，串入 AC220V 灯泡两只或 2A 熔断器，试机正常后，再恢复 DC530V 供电回路。发现问题时，要断开原供电，必要时，为 IGBT 模块另行引入 DC24V 低压电源，检查和试机无问题后，再恢复原供电。

修复后，别忘了对"动过手脚"的地方要"恢复原貌"，例如将光耦合器输出侧的短接线拆除等。

检修过程中使用的各个方法，在本书前几章都有涉及，但属于"局部"检修，对于实际（整体）检修来说，好像还隔着一点"什么"，由一个单元电路的讲解，在检修操作上很难与"整体"挂起钩来。通过本节对一个整机电路检修过程的讲解——尤其是对故障报警信号的解除方法的应用，掌握实际检修中的大致工作流程，将报警信号"层层剥茧"地解决掉，而检修过程也随之宣告圆满结束了。

9.9 IC 短路故障的一个检修方法

一台变频器，开关电源出现间歇振荡现象，操作显示面板也时亮时熄。此为开关电源负载过重或存在短路状态的典型故障，负载异常引发了开关电源电流检测电路的保护动作，使开关电源处于间歇振荡状态。

用逐路脱开负载电路的方法，排查短路故障出在哪路负载电路，或停电后，测各路供电电源的输出端，是否有阻值变小或短路现象。测量 +5V 电源两端，呈现 7.8Ω 的小电阻值，而正常的电路阻值约为数百欧姆。判断 +5V 负载电路有短路现象，将 +5V 负载电路脱开后，开关电源有了稳定输出，说明故障就在 +5V 负载电路。

+5V 供电电源由排线端子去了 MCU 主板，供 MCU 芯片及外围电路，电路范围比较广，MCU 主板上 +5V 供电的集成电路比较多，达二十几片，用常规排除法检查短路故障时，必须将各片 IC 电路的 +5V 供电脚挑开，配合电源输出端电阻值的检测，当挑开某片 IC 供电脚，电源输出端 7.8Ω 的小阻值变为正常的电阻值后，说明该片 IC 即存在短路故障，当然测量挑开 IC 的供电脚，检测其供电引脚的电阻值也是一样。

无法预测需要挑开多少片 IC 后，才能找到故障 IC。MCU 主板元件焊接的"精致程度"已经接近于手机的电路板，IC 电路全为贴片元件，将 IC 引脚的铜箔条说成比头发丝还细，都不算是夸张。手底一不小心，挑断铜箔条的话，想接起来都比较困难，挨个挑，这个方法较笨。

由于变频器的开关电源本身负载能力有限，接于故障电路时会引发过电流保护，使开关电源停止输出。故采用外接容量较大的 +5V 电源，串接 $5\Omega5W$ 限流电阻接到 MCU 主板上，通电几分钟后，用手触摸 MCU 主板上的 IC 芯片，哪片烫手，有异常温升，即是哪片 IC 已经坏掉了。

这个法还真灵，挑开两片有异常温升的 IC 供电引脚，测其引脚电阻，均在十几欧姆左右。此时再测 +5V 电源输出端，已经是数百欧姆的正常阻值了。

这是个好办法，算是将错就错或将计就计或顺势而为，利用外接 +5V 供电，既对好的 IC 没什么危害，又使坏 IC 持续升温，特别适宜于检测 MCU 主板上出现的 IC 短路故障。

变频器电路的故障检修，还有好多好方法，在新的故障案例中，还将诞生和形成新的别致的检修思路。全部教科书，甚至包括不在教科书之列的本书，都不可能收进所有的检修方法，也不能道尽其中奥妙。知无尽而言无尽，况深入之地离于言诠，也是本书到了该结束的时候了。本书能起到变频器故障判断和检修的一些引导作用，就算是完成了它的使命。

附录　变频器电路常用 IC（及 IGBT 功率模块）引脚功能图

说明：

从应用维修的角度，掌握一些 IC 器件的引脚功能，便于测量部分引脚的电压（电平）状态，判断 IC 是否处于正常工作状态就够了。IC 内部具体是个什么电路，是来不及也无需去管它的。比如单片机电路，重点检测供电、复位、晶振、控制信号、输入信号几个端子的电压（电平）状态就可以了。对于数字（包括光耦合器）电路，一般情况下，知道器件引脚功能，便可根据输入、输出端的逻辑关系，测量判断 IC 的好坏了。而模拟电路，在变频器电路中，一半是用于处理开关量信号的，如电压比较器等，检测判断上，同数字电路是一样方便的。部分处理模拟信号的模拟电路，可据动、静态电压的明显变化，测其好坏，也不是太难的事。

因而，只要知晓两点：IC 是个什么类型的芯片，数字或模拟电路？引脚功能，该脚为输入、输出或供电脚？也就能实施测量了。将变频器常用 IC 引脚功能图，集中附录于后，读者就不必花费大量时间再去查阅相关的手册了。

1. MCU（微控制器）芯片及外围 IC 电路引脚功能图：

（1）MCU 芯片-MB90F562B（贴片封装 64 引脚，应用广泛）（见附图 1）

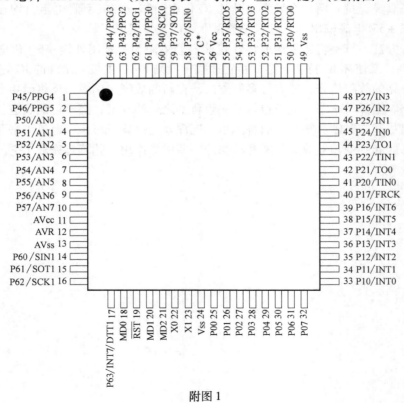

附图 1

（2） EE87C196MH （PLCC 贴片塑封，84 引脚）（见附图 2）

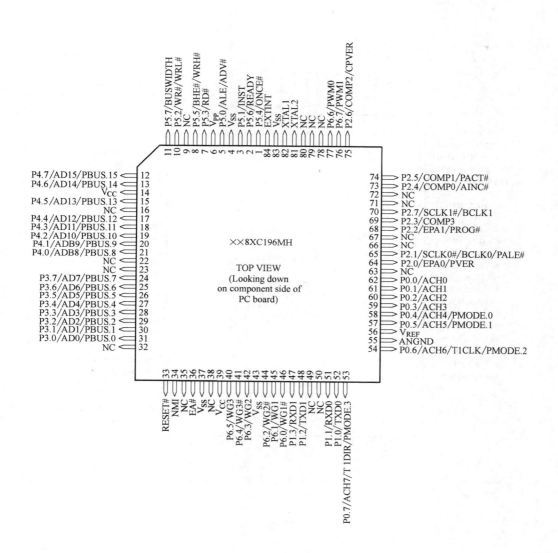

附图 2

（3）S87C196MH（LQFP 贴片塑封，80 引脚）（见附图 3）

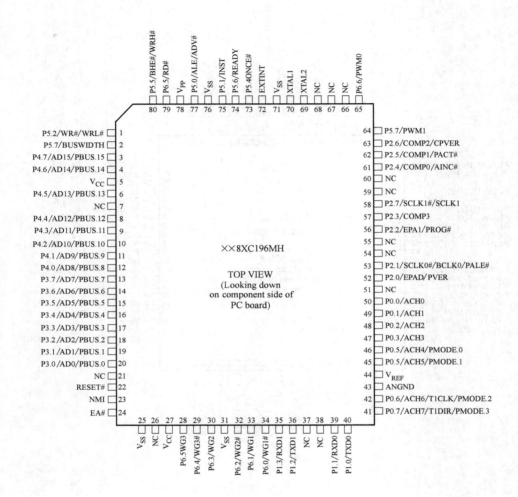

附图 3

（4）HD6404733037F（TFP 贴片塑封，80 引脚）（见附图 4）

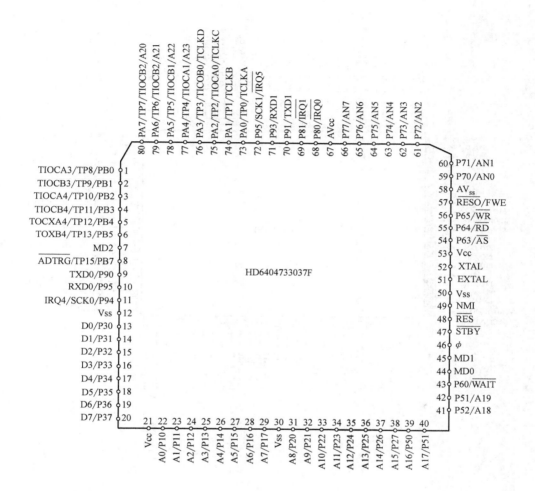

附图 4

（5）M30800FCFP（QFP 贴片塑封，100 引脚）（见附图 5）

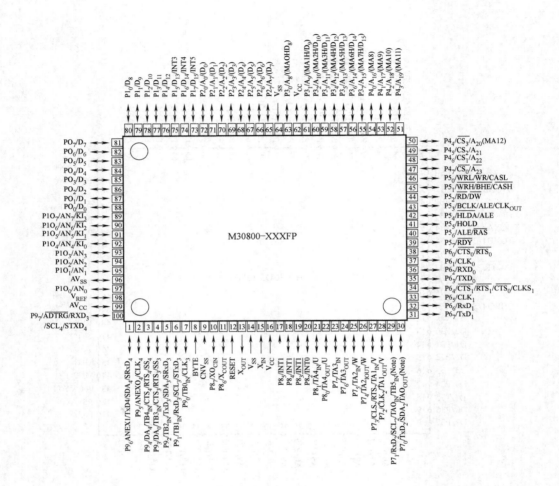

附图 5

（6）TMS320F2810PBKA（PBK LQFP 贴片塑封，128 脚引脚）（见附图 6）

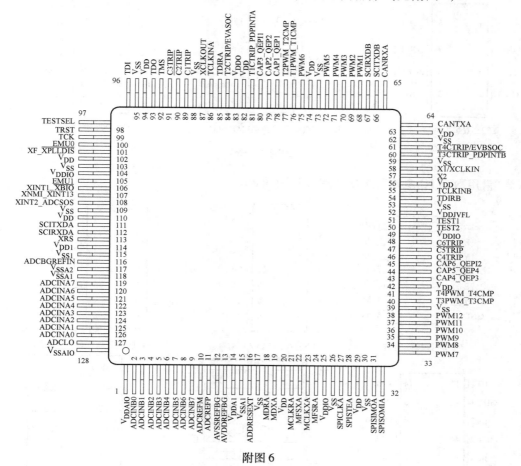

附图 6

2. 常用运算放大器引脚功能图（见附图 7）

运算放大器多用于电流、电压检测电路，用于处理模拟信号和将模拟信号转换为开关量信号——报警、停机保护信号。开路集电极输出型多用于电压比较器电路。运算放大器有较好的代换性，如附图 7 中的 LF347、LM324、TL072 都可以直接代换。当引脚排列不一致时，改换端子接线也能代换。

开路集电极输出型运算放大器，必须用同类型放大器代换。

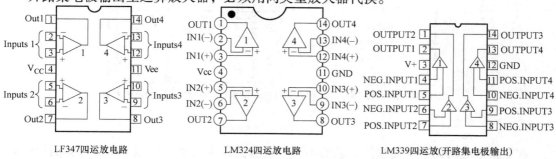

LF347四运放电路　　　　　LM324四运放电路　　　　　LM339四运放(开路集电极输出)

附图 7

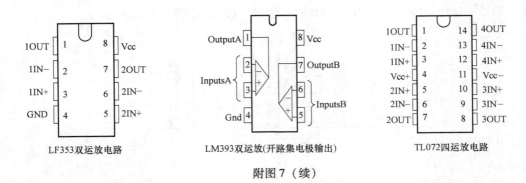

附图 7（续）

3. 常用数字 IC 电路引脚功能图（见附图 8）

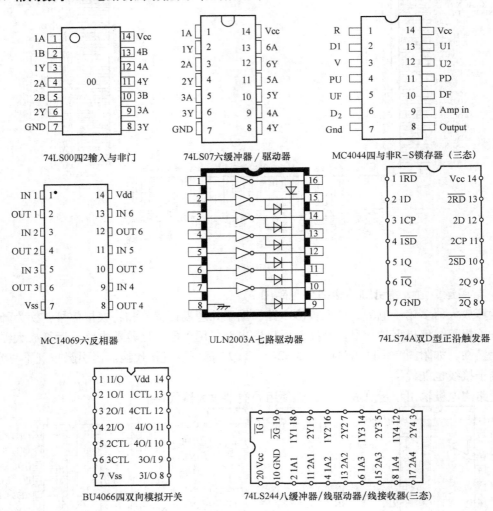

附图 8

数字集成电路据材料和制作工艺的不同，也分为几大类型。但以 TTL（晶体管-晶体管逻辑）集成电路和 CMOS（互补型金属氧化物半导体逻辑）集成电路为主。应用面最广、数量最大的是 74 系列的 TTL 电路和 4000 系列的 CMOS 电路。TTL 电路功耗稍大，但工作频率较高和输出电流能力较强，供电电压为 5V；CMOS 电路特性与之相反，有较宽的供电电压（3.0～18V）范围。在 5V 供电情况下，同类型电路两者可以互换。不同供电情况下，TTL 电路损坏后，可以考虑用 CMOS 电路代换。

4. 常用驱动 IC（见附图 9）

TLP250 和 HCPL3120 可直接代换，将输出引脚改动一下，也可与 PC923 相代换。PC923、PC929 往往配套使用，而 A4504 和 MC33153 也是配套使用的，两者组合完成了 PC929 的功能。

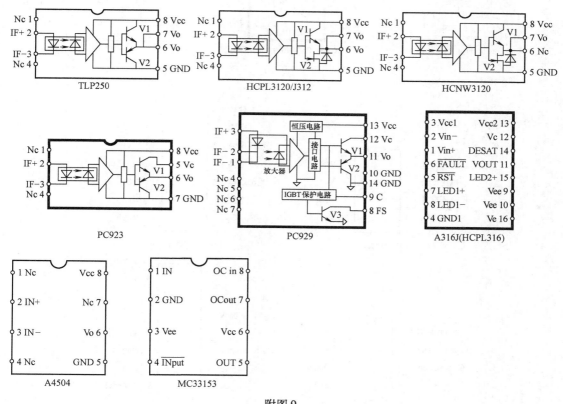

附图 9

5. 常用光耦合器（见附图 10）

光耦合器用于变频器的控制端子内电路，开关电源的电压采样与隔离等，只要是四线端元件，往往可用 PC817 代换之。线性光耦合器不能用普通光耦合器代换，最好用原型号器件代换。

6. 开关电源振荡芯片（见附图 11）

UC3842、UC3844 的引脚功能一致，都有 8 脚和 14 脚两种封装形式。UC3842、UC3843 可相互代换，UC3844、UC4845 可相互代换。

7. 常用功率（逆变）模块（见附图 12 和附图 13）

功率模块的封装形式和尺寸一致，代换模块的额定电流值应等于或大于原损坏模块。

智能功率模块应严格按原型号代换。

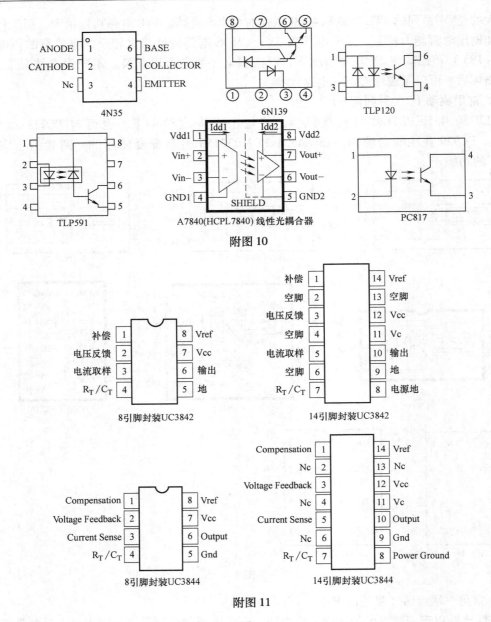

ANODE	1	6	BASE
CATHODE	2	5	COLLECTOR
Nc	3	4	EMITTER

4N35

6N139

TLP120

TLP591

Vdd1 1 — Idd1 — Idd2 — 8 Vdd2
Vin+ 2 — 7 Vout+
Vin− 3 — 6 Vout−
GND1 4 — SHIELD — 5 GND2

A7840(HCPL7840) 线性光耦合器

PC817

附图10

补偿	1	8	Vref
电压反馈	2	7	Vcc
电流取样	3	6	输出
R_T/C_T	4	5	地

8引脚封装UC3842

补偿	1	14	Vref
空脚	2	13	空脚
电压反馈	3	12	Vcc
空脚	4	11	Vc
电流取样	5	10	输出
空脚	6	9	地
R_T/C_T	7	8	电源地

14引脚封装UC3842

Compensation	1	8	Vref
Voltage Feedback	2	7	Vcc
Current Sense	3	6	Output
R_T/C_T	4	5	Gnd

8引脚封装UC3844

Compensation	1	14	Vref
Nc	2	13	Nc
Voltage Feedback	3	12	Vcc
Nc	4	11	Vc
Current Sense	5	10	Output
Nc	6	9	Gnd
R_T/C_T	7	8	Power Ground

14引脚封装UC3844

附图11

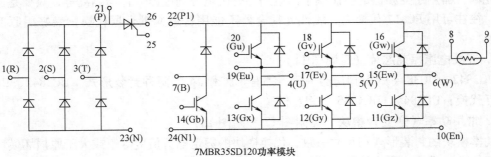

7MBR35SD120功率模块

附图12

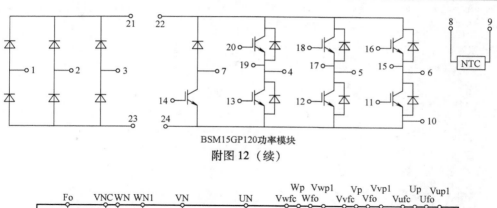

BSM15GP120功率模块

附图12（续）

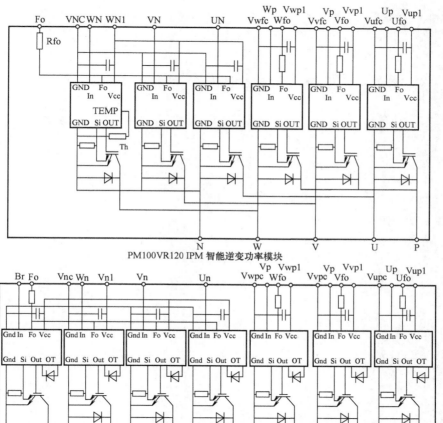

PM100VR120 IPM 智能逆变功率模块

PM100RLA120 IPM 智能逆变功率模块

附图13